Die Einheiten der Ökologie

Theorie in der Ökologie

Herausgegeben von Broder Breckling

Band 5

Frankfurt am Main · Berlin · Bern · Bruxelles · New York · Oxford · Wien

Kurt Jax

Die Einheiten der Ökologie

Analyse, Methodenentwicklung und Anwendung in Ökologie und Naturschutz

PETER LANG
Europäischer Verlag der Wissenschaften

Die Deutsche Bibliothek - CIP-Einheitsaufnahme

Jax, Kurt:

Die Einheiten der Ökologie : Analyse, Methodenentwicklung und Anwendung
in Ökologie und Naturschutz / Kurt Jax. - Frankfurt am Main ; Berlin ; Bern ;
Bruxelles ; New York ; Oxford ; Wien : Lang, 2002
   (Theorie in der Ökologie ; Bd. 5
   ISBN 3-631-38954-X

Abbildung auf dem Umschlag:
Wapiti-Hirsche im Yellowstone Nationalpark (West Thumb Geyser Basin).

Photo und Montage: K. Jax

Als Habilitationsschrift auf Empfehlung
der Fakultät für Landwirtschaft und
Gartenbau der Technischen Universität
München gedruckt mit Unterstützung
der Deutschen Forschungsgemeinschaft

ISSN 1615-374X
ISBN 3-631-38954-X
© Peter Lang GmbH
Europäischer Verlag der Wissenschaften
Frankfurt am Main 2002
Alle Rechte vorbehalten.

Das Werk einschließlich aller seiner Teile ist urheberrechtlich
geschützt. Jede Verwertung außerhalb der engen Grenzen des
Urheberrechtsgesetzes ist ohne Zustimmung des Verlages
unzulässig und strafbar. Das gilt insbesondere für
Vervielfältigungen, Übersetzungen, Mikroverfilmungen und die
Einspeicherung und Verarbeitung in elektronischen Systemen.

www.peterlang.de

Was ist ein Wald?

Gemischte Gefühle, als er zum ersten Mal den Wald betritt, Entzücken und Bedrückung. Und was die Romantiker „Naturgefühl" getauft haben. Die wunderbare Lust, frei zu atmen im offenen Raum, doch gleichzeitig die Beklemmung ringsum von feindlichen Bäumen eingekerkert zu sein. Draußen und drinnen zugleich, frei und gefangen. Wer soll das Rätsel lösen? Vater Phillip? Der Mönch von Heisterbach? Oder er selber, der kleine Max? Wie? Malen? Maler werden? Fast ein halbes Jahrhundert später stellt er sich von Neuem die Frage: Was ist ein Wald? Antwort: „Ein übernatürliches Insekt. Ein Zeichenbrett."
Was tun Wälder? Sie gehen niemals früh zu Bett. Sie warten bis der Holzfäller kommt. Was bedeutet der Sommer für Wälder? Die Zukunft; die Jahreszeit, in der die Schatten zu Wort werden und wort-begabte Wesen den Mut aufbringen, die Mitternacht um hundert Uhr zu suchen. (...)
Wozu dienen Wälder? Um Kinder mit Streichhölzern zu versorgen, als Spielzeug.
Ist Feuer im Wald? Feuer ist im Wald. Wovon leben die Pflanzen? Wer weiß? (...)
Wie wird dieser Wald heißen? Blastula oder Gastrula? Madame de Rambouillet, of course! Wird man den Wald seines guten Betragens wegen loben? Ich jedenfalls nicht.

Max Ernst[1]

---

[1] Max Ernst: Autobiographische Texte, p. 23, in: Max Ernst und Bonn. Student, Kritiker, Rheinischer Expressionist, hrsg. vom Verein August Macke Haus e.V., Bonn 1994.

INHALTSVERZEICHNIS

Vorwort   XI

1 Einleitung   1

2 Problemstellung, Vorgehensweise und wissenschaftstheoretische Basis   3
2.1 Konsequenzen und Ursachen der ökologischen Sprachverwirrung 4
2.2 Überblick über den Aufbau der Studie 7
2.3 Theoretische Ausgangspositionen 12
2.4 Gegenstandsbereich und terminologische Konventionen 15
    Abgrenzung des Gegenstandsbereiches 15
    Einige terminologische Konventionen 15
    Übersetzungsprobleme 17

3 Historisch-kritische Analyse der Typen von ökologischen Einheiten und einige Grundprobleme im Zusammenhang mit diesen   19
3.1 Kurzer historischer Überblick 19
    Der Ökologiebegriff: Entstehung, Reichweite und Wandel 19
    Die Ideengeschichte ökologischer Einheiten 24
    Weiteres Vorgehen 31
3.2 Funktionale oder statistische Definition ökologischer Einheiten 32
    Karl August Möbius und der Begriff der Biozönose 32
    C.G.J. Petersen: Statistische Gesellschaften (statistical communities) 34
    Möbius' Biozönose und Petersens community im Vergleich 36
    Schlußfolgerungen: Charakteristika funktionaler und statistischer Einheiten 38
    Anwendungsbereiche und Variationen statistisch definierter Einheiten 39
    Wortverwendungen im Zusammenhang mit funktionalen und
    statistischen Definitionen ökologischer Einheiten 42
3.3 Topographische oder funktionale Grenzen von ökologischen Einheiten 43
    Helmut Gams: Biozönose als topographisch abgegrenzte Einheit 43
    Olavi Renkonen: Biozönose als funktional abgegrenzte Einheit 47
    Friedrich Dahl und der Begriff des Biotops 48
    Renkonens Lösungsansatz 52
    Schlußfolgerungen: Die Ermittlung funktionaler und topographischer Grenzen ... 54
    Anwendungsbereiche und Variationen topographischer und
    funktionaler Grenzziehungen 59
    Prozesse, Interaktionen und funktionale Relationen: einige terminologische Nachbemerkungen 62

3.4	Ökologische Einheiten als Summe der Teile oder organisches Ganzes	62
	Der Weg zum Organismischen Konzept	62
	Frederic Clements und das Organismische Konzept der Pflanzengesellschaften	64
	Henry Allan Gleason und das Individualistische Konzept	67
	Schlußfolgerungen: Was ist ein Superorganismus? – der Grad der internen Relationen bei ökologischen Einheiten	69
	Interne Relationen von ökologischen Einheiten: Anwendungen und Variationen	75
3.5	Ontologische oder epistemologische Auffassung ökologischer Einheiten	80
	Die Entwicklung des Ökosystembegriffs	80
	Holocön und Ökologische Gestaltsysteme	83
	System und Ganzes	87
	Konsequenzen: Die Entwicklung von „Ökosystemforschung" in Deutschland und in den USA	90
	Schlußfolgerungen: erkenntnistheoretische Vorentscheidungen bei ökologischen Einheiten	97
3.6	Zwischenfazit: Von der Vielfalt der Definitionen	98

4	**Begriffsbildung und -anwendung bei ökologischen Einheiten**	**103**
4.1	Realität, Begriff und Definition	103
	Von der Realität zum Begriff	103
	Kriterien für die Nützlichkeit von Begriffen	106
4.2	Empirisches Objekt, Entifizierung und Klassifizierung bei ökologischen Einheiten	110
	Du Rietz und der Begriff der Assoziation	110
	Braun-Blanquet und das Asssoziationsindividuum	114
	Entifizierung und Klassifizierung	115
	Fazit	118
4.3	Definitionskriterien und Tatsacheninformationen	120
	Die „kybernetische Natur" von Ökosystemen	121
	„Ecosystems emerging"?	123
	Fazit	124
4.4	Die Operationalisierbarkeit von Begriffen	126
	Begriffe und ihre empirische Anwendung	126
	Ein Platz für nichtoperationalisierbare Begriffe	128
4.5	Zwischenfazit: Begriffsbildung bei ökologischen Einheiten	131

5	**Synthese**	**134**
5.1	Der Grundplan	134
	Übersicht	134
	Ökologische Einheiten und ihre Elemente	135
	Kriterien der Definition ökologischer Einheiten	135
	Ein dreidimensionales graphisches Modell: Das SIC-Schema	142
5.2	Erste Anwendungen des SIC-Modells	144
	Visualisierungen verschiedener Definitionen	144
	Die Selbstidentität ökologischer Einheiten	147
	Fazit: Theorien und Objekte	151
5.3	Die Feinstruktur des SIC-Modells	152
	Grenzkriterium	153
	Ausgewählte Phänomene (Phänomen-Achse)	160
	Interne Relationen (Interaktions-Achse)	161
	Komponenten-Auflösung (Achse der Komponentenauflösung)	163
	Ökologische Einheiten und Maßstäbe	168
5.4	Die Relationen zwischen der Auswahl von Forschungsfragen und der Definition ökologischen Einheiten	175
	Interessenperspektiven und ökologische Einheiten	176
	Ökologische Fragestellungskategorien	177
	Theorierichtungen und ökologische Einheiten	178
	Objektbereiche und ökologische Einheiten	179
6	**Ökologische Einheiten im Naturschutz : Eine Fallstudie**	**181**
6.1	Einleitung: Das Ökosystem als Schutzgegenstand des Naturschutzes	181
6.2	Fallbeispiel: Ökosystemmanagement im Yellowstone-Nationalpark	183
	Hintergrund: Der Yellowstone-Nationalpark und seine Geschichte	183
	Ökosystemmanagement in US-Nationalparken: Geschichte und allgemeiner Kontext des Naturschutzmanagements in Nationalparken	185
	Ökosystemansätze in Yellowstone – von Wapitis zum Greater Yellowstone Ecosystem	192
	Die Grenzen des Greater Yellowstone Ecosystem	197
	Die Intaktheit des Ökosystems: Großwildmanagement auf Yellowstones „Northern Range"	199
	Fazit	208

7	**Fazit und Ausblick**	**211**
7.1	Fazit der Studie	211
7.2	Ausblick: Das ökologische Universum und die Ordnung der Natur	212
	Der Aufbau des ökologischen Gegenstandsbereichs: Objekte und Perspektiven	212
	Der individuelle Organismus als Zentrum ökologischer Theorie	215
	Gründe für die Sonderstellung des Organismus	216
	Zur Methodologie einer organismenzentrierten Ökologie: vom Individuum zur Ökosystemforschung	217

Literatur	**222**
Personenregister	**240**
Sachregister	**245**

Vorwort

"Lehre von der Umwelt" – so lautet eine weit verbreitete Auffassung vom Inhalt der Ökologie. Sie ist jedoch unzureichend, denn "Umwelt" gibt es nur in Bezug auf – von ihr umgebene und gestützte – Lebewesen. Daher muss sich die ökologische Forschung den Lebewesen-Umwelt-Beziehungen, genauer: -Interaktionen widmen. Da aber die Umwelt von Lebewesen sowohl unbelebte Bestandteile als auch andere Lebewesen umfasst, enthüllt das Studium dieser Interaktionen ein Beziehungsgeflecht, das um so verwickelter erscheint, je genauer es untersucht wird.

Um sich darin zurechtzufinden, bedarf es abgrenzbarer Ausschnitte als Forschungs- und damit Verständnis-Objekte. Dem Botaniker oder Zoologen liefert sie die Natur als zweifelsfrei erkennbare, von ihr selbst klar nach außen abgegrenzte Pflanzen- bzw. Tier-Organismen. Mit diesen muss auch der Ökologe vertraut sein, doch für ihn sind sie über ihre individuellen Merkmale hinaus "nur" Bestandteile jenes Geflechts, für das die Natur keine vergleichbaren Abgrenzungen anbietet. Er muss sie daher selbst vornehmen und damit für die Zwecke seiner Forschung "Einheiten der Ökologie" schaffen.

Solche Einheiten existieren seit Jahrzehnten, und einige sind sogar in die Umgangssprache übergegangen, wie z.B. Ökosystem oder Pflanzengesellschaft, die im Grunde auf uralte lebensweltliche Erfahrungen zurückgehen – schon frühzeitig haben ja die Menschen z.B. Wald, Grasland oder Sumpf unterschieden. Andere Einheiten sind nur den Fachleuten bekannt, wie Population, Nahrungsnetz, ökologische Nische, Biozönose. Beim Vergleich der in Glossarien oder Lexika dafür angegebenen Definitionen stößt man jedoch oft auf erhebliche Differenzen oder gar widersprüchliche Angaben, von denen selbst die Veröffentlichungen renommierter ökologischer Autoren nicht frei sind.

Diese Unklarheiten in wichtigen ökologischen Begriffen können wissenschaftliche Aussagen anfechtbar machen, zeigen aber auch Theoriedefizite der Ökologie auf, die nicht zuletzt auf ihrem überaus raschen, umweltpolitisch angetriebenen Aufschwung seit den späten 1960er Jahren beruhen. Eine neue Generation von Ökologen hat nun damit begonnen, diese Theoriedefizite abzubauen und die Begriffe zu präzisieren. Zu ihr zählt auch Kurt Jax, der sich mit dem vorliegenden Buch vorgenommen hat, die Unklarheiten bei den drei wichtigsten ökologischen Einheiten, nämlich Population, Biozönose bzw. Community (von Jax durch "Organismengesellschaft" ersetzt) und Ökosystem, aufzuhellen und zu einem wissenschaftlich unanfechtbaren Gebrauch dieser Begriffe beizutragen.

An einem Gedankenspiel, nämlich der Vorstellung, wie unterschiedlich 5 (fiktive) Ökologen ein bachdurchflossenes Waldstück der Einheit "Ökosystem" zuzuordnen versuchen, zeigt Kurt Jax höchst anschaulich die spezifischen und wechselnden Wissenschafts- und Naturverständnisse, die in der Wahl der Begriffe und in ihren Inhalten stecken. Aus diesem Einstieg entwickelt er seine theoretischen Ausgangspositionen, legt fest, was er unter "Begriff" versteht, welche Ansprüche an einen wissenschaftlichen Begriff zu stellen sind – und wie wenig diese auf Grund wiederkehrender Mängel erfüllt sind.

Für seine Definitionen wählt der Verfasser vier Paare von Hauptkriterien für ökologische Einheiten, nämlich: Funktionale vs. statistische Sicht; topographische vs. funktionale räumliche Abgrenzung; organisches Ganzes vs. Summe der Teile; reale Existenz in der Natur vs. Abstraktion des Forschers. Für jedes davon hat Kurt Jax aus der Literatur den oder die jeweiligen Begründer ermittelt, die er mit ausführlichen, kritisch kommentierten Originalzitaten zu Wort kommen lässt und darin gegenüberstellt. So ist ein höchst lesenswerter und erkenntnisträchtiger Abriss der Ökologiegeschichte mit Originalzitaten vieler bedeutender Ökologen zu Stande gekommen. Es ist erstaunlich zu erfahren, wie vage und undefiniert der im Englischen so gebräuchliche Begriff "community" tatsächlich ist, wie der populäre Begriff "Biotop" zu Zirkelschlüssen verleitet, welche Unklarheiten die Einheit "Ökosystem" – nicht nur bezüglich ihrer Auffassung als "Superorganismus" – belasten. Nur die Abgrenzung der Einheiten nach entweder topographischen oder funktionalen Kriterien ist konsequent erfolgt. Dank eines außerordentlich gründlichen Studiums der Primär- und Sekundärliteratur gelingt es dem Autor, viele bisher wenig bekannte oder verwirrende Zusammenhänge zu klären, Texte eindeutiger zu interpretieren, terminologische Irrtümer oder Sackgassen aufzudecken.

In einer übersichtlichen tabellarischen Zusammenstellung der in der Literatur zu findenden Definitionen der drei untersuchten ökologischen Einheiten und der vier Typen von dafür verwendeten Kriterien zeigt Jax, dass eine ökologische Einheit auf Grund der divergierenden Entwicklung des Begriffsfeldes in eindeutiger Weise nur durch *mehrere* explizite Kriterien definiert werden kann, die sorgfältig auszuwählen sind.

Als Synthese, zugleich zur Interpretation seiner Befunde und vor allem als Mittel zur Kommunikation zwischen Ökologen über die unterschiedlichen Inhalte ökologischer Einheiten hat Kurt Jax ein originelles, dreidimensionales graphisches Modell, das "SIC-Modell" entworfen. Dessen Verständnis gelingt nicht ohne gedankliche Bemühung, die aber wegen der gewonnenen Erkenntnisse und Einsichten lohnt und die Auffassungen über die Einheiten klären wird. Je nach Abgrenzung der ökologischen Einheit aus topographischer oder funktionaler Sicht kann z.B. das durch den oberbayerischen Ammersee verkörperte See-Ökosystem als "Individuum Ammersee", als oligotropher See, als Voralpensee oder als "See schlechthin" untersucht werden, und danach hat sich dann der notwendige Auflösungsgrad (Maßstab) der Ökosystem-Bestandteile zu richten. Was der Verfasser anhand dieses Modells über Fragen der Selbstidentität ökologischer Einheiten, etwa im Zusammenhang mit Ökosystem-Restaurierung, über Grenzkriterien, über Klassifizierung, oder besonders auch über ökologische Einheiten und Maßstäbe erörtert und kommuniziert, dürfte eines Tages durchaus zu klassischen ökologischen Texten zählen.

Kurt Jax hat bei aller theoretischen Durchdringung ökologischer Einheiten die praktische Anwendbarkeit nicht aus dem Auge verloren. In einer abschließenden Fallstudie widmet er sich – am spektakulären Beispiel des Yellowstone-Nationalparks (USA) und seinem Management – dem Naturschutz als einem populären Anwendungsfeld der Ökologie. Hier werden ja auf ökologische Einheiten moralisch relevante Handlungen (z.B. "Ökosystemschutz") gegründet, die erst recht unzweideutige Definitionen verlangen. Wie sehr deren Fehlen den Naturschutz in Schwierigkeiten gebracht und in zeitlicher Folge zu höchst widersprüchlichen Maßnahmen veranlasst hat, wird am "Lehrstück Yellowstone" deutlich und kann durchaus auf den Naturschutz in Europa übertragen werden.

Kurt Jax' mühe- und anspruchsvolles Vorhaben, wichtige ökologische Einheiten wissenschaftstheoretisch und anwendungsbezogen zu präzisieren, ist nicht nur überzeugend gelungen, sondern schließt eine immer stärker empfundene Lücke im ökologischen Schrifttum.

Im November 2001   Wolfgang Haber

1 Einleitung

Die Ökologie hat in den vergangenen 120 Jahren eine große Anzahl von Begriffen und Termini hervorgebracht. Solche Begriffe, wie z.B. die des Ökosystems, der Sukzession oder der ökologischen Nische, dienen einer Ordnung der gesammelten Daten und bilden den Rahmen ihrer Interpretation. Sie sind selbst Verallgemeinerungen, bilden aber auch gleichzeitig, als Bestandteil wissenschaftlicher Theorien, die Grundlage weiterer auf sie aufbauender Verallgemeinerungen und der daraus im Idealfall hervorgehenden Prognosemöglichkeiten. Begriffe sind die Basis jeder ökologischen Untersuchung. Sie bestimmen die Art der Fragen, die gestellt werden, und die Wege, auf denen nach Antworten gesucht wird.

Unter den zahlreichen Begriffen der Ökologie sind von Beginn an diejenigen von besonderer Bedeutung gewesen, die sich auf die „Einheiten der Ökologie" beziehen. Damit meine ich überindividuelle Einheiten wie z.B. „Population", „Biozönose" oder „Ökosystem". Ökologische Einheiten bilden den Gegenstand ganzer Forschungsrichtungen der Ökologie, wie z.B. der Ökosystemforschung oder der Populationsökologie. „Biozönose", „community" oder „Ökosystem" gehören zu den meistbenutzten und -genannten Begriffen in der Ökologie. Das „Ökosystem" ist mittlerweile sogar Bestandteil unserer Alltagssprache geworden, insbesondere im Zusammenhang mit der wachsenden Bedeutung von Umweltfragen. Im Umwelt- und Naturschutz selbst rücken seit geraumer Zeit Schutzstrategien in den Vordergrund, die in Ergänzung oder gar Ablösung eines Schutzes von Einzelobjekten oder –medien den Schutz von umfassenden „Ganzheiten" betonen, in jüngster Zeit insbesondere den von ganzen Ökosystemen, so etwa im Zusammenhang mit dem grenzüberschreitenden Management von Flußgebieten, diversen Ansätzen des „Ökosystemmanagements" oder dem sogenannten Ökosystemansatz der Konvention über die Erhaltung der biologischen Vielfalt, der gegenwärtig auf nationaler und internationaler Ebene diskutiert wird.

Der wissenschaftliche und praktische Umgang mit ökologischen Einheiten erweist sich in der Praxis jedoch als ausgesprochen diffizil. Dies liegt nicht allein an der viel (und oftmals weit über Gebühr) beschworenen Komplexität ökologischer Systeme, an einer oft noch mangelnden Datenlage oder an methodischen Problemen von Ökologie und Naturschutz. Vielmehr sind trotz oder gerade wegen der Vielzahl der Publikationen, die sich damit beschäftigen, gerade die theoretischen Grundlagen der Konstitution von Begriffen für ökologische Einheiten noch höchst unklar und uneinheitlich. Die Bezeichnungen für ökologische Einheiten sind sehr zahlreich. Die Verwendung der einzelnen Worte ist aber höchst uneinheitlich, d.h. es verbergen sich hinter den *Wörtern* „Ökosystem" oder „Biozönose" sehr verschiedene *Begriffe*, ohne daß die spezielle Bedeutung im Einzelfalle klar angegeben wird. Umgekehrt existieren eine große Anzahl von Synonymen oder scheinbaren Synonymen für manche Begriffe. Die Beobachtung der daraus resultierenden allgemeinen Sprachverwirrung war vor etlichen Jahren der Ausgangspunkt für die vorliegende Studie. Die nähere Beschäftigung mit diesem Problem zeigte jedoch sehr schnell, daß es keineswegs nur darum geht, die richtigen Worte für bestimmte Gegenstände zu finden, um damit einige „eigentlich" in der wissenschaftlichen Ökologie klar umrissene Begriffe zu beschreiben. Es zeigte sich vielmehr, daß es im Kern um verschiedene gegenstandsbedingte und wissenschaftstheoretische Probleme geht, die sich hinter den begrifflichen Unklarheiten verbergen oder durch diese erst entstehen. Gleichzeitig wurde zunehmend deutlich, daß diese Probleme, aufgrund dessen, daß sich ein Großteil der ökologischen Forschung mit solchen Einheiten „oberhalb" des Einzelorganismus beschäftigt, weitreichende Konsequenzen für die Theorie und Praxis der Ökologie und ihrer Anwendungsfelder haben.

Die vorliegende Studie ist daher von ihrem Anspruch her zum einen eine theoretische Analyse der verwirrenden Vielfalt von Begriffen, die für ökologische Einheiten stehen. Sie ist macht wendet dabei wissenschaftstheoretische, historische und hermeneutische *Methoden* auf die Ökologie an, ohne jedoch deshalb selbst eine wissenschaftstheoretische oder historische Arbeit zu sein. Zum anderen werden auf der Basis dieser Analyse die Bedingungen dargelegt, die gegeben sein müssen, damit nachvollziehbare, methodologisch[1] reflektierte Definitionen erreicht werden können, welche den Ansprüchen an wissenschaftliche Kommunizierbarkeit und die praktische Anwendbarkeit in Theorie, Empirie und Anwendung genügen.

Das Buch versteht sich in erster Linie als eines das von einem Ökologen für Ökologen und Anwender ökologischen Fachwissens geschrieben wurde. Theorie und Geschichte der Ökologie, die im Zentrum dieser Schrift stehen, sind nie Selbstzweck, sondern verstehen sich stets – im Sinne eines ständigen Wechselspiels zwischen Theorie und Praxis – als Mittel zur Schärfung des methodischen Instrumentariums der Ökologie und ihrer Anwendungsfelder.

Das Thema ist über einen langen Zeitraum gewachsen und verdankt sehr viel den unzähligen in dieser Zeit geführten Diskussionen und Gesprächen. Sehr viele Freunde und Kollegen haben in unterschiedlicher Weise zu dieser Arbeit beigetragen, von denen ich hier nur einige nennen kann. Für den intensiven Austausch bin ich besonders Heike Baranzke, Uta Eser, Heidrun Hesse, Clive Jones, Steward Pickett, Thomas Potthast, Ludwig Trepl, Gerhard Wiegleb und Gerd-Peter Zauke dankbar sowie den Mitgliedern des Arbeitskreises zur Theorie und Geschichte der Ökologie und des Graduiertenkollegs Ethik in den Wissenschaften der Universität Tübingen. Ein Dank gilt auch jenen, die Teile des Manuskripts gelesen und zum Teil höchst akribisch – und immer konstruktiv – kommentiert haben, neben einigen der Vorgenannten vor allem Julia Dietrich, Birigit Felinks und Tina Heger.

Ludwig Trepl und den Mitarbeitern des Lehrstuhls für Landschaftsökologie der TU München danke ich zudem für die gute Zusammenarbeit und ihre Unterstützung.

Für ihre tatkräftige und unbürokratische Hilfe bei der Beschaffung der z.T. weit verstreuten Literatur danke ich den Mitarbeiterinnen der Teilbibliothek Beutenberg der Universitätsbibliothek Jena, Annette Frank vom Institute of Ecosystem Studies, Millbrook, New York, sowie den Mitarbeitern der Forschungsbibliothek des Yellowstone-Nationalparks, Mammoth Hot Springs, Wyoming.

Diese Studie wurde auch durch ein Postdoktorandenstipendium der Deutschen Forschungsgemeinschaft (Graduiertenkolleg Ethik in den Wissenschaften am Interfakultären Zentrum für Ethik in den Wissenschaften der Universität Tübingen) sowie durch Reisestipendien des Stifterverbandes der Deutschen Wissenschaften und der Ecological Society of America (Robert H. Whittaker Travel Fellowship 1998) gefördert. Der Druck dieser Studie wurde durch eine Druckbeihilfe der Deutschen Forschungsgemeinschaft unterstützt.

Schließlich gilt ein besonderer Dank, denen, die mich auch einfach durch ihre Gegenwart und Zuneigung auf dem manchmal mühsamen Weg begleitet und ermutigt haben, allen voran meinen Eltern und Heike Baranzke.

---

[1] Mit „Methodologie" ist hier und im Folgenden die „Methodenlehre" gemeint. Dabei geht es nicht um die technische Anwendung bestimmter empirischer oder statistischer Verfahren, sondern – wesentlich weiter gefaßt – um die Frage des Erkenntnisweges, d.h. darum, „ob die gewählte [theoretische] Methode überhaupt zur Erreichung des gesteckten Zieles geeignet ist und ob [...] die Methode im Verlauf der Arbeit konsequent benutzt [wird]" (SCHISCHKOFF 1961, p. 379). Insoweit wird „Methodologie" hier in einem wissenschaftstheoretischen Zusammenhang gebraucht.

2 Problemstellung, Vorgehensweise und wissenschaftstheoretische Basis

Was ist ein Wald? Ein Gedankenexperiment.

Stellen wir uns ein Waldstück von einigen Hektar irgendwo auf dem Land vor, z.B. in der Eifel. Die Baumarten sind meist Buchen und Fichten, weitgehend in Monokulturen auf den verschiedenen Parzellen des Waldes, an welchen Felder und Wiesen grenzen. Außerdem fließt durch den Wald ein Bach, der sich in das angrenzende Wiesental fortsetzt.

Vor dem Wald stehen mehrere Wissenschaftler und diskutieren. Was ist ein Wald? Ist *dieser* Wald ein Ökosystem? Die Frage kann verschiedene Gründe haben. Es mag um das Management dieses Waldes als Teil eines neuen Naturschutzgebietes gehen, das nicht nur Fragmente eines Ökosystems, sondern „vollständige Ökosysteme" enthalten soll[1], oder um die Einrichtung eines (Ökosystem-)Forschungsprojektes.

Die anwesenden Wissenschaftler vertreten als Anhänger unterschiedlicher ökologischer Theorierichtungen unterschiedliche Positionen:

A hält den Wald für ein Ökosystem, aufgrund dessen, daß er ein Ausschnitt aus der Biosphäre ist, der aus belebten und unbelebten Teilen besteht und durch den Waldrand eine klare äußere Grenze hat. Er zitiert LIKENS:

> „An ecosystem is defined as a spatially explicit unit of the Earth that includes all the organisms, along with all the components of the abiotic environment within its boundaries." (LIKENS 1992, p. 9)

B ist im konkreten Fall der gleichen Ansicht, hält aber die Definition von A für zu allgemein. Ein Ökosystem müsse mindestens auch aus Produzenten, Konsumenten und Destruenten bestehen. Er zitiert WALTER & BOX:

> „An ecosystem is understood to be an open ecological system consisting of an abiotic component, the environment, and a biotic component, composed of producers (autotrophic plants), consumers (herbivorous and carnivorous animals, as well as parasites), and decomposers (saprophytic microorganisms)." (WALTER & BOX 1976, p. 75)

Ein Ökosystem müsse zudem einen internen Stoffkreislauf haben. Insofern sei der Wald zwar ein Ökosystem, da in ihm Biomasse sowohl produziert als auch konsumiert und zersetzt werde, nicht aber der Bach, der hindurchfließe, denn die Lebewesen im Bach erhielten die Primärproduktion weitgehend von außerhalb. Er zitiert LAMPERT & SOMMER:

> „Ohne sein Tal, das Einzugsgebiet, das die Energie liefert, könnte ein Fließgewässer nicht existieren; es ist energetisch vom Einzugsgebiet abhängig. Umgekehrt wäre der Abbau der organischen Substanz außerhalb des Gewässers aber sehr wohl möglich; die Abhängigkeit ist also einseitig. Eine solche einseitig abhängige Struktur aber als eigenständiges System zu betrachten, ist kaum sinnvoll. Deshalb läßt sich ein Fließgewässer nicht als ein getrenntes System, sondern nur als Teil eines größeren Systems verstehen." (LAMPERT & SOMMER 1993, p. 367f.)

C sieht dies jedoch aufgrund der von ihm favorisierten Definition anders. Beide Systeme seien Ökosysteme, denn sie seien durch klare äußere Grenzen und einen charakteristischen Artenbestand voneinander abgrenzbar. Allerdings meine er, daß dieser Wald aus *mehreren* aufgrund

---

[1] vgl. z.B. die Richtlinien der International Union for Conservation of Nature and Natural Resources für Nationalparke (IUCN 1994, p. 19).

ihres Artenbestandes klar gegeneinander abgrenzbaren Ökosystemen bestehe, nämlich Fichtenwaldökosystemen und Buchenwaldökosystemen.

D wiederum zweifelt auch an, daß der Wald ein Ökosystem sei, denn ein Ökosystem müsse ein sich selbst regulierendes System sein. Er zitiert ELLENBERG:

> „Ein Ökosystem ist ein von Lebewesen und derer anorganischer Umwelt gebildetes Wirkungsgefüge, das offen, aber bis zu einem gewissen Grade zur Selbstregulation befähigt ist." (ELLENBERG 1973, p. 1).

Aufgrund dessen ließe sich nach Ds Interpretation ohne vorherige Forschung gar nicht sagen, ob dieser Wald ein Ökosystem sei, da man nicht *a priori* wissen könne, ob er ein selbstregulierendes System darstelle.

E schließlich stellt generell in Frage, ob es sinnvoll sei, an der räumlichen Abgrenzung eines Waldstückes auch dessen Grenze als Ökosystem festzumachen. Er zitiert ALLEN & HOEKSTRA:

> „We define the parts and explanatory principles of ecosystems as pathways of processes and fluxes between organisms and their environment. Note that the critical parts are the pathways that may involve organisms, not the organisms themselves." (ALLEN & HOEKSTRA 1992, p.90)

> „Area is not a helpful general attribute of ecosystems. It is not that ecosystems lack a boundary in space, it is that such a dynamic boundary is impractical for most investigations." (a.a.O., p. 94).

Das Ökosystem sei daher aufgrund von Untersuchungen über Stoff- und Energieflüsse näher zu bestimmen, und nicht so sehr über die Verteilung von Organismen oder durch räumlich augenfällige Grenzen. Insofern sei fraglich, ob man von diesem Wald als Ökosystem reden könne.

Was anhand dieses fiktiven Dialogs zwischen realen Diskussionsbeiträgen sichtbar wird, ist, daß die Frage, ob ein Wald ein Ökosystem ist oder nicht, nicht alleine eine Frage empirischer Daten ist, sondern eine der zugrundegelegten Definitionen und Theorien. Die unterschiedlichen Auffassungen darüber, wann etwas ein Ökosystem ist und was daraus für ein Objekt folgt, das als solches bezeichnet wird, variieren erheblich – bis hin zur gegenseitigen Ausschließung. Die oben gegebenen Beispiele decken dabei nicht einmal die ganze Breite der Bedeutungsvielfalt ab, die dem Wort „Ökosystem" beigelegt wird.

2.1 Konsequenzen und Ursachen der ökologischen Sprachverwirrung

Die nahezu babylonische Sprachverwirrung innerhalb der ökologischen Fachterminologie (s. z.B. JAX 1994a, GRIMM & WISSEL 1997) ist nur bei sehr oberflächlicher Betrachtung ein Streit um Worte. Bei näherem Hinsehen werden tiefliegende Ursachen und vor allem wichtige Konsequenzen für die Praxis von ökologischer Forschung und ihrer Anwendungsfelder sichtbar.

Eine wichtige Konsequenz der uneinheitlichen Verwendung von Begriffen ist das Entstehen von Kommunikationsproblemen innerhalb der Wissenschaft. Ein kohärentes Theoriegebäude, welches in der Ökologie zwar wünschenswert, aber zur Zeit nicht existent ist (MCINTOSH 1987, BRÖRING & WIEGLEB 1990, PICKETT et al. 1994), erfordert die klare Definition der verwendeten Grundbegriffe durch die beteiligten Wissenschaftler. Wenn „Wissenschaft",

2.1 Konsequenzen und Ursachen der ökologischen Sprachverwirrung

wenn Ökologie den Anspruch erhebt, „exakt" zu sein und „objektiv", bzw. intersubjektiv[2], so darf dies nicht allein für empirische Daten gelten, sondern in gleicher Weise für die den Datenerfassungen und -interpretationen zugrundeliegenden Theorien und Begrifflichkeiten. Denn nur wenn der theoretische Kontext (das Begriffsgebäude), in dem die Daten stehen, intersubjektiv identisch ist, bedeuten die jeweiligen Daten auch das gleiche (KUHN 1976). Im anderen Falle täuscht die „Exaktheit" der Daten über ungenügend geklärte Grundlagen hinweg, es sei denn, es gibt gute Gründe dafür, im Einzelfall Begriffe und Theorien eher vage zu halten (HULL 1968). Ohne klare Definitionen reden die Beteiligten nur scheinbar über die gleichen Dinge. Die hier unter ökologische Einheiten subsumierten Begriffe spielen diesbezüglich eine besonders prominente Rolle, da sie an der Basis ökologischer Theorie stehen.

Dies gilt gleichermaßen bei der Umsetzung von Theorie in empirische Forschung. Aufgrund unterschiedlich verstandener Begriffe kann in einer Disziplin ein bestimmter Forschungsgegenstand von verschiedenen Wissenschaftlern in völlig unterschiedlicher Weise abgegrenzt und behandelt werden. Dies kann, unter der Voraussetzung, daß die Beteiligten sich dessen bewußt sind und die verwendten Begriffe explizit gemacht sowie präzise und eindeutig gebraucht werden, zu einer produktiven Pluralität und Konkurrenz der Zugänge führen, etwa im Sinne unterschiedlicher wissenschaftlicher Schulen oder Forschungsprogramme (LAKATOS 1974). Oft aber führt die unterschiedliche Verwendung von Begriffen zu einander widersprechenden Aussagen über das gleiche Objekt, was in der Folge wiederum zu Widersprüchen in Empfehlungen für praktische Maßnahmen in den Anwendungsfeldern der Ökologie führen kann.

Die Ursachen dieser Probleme liegen darin, daß Begriffe nicht Bezeichnungen (Namen) von beobachterunabhängig vorgegebenen Gegenständen sind, sondern daß sie Verallgemeinerungen darstellen, mit denen versucht wird, eine letztlich nie vollständig in ihrem Wesen erfaßbare „Realität" zu beschreiben. Die Begriffe „Ökosystem" oder „community" sind in ihren jeweiligen Bedeutungen von spezifischen und wechselnden Wissenschafts- und Naturverständnissen geprägt. Eine klassische Dichotomie, die sich durch die gesamte Geschichte der ökologischen Einheiten zieht, ist z.B. die Sichtweise von der Harmonie, Stabilität und Geordnetheit der Natur mit einer Betonung der Integrität und der Priorität des „Ganzen" vor den Teilen, im Gegensatz zu jener von der unberechenbaren, vom Individuum und seinem „Kampf ums Dasein" geprägten, sich fortwährend verändernden Natur (vgl. HAGEN 1992, JAX 1998). Dies manifestierte sich Anfang des Jahrhunderts in unterschiedlichen Vorstellungen vom „Wesen" der Pflanzengesellschaft, besonders deutlich exemplifiziert in den gegeneinanderstehenden Ansätzen des „Organismischen Konzepts" von F. Clements und des „Individualistischen Konzepts" H.A. Gleasons (MCINTOSH 1985, TREPL 1987). Die beiden Konzepte und die damit verbundenen Naturauffassungen und methodischen Prämissen haben sich in verwandelter Form bis in die neuesten Theorien der Ökosystemforschung hinübergerettet und bestimmen auch heute noch viele Kontroversen über die richtige Theorie und Forschungspraxis (TAYLOR 1988, RUNDEL 1995).

Diese oft beschriebene Dichotomie, die man im Groben in die Reduktionismus-Holismus-Debatte innerhalb der Naturwissenschaften (KINCAID 1993) und besonders der Biologie (MAYR 1984, ROSENBERG 1985), einordnen kann, erlaubt jedoch nur eine unzureichende Kategorisierung von Begriffen ökologischer Einheiten, und wird der Vielfalt der Bedeutungen, die ein und

---

[2] Unter „intersubjektiv" bzw. „Intersubjektivität" verstehe ich hier die „Bezeichnung für die Möglichkeit, daß verschiedene Personen (›Subjekte‹) auf gleiche Weise die Ausdrücke einer Sprache gebrauchen, das Bestehen von Sachverhalten untersuchen, zu Beurteilungen von Situationen gelangen, weil sie dabei von ihnen anerkannten Regeln folgen." (MITTELSTRAß 1984, Bd. 2, Stichwort „Intersubjektivität")

demselben Wort zugeordnet werden, bei weitem nicht gerecht. Es zeigt sich nämlich, daß die aktuellen und die historisch relevanten Begriffe ökologischer Einheiten von einer ganzen Anzahl von Definitionskriterien ausgehen, die in wechselnden Kombinationen verwendet werden, ohne daß immer eine scharfe Zuordnung eines bestimmten Kriteriums zu einem der Pole (holistisch - reduktionistisch) möglich wäre (JAX et al. 1992). Solche Definitionskriterien sind beispielsweise Aussagen über die Art der Grenzziehung von Einheiten (topographisch oder funktional), oder der Grad der Integriertheit der Teile einer Einheit (s.u.).

Weiterhin gibt es, wie ich zeigen werde, innerhalb einzelner Definitionen große methodologische Defizite, die bislang zu wenig wahrgenommen wurden (JAX et al. 1992). So existieren Widersprüche zwischen einzelnen Definitionskriterien oder es wird nicht ausreichend zwischen Aussagen unterschieden, die als Definitionskriterien behandelt werden können, und solchen, die in Wirklichkeit jeweils erst noch als Forschungsfragen beantwortet werden müssen. Auch die Operationalisierung der Begriffe im Sinne ihrer Anwendung in der empirischen Forschung (wie läßt sich für den Freilandforscher aufgrund einer bestimmten Definition nach intersubjektiven Kriterien eine ökologische Einheit abgrenzen?) ist oftmals nicht im Sinne wissenschaftlicher Ansprüche möglich.

Diskussionen über das „Wesen" der ökologischen Einheiten gibt es seit ca. 100 Jahren, d.h. seit dem Beginn der Ökologie als einer „sich ihrer selbst-bewußten Wissenschaft" („self-conscious ecology") im Sinne von ALLEE et al. (1949) bzw. MCINTOSH (1985). Dabei ist zu beobachten, daß die Problempunkte und die in ihrem Zusammenhang diskutierten Argumente vielfach über die Jahrzehnte ähnlich, wenn nicht gar gleich geblieben sind. D.h., obwohl sich die Klage über die terminologische und begriffliche Verwirrung wie ein roter Faden durch die gesamte Ökologiegeschichte zieht (WARMING 1896, SCHRÖTER & KIRCHNER 1902, FLAHAULT & SCHRÖTER 1910, GAMS 1918, ELTON 1927, DU RIETZ 1930, MACFADYEN 1963, ERWIN 1983, SHRADER-FRECHETTE & MCCOY 1993, ROWE & BARNES 1994, um nur einige Autoren zu nennen), ist es weder zu einer einheitlichen Sprachregelung über die verwendeten Begriffe, noch zu einer systematischen Analyse und Lösung verschiedener zentraler Probleme gekommen. Darüberhinaus ist meist sogar das Bewußtsein für die Uneindeutigkeit der verwendeten Begriffe abhanden gekommen bzw. ursprünglich relativ enge, den Anwendungsbereich sinnvoll eingrenzende Prämissen wurden aufgeweicht oder vergessen. Dadurch werden Worte wie „Ökosystem" oder „Biozönose" sogar innerhalb der Wissenschaft Ökologie zur Leerformel, d.h. sie drücken oft nur noch vage einen mit dem Wort verbundenen Aspekt des Begriffs aus (wie z.B. bei der Biozönose das gemeinsame Vorkommen von Organismen an einem Ort), ohne noch methodisch nutzbare Schärfe zu besitzen.

Zu einzelnen Aspekten dieses Problembereichs wurden immer wieder in großer Zahl Diskussionspapiere veröffentlicht. Was bis heute fehlt, ist aber eine umfassende systematische Auseinandersetzung mit dem gesamten Begriffsbereich. Zwar gab es seit Anfang des Jahrhunderts immer wieder Überblicksartikel bzw. Bücher zum Thema der ökologischen Einheiten, aber diese beschränkten sich entweder auf einzelne Teildisziplinen der Biologie, wie Botanik (GAMS 1918, DU RIETZ 1921, WHITTAKER 1962, SHIMWELL 1971) Zoologie (SCHWENKE 1953, BODENHEIMER 1958, MCINTOSH 1995) Meeresbiologie (REMANE 1940, JONES 1950, THORSON 1957) oder bestimmte „Organisationsebenen", z.B. Population (SCHWERDTFEGER 1979), Biozönose (BALOGH 1958, SCHWERDTFEGER 1975, REISE 1980, KRATOCHWIL & SCHWABE 2001[3]) oder Ökosystem. In neuerer Zeit sind alleine zwei Bücher zur Geschichte

---

[3] Dieses Buch erschien erst während der Drucklegung dieser Studie und konnte daher im weiteren Text nicht mehr berücksichtigt werden.

des Ökosystembegriffs erschienen (HAGEN 1992, GOLLEY 1993). Beide ließen aber die Chance ungenutzt, die Geschichte des Begriffs heuristisch für eine kritische Auseinandersetzung mit seinen Inhalten zu nutzen. Die bisher intensivste systematische Abhandlung des Begriffsbereichs der ökologischen Einheiten ist durch die Bücher von Timothy ALLEN und Mitarbeitern gegeben (ALLEN & STARR 1982, ALLEN & HOEKSTRA 1992). Diese Publikationen beschäftigen sich allerdings vorwiegend mit der Ausarbeitung der eigenen sehr speziellen Theorie der Verfasser. Sie lassen zudem die historische Komponente weitgehend vermissen.

Eine umfassendere Analyse des Begriffsfelds der ökologischen Einheiten, wie sie hier vorgelegt wird, ist nicht zuletzt deshalb erforderlich, weil in den genannten Schriften weitgehend eine wissenschaftstheoretische Durchdringung des Begriffsbereichs fehlt und ebenso ein übergreifender Ansatz für eine Systematisierung, die es erlaubt, die real existierende Vielfalt der unterschiedlichen Wortbedeutungen bei ökologischen Einheiten in übersichtlicher Weise einander gegenüberzustellen.

Alle ökologischen Einheiten sind auch in der Literatur des Naturschutzes als Zielobjekte thematisiert worden (vgl. Überblicke bei PLACHTER 1991, MEFFE & CARROLL 1997). Dabei fällt auf, daß die Bedeutungsvielfalt und Unschärfe der ökologischen Begriffe im Naturschutz meist gar nicht wahrgenommen werden. Folglich wurden hier noch weit weniger als in der wissenschaftlichen Ökologie die Konsequenzen des unterschiedlichen Verständnisses ökologischer Einheiten diskutiert. Die Abschätzung aber, ob z.B. ein bestimmtes „Ökosystem" zerstört worden ist, erfordert ebenso eine präzise Definition des betrachteten Objekts, d.h. Ökosystems (JAX et al. 1998; s.a. Kap. 6), wie die ökologisch fundierte Bestimmung der Grenzen von Schutzgebieten. Auch für die Anwendungsfelder der Ökologie ist eine Auseinandersetzung mit der begrifflichen Konstitution ökologischer Einheiten daher von eminenter Bedeutung.

2.2 Überblick über den Aufbau der Studie

Im Verlauf dieser Studie werde ich nach einem allgemeinen Überblick über meine theoretischen Ausgangspositionen (Kap. 2) zuerst eine Analyse bestehender Begriffe ökologischer Einheiten vornehmen (Kap. 3). In einem zweiten Schritt werden dann grundlegende Fragen in Hinblick auf Probleme und Methoden wissenschaftlicher Begriffsbildung bei diesem Begriffsfeld dargestellt (Kap. 4). Auf diese Analyseschritte aufbauend folgt die Entwicklung eines Modells zur intersubjektiven Definition von ökologischen Einheiten (Kap. 5). Im darauffolgenden Teil werde ich dann anhand eines gut dokumentierten Fallbeispiels zeigen, in welcher Weise diese Einheiten im Naturschutz wahrgenommen werden und wie sich die unterschiedlichen Definitionen auf die Praxis des Naturschutzes auswirken (Kap. 6). Die Arbeit schließt mit einem allgemeinen Fazit und einem Ausblick (Kap. 7).

Als *Ökologische Einheiten* bezeichne ich – um es noch einmal zu präzisieren – alle solche Einheiten, die Gegenstand der ökologischen Forschung sind und mehr als einen Einzelorganismus umfassen. Unter *Einheit* sollen hier vom wissenschaftlichen Beobachter beschriebene Zusammenfassungen von Objekten (Einzelheiten) verstanden werden, welche nach solchen Kriterien ausgewählt und gruppiert werden, so daß sie als neue relevante Objekte charakterisiert werden können. Dies sind im Sinne der hier relevanten Fragestellung z.B. Population, Biozönose, Ökosystem, Formation, Pflanzengesellschaft etc., nicht aber Begriffe wie „Biotop" oder „Nische", welche zwar den Organismen oder Organismengruppen *zugeordnet* und nur so definierbar sind, aber ihrerseits im engeren Sinne keine Organismen „enthalten". Unter diese Definition von „ökologischen Einheiten" fallen eine sehr große Anzahl von Begriffen. Es ist weder sinnvoll noch machbar, diese Begriffe jeweils einzeln zu analysieren und abzuhandeln. Das Ergebnis würde lediglich ein großes Glossar mit geringem systematischen Wert sein. Die verschiedenen Begriffe lassen sich aber aus verschiedenen Gründen gemeinsam behandeln, denn sie bilden ein „Begriffsfeld". Darunter verstehe ich eine Anzahl von Begriffen mit einem ähnlichen Bedeutungsinhalt, welche auch ähnliche Grundprobleme in Bezug auf ihre Definition und Verwendung aufweisen. So lassen sich Population und Biozönose in fast allen Definitionen gut unterscheiden, ebenso wie etwa Ökosystem und Pflanzenformation. Dennoch ist allen gemeinsam, daß sie für die ökologische Forschung relevante Einheiten mit (meist) mehr als einem Individuum beschreiben und im Laufe ihrer Geschichte mit ähnlichen Fragen konfrontiert wurden (z.B., ob sie nach räumlichen oder funktionalen Kriterien abzugrenzen sind u.a.). Dazu kommt, daß manche der Begriffe (zu recht oder zu unrecht) als Synonyme aufgefaßt werden oder gedanklich auseinander hervorgegangen sind (z.B. aufgrund von Analogieschlüssen). Schließlich werden verschiedene ökologische Einheiten häufig als hierarchisch miteinander verbunden betrachtet, z.B. in einer geschachtelten („enkaptischen") Hierarchie von der Population bis zur Biosphäre. Aus diesen Gründen ist es sinnvoll, die verschiedenen ökologischen Einheiten zunächst gemeinsam zu behandeln, bevor eine erneute Differenzierung erfolgen kann.

Ich werde im folgenden zunächst einen kurzen Überblick über meine wissenschaftstheoretischen Ausgangspositionen geben (Kap. 2.3) und einige methodische Anmerkungen zur Abgrenzung des Gegenstandbereichs, zu terminologischen Konventionen und zu speziellen nichttrivialen Problemen der Übersetzung von Begriffen machen (Kap. 2.4).

In Kapitel 3 werde ich zuerst maßgeblichen Kriterien herausarbeiten, durch die sich die verschiedenen Bedeutungen der Worte, die ökologische Einheiten bezeichnen, unterscheiden. Diese Analyse der verschiedenen Begriffe geschieht mit einem an markanten historischen Fallbeispielen orientierten Zugang. Nach Möglichkeit wurden dabei Beispiele ausgewählt, in denen sich die Autoren direkt aufeinander bezogen. Der Rückgriff auf historische Beispiele geschieht aus einem heuristischen Grund, da aus der Entstehungsgeschichte und dem damit gegebenen Kontext auch die heute vertretenen Positionen besser verständlich werden. In Kapitel 3.1 gebe ich zur besseren Einordnung zunächst einen kurzen allgemeinen Überblick über den Umgang mit ökologischen Einheiten in der Geschichte der Ökologie. Jeder Fallstudie folgt eine Erörterung, bei welchen anderen wichtigen Begriffen und bei welchen Fragestellungen die diskutierten Kriterien in gleicher oder ähnlicher Weise Verwendung fanden – ohne hier allerdings den Anspruch der Vollständigkeit zu erheben. Insbesondere soll auch gezeigt werden, wie die gleichen Kriterien bei Begriffen aus verschiedenen „Organisationsebenen" angewandt wurden und werden. Die Kriterien, welche sich in den Definitionen ökologischer Einheiten finden, und die zunächst in Form von Dichotomien beschrieben werden, sind:

Funktionale oder statistische Sicht ökologischer Einheiten (Kap. 3.2): Zunächst wird der durch MÖBIUS (1877) am Beispiel der Austernbank entwickelte Begriff der Biozönose dem der „communities" benthischer Meerestiere in der Prägung von C.G.J. PETERSEN (1913) gegenübergestellt. Der – speziell im deutschsprachigen Bereich extrem einflußreiche – Begriff der Biozönose steht dabei als Beispiel für eine funktional konstituierte Einheit, die einen wichtigen Gegensatz zu einem statistischen Verständnis der Organismengesellschaften bildet, wie es PETERSEN entwickelte. Gleichwohl wurde über die Identität von PETERSEN-community und Biozönose sowohl von Petersen selbst wie von späteren Autoren viel diskutiert und spekuliert (vgl. THORSON 1957, JAX & ZAUKE 1992). Im Verlauf der Darstellung der übrigen Beispiele wird wiederholt auf die Definition der Biozönose nach MÖBIUS zurückzukommen sein, da diese aufgrund von in ihr angelegten, aber nur selten gesehenen Widersprüchen zur Begründung sehr unterschiedlicher Begriffe als Paradigma herangezogen wurde.

Räumlich-konkrete oder funktionale Grenzen ökologischer Einheiten (Kap. 3.3): Anhand der klassischen Studien von GAMS (1918) und RENKONEN (1938) werden verschiedene Weisen analysiert, durch die ökologische Einheiten räumlich abgegrenzt werden. Insbesondere werden räumlich-konkrete („topographische") und funktional definierte Grenzen und die Vielfalt ihrer Definitionsmöglichkeiten einander gegenübergestellt. Grenzen in Raum und Zeit sind eines der wichtigsten Kriterien zur Definition jeglicher ökologischer Einheiten. Die Frage, inwieweit räumliche Grenzen, die aufgrund von Diskontinuitäten im Raum ermittelt wurden (der Pflanzenverbreitung oder des abiotischen Lebensraums), wie etwa ein Übergang vom Wald zur Wiese oder von Wasser zu Land, mit aufgrund von funktionalen Relationen ermittelbaren Grenzen übereinstimmen, und ob eine solche Übereinstimmung erforderlich ist, führt bis heute zu einander widersprechenden Auffassungen darüber, ob etwa ein konkreter Wald ein „Ökosystem" sei (vgl. JAX 1994a) oder ob ein Fließgewässer überhaupt ein Ökosystem sein *könne* (LAMPERT & SOMMER 1993).

Ökologische Einheiten als Summe der Teile oder integriertes Ganzes (Kap. 3.4): Im weiteren wird das Verständnis ökologischer Einheiten als temporäre Ansammlungen weitgehend selbständiger Individuen mit der Auffassung solcher Einheiten als „Superorganismus" kontrastiert, in dem das Ganze der Einheit die Teile bestimmt. Paradigmatisch dafür steht die heftige Kontroverse zwischen dem Organismischen und dem Individualistischen Konzept (s.o.). Die hier sichtbar werdende Dichotomie wurde traditionell unter der Fragestellung diskutiert, wie hoch die Teile ökologischer Einheiten integriert sind bzw. ob diese Einheiten mehr sind als die Summe ihrer Teile. Diese Debatte ist nur ein Spezialfall eines prinzipiellen, sehr alten Streits innerhalb der Wissenschaften, so in anderen Feldern der Biologie (vgl. WILSON & SOBER 1989), aber auch der Gesellschafts- und Geisteswissenschaften (z.B. KINCAID 1993). Man kann die hierbei angesprochene Kontroverse zwischen Reduktionismus und Holismus als den beiden Extrempositionen (s.a. TREPL 1994) auf eine lange philosophische Tradition zurückführen. Es wird zu zeigen sein, daß innerhalb der verschiedenen Definitionen ökologischer Einheiten diverse Übergänge zwischen den extremen durch CLEMENTS UND GLEASON vertretenen Positionen existieren.

Ontologische oder epistemologische Auffassung ökologischer Einheiten (Kap. 3.5): Das nächste Teilkapitel behandelt die Entgegensetzung von ökologischen Einheiten als „reale" versus „abstrakte" Einheiten. Hier steht das Gegensatzpaar von „ganzheitlichen" und „systemischen" Auffassungen ökologischer Einheiten im Zentrum, wie es exemplarisch anhand der Begriffe des Holocöns (K. FRIEDERICHS) und des Ökosystems (A. TANSLEY) dargestellt wird. Beide Theorien gehen zwar ursprünglich von einer hohen Integriertheit der betrachteten Einheiten aus, unterscheiden sich aber stark in dem ontologischen Status, der den Einheiten zuerkannt wird. Die wichtigen Konsequenzen dieses Status für die wissenschaftliche Methodologie werden aufgezeigt und diskutiert.

Der Kontrastierung wegen werden die verschiedenen geschilderten Kriterien zur Definition und Charakterisierung ökologischer Einheiten in den Kapiteln 3.2 bis 3.5 in Dichotomien angeordnet. De facto werden die genannten Kriterien aber in den unterschiedlichsten *Kombinationen* verwendet, was im Schlußteil des Kapitels (Kap. 3.6) ausgeführt wird. Die so entstehende Vielfalt von Bedeutungen hat eine klare Einteilung in wenige „Typen" von verschiedenen ökologischen Einheiten unmöglich gemacht und zu vielen Mißverständnissen geführt. Es ist daher nötig zu verstehen, daß ökologische Einheiten immer nur durch *mehrere* explizit zu machende Kriterien unzweideutig definiert und operationalisiert werden können und einfache Kategorisierungen wie „holistisch" und „reduktionistisch" hierfür nicht ausreichen.

Anschließend an diese Analyse werden in Kapitel 4 einige Grundlagen wissenschaftlicher Begriffsbildung diskutiert. Diese Fragen werden jeweils auf das hier behandelte Begriffsfeld der ökologischen Einheiten rückbezogen. Dabei werde ich, u.a. anhand von Beispielen aus der ökologischen Literatur, neben generellen Fragen nach der adäquaten Schärfe und Weite von Begriffen (Kap. 4.1), vor allem drei Probleme verdeutlichen, die immer wieder bei der Definition ökologischer Einheiten auftreten:

Empirisches Objekt, Entifizierung und Klassifizierung bei ökologischen Einheiten (Kap. 4.2): In diesem Kapitel wird der wichtige Unterschied zwischen Begriffen von ökologischen Einheiten aufgezeigt, die diese Einheiten konstituieren (Entifizierung) und solchen, die sie klassifizieren (im Sinne einer Taxonomie). Die Problematik wird anhand des Streits um die „Realität" der Assoziation dargestellt, wie er Anfang des 20. Jahrhunderts zwischen verschiedenen Schulen der Pflanzensoziologie ausgetragen wurde. Es zeigt sich, daß die dort diskutierten Unterscheidungen das Problem unterkomplex behandeln. Die dabei oft übersehenen notwendigen Differenzierungen sorgen noch heute für beträchtliche Schwierigkeiten in der Begriffsbildung ökologischer Einheiten.

Definitionskriterien und Tatsacheninformationen (Kap. 4.3): Es zeigt sich, daß in den verschiedenen Definitionen ökologischer Einheiten diesen unterschiedlichste Eigenschaften zugeschrieben werden, so das Vorhandensein eines oder die Tendenz zu einem „Gleichgewichtszustand", die Fähigkeit zur „Selbstregulation" oder andere (so z.B. bei LESER 1984, JØRGENSEN et al. 1992). Dabei ist jedoch nicht immer klar, ob es sich dabei um Definitionskriterien handelt (was muß mindestens gegeben sein, um von einer bestimmten Einheit zu reden?) oder ob die jeweiligen Eigenschaften nur als Tatsachenbeschreibungen angesehen werden, d.h. als solche Merkmale, die „zwangsläufig" empirisch mit den Definitionskriterien verbunden sind, ohne selbst Definitionskriterien darzustellen. Solche Unklarheiten über den Status von Definitionsbestandteilen können zu Kurzschlüssen bei der Anwendung der betreffenden Begriffe oder zumindest zu unfruchtbaren theoretischen Kontroversen führen. Es wird daher zu fragen sein, wie derartige Probleme im Zusammenhang mit der Definition und Beschreibung ökologischer Einheiten erkannt und vermieden werden können.

Operationalisierbarkeit von Begriffen (Kap. 4.4): Wissenschaftliche Begriffe sollten, um für die empirische Forschung nutzbar gemacht zu werden, das Kriterium der Operationalisierbarkeit erfüllen. Insbesonders durch dieses Kriterium sollte es möglich werden, Theorie und Empirie zu verbinden und die Intersubjektivität der Forschung zu verbessern. Es ist daher auch für ökologische Einheiten im Lichte des zuvor Erarbeiteten zu diskutieren, welche Bedingungen erfüllt sein müssen, damit diese Begriffe operationalisierbar sind. Es muß jedoch auch die Frage angesprochen werden, ob es Verwendungen dieser Begriffe gibt, unter denen auf die Forderung nach Operationalisierbarkeit verzichtet werden kann (HULL 1968).

In Kapitel 4.5 werde ich dann ein Zwischenfazit zum Stand der Begriffsbildung bei ökologischen Einheiten ziehen.

Aufbauend auf die in den Kapiteln 3 und 4 erarbeiteten Grundlagen werden in Kapitel 5 Kriterien bzw. Regeln entwickelt, die eine intersubjektiv eindeutige Definition ökologischer Einheiten ermöglichen. Diese Regeln lassen bewußt einen großen Spielraum für eine Vielzahl von verschiedenen Definitionen. Das heißt, es ist nicht das Ziel, die „richtige" Definition der verschiedenen Begriffe zu entwickeln und etwa eine einzige Definition von „Ökosystem" oder „Biozönose" als verbindlich vorzuschlagen. Vielmehr geht es darum, Definitionen dieser Be-

2.2 Überblick über den Aufbau der Studie

griffe *in Abhängigkeit von den jeweiligen spezifischen Fragestellungen* in dafür adäquater Weise formulieren zu können. Das Vorhaben zielt auf eine klare wissenschaftliche Sprache ab und auf die wissenschaftliche Nützlichkeit von Begriffen.

Zu diesem Zweck werde ich in Kapitel 5.1 ein (graphisches) Modell entwickeln, das die Grundkategorien darstellt, die für eine klare Definition ökologischer Einheiten spezifiziert werden müssen. Bei diesen Grundkategeorien handelt es sich um Angaben dazu,

- ob die Einheit topographisch oder funktional definierte Grenzen hat,
- welcher Art die minimal zwischen den Komponenten nötigen Relationen sind,
- welche Phänomene (Elemente und Interaktionen), zur Definition der Einheit ausgewählt werden, und
- wie der Auflösungsgrad der Komponenten der Einheit ist.

Das daraus entwickelte Schema, von mir als SIC-Schema bezeichnet, wird dann in Kapitel 5.2 in ersten Anwendungen vorgestellt und in Kapitel 5.3 verfeinert, was nicht zuletzt auch die Diskussion der Rolle von räumlichen und zeitlichen Maßstäben für die Definition ökologischer Einheiten beinhaltet. Im abschließenden Teilkapitel (Kap. 5.4) soll eine Reduktion der Vielfalt möglicher Definitionen versucht werden, und zwar anhand einer Einordnung der verschiedenen Definitionen in unterschiedliche Theorierichtungen und ökologische Fragestellungen.

Die Bedeutung ökologischer Einheiten und der Probleme, die sich aus der zu wenig thematisierten Vielfalt der Definitionen für den Naturschutz wird exemplarisch in Kapitel 6 dargestellt. Anhand der Diskussion um die Richtung des Ökosystemmanagements im amerikanischen *Yellowstone-Nationalpark*. wird zum einen ein weiteres Anwendungsbeispiel für das in Kapitel 5 eingeführte Schema zur klaren Definition ökologischer Einheiten gegeben, zum anderen werden die für den Naturschutz charakteristischen komplizierten Verbindungen von Ökologie, Politik und Philosophie sichtbar gemacht.

Kapitel 7 schließlich gibt zunächst ein knappes Fazit der Studie und stellt dann in Form eines Ausblicks einen organismenzentrierten Ansatz zur Einordnung verschiedener ökologischer Einheiten in ein einheitliches theoretisches Gedankengebäude dar. Auf eine solche systematische Verknüpfung wurde in der übrigen Studie bewußt verzichtet, da dort nicht ein spezielles gedankliches Modell von ökologischen Einheiten präsentiert werden soll, sondern Wege zur intersubjektiven Kommunikation über möglichst alle sinnvollen Definitionen erschlossen werden sollen.

2.3 Theoretische Ausgangspositionen

Naturbeschreibung kann nie eine direkte Wiedergabe der Realität sein, sondern sie ist immer theoriegeleitet, d.h. nur durch eine Voreinstellung gegenüber dem betrachteten Objekt überhaupt möglich (in der Tradition der Wissenschaftstheorie seit POPPERs frühen Werken geläufig; vgl. z.B. LAKATOS 1974). Die Auswahl eines bestimmten Gegenstands als Objekt einer wissenschaftlichen Untersuchung ist an sich schon ein theoriegeleiteter Prozeß, insofern als sie stets durch ein wie auch immer geartetes Erkenntnisinteresse orientiert wird.

Auch der Wahrnehmungsprozeß an sich gilt den meisten neueren Wissenschaftstheoretikern zufolge nicht als ein einfacher „Abbildungsprozeß", der unabhängig vom Beobachter existierende „Fakten" wiedergibt (vgl. z.B. KUHN 1976, FEYERABEND 1983). Fakten existieren danach nur in Form von *Aussagen*, da jede Beobachtung von einem Beobachter gemacht wird und dieser erst mittels der Sprache die Beobachtung zu einem Faktum macht (STEGMÜLLER 1974). Die Benutzung von Sprache aber erfordert die Benutzung von Begriffen (Konzepten)[4] und somit Verallgemeinerungen. Schon eine Aussage über etwas verläßt nach diesem Verständnis daher den Bereich der „reinen" Empirie (STEGMÜLLER 1986).

Bezüglich des Verhältnisses von Begriffen und empirischer Realität orientiere ich mich im folgenden vor allem an den Arbeiten von HEMPEL (1974) und SATTLER (1986). Ihre Darstellungen bieten für die Analyse der im Zusammenhang mit den hier behandelten Begriffen auftretenden Probleme den Vorteil, verschiedene Ursachen der Sprachverwirrung in der Ökologie trennen zu können. Alle wissenschaftlichen Aussagen werden mit *Begriffen* gemacht. Begriffe sind immer *generalisierende* Unterscheidungen (HOFFMEISTER 1955, SATTLER 1986, p. 73.f.). Die Begriffsinhalte und die durch die Begriffe gegebenen Differenzierungsmöglichkeiten sind ferner von der jeweils verwendeten Sprache und deren Struktur bestimmt (STEGMÜLLER 1974, p. 15f.). Begriffe sind „Zwitter" in der Hinsicht, daß sie einerseits auf etwas Gegenständliches verweisen (was nicht materiell sein muß), und zum anderen einen bestimmten Bedeutungsinhalt haben. Die Menge der Gegenstände, die unter einen Begriff fallen, wird als seine *Extension* (auch: Begriffsumfang) bezeichnet, der Bedeutungsinhalt als seine *Intension*. Der Bedeutungsinhalt von Begriffen wird über Definitionen dargelegt (s. Kap. 4.1).

Es ist auch möglich, im Zusammenhang mit jedem Begriff drei Ebenen zu unterscheiden (SATTLER 1986). Diese sind (Abb. 2.1):

1. Sprachliche Ebene
2. Begriffsebene
3. Realitätsebene

Auf der Realitätsebene steht der einzelne Gegenstand, den man benennen oder beschreiben will, ein konkreter Fisch etwa. Auf der Begriffsebene handelt es sich um die allgemeine Vorstellung 'Fisch' zu deren Extension der einzelne Fisch gehört, und auf der Sprachebene

---

[4] Im Deutschen wird – zumindest in der Ökologie – oftmals statt des Worts „Begriff" synonym auch „Konzept" gebraucht. Dies ist wahrscheinlich eine „Übersetzung" aus dem Englischen. Im Englischen ist „concept" tatsächlich die direkte Übersetzung des deutschen Worts „Begriff" – wenn es auch in der englischsprachigen Ökologieliteratur gelegentlich im Sinne von „Hypothese" oder „Theorie" verwendet wird (vgl. dazu MCINTOSH 1982). „Konzept" trägt im Deutschen unterschwellig oft die Bedeutung eines „komplexen und abstrakten Begriffs", etwa in Absetzung zu solch „simplen" Begriffen wie „Haus". Wissenschaftstheoretisch ist die Unterscheidung allerdings irrelevant. Eine andere Bedeutung hat „Konzept" (auch „Konzeption") im Sinne von „Plan" und „Entwurf".

2.3 Theoretische Ausgangspositionen

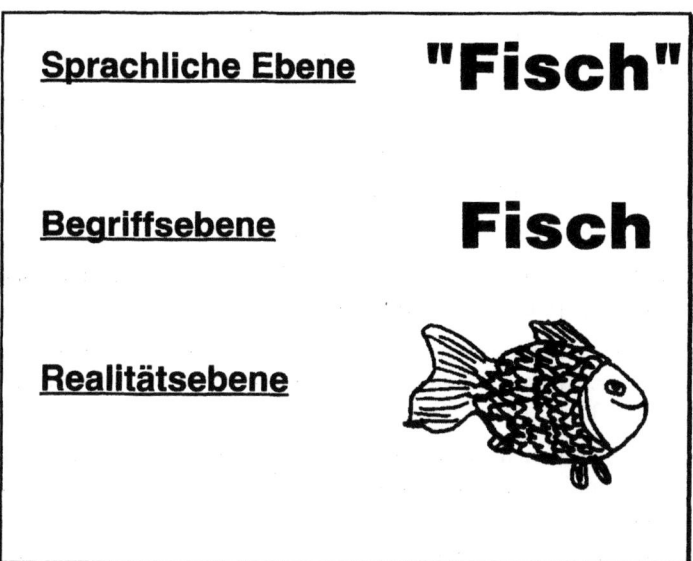

Abb. 2.1 Drei Bezugsebenen von „Begriff"

schließlich geht es um das Wort (synonym: Terminus) „Fisch"[5]. Bei den Übertragungen zwischen den Ebenen treten regelmäßig Konflikte und Mißverständnisse auf. Beim Übergang zwischen Sprachebene und Begriffsebene geht es darum, ob mit ein und dem selben Wort (z.B. „Fisch") der gleiche Begriff gemeint ist. Auf dieser Ebene lassen sich viele Probleme noch relativ leicht lösen, weil es „nur" um eine definitorische Übereinkunft (d.h. um eine Konvention) geht. Eine solche Übereinkunft setzt allerdings voraus, daß der *Inhalt* des Begriffs im Sinne der Beziehung zwischen Realitätsebene und Begriffsebene geklärt ist, ein Punkt, der wesentlich problematischer ist. Hier geht es also darum, bestimmte Phänomene begrifflich so klar zu fassen, daß tatsächlich ein eindeutiger Übertragungsprozeß zwischen verschiedenen Beobachtern möglich ist und – im Idealfall – über das Zutreffen eines Begriffs jeweils eindeutig entschieden werden kann. Dies ist die Hauptschwierigkeit, um die es bei der Analyse von Begriffen ökologischer Einheiten gehen wird.

Begriffe sind nicht nur als allgemeine Zusammenfassungen von bestimmten Phänomenen wichtig, sie sind auch elementare Bestandteile von Theorien. Unter einer Theorie verstehe ich dabei eine Verknüpfung von Aussagesätzen, die dazu dienen, bestimmte Phänomene, die Gegenstand der Theorie sind, zu erklären und nach Möglichkeit Prognosen über sie zu erlauben (GÖTSCHL 1980). Zur einer Theorie gehören nicht nur die einzelnen Begriffe sondern auch die

---

[5] Im Deutschen wird „Begriff" oft sowohl für den Begriffs*inhalt* (d.h. Begriff im eigentlichen Sinne) als auch für das Begriffs*wort* verwendet. Dies muß deutlich getrennt werden. Ich benutze Begriff hier nach Möglichkeit nur im engen Sinne, d.h. für die *Bedeutung* eines Worts.

Regeln ihrer Verknüpfung[6]. Die jeweiligen Theorien bilden umgekehrt auch den Kontext, in dem die Begriffe jeweils eine bestimmte Bedeutung erhalten.

Folgende Ansprüche können an einen wissenschaftlichen Begriff gestellt werden:

- Der Begriff muß eindeutig sein (Eindeutigkeit).
- Der Begriff muß in sich widerspruchsfrei sein (Widerspruchsfreiheit).
- Der Begriff muß intersubjektiv nachvollziehbar (kommunizierbar) sein (Intersubjektivität).
- Die Prämissen des Begriffes müssen begründet sein. Sie sollten darüberhinaus *explizit* formuliert werden (Begründbarkeit und Explizitheit der Prämissen).
- Der Begriff soll einen Beitrag zum Verständnis des Untersuchungsgegenstandes liefern, sei es im Sinne einer Zusammenfassung von Erkenntnissen oder eines heuristischen Wertes für die wissenschaftliche Arbeit (Gegenstandserkenntnis).
- Der Begriff soll operationalisierbar sein, d.h. es sollte jeweils intersubjektiv feststellbar sein, ob er in der empirischen Realität in einem konkreten Fall zutrifft oder nicht (Operationalisierbarkeit).

Die Analyse der unterschiedlichen Definitionen von ökologischen Einheiten zeigt, daß die meisten der oben genannten Forderungen immer wieder verletzt werden (JAX et al. 1992, SHRADER-FRECHETTE & MCCOY 1993). Bei einer Sichtung der einschlägigen Fachliteratur für das Begriffsfeld der ökologischen Einheiten zeigt sich, daß, ebenso wie für viele andere Begriffe der Ökologie, diverse Mängel festzustellen sind (vgl. auch PETERS 1991, SHRADER-FRECHETTE & MCCOY 1993):

- Z.T. widersprechen sich die Grundannahmen ein und derselben Definition.
- Die Definitionen benutzen die gleiche Bezeichnung (z.B. „community") für unterschiedliche Systeme mit unterschiedlichen Eigenschaften.
- Viele „Definitionen" trennen nicht zwischen den (notwendigen und hinreichenden) Definitionsmerkmalen und einer ergänzenden Tatsachenbeschreibung.
- Viele Definitionen sind zu breit um den mit ihnen angestrebten Fragestellungen gerecht werden zu können.
- Viele Prämissen sind ihrerseits zu vage und bedürfen einer genaueren Definition.
- Die Definitionen sind häufig nicht operationalisierbar, d.h. sie bleiben für die Beschreibung des Untersuchungsgegenstandes, z.B. des „Ökosystems", in der Praxis (Modellierung, Freilandforschung, Natur- und Umweltschutz) unbrauchbar.

Daraus ergibt sich die Notwendigkeit, die verschiedenen Begriffe aus methodologischer Sicht zu analysieren und ihre jeweilige Formulierung im Kontext ihrer Entstehung und jeweiligen Verwendung zu verstehen.

Diese Mängel sind – so die Kernthese dieser Studie – eine Hauptursache für die in Kapitel 2.1 genannten Probleme. Ebenso wichtig ist, daß die unterschiedlichen verwendeten Begriffsbedeutungen oft nicht explizit gemacht werden. Diese Dinge rühren zum einen daher, daß die Bedeutung von Worten wie „Ökosystem" als selbstverständlich angenommen wird, d.h. als

---

6   Eine kurze Einführung in die verschiedenen Auffassungen von Theorie innerhalb der Wissenschaftstheorie gibt CHALMERS (1986). Eine speziell auf die Ökologie bezogene Darstellung wissenschaftstheoretischer Grundlagen findet sich bei PICKETT et al. (1994).

gesichertes Basiswissen der Ökologie. Die Übereinstimmung auf der Sprachebene wird so vielfach fälschlich für eine Übereinstimmung auf der Begriffsebene gehalten. Dies wird zum anderen dann noch in seiner Wirkung verstärkt, wenn, wie durchaus nicht selten, ökologische Einheiten als für in der Natur als solche gegeben gehalten (d.h. ontologisiert) werden (vgl. zur Kritik WIEGLEB 1989). Sie müssen dann also nur noch *identifiziert* und nicht mehr vom Beobachter *definiert* werden. Ein Teil der wissenschaftstheoretischen Probleme, die in dieser Studie analysiert wird, wird durch eine solche (meist implizite) erkenntnistheoretische Vorentscheidung von vorneherein ausgeblendet. Hier kommt es daher zu schwerwiegenden Kommunikationsproblemen beim Übergang zwischen Realitätsebene und Begriffsebene.

2.4 Gegenstandsbereich und terminologische Konventionen

Abgrenzung des Gegenstandsbereiches

Die Ökologie, und darin auch der hier speziell behandelte Themenbereich, lappen in andere Teilbereiche der Biologie über bzw. sind mit diesen eng verknüpft. Das betrifft nicht zuletzt die Genetik und die Evolutionsbiologie. Hier sollen deutliche Grenzen gezogen werden. D.h., ich werde auf Begriffe wie den des Genpools, der biologischen Art oder höherer taxonomischer Einheiten nicht eingehen, oder nur insofern als sie für das behandelte Thema mittelbar eine Rolle spielen. Besonders zum Artbegriff liegt außerdem bereits umfangreiche Literatur zu den damit verbundenen biologischen, wissenschaftstheoretischen und wissenschaftsgeschichtlichen Aspekten vor (siehe z.B. MAYR 1984, ROSENBERG 1985, RUSE 1987, MALLET 1995, HULL 1997).

Die zeitliche Abgrenzung des Themas orientiert sich an der oben (Kap. 2.1) erläuterten Definition der „selfconscious ecology", d.h. es werden im wesentlichen Begriffe behandelt, die innerhalb der wissenschaftlichen Ökologie seit etwa 1890 entwickelt und diskutiert wurden. Dies schließt jedoch im Einzelfall Rückgriffe auf ältere Ideen (z.B. die Formulierung des Begriffs der Formation durch GRISEBACH 1838) nicht aus. Eine genauere Beschreibung der unterschiedlichen Bedeutungen und Reichweiten des Ökologiebegriffs folgt im Zusammenhang mit dem historischen Überblick über die Entwicklung der hier behandelten Begriffe in Kapitel 3.1.

Einige terminologische Konventionen

Da die Begriffe, deren Analyse im Zentrum dieser Studie steht, in so unterschiedlicher Weise verstanden werden, ist es nötig, daß ich kurz einige Angaben mache, wie mein eigener Sprachgebrauch in dieser Studie ist. Vorwegnehmen will ich deshalb auch hier meine Ansicht, daß die wichtigsten Begriffe, nämlich community, Ökosystem, Biozönose, durch den so sehr unterschiedlichen Gebrauch in einer Weise verwässert wurden, daß eine einzige *enge* Definition, auf die man sich generell einigen könnte, nicht mehr möglich ist. Es ist aber zumindest möglich, einen kleinsten gemeinsamen Nenner für die Bedeutung der wichtigsten Worte des Begriffsfelds zu finden. Ich bezeichne die sich so ergebenden Definitionen im weiteren als die „Minimaldefinitionen" dieser Begriffe. Die Definitionen sind so allgemein gewählt, daß damit, trotz der im folgenden aufzuzeigenden Unterschiede, (nahezu) alle gängigen Definitionen hierunter subsumiert werden können. Sie stellen somit Oberbegriffe dar. In diesem Sinne verwende ich also im weiteren – wenn ich nicht von den spezifischen Bedeutungen anderer Autoren rede – die Begriffe wie folgt:

<u>Population:</u> eine Gruppe von Organismen der selben Art in Raum und Zeit.

<u>Organismengesellschaft:</u> eine Ansammlung (assemblage) von Organismen verschiedener Typen (Arten, Lebensformen o.a.) in Raum und Zeit.

<u>Ökosystem:</u> eine Ansammlung (assemblage) von Organismen verschiedener Typen (Arten, Lebensformen etc.) zusammen mit ihrer abiotischen Umwelt in Raum und Zeit.

„Organismengesellschaft" ist mein Versuch einer Übertragung des im englischen Sprachrraum benutzten „species assemblage" ins Deutsche. „Species assemblage" ist ein relativ neutraler Begriff, der weit weniger spezifische Konnotationen mit sich trägt als die Wörter „community" oder „Biozönose". Ich benutze mithin „Gesellschaft" im folgenden Text als Oberbegriff, der keine Vorgaben über bestimmte Interaktionen oder ein regelmäßiges gemeinsames Vorkommen bestimmter Elemente (also z.B. Arten) macht.[7]

Zu der Minimaldefinition von Organismengesellschaften sind in ihren meisten Bedeutungen auch die Begriffe der „Assoziation" und „Formation" sowie deren Untereinheiten zu rechnen. Meine Betonung, daß es bei den Teilen von Organismengesellschaft und Ökosystem um *Typen* von Organismen geht, und nicht nur speziell um Arten, hat damit zu tun, daß manche Definitionen andere Einteilungskriterien für die beteiligten Organismen wählen, so die meisten heutigen Definitionen der Formation (über Lebensformtypen oder Wuchsformtypen), aber auch viele Definitionen des Ökosystems (vgl. Kap. 5).

Den Begriff der Landschaft werde ich in dieser Studie nicht gesondert behandeln, und zwar vor allem deshalb, weil er in der ursprünglichen und bis heute praktizierten europäischen Tradition kein rein naturwissenschaftlich gefüllter Begriff ist, sondern immer in starkem Maße Sinn-Dimensionen, symbolische Dimensionen, mit sich trägt (vgl. TREPL 1995, 1997). Auf die neuere, andersartige Verwendung des Wortes in der angelsächsischen „landscape ecology" (z.B. FORMAN & GODRON 1986) werde ich in Kapitel 7 kurz eingehen. Diese Landschaftsökologie beschäftigt sich in ihrer Praxis zu einem Großteil mit Objekten, die unter die obigen Minimaldefinitionen fallen, behandelt diese aber besonders unter dem Aspekt der Bedeutung räumlicher Relationen (und der zeitlichen Veränderungen derselben) innerhalb der Einheiten.

Die für ökologische Einheiten verwendeten Worte sind den verschiedenen Minimaldefinitionen meist relativ eindeutig zuzuordnen. Dennoch gibt es einige Ausnahmen, die erwähnt werden sollen.

„Population" wird gelegentlich für Ansammlungen von Individuen aus mehreren Arten verwendet, so wenn von der „Algenpopulation" eines Sees geredet wird und damit eben nicht nur eine bestimmte Art gemeint ist, sondern alle Arten, die vom jeweiligen Autor zur Gruppe der Algen gezählt werden, d.h. im hier diskutierten Sinne als „Organismengesellschaft" oder „Taxozönose" (*sensu* CHODOROWSKI 1959; vgl. Kap. 3.2). Auch bei einigen wenigen angelsächsischen Autoren (siehe Angaben in SCHWERDTFEGER 1979, p. 16f.) wird der Terminus gelegentlich so benutzt.

---

[7] „Gesellschaft" wird oft der „Gemeinschaft" gegenübergestellt. Letzteres hat i.A. gegenüber „Gesellschaft" eine engere Bedeutung, und impliziert eine hohe Integriertheit der Elemente, ein „Miteinander". In der Soziologie wurde diese Unterscheidung Ende des 19. Jahrhunderts durch Ferdinand TÖNNIES eingeführt. Sie entspricht auch weitgehend der umgangssprachlichen Verwendung der Worte. In der englischsprachigen Literatur der Ökologie wird oft auch „community" als allgemeiner Oberbegriff benutzt, häufig aber auch in einer spezielleren Bedeutung (vgl. Kap. 3.2 und 3.3).

2.4 Gegenstandsbereich und terminologische Konventionen

„Biozönose" (als normalerweise unter Organismengesellschaft zu subsumierender Begriff) wird und wurde von manchen Autoren im Sinne von Ökosystem (im Sinne der obigen Minimaldefinition) benutzt, angefangen schon bei MÖBIUS (1886)[8], aber auch bei SCHWENKE (1953) und in der neueren Literatur z.B. bei FORMAN & GODRON (1986). Dabei handelt es sich allerdings nicht immer um reine Konventionsfragen, sondern zum Teil auch darum, daß entweder der Begriff Biozönose oder der des Ökosystems als überflüssig angesehen wird (so etwa BEGON et al. 1996, p. 679f; vgl. dazu auch Kap. 7).

„Ökosystem" wird wiederum in einigen wenigen Fällen auch für Einheiten benutzt, die minimal nur aus einem Typ von Organismus bestehen, so z.B. bei EVANS (1956) und STÖCKER (1979).

Ein methodisches Problem bei der Analyse von Begriffen ist dadurch gegeben, daß vielfach gerade Begriffe wie Ökosystem oder Biozönose von denen, die sie verwenden, in ihrer Bedeutung für selbstverständlich oder „evident" gehalten und deshalb ohne explizite Definition oder einen Verweis auf eine solche benutzt werden. Deshalb erfordert ein Herauskristallisieren dessen, was manche Autoren wirklich meinen, ein Vorgehen, das diese Bedeutung aus dem jeweiligen Textzusammenhang erschließt, also eine interpretative, d.h. *hermeneutische Zugangsweise*. Hermeneutik als bewußt eingesetztes Instrument ist innerhalb der Naturwissenschaften nicht besonders üblich. Ich hoffe jedoch im folgenden aufweisen zu können, daß es für theoretische Betrachtungen sowohl notwendig als auch äußerst fruchtbar ist – und nicht nur für die Theorie selbst, sondern auch für deren praktische Konsequenzen.

Übersetzungsprobleme

In dieser Studie wurden in erster Linie Texte aus dem deutschen und dem englischen Sprachraum verwendet. Dabei entstehen einige nicht-triviale Übersetzungsprobleme. In mehreren Kapiteln wird deutlich werden, daß eine „glatte" und einfache Übersetzung von ökologischen Fachtermini zwischen den beiden Sprachen manchmal nur schwer möglich ist. Dies hat damit zu tun, daß aus den jeweiligen Traditionen heraus die einzelnen Termini verschiedene – wenn auch oft vage – Konnotationen mit sich schleppen und die verwendeten Begriffe eine unterschiedliche Bedeutungsbreite aufweisen, die aber bei der Übersetzung vielfach mißachtet wurde. Aufgrund des Gleichklangs recht grober Definitionen wurden leicht die Unterschiede übersehen, wie es sich besonders gut bei den Begriffen Ökosystem und Holocön zeigen läßt (Kap. 3.5 und JAX 1998). Aber auch Biozönose und community unterliegen einer ähnlichen Problematik. Während community meist in einem sehr breiten Sinne gebraucht wird[9] ist Biozönose meist (aber eben nur meist) wesentlich spezifischer gefaßt, in Anlehnung an die Definition von MÖBIUS (1877) (siehe Kap. 3.2), und impliziert Ideen wie Gleichgewicht und Selbst-

---

[8] Dort heißt es:
„Mit Biocönose, (...) also Lebensgemeinschaft, bezeichne ich die Gesammtheit aller Einwirkungen des Wohngebietes, von denen die Eigenschaften und die daselbst zur Ausbildung gelangende Anzahl der Individuen einer Species mit bedingt werden. Diese Einwirkungen gehen aus von den chemischen und physikalischen Eigenschaften des Mediums, sowie auch von anderen Thieren und Pflanzen, welche dasselbe Gebiet bewohnen." (MÖBIUS 1886, p. 247, Fußnote 1).
Dies entspricht nicht dem Wortlaut der *ursprünglichen* Definition der Biozönose durch MÖBIUS (1877); vgl. ausführlich Kapitel 3.2.

[9] Die Aussage von CLEMENTS: „The latter [die britischen Ökologen] have also tended to employ *community* as an inclusive term for any and all units from the formation to the family. Convenience and accuracy demand such a term, and it is here proposed to restrict community to this sense." (CLEMENTS 1916, p. 126) ist durchaus typisch (s. Kap. 3.2 und 3.3).

regulationsfähigkeit. Diese Differenz wurde bei Übersetzungen kaum berücksichtigt (vgl. z.B. HESSE 1924 und die Übersetzung und Überarbeitung des Buches durch ALLEE UND SCHMIDT (HESSE et al. 1951)[10]. Auch FRIEDERICHS (1958) hat keine Probleme, seinen sehr spezifischen Begriff der Biozönose im Englischen einfach mit dem Wort „community" wiederzugeben).

Ein Beispiel für das Springen zwischen verschiedenen Worten und Begriffen im Vorgang der Übersetzung ist auch die „Metamorphose" des dänischen Wortes „Plantesamfund" in diversen Übersetzungen. Es wurde 1895 im klassischen Pflanzenökologiebuch von WARMING eingeführt. Im Vorwort der deutschen Übersetzung des dänischen Buchs wird (durch den Übersetzer) auf die bewußte Vermeidung des Wortes „Formation" durch WARMING verwiesen (WARMING 1896, p. V), der letzteres Wort bereits als zu verwässert ansah, und statt dessen im Dänischen das neue Wort „Plantesamfund" wählte, für eine recht spezialisierte, auf funktionale Beziehungen zwischen den Pflanzen abzielende Definition einer Pflanzengesellschaft. Die deutsche Übersetzung war „Pflanzenverein". COWLES (1899) übersetzte das Wort als „plant society" ins Englische, während in der ersten englischen Übersetzung von WARMINGs Buch (1909) aus Pflanzenverein aber „community" wurde, also ein allgemein sehr breit verwendeter Begriff. Demgegenüber übersetzte CARPENTER (1938) in seinem „Ecological glossary" das Wort Pflanzenverein zwar mit community, Plantesamfund jedoch mit „association".

Auf weitere wichtige Unterschiede dieser Art werde ich im Text jeweils an geeigneter Stelle hinweisen.

Erwähnenswert scheint mir noch, daß die im deutschen (und slawischen) Sprachraum ausufernde ökologische Terminologie zwar oftmals Wortentsprechungen im angelsächsischen Sprachraum hat, dort aber kaum benutzt wird. Es mag der typische angelsächsische Pragmatismus sein, der dazu geführt hat.[11] Terminologische Irrgärten gab es auch hier (insbesondere der von Frederic CLEMENTS 1916 ausgeklügelte), sie wurden jedoch meist schnell links liegen gelassen. Das extrem differenzierte, aber methodologisch zu wenig reflektierte deutschsprachige Vokabular mit seinen unzähligen „-coenen", „-topen", „-chorien" (vgl. z.B. BALOGH 1958, SCHWERDTFEGER 1975, LESER 1984, LESER et al. 1993) hat aber kaum zu einer über den Rahmen deskriptiver Wissenschaft hinausgehenden Klärung ökologischer Sachverhalte geführt. Daß damit bislang kaum aussagekräftige Theorien zur Erklärung ökologischer Phänomene entwickelt werden konnten, gibt der angelsächsischen Tradition recht. Es geht auch in dieser Studie nicht darum, bessere, andere, oder neue Termini und Begriffe zu schaffen, sondern die vorhandenen methodologisch bewußter und jeweils in expliziter Weise zu verwenden.

---

10   Die Autoren unterscheiden in der durch sie überarbeiteten Übersetzung zunächst zwischen dem von HESSE (1924) im Original verwendeten Wort der Biozönose (bioceoneosis) und der „biotic community" (HESSE et al. 1951, p. 167f.), springen aber im weiteren Text zwischen den Bedeutungen hin und her und gebrauchen die Worte de facto weitgehend synonym. Bei anderen Begriffen gibt es recht unglückliche Übersetzungen, wenn etwa das deutsche Wort „Biotop" mit „niche" synonymisiert wird (a.a.O., p. 165).

11   Der britische Tierökologe Charles ELTON äußerte sich z.B. dahingehend, das ökologische Vokabular nicht mehr als unbedingt nötig zu vermehren. Ökologie solle nicht darin bestehen „zu sagen, was jeder weiß, in einer Sprache, die keiner verstehen kann" [„saying what every one knows in a language that nobody can understand" ELTON 1927, p.7].

3 Historisch-kritische Analyse der Typen von ökologischen Einheiten, und einige Grundprobleme im Zusammenhang mit diesen

Dieses Kapitel stellt das Kernstück der Analyse dar. Zunächst gebe ich einen kurzen historischen Überblick, zuerst über die Entwicklung des Ökologiebegriffs und dann im spezielleren über die Ideengeschichte ökologischer Einheiten. Ich beschränke mich dabei auf die Darstellung der Entwicklungen innerhalb der Ökologie selbst[1]. Die unterschiedliche Wahrnehmung ökologischer Einheiten im Naturschutz wird in Kapitel 6 exemplarisch behandelt.

Im Anschluß an den historischen Überblick werden, wie schon in Kapitel 2.2 erläutert, die einzelnen Kriterien zur Definition ökologischer Einheiten anhand von Fallbeispielen herausgearbeitet. In dieser Analyse werde ich die zur Unterscheidung der Bedeutungsinhalte relevanten Kriterien beschreiben, nach denen diese Einheiten, so wie sie in der Literatur definiert werden, eingeteilt werden können. Die Tatsache, daß diese Kriterien die in der Literatur vorgefundenen Begriffsbedeutungen systematisieren helfen, heißt nicht, daß ich sie in einem systematischen Sinn alle als gleichrangig für die Formulierung wissenschaftlich brauchbarer Definitionen betrachte. Erst in Kapitel 5 wird es darum gehen, welche dieser (und ggf. weiterer) Kriterien aufgrund der Analyse in welcher Weise gefaßt werden *sollten*, um zu einer intersubjektiv nachvollziehbaren Definition von ökologischen Einheiten zu gelangen.

3.1 Kurzer historischer Überblick

Der Ökologiebegriff: Entstehung, Reichweite und Wandel

Manches dessen, was ich im folgenden anhand der historischen Literatur diskutieren werde, wird schnell mißverständlich, wenn man die Bedeutungsvielfalt und den Bedeutungswandel übersieht, den Worte wie „ökologisch", „pflanzensoziologisch", „phytogeographisch" u.a. durchgemacht haben, bzw. die – im Vergleich zum heutigen Sprachgebrauch – oft sehr spezifische Bedeutung nicht berücksichtigt, die diese Vokabeln besonders in früheren Jahrzehnten hatten. Je nach Autor oder „Schule" wird dieselbe Fragestellung einmal als „ökologisch" betrachtet, einmal als einer anderen Disziplin zugehörig. Mir geht es dabei im folgenden nicht um eine konsistente oder „korrekte" Unterteilung von Wissenschaftsdisziplinen, sondern in erster Linie um die inhaltliche Bedeutung der mit diesen Disziplinen verbundenen Adjektive, mit denen eine Fragestellung oder eine Eigenschaft bzw. Relation als „ökologisch", „soziologisch" etc. charakterisiert wird.

Betrachtet man beliebige ökologische Einheiten, so lassen sich diese unter mehreren Perspektiven betrachten und zwar nach:

- ihren internen Mustern,
- ihren internen Wechselwirkungen,
- ihren Wechselwirkungen mit der Umwelt,

---

[1] Für allgemeine Darstellungen der Geschichte der Ökologie siehe WORSTER (1977), MCINTOSH (1985), TREPL (1987) und JAX (2000a). Eine hervorragend geschriebene Geschichte der Populationsökologie, die z.T. auch die Geschichte der Ökologie der Organismengesellschaften behandelt, ist das Buch von KINGSLAND (1985).

- ihrer topographischen und geographischen Verteilung,
- ihrer zeitlichen Veränderung,
- ihrer Klassifizierung.

Dabei wird selten eine der Perspektiven allein relevant sein; vielfach ergänzen sich vielmehr die verschiedenen Zugänge im Sinne komplexerer Fragestellungen. All diese Aspekte betrachte ich im Rahmen dieser Studie als Aspekte der Ökologie bzw. der ökologischen Forschung, in dem Bewußtsein, daß dieser (zumindest innerwissenschaftlich) breite Ökologiebegriff weder heute noch in der Vergangenheit der allgemein akzeptierte ist.

Die Ökologiedefinition, der ich mich daher am besten anschließen kann, ist die, welche Gene LIKENS als die Definition des Institute of Ecosystem Studies (Millbrook, New York) wiedergibt, nämlich:

„Ecology is the scientific study of the processes influencing the distribution and abundance of organisms, the interactions among organisms, and the interaction between organisms and the transformation and flux of energy and matter." (LIKENS 1992, p. 8)

Die Begriffe, die ich hier behandle, also Population, Assoziation, Biozönose, community, Ökosystem usw., sind Gegenstände *all* der in der obigen Liste genannten Forschungsrichtungen, egal wie sie im Einzelfall definiert sein mögen, und welcher Disziplin sich im Einzelfall der Wissenschaftler, der die Begriffe gebraucht, selbst zugehörig fühlt. Ein Teil der babylonischen Sprachverwirrung im Zusammenhang mit ihnen rührt auch daher, daß sie eben in diesen sehr unterschiedlichen Zusammenhängen benutzt werden, und aufgrund des Gleichklangs der Worte auch eine gleiche Bedeutung der Begriffe angenommen wird.[2]

Im 19. und in der ersten Hälfte des 20. Jahrhunderts erschienen eine ganze Anzahl von Veröffentlichungen, die versuchten, die Teilgebiete der Biologie in ein konsistentes Schema zu bringen (besonders HAECKEL 1866, WASMANN 1901, TSCHULOK 1910[3], GAMS 1918, DU RIETZ 1921)[4]. In diesem Zusammenhang war es auch, daß das Wort „Ökologie" geprägt wurde, und zwar in Ernst HAECKELs *„Genereller Morphologie der Organismen"* (HAECKEL 1866). Er definierte dort Ökologie als einen Teilbereich der *Physiologie* (in Gegenüberstellung zur Morphologie) und zwar denjenigen, der sich nicht mit der inneren Physiologie des Organismus beschäftigt, sondern mit seiner „äußeren Physiologie", d.h. mit den Relationen der Organismen zur Außenwelt.[5]

So heißt es in der bekannten Stelle von 1866:

---

[2] Auf dieses Problem weist beispielsweise HAGEN (1986, p. 209) hin. Die Bezeichnungen *floristischer* und *physiognomischer* Einheiten (d.h. Assoziation, Formation) wurden trotz Kritik an der deskriptiven historischen Pflanzengeographie auch von den *physiologisch* orientierten Pflanzengeographen wie SCHIMPER, WARMING und CLEMENTS übernommen. Gleiches gilt trotz einer gänzlich anders lautenden Programmatik, aus pragmatischen Gründen, für die Anwendung vieler Methoden derselben.

[3] Dieser gibt neben einem eigenen Ansatz auch einen weitgehenden historischen Abriß zum Thema. Vgl. auch VAN DER KLAAUW (1936a).

[4] Für eine Behandlung des Themas aus jüngster Zeit siehe KRATOCHWIL (1991b) und für die Vegetationskunde MUELLER-DOMBOIS & ELLENBERG (1974, p. 6ff).

[5] In Band 1 des zweibändigen Werks wird der Name schon kurz im Zusammenhang mit der allgemeinen Einteilung der Biologie und vorher schon mit einer Aufweitung des Biologiebegriffes (p. 8) genannt. Vor HAECKEL wurde das, was heute meist als „ökologisch" bezeichnet wird, oft als „biologisch" in einem engeren Sinne bezeichnet. Die – nunmehr klassische – Definition von „Ökologie" gibt HAECKEL erst in Band 2 der *Generellen Morphologie*. Vgl. VAN DER KLAAUW (1936a), STAUFFER (1957).

3.1 Kurzer historischer Überblick

„Unter *Oecologie* verstehen wir die gesammte *Wissenschaft von den Beziehungen des Organismus zur umgebenden Aussenwelt,* wohin wir im weiteren Sinne alle ‚Existenz-Bedingungen' rechnen können. Diese sind theils organischer, theils anorganischer Natur." (HAECKEL 1866, Bd. 2, p. 286)

Er erläutert dann, was genau unter „Existenzbedingungen" zu verstehen sei, nicht zuletzt nämlich:

„Als organische Existenz-Bedingungen betrachten wir die sämmtlichen Verhältnisse des Organismus zu allen übrigen Organismen, mit denen er in Berührung kommt, und von denen die meisten entweder zu seinem Nutzen oder zu seinem Schaden beitragen. (...) Die Organismen welche als organische Nahrungsmittel für Andere dienen, oder welche als Parasiten auf ihnen leben, gehören ebenfalls in diese Kategorie der organischen Existenz-Bedingungen." (ibd.)

Zur äußeren Relations-Physiologie rechnete er *neben* der Ökologie noch die „Chorologie" (Arealkunde, Biogeographie), die sich mit den Verteilungen der Organismenarten im Raum und deren kausalen (darwinistisch, mechanistisch erklärbaren) Ursachen beschäftigt:

„Unter *Chorologie* verstehen wird die gesammte *Wissenschaft von der räumlichen Verbreitung der Organismen,* von ihrer geographischen und topographischen Ausdehnung über die Erdoberfläche." (a.a.O., p. 287)

HAECKELs Ökologiebegriff hat also eine explizit physiologische Dimension, aber – was wichtig ist – unter Einschluß auch der Interaktionen *zwischen* den Organismen. Was er jedoch nicht hat, sind eine räumliche (topographische und geographische) und eine zeitliche Dimension, die der Chorologie vorbehalten bleiben.

„Konkurrenzbegriffe" zu dem, was HAECKEL als Ökologie bezeichnete, waren bis Anfang des 20. Jahrhunderts sowohl Naturgeschichte, Biologie (in Deutschland; damit in einem engeren Sinne als dem heute üblichen; vgl. besonders WASMANN 1901), Bionomie und - zumindest für die Tierökologie – Ethologie (z.B. DAHL 1898, 1901, WHEELER 1902). Die von HAECKEL gemachte Unterscheidung in Ökologie und Chorologie (später dann als Ökologie und Biogeographie) wurde nur zum Teil beibehalten (s.u.).

Eine weitere für den Ökologiebegriff wichtige Unterscheidung wurde vorgenommen durch die Abgrenzung derjenigen Wissenschaftszweige innerhalb der Biologie (und damit auch innerhalb der Ökologie), die sich mit den Einzellebewesen beschäftigen, von solchen, die sich mit Gruppen von Organismen beschäftigen. So unterschieden SCHRÖTER & KIRCHNER (1902) zwischen der Ökologie der Einzelorganismen (Autökologie) und der der Organismengesellschaften (Synökologie).[6] Das Wort Synökologie wurde hier geprägt. Andere Autoren ersetzten das Wort Synökologie durch Biocoenotik (GAMS 1918) oder Biosoziologie (DU RIETZ 1921). Diese Trennung wurde von einigen Autoren extrem hervorgehoben (so GAMS 1918, SCHWENKE 1953) und als wichtiger angesehen als beispielsweise die Unterscheidung zwischen Ökologie und Chorologie oder Physiologie und Morphologie. Unabhängig davon, als wie wichtig man die einzelnen Unterscheidungen ansehen mag, bleibt festzuhalten, daß manche Autoren den jeweiligen Begriffen eine sehr spezifische Bedeutung gaben, die es im Einzelfall zu beachten gilt, wenn man ihre Argumentation im Zusammenhang mit „ökologischen Einheiten" (in meinen weiten Wortsinn von „ökologisch") verstehen will.

Die heute oft übliche Dreigliederung in Autökologie, Demökologie (Populationsökologie) und Synökologie ist jüngeren Datums.[7] Die Populationsökologie wird z.T. zur Synökologie ge-

---

[6] Vgl. besonders VAN DER KLAUUW (1936b) für eine ausführliche Diskussion dieser Unterteilung.
[7] Im deutschsprachigen Raum konnte ich dies als systematische Einteilung erstmals bei SCHWERDTFEGER (1977; 1. Auflage 1963) finden, auf den offenbar auch der Ausdruck „Demökologie", als anderes Wort für „Populationsökologie", zurückgeht. SCHWERDTFEGER verweist seinerseits darauf, daß im englischen

rechnet, z.T. als getrennte Unterdisziplin (eben Demökologie) angesehen. Die Beschäftigung mit „Ökosystemen" wird im allgemeinen unter die Synökologie eingeordnet. Während, besonders im Gefolge Eugene ODUMs und seines wirkmächtigen Lehrbuchs (1953, 1959, 1971), in den angelsächsischen Ländern häufig die Unterscheidung in Populationsökologie, Community-Ecology und Ökosystemforschung gemacht wird, entspricht die Einteilung des heute populärsten englischsprachigen Ökologie-Lehrbuchs – von BEGON et al. (1990, 1996) – in „individuals, populations and communities" wieder der im deutschen Sprachrraum lange Zeit üblichen. Je nach Autor und Standpunkt wird auch jeweils eine der anderen „Ebenen" weggelassen bzw. inkorporiert. Ein einheitliches Schema existiert auch hier nicht.

Da es bei den in dieser Studie behandelten „ökologischen Einheiten" fast ausschließlich um Einheiten der Synökologie (inklusive der Populationsökologie) geht, ist es wichtiger, nach den weiteren Unterteilungen *innerhalb* derselben und ggf. ihrer Abgrenzung zu anderen Wissenschaftsdiziplinen zu fragen. Ausgangspunkt hierfür soll die oben gemachte Aufzählung von Perspektiven oder Fragestellungen sein, unter denen ökologische Einheiten betrachtet werden. Die wichtigsten Vokabeln in diesem Zusammenhang sind die Wortteile bzw. Adjektive öko(logisch), physio(logisch), biogeo(graphisch) und sozio(logisch).

Der Botaniker Paul JACCARD versuchte eine Unterscheidung in Ökologie, Chorologie und Soziologie der Pflanzen vorzunehmen, wobei er vorschlug:

> „... Ökologie ausschließlich auf die edaphischen, physiographischen und klimatischen Faktoren anzuwenden" (JACCARD in FLAHAULT & SCHRÖTER 1910, p. 21).

Chorologie wollte er für die geographischen Relationen der Pflanzen verwendet sehen und Soziologie für die biotischen Wechselwirkungen zwischen den Pflanzen. Mit seiner damit gegenüber HAECKELs Definition engeren Verwendung des Ökologiebegriffs konnte er sich jedoch nicht allgemein durchsetzen. Es blieb aber die unterschiedliche Verwendung des Begriffs. So schrieb der schwedische Pflanzensoziologe Thore FRIES:

> „Der Ausdruck Ökologie hat im Laufe der Jahre seinen Sinn verändert. Anfangs meinte man damit ungefähr nur die primären physikalischen und chemischen Faktoren und einzelne Forscher huldigen jetzt noch einer so knappen Begrenzung. Heute legen die meisten Forscher diesem Begriff eine recht weite Bedeutung bei[8], ohne sich selbst ganz klarzulegen welche. Hier haben wir den Grund, weshalb die vielen und langen Diskussionen der letzten Jahre so steril geblieben sind."[9] (FRIES 1925, p. 61)

Der von JACCARD als für allein auf die biotischen Relationen anzuwendende vorgeschlagene Begriff der (v. allem Pflanzen-)"Soziologie" wurde andererseits oft mit Ökologie, speziell Synökologie, entweder synonymisiert, so etwa bei NICHOLS (1923)[10] und TANSLEY (1920), oder sogar weiter gefaßt, unter Einbeziehung der Chorologie, etwa bei BRAUN-BLANQUET, für den gilt:

Sprachraum Populationsökologie als eigene dritte Sparte zwischen Autökologie und Synökologie bereits früher etabliert wurde. Vgl. z.B. PARK (1946).

8   Er führt an anderer Stelle auf, daß hierunter oft alle „Standortfaktoren" fallen, d.h. zusätzlich biotische und „historische" Faktoren (FRIES 1925, p. 52).

9   Ein Beispiel dafür findet sich bei TANSLEY, der zunächst (TANSLEY 1904, p. 192) Ökologie in ähnlich enger Weise wie JACCARD als „topographical physiology of plants" benutzt, 10 Jahre später aber feststellt:
    „We claim for ecology that it is before all things a way of regarding the plant world, that it is *par excellence* the study of plants for their own sakes as living beings in their natural surroundings, of their vital relations to these surroundings and to one another, of their social life as well as their individual life." (TANSLEY 1914, p. 195)

10 „The study of plant communities in their relation to environment comprises the field of what might be called *ecological plant sociology*; more commonly it has been called synecology." (NICHOLS 1923, p. 11)

3.1 Kurzer historischer Überblick

„Die Pflanzensoziologie, die Lehre von den Pflanzengesellschaften, auch Vegetationskunde im weitesten Sinn, umfaßt alle das soziale Zusammenleben der Pflanzen berührenden Erscheinungen." (BRAUN-BLANQUET 1928, p. 1)

Das sind für ihn:

„das Gesellschaftsgefüge (Organisation oder Struktur)(...), der Gesellschaftshaushalt (Synökologie)(...), die Gesellschaftsentwicklung (Syngenetik)(...), die Gesellschaftsverbreitung (Synchorologie) (...) und die Klassifikation oder Systematik der Pflanzengesellschaften." (a.a.O., p. 2)

Diese Definition wurde später sogar vom Internationalen Botanikerkongress in Paris (1954) übernommen (nach Angabe von BRAUN-BLANQUET 1964, p. 22).

Umgekehrt findet sich aber bei einigen Autoren die Verwendung des Wortes Pflanzen*soziologie* ausschließlich für die Klassifikation der Pflanzengesellschaften (vgl. FRIEDERICHS 1963). So wird „phytosociology" in einem britischen Ökologie-Lexikon definiert als:

„The classification of plant communities based on floristic rather than life-forms or other considerations". (ALLABY 1994, p. 302).

Eine ähnliche Definition findet sich bei CALOW (1998).

Anders wird „soziologisch" hingegen in der Tierökologie gebraucht, wo man im allgemeinen (aber auch wieder nicht durchgängig) tatsächlich nur die Interaktionen zwischen den Tieren, nicht aber zwischen den Tieren und ihrer unbelebten Umwelt, damit belegt (s.a. FRIEDERICHS 1963, der den Begriff sogar noch enger faßt). Diese Definition liegt daher näher an der ursprünglichen Bedeutung des Worts „Soziologie", wie es im 19. Jahrhundert durch Auguste COMTE für die Beschreibung der Beziehungen zwischen *menschlichen* Individuen bzw. zwischen Individuum und Gesellschaft geprägt wurde. Das Pendant zur Pflanzensoziologie (im oben zitierten Sinne BRAUN-BLANQUETS) ist somit nicht „Tiersoziologie" sondern der Begriff „Tierökologie".

Schließlich bleibt die schon angesprochene Frage nach dem Verhältnis von Ökologie und Biogeographie. Auch sie wurde – wie nicht anders zu erwarten – unterschiedlich behandelt und immer wieder ausführlich diskutiert (so MCMILLAN 1956, MAJOR 1958, MÜLLER 1980). Für HAECKEL (s.o.) standen die beiden als *biologische* (physiologische) Disziplinen gleichberechtigt nebeneinander. WARMING (1896) unterschied eine „ökologische Pflanzengeographie" (i.e. Ökologie in seinem Sinne) von der traditionellen „floristischen (und gleichzeitig historischen) Pflanzengeographie" (ähnlich KREBS 1985). Häufig wird die Biogeograpie als eine Art von Grenzwissenschaft eingeordnet, die mit einem Bein der Biologie, dem anderen der Geographie zugehört (HESSE 1924, MAJOR 1958, ILLIES 1971, LESER et al. 1993). Für einige Autoren bildet demgegenüber die Biogeographie eine (weit über HAECKELs „Chorologie" ausgedehnte) Überwissenschaft, innerhalb derer die Ökologie lediglich ein Teilgebiet darstellt. So schreibt DANSEREAU im Vorwort seines Buches „Biogeography":

„The scope of this book extends across the fields of plant and animal ecology and geography, with many overlaps into genetics, human geography, anthropology, and the social sciences. All of these together form the domain of biogeography." (DANSEREAU 1957, p. v)

Umgekehrt wird die Biogeographie manchmal als Teilgebiet der Ökologie angesehen (so m.E. WALTER & BRECKLE 1983, die allerdings nicht explizit von Biogeographie reden) oder als nicht von dieser unterscheidbar (MACARTHUR & WILSON 1967[11]).

---

[11] „Nun bezeichnen wir uns beide als Biogeographen und können keinen wirklichen Unterschied zwischen Biogeographie und Ökologie erkennen." (MACARTHUR & WILSON 1967, p. 5)

Ich möchte aber an dieser Stelle nicht weiter auf die oft höchst verwirrenden Schemata der gegenseitigen Zuordnung, Unterordnung oder Überschneidung der verschiedenen genannten und weiterer Begriffe für Wissenschaftsdisziplinen (so Geobotanik, Vegetationskunde, Biozönologie etc.) eingehen. Wo nötig werde ich im Text kurz darauf zurückkommen und verweise ansonsten auf die schon genannte Literatur sowie viele einführende Kapitel (vor allem deutschsprachiger) Ökologie-Lehrbücher.

Wichtig ist mir hier vor allem, daß die hauptsächlichen Verwendungen der hier behandelten Begriffe deutlich geworden sind, sowie die Tatsache, daß auch bei ihnen die genaue Bedeutung keineswegs selbstverständlich ist und kaum allgemein akzeptierte Konventionen existieren. Es ist daher stets nötig, sich im Zweifelsfall die Bedeutung von „ökologisch", „soziologisch" etc. aus dem jeweiligen Kontext zu erschließen.

In neuerer Zeit wird der Begriff Ökologie (bzw. das Adjektiv ökologisch) zusätzlich dadurch weiter in seiner Bedeutung verwirrt, daß zum einen, spätestens seit dem Aufkommen der Umweltbewegung und der „politischen Ökologie", Ökologie zum Modewort geworden ist und auf alles und jedes ausgedehnt wird (vgl. auch MCINTOSH 1985, p. 6ff). Z.T. steht es für eine Weltanschauung, z.t. schlicht für „systemar" oder „mit Zusammenhängen beschäftigt". Dies gilt aber fast ausschließlich für die Verwendung des Wortes außerhalb der engeren Wissenschaftlergemeinde der Ökologen. Eine weitere – wenn auch nicht sehr ausgeprägte – neuere Tendenz ist die terminologische Unterscheidung von Begriffen und Forschungsansätzen in eine der Biologie zugerechnete „Bioökologie"[12] und eine der Geographie zugerechnete „Geoökologie" (die dann beide zusammen die interdisziplinäre „Überwissenschaft" Ökologie bilden sollen). Dies wird vor allem von LESER (1984, 1991; vgl. auch das Diercke-Wörterbuch Ökologie und Umwelt, LESER et al. 1993; ähnlich aber auch ROWE & BARNES 1994) propagiert. Mir erscheint diese Unterscheidung jedoch nicht sinnvoll – und das nicht nur wegen der daraus resultierenden weiteren Aufblähung des Fachvokabulars. Denn auch wenn geographische (bzw. topographische; s. Kap. 3.3) Aspekte in die Ökologie eingehen, so konstituiert sich Ökologie dennoch stets durch die Anwesenheit von *Lebewesen* und bleibt dadurch essentiell eine biologische Disziplin. Es kann – wie schon WALTER & BRECKLE (1983, p. 1) vermerkten – zwar eine Geographie des Mondes geben, aber keine Ökologie des Mondes.

Die Ideengeschichte ökologischer Einheiten

Wenn in Kapitel 2 gesagt wurde, daß von Ökologie als einer Wissenschaft erst seit der zweiten Hälfte des 19. Jahrhunderts geredet werden kann, so heißt das natürlich nicht, daß die Wurzeln vieler Theorien und Begriffe nicht schon wesentlich weiter zurückliegen (MCINTOSH 1985, TREPL 1987).

So entsprang auch der Gedanke, daß es überindividuelle Einheiten, d.h. ökologische Einheiten im hier gebrauchten Sinne, gebe, keiner originär „wissenschaftlichen" Idee oder Erkenntnis, sondern der *lebensweltlichen* Erfahrung: Wald, See, Wiese wurden wohl von den Menschen

---

12 Bereits 1927 gebrauchte Walter TAYLOR den Ausdruck „Bio-Ecology". Ein amerikanisches Lehrbuch von 1939 (CLEMENTS & SHELFORD 1939) trägt ebenfalls den Titel. In beiden Fällen wurde der Terminus aber nicht in Abgrenzung zu einer Geowissenschaft benutzt, sondern dazu, um gegenüber den bisherigen, auf Tier- *oder* Pflanzenökologie konzentrierten Lehrbüchern die Zusammenführung dieser beiden Teilbereiche auf die Ökologie *aller* Lebewesen hin herauszustellen (s.a. FRIEDERICHS 1963). Die Bezeichnung hat sich im weiteren nicht durchgesetzt.

aller Kulturen schon von jeher als „Einheiten" begrifflich gefaßt. Auf einen solchen Gedanken beziehen sich bereits FLAHAULT & SCHRÖTER in ihrer Abgrenzung gegen Versuche, eine einheitliche systematische Nomenklatur der Pflanzengeographie mittels einer Prioritätsregel einzuführen:

> „Denn die pflanzengeographische Nomenklatur ist *uralt*: sie hat damals ihren Anfang genommen, als man begann, einen Wald von einem Sumpf zu unterscheiden: und das ist schon lange her!" (FLAHAULT & SCHRÖTER 1910, p. 4)

Diese lebensweltliche Erfahrung von Natur als heterogen und in abgrenzbare Lebensräume unterteilbar ist eine der zentralen Ideen, die das Verständnis von ökologischen Einheiten und ihre Definitionen prägen. Eine zweite prägende Vorstellung ist die von den ökologischen Einheiten als Organismen. Die Metapher des Organismus, ist aber nicht irgendeine neben mehreren andern, sondern letztlich *die* zentrale Metapher für Einheiten aller Art oberhalb des Individuums. Dies gilt in gleichem Maße für ökologische Einheiten wie für gesellschaftliche (vgl. Stichwort „Organismus" in RITTER 1971ff.).

Das Verhältnis zwischen dem Bild des individuellen Organismus und seiner Projektion auf andere, überindividuelle Teile der Natur ist dabei höchst unterschiedlich. Es reicht von der vagen Entlehnung einzelner Kriterien, die einen Organismus als Einheit charakterisieren (z.B. seine räumlichen Abgrenzbarkeit oder die Interaktion seiner Teile), bis hin zu einer echten Identifizierung von individuellem Organismus und überindividuellem „Superorganismus" (z.B. PHILLIPS 1935b; s. Kap. 3.5). Nahezu alle möglichen bzw. realisierten Kriterien, die in unterschiedlichsten Definitionen ökologischer Einheiten auftreten, lassen sich auch am individuellen Organismus beschreiben. Auch dieses Bild ist daher eher ein lebensweltliches als ein wissenschaftliches, denn es entlehnt Vorstellungen über das „Wesen" ökologischer Einheiten dem naheliegenden Bild des eigenen Organismus. Diese Aspekte werden an späterer Stelle noch vertieft behandelt (vgl. Kap. 3.4).

Weitere wichtige Metaphern schließlich, die auf ökologische Einheiten angewandt wurden, sind die der Maschine (vgl. BOTKIN 1990) und der menschlichen Gesellschaft (so z.B. bei TANSLEY 1920, ELTON 1927). Sie stehen jedoch in der Ökologie oft wieder mit organismusähnlichen Ideen in enger Verbindung (TAYLOR 1988, BOTKIN 1990).

Diese genannten Bilder, die als Vergleiche für die Beschreibung und Erklärung ökologischer Einheiten herangezogen wurden, sind nicht als zeitliche Abfolge zu verstehen. Sie verweisen vielmehr in ihrem *zeitgleichen* Auftreten darauf, daß die Ökologie keine einheitliche Entwicklung hatte. Sie stand in vielmehr verschiedenen Traditionslinien der klassischen Biologie, und so entwickelten sich Pflanzenökologie und Tierökologie jeweils ebenso separat wie die Erforschung der Lebensräume Süßwasser, Meer und Land, um nur die wichtigsten Teildisziplinen zu nennen (s. MCINTOSH 1985, JAX 2000a). Auch die frühe Entstehung übergreifender ökologischer Gesellschaften in Großbritannien (British Ecological Society, 1913) und den Vereinigten Staaten (Ecological Society of America, 1915) änderte dies nicht. Daher waren auch die Begriffe der ökologischen Einheiten oftmals in ihrem Umfang und ihrem Anwendungsbereich beschränkt.

In der Geschichte der Ökologie lief die botanische Forschung der zoologischen in den meisten Gebieten voraus. Hier wurde der erste für die Wissenschaft lange Zeit prägende Begriff einer ökologischen Einheit, nämlich der der *Formation,* schon 1838 durch August GRISEBACH geprägt – also fast 30 Jahre bevor Ernst HAECKEL der Wissenschaft Ökologie ihren Namen gab –, während erst 1877 ein Begriff mit ähnlicher Tragweite in der Zoologie auftauchte, und zwar jener der *Biozönose,* formuliert von dem Kieler Meeresbiologen Karl August MÖBIUS am Beispiel der Austernbank. Der Begriff der Formation ging aus einem wissenschaftlichen Gebiet hervor, das man später oft als frühe Form der Landschaftsgeographie aufgefaßt hat, sowie aus der physiognomischen Naturbetrachtung Alexander VON HUMBOLDTs (vgl. TREPL 1987, Kap. V und VI). Der Biozönosebegriff bezog sich, wie noch zu sehen sein wird (Kap. 3.2), nicht direkt auf die älteren Begriffe der Botanik. Auf HUMBOLDT selbst wird der bis heute sehr wichtige Begriff der „*Assoziation*" zurückgeführt. Er wird von ihm zuerst 1805 (deutsch 1807) erwähnt. Allerdings gibt es hier – im Gegensatz etwa zur Formation – keine scharfe „Urdefinition". De facto ist die „Assoziation" die Übernahme von Sätzen aus HUMBOLDTs Schriften; sie wird dort nicht in Form der expliziten Definition eines Begriffs und einem dem zugeordneten spezifischen Fachterminus eingeführt, läßt sich aber aus dem Text erschließen als Gruppe von gemeinsam auftretenden Pflanzen, die einzelne Bereiche der Erde dominieren (HUMBOLDT 1960, p. 31). In der französischen Originalausgabe der „Ideen zu einer Geographie der Pflanzen" heißt es: „..cette association de l' erica vulgaris, erica textralix,...", was im deutschen übersetzt wurde als (a.a.O., p. 33): „... diese Gruppierung von Erica vulgaris, Erica textralix, ...". Ebenso spricht HUMBOLDT von „geselligen Pflanzen", was im englischen heißt: „associated plants".[13]

Während das Wort Formation (wenn auch bald mit verschiedenen Bedeutungen) allgemein Verwendung fand, faßte der Ausdruck „Biozönose" im angelsächsischen Sprachraum nie recht Fuß und wurde – zu recht oder zu unrecht – meist mit „community" übersetzt (vgl. Kap. 3.2). Der Ursprung des Terminus community ist nicht festzumachen, da er – im Gegensatz zu dem der Biozönose – dem Alltagssprachgebrauch entstammt.

Neben und aus diesen zentralen Begriffen der Ökologie entwickelte sich, insbesondere im Zusammenhang mit der fortschreitenden Beschreibung der terrestrischen Vegetation, eine nahezu unüberschaubare Anzahl weiterer Worte und Begriffe, um deren Identität und Berechtigung schnell Uneinigkeit bestand. Die Klage über eine unklare und unübersichtliche Terminologie durchzieht daher auch die ökologische Literatur der letzten 100 Jahre als bleibendes Thema (vgl. Kap. 2.1).

Schon der dänische Botaniker Eugenius WARMING beklagte sich in seinem einflußreichen *Lehrbuch der ökologischen Pflanzengeographie* (1896)[14], über die zu uneinheitliche Verwendung des Worts „Formation" und benutzte deshalb, trotz seiner Wertschätzung für GRISEBACH und seiner Zustimmung zu dessen Verständnis der „Formation", das Wort nicht, sondern verwendete den Ausdruck „Plantesamfund", was in der deutschen Fassung als „Pflanzenverein" übersetzt wurde (vgl. Kap. 2.4).

Unterschiedliche Auffassungen über die Bedeutung zentraler Fachtermini und über die Inhalte der damit verbundenen Begriffe führten dazu, daß zum III. Internationalen Botanischen Kongress in Brüssel (1910) eine Vorlage zur Phytogeographischen Nomenklatur erarbeitet wurde (FLAHAULT & SCHRÖTER 1910) mittels derer eine einheitliche Verwendung der Worte „Formation", „Assoziation" und anderer erreicht werden sollte. Dieser Versuch scheiterte allerdings zunächst. Spätestens ab Anfang des 20. Jahrhunderts ließ sich zudem eine tiefere Spaltung im Verständnis der Pflanzengesellschaften beobachten, die zu bis heute getrennten Traditionen in der Vegetationsökologie Kontinentaleuropas einerseits und der angelsächsischen Länder andererseits führte. Auf deren eine Seite steht die vornehmlich klassifizierende und beschreibende Pflanzensoziologie in den Traditionen SCHRÖTERs, SERNANDERs und später vor allem BRAUN-BLANQUETs, DU RIETZ' und TÜXENs, auf der anderen eine stärker dyna-

---

13 Nach Angaben von WHITTAKER (1962, p. 4).
14 Dänisches Original 1895: *Plantesamfund*. Das Buch wird – ich glaube zu recht – von vielen Ökologen als der eigentliche Beginn der wissenschaftlichen Ökologie gesehen.

3.1 Kurzer historischer Überblick

misch, d.h. am Entwicklungsgedanken von Pflanzengesellschaften orientierte Vegetationsökologie, die durch die Botaniker CLEMENTS, TANSLEY und GLEASON mit einigen gemeinsamen Grundgedanken, aber doch auch in je unterschiedlicher Weise geprägt wurde (vgl. Kap. 3.4). Innerhalb der europäischen Pflanzensoziologie kam es noch einmal zu großen Kontroversen zwischen den verschiedenen Schulen dieser Disziplin, besonders zwischen der mitteleuropäischen „Zürich-Montpellier-Schule" und der skandinavischen „Upsalaer Schule" (s.a. Kap. 4.2). Auch Rußland verfügte – vor allem bis in die 1930er Jahre – über eine theoretisch und empirisch bedeutsame Forschung in der Pflanzensoziologie.[15] Immerhin kam es bei den Internationalen Botanischen Kongressen in Cambridge (1930) und Amsterdam (1935) – trotz der in zahlreichen Splittergruppen aufs heftigste (und persönlichste) bis in die zweite Hälfte des 20. Jahrhunderts geführten methodologischen Kontroversen (siehe z.B. anschaulich OBERDORFER 1995) – zumindest für den eng begrenzten Bereich der kontinentaleuropäischen Pflanzensoziologie zu einer weitgehenden Einigung über einige grundlegende Termini (DU RIETZ 1930, 1936).

Im englischsprachigen Raum aber fanden die Pflanzensoziologie und die mit ihr verbundenen Begriffe zunehmend weniger Anklang und Verwendung, insbesondere nach dem Abklingen des bis ca. 1940 dominierenden Einflußes von Frederic CLEMENTS (der im übrigen seine sehr eigene, von anderen Wissenschaftlern aber wenig in ihren Details übernommene Terminologie hatte: siehe CLEMENTS 1905, 1916, CARPENTER 1938 und Kap. 3.4). Von der inhaltlichen Ausrichtung dominierte in den angelsächsischen Ländern bis Mitte des 20. Jahrhunderts als wichtigster Zugang zu ökologischen Einheiten das bereits erwähnte „Organismische Konzept" (CLEMENTS 1916, vgl. WHITTAKER 1957, TREPL 1987 und Kap. 3.4). Dem stand, allerdings zunächst mit sehr geringer Breitenwirkung, das „Individualistische Konzept" von H.A. GLEASON (1926, 1939) gegenüber. Es wurde erst mit einer neuen Generation von Pflanzenökologen und nicht zuletzt mit der Einführung neuer quantitativer Methoden in dieses Gebiet zur Hauptrichtung des Verständnisses von Pflanzengesellschaften (besonders WHITTAKER 1951, 1953, CURTIS & MCINTOSH 1951).

Es gab, neben den zahlreichen Versuchen einzelner Wissenschaftler und denen der Internationalen Botanischen Kongresse, noch weitere Anläufe, die verwirrende ökologische Terminologie zu klären. Die Ecological Society of America etablierte z.B. 1931 ein *Committee on Nomenclature* (EGGLETON 1942). Obwohl es 22 Jahre arbeitete, wurde der Abschlußbericht nie publiziert. Er ging offenbar in der Post verloren (sic!)(ANONYMUS 1955 und Robert K. PEET, briefliche Mitteilung vom 12.1.1995). Zumindest das Wörterbuch von CARPENTER (1938) greift aber wesentlich auf vorläufige Listen dieses Komitees zurück.

In der zoologischen Ökologie war der Zugang zu ökologischen Einheiten wesentlich schwieriger als in der Pflanzenökologie. Eine räumliche Abgrenzung war aufgrund der meist hohen Beweglichkeit von Tieren ebenso erschwert, wie eine Charakterisierung über ein „typisches" Artenspektrum (vgl. Kap. 3.2), welche zudem noch durch die Vielfalt und Versteckheit der Tiere erschwert wurde. Zwar gab und gibt es einige Versuche, die aus der Botanik übernommenen Einheiten direkt auf Tiergesellschaften zu übertragen (besonders bedeutsam waren hier Anfang des Jahrhunderts die Arbeiten von SHELFORD 1937, 1. Auflage 1913), aber dies ge-

---

[15] Übersichten zu den unterschiedlichen Richtungen der Vegetationskunde finden sich z.B. bei WHITTAKER (1962), MUELLER-DOMBOIS & ELLENBERG (1974), SHIMWELL (1971), DIERSCHKE (1994); speziell zur russischen Tradition und ihrem politisch bedingten Niedergang ab Mitte der 1930er Jahre siehe WEINER (1984, 1988). Zur frühen Geschichte der Disziplin und ihrer Theorie, worin die Charakterisierung ökologischer Einheiten eine zentrale Rolle einnimmt, siehe CLEMENTS (1916), RÜBEL (1917, 1920), GAMS (1918), DU RIETZ (1921).

schah meist sehr zaghaft und mit mäßigem Erfolg. In der Zoologie wurden Begriffe zu ökologischen Einheiten zunächst vorzugsweise im aquatischen Bereich entwickelt und angewandt, da dort die Grenzen von Organismengesellschaften, z.B. im Falle von Seen und Teichen (scheinbar) einfacher zu ziehen waren, oder wie im Falle von wenig beweglichen Lebewesen der Gewässerböden, die Bedingungen denen der Pflanzengesellschaften ähnlicher waren.

Ein einflußreicher Begriff einer ökologischen Einheit, welcher vom Ansatz her große Nähe zu den Assoziationen der Botaniker aufweist, ist der von C.G.J. PETERSEN (1913) entwickelte Begriff der „statistical communities" von den Meeresboden bewohnenden (benthischen) Tieren (vgl. Kap. 3.2), der später von vielen anderen Zoologen aufgegriffen und weiterentwickelt wurde, besonders in der Anwendung auf jenen Lebensraum, in dem er zuerst benutzt wurde.[16] Ebenfalls im marinen Milieu war schon einige Jahrzehnte früher der Biozönose-Begriff entwickelt worden (MÖBIUS 1877), und zwar an der optisch-räumlich gut abgrenzbaren Austernbank. Der Biozönose-Begriff betonte, im Gegensatz zu den mehr musterorientierten Einheiten der Botaniker, vor allem die *Interaktionen* zwischen den Mitgliedern der Einheit als ihr konstituierendes Element. Er wurde schnell aufgenommen und hatte speziell innerhalb der deutschen Tierökologie bald den unbestrittenen Rang *der* ökologischen Grundeinheit. Außerhalb des deutschen Sprachraums[17] fand die relativ spezielle Definition der „Biozönose" wenig Anklang. Im englischsprachigen Bereich wurde vielmehr der – oft sehr weit gefaßte – Begriff der „community" zum zentralen Begriff ökologischer Einheiten. Biozönose und community wurden z.T. als synonym angesehen, obwohl „Biozönose" meist enge und zu einer „Selbstregulation" führende Interaktionen zwischen den sie konstituierenden Organismen beinhaltete, was beim Begriff „community" nur gelegentlich zu den Definitionskriterien gehörte (siehe Kap. 3.2). Auch in der Botanik wurde der community-Begriff bereits früh benutzt, aber ebenfalls in sehr unspezifischer Weise, d.h. als Allgemeinbegriff für jede Art von Organismengesellschaft (z.B. MOSS 1910, CLEMENTS 1905; s.u.). Innerhalb der Tierökologie wurde der Begriff community vor allem durch Charles ELTON und sein bahnbrechendes Lehrbuch „*Animal Ecology*" (1927) populär gemacht und sogar mit Erfolg zum strukturierenden Kern der gesamten Tierökologie erhoben (vgl. JAX 2001a). „Community" blieb indes insgesamt ein schillernder Begriff; MACFADYEN, zeitweilig Mitarbeiter ELTONs, entdeckte denn auch in der Literatur sieben verschiedene Bedeutungen des Begriffs (MACFADYEN 1963, p. 177f.). Dies dürfte das heutige Spektrum bei weitem nicht abdecken und so kommt etwa MACARTHUR (1971, p. 189) zu der Auffassung, daß es ungefähr so viel verschiedene Verwendungsweisen des Begriffs „community" wie Ökologen gebe. GILLER & GEE stellen dementsprechend fest:

> „Community ecology may be unique among the branches of science in lacking a consensus definition of the entity with which it is principally concerned. A random sample of definitions of a community would be likely to show an inverse relationship between specificity and popularity." (GILLER & GEE 1987, p. 535)

Überblicke über die gegenwärtige Situation in Hinblick auf die Bedeutungsvielfalt des Worts „community" in der Ökologie und die damit verbundenen inhaltlichen Diskussionen geben z.B. UNDERWOOD (1986), ROUGHGARDEN & DIAMOND (1986), GILLER & GEE (1987), SCHOENER (1987) MCINTOSH (1995).

Dies gilt im Prinzip auch für den ursprünglich spezifischer definierten Begriff der Biozönose, der (bzw. das Wort, das ihn bezeichnet) – seit 1908 durch den Begriff des Biotops (DAHL 1908 a, vgl. Kap. 3.3) ergänzt – ebenfalls ein großes Bedeutungsspektrum zeigt, wie die große

---

16 Übersichten bei JONES (1950), THORSON (1957), ERWIN (1983).
17 wozu, im Sinne eines „wissenschaftlichen Sprachraums" bis zum 2. Weltkrieg auch viele nicht-deutschsprachige, vor allem europäische Länder zu rechnen sind, z.B. Rußland, bzw. die Sowjetunion, oder Skandinavien.

3.1 Kurzer historischer Überblick

Flut von Literatur belegt, die zu diesem Thema seit der Definition durch MÖBIUS veröffentlicht wurde (FRIEDERICHS 1930, SCHWENKE 1953, PEUS 1954, SCHWERDTFEGER et al. 1960/61, REISE 1980, weitere Literatur siehe v. a. Kap. 3.2 und 3.3). Gerade im deutschen Sprachraum hat sich eine ausufernde Terminologie unterschiedlichster Typen von Organismengesellschaften und der jeweils zugehörigen Raumeinheiten aufgebaut (siehe für Übersichten besonders BALOGH 1958, SCHWERDTFEGER 1975, aber auch noch LESER 1984, 1991, WITTIG 1993).

Auch die Begriffe für ökologische Einheiten, welche aus biotischen und abiotischen Komponenten zusammengesetzt sind, haben mannigfache Variationen erfahren. Früh schon wurden Binnengewässer mit ihrer Organismenbesiedlung als ökologische Einheiten angesehen. Seen und Teiche boten sich wegen ihrer vergleichsweise klaren Grenzen als „natürliche" Einheiten an. S.A. FORBES bezeichnete 1887 den See als „Mikrokosmus" und THIENEMANN (z.B. 1925b) sprach vom See als „Lebenseinheit höherer Ordnung" (s. Kap. 3.5). Obwohl hier (und bereits früher; s. Kap. 3.5) schon der Gedanke einer nicht nur die Organismen, sondern auch die abiotischen Faktoren umfassenden Systems angelegt war, war es dem britischen Botaniker Arthur TANSLEY (1935) vorbehalten, den heute für die Ökologie prägendsten Begriff für ökologische Einheiten aus der Taufe zu heben, nämlich den des „Ökosystems". In der ersten Hälfte des 20. Jahrhunderts wurden, im Zusammenhang mit dem diese Zeit prägenden „Ganzheitsdenken" (vgl. HARRINGTON 1996), eine Anzahl von in manchen Zügen ähnlicher Begriffe entwickelt. So prägte z.B. Richard WOLTERECK (1928) den Ausdruck „ökologische Gestaltsysteme", und Karl FRIEDERICHS (1927) den des „Holocöns" (auf die Unterschiede wird in Kap. 3.5 ausführlich eingegangen). TANSLEYs Begriffsschöpfung geschah aber – im Gegensatz zu diesen Begriffen – gerade in Absetzung von dem Anfang des Jahrhunderts dominierenden Verständnis der ökologischen Einheiten als „organischer Einheit/Ganzheit" oder als „complex organism" (z.B. bei PHILLIPS 1935b und CLEMENTS & SHELFORD 1939). Das Ökosystem war der Versuch, zwischen der Scylla des CLEMENTSschen „Superorganismus" und der Charybdis des von TANSLEY gleichfalls abgelehnten „Individualistischen Konzepts" von H.A. GLEASON hindurchzusegeln, welches alleine die Populationen in den Mittelpunkt der Synökologie stellte (siehe Kap. 3.4).

Von anderen „verwandten" Begriffen seien hier nur zwei genannt. Der Begründer der Biogeochemie, W.I. VERNADSKY, dessen Schriften einen wesentlichen Einfluß auf die Entwicklung einer stoffflußbezogenen Ökosystemtheorie hatten (TAYLOR 1988), redete von aus biotischen und anorganischen Elementen bestehenden „bio-inert bodies" als Teile der Biosphäre (wahrscheinlich schon 1935; vgl. VERNADSKY 1944, p. 493f.). In der Sowjetunion wurde außerdem in ähnlicher Bedeutung durch SUKATSCHEW[18] der Begriff der „Biogeozönose" geprägt (wahrscheinlich 1944, vgl. SUKACHEV 1958), der innerhalb der osteuropäischen Staaten lange Zeit den Begriffen Ökosystem oder Holocön vorgezogen wurde; die drei Begriffe wurden von vielen Autoren als identisch angesehen (siehe z.B. SCAMONI 1965 und die dortigen Diskussionsbeiträge).

Durchsetzen unter all diesen Termini konnte sich langfristig allerdings alleine der des Ökosystems, wenngleich schon früh wieder in einer Vielzahl von Bedeutungsvarianten. Die ersten empirischen Untersuchungen mit expliziter Bezugnahme auf den Ökosystembegriff geschahen erst ab den 1940er Jahren (zuerst LINDEMAN 1942), verstärkt dann ab ca. 1950, vor allem in

---

[18] Der russische Name wird in der lateinischen Schreibweise verschieden wiedergegeben und – in seinen eigenen Publikationen – teilweise SUKACHEV (in englischsprachigen Publikationen), teilweise SUKATSCHEW (in deutschsprachigen Aufsätzen) geschrieben.

den USA, und zwar in Verbindung mit Projektförderungen durch die US-Atomenergiebehörde und jener des Internationalen Biologischen Programms (vgl. HAGEN 1992, GOLLEY 1993 und Kap. 3.5). Auch die um diese Zeit aufkommenden – für TANSLEY noch nicht bedeutsamen – Systemtheorien (s.a. JAX 1996) und die damit einhergehende „Physikalisierung" der Ökologie (vgl. auch WIEGLEB 1996) trugen zur Karriere des Ökosystemgedankens bei. Eine Popularisierung des Begriffs geschah vor allem durch das Lehrbuch von Eugene ODUM (1953, 3. Auflage 1971), und das Ökosystem wurde nun – community bzw. Biozönose in diesem Rang ablösend – in weiten Kreisen der Ökologie schnell zu *der* Grundeinheit oder sogar *dem* Begriff der Ökologie überhaupt. So schreibt Eugene ODUM schon 1962:

> „As you know, ecology is often defined as: The study of interrelationships between organisms and environment. I feel that this conventional definition is not suitable; it is too vague and too broad. Personally I prefer to define ecology as: The study of the structure and function of ecosystems. Or we might say in a less technical way: The study of the structure and function of nature." (ODUM 1962, p. 108)[19]

Ironischerweise fand gerade die von TANSLEY so vehement abgelehnte Metapher von den ökologischen Einheiten als Organismen höherer Art später bei einigen Autoren wieder ihren Eingang in den Ökosystembegriff und verband sich teilweise auch mit dem Mitte des Jahrhunderts in den USA (erneut) besonders populär werdenden Bild von der Natur als Maschine, z.B. in den Schriften H.T. ODUMs (vgl. TAYLOR 1988). So verwundert es nicht, daß das „Ökosystem" starke Befürworter bei Ökologen unterschiedlichster Ausrichtung findet, da sich das Wort gegenüber der Füllung seines Bedeutungsinhaltes als ausgesprochen flexibel erwies. Der Begriff des Ökosystems verlor, ebenso wie vorher schon der der Formation, der Biozönose oder der community, sehr schnell die Eindeutigkeit, die sein Autor mit seiner Prägung zu erringen wünschte (s. Kap. 3.5). Alle vorangegangenen Diskussionen über die „Natur" der Biozönose, der community, der Formation oder der Population finden sich daher nach 1935 in leicht veränderter Form im Zusammenhang mit dem Ökosystem wieder, ergänzt um den einen oder anderen spezifischen neuen Aspekt. Daß auch diese Diskussionen bis heute nicht beendet sind, zeigen z.B. exemplarisch die diversen in jüngster Zeit im *Bulletin of the Ecological Society of America* erschienenen Aufsätze zum „richtigen" Verständnis des Ökosystem-Begriffs (ROWE & BARNES 1994, BLEW 1996, FAUTH 1997, MARÍN 1997, PALKA-SANTINI & PALKA 1997, ROWE 1997; an anderer Stelle: FITZSIMMONS 1996).

Ähnlich erging es in vielen Dingen der „einfachsten" ökologischen Einheit, nämlich dem Begriff der *Population*. Auch hier liegt ein lebensweltlicher Ursprung zugrunde, der vor allem in den Betrachtungen menschlicher Bevölkerungen und ihrer Dynamik, der Humandemographie, wurzelte (s. HUTCHINSON 1978, p. 5ff). Einen besonders prägnanten Eingang in die Biologie nichtmenschlicher Lebewesen fanden demographische Überlegungen über die Rezeption von T.R. MALTHUS durch Charles DARWIN. Die Population, nicht mehr die typologische Art, wurde für das Verständnis der Evolution zur entscheidenden biologischen Einheit. Vor allem im angelsächsischen Sprachraum hatten die Schriften DARWINs einen großen Einfluß auf die Entwicklung früher ökologischer Theorien, auch wenn schon in den ersten Jahrzehnten des 20. Jahrhunderts die Kluft zwischen verschiedenen Richtungen der jungen Populationsökologie wuchs, indem in einigen Schulen der Forschungsrichtung eine antidarwinistische Einstellung vorherrschte (vgl. KINGSLAND 1985, MITMAN 1992). Der Populationsbegriff war ähnlichen Unklarheiten unterworfen wie die Begriffe der Formation oder der community. Auch hier stellten sich die Fragen, ob es sich bei Populationen um Einheiten handele, die mehr als die

---

[19] Ein ähnliches Zitat findet sich bei MARGALEF (1968, p. 4).

Summe ihrer Teile sind, wie Populationen abzugrenzen seien, ob sie Einheiten der Selektion sein könnten etc. Insgesamt aber waren die Bedeutungsschwankungen des Worts Population geringer als bei „community" oder „Ökosystem". Es wurden auch nur wenige ähnliche Begriffe für Untereinheiten oder (vermeintliche) Synonyme aus der Taufe gehoben. Erst in den letzten Jahrzehnten wurde – mit der zunehmenden Verknüpfung von Populationsökologie und Populationsgenetik – das Vokubular in diesem Bereich leicht erweitert.

Weiteres Vorgehen

Im folgenden sollen nun die wesentlichen Kriterien, welche die verschiedenen Definitionen ökologischer Einheiten ausmachen und unterscheiden, anhand konkreter Beispiele aus der Geschichte der Ökologie herausgearbeitet werden. Ich habe dazu zum einen die Geschichte von solchen Begriffen gewählt, die besonders wirkmächtig waren, und bei denen mit einer solchen Analyse auch der Kontext ihrer Entstehung verständlich gemacht werden soll, und umgekehrt, mit Hilfe des historischen Kontextes das Verständnis der systematisch relevanten Probleme erleichtert werden soll. Es ist mir dabei wichtig, auch die jeweiligen (z.T. außerwissenschaftlich bedingten) Zielstellungen und die methodischen Randbedingungen der als Beispiele herangezogenen Studien zu erläutern, weil daran deutlich wird, daß die jeweilige Art der Fragestellung entscheidenden Einfluß auf die Formulierung der Begriffe hat. Vor einer systematisch verallgemeinernden Schlußfolgerung aus den Fallbeispielen steht daher zunächst immer der Versuch, eines text- bzw. autorenimmanenten Verständnisses der jeweiligen Begriffsinhalte.

Im Anschluß an jedes Fallbeispiel folgt ein Überblick darüber, wo die daran jeweils herausgearbeiteten Unterschiede in der Bedeutung von Bezeichnungen ökologischer Einheiten sich in der weiteren Literatur wiederfinden. Damit wird die Bedeutung der exemplifizierten Definitionskriterien über die speziellen Fallbeispiele und die dort jeweils behandelten Begriffe hinaus aufgezeigt. Dies betrifft sowohl andere Autoren und Lebensräume als und auch anderen ökologischen Einheiten. So werden in Kapitel 3.3 zwar zwei Bedeutungen von Biozönose als Fallbeispiel herangezogen, die daran gewonnenen Verallgemeinerungen werden jedoch danach auch am Begriff des Ökosystems als relevant aufgewiesen. Auf diese Weise soll gezeigt zeigen, wie verbreitet die jeweiligen Definitions-Ansätze innerhalb der Ökologie sind, und wie sie je nach (Ober)Begriff, ökologischer Teildisziplin und spezieller Fragestellung variieren. Meine Auswahlkriterien für die herangezogene Literatur waren die historische Wirksamkeit bestimmter Autoren und Publikationen, ihre Verbreitung als Lehrbücher, sowie ihre Repräsentativität für bestimmte Theorierichtungen.

3.2 Funktionale oder statistische Definition ökologischer Einheiten

Eine erste grundlegende Dichotomie in der Definition ökologischer Einheiten zeigt sich bei der Frage, ob solche Einheiten vor allem durch sich regelmäßig wiederholende Elemente charakterisiert sind, oder ob die entscheidenden Merkmale, die es erlauben, von einer ökologischen Einheit (Biozönose, community, Ökosystem etc.) zu reden, funktionale[20] Zusammenhänge zwischen den Elementen sind. Diese beiden Positionen sollen im Folgenden an zwei klassischen Studien über Organismengesellschaften des marinen Benthos erläutert werden.

Karl August MÖBIUS und der Begriff der Biozönose

In der Zoologie wurde 1877 der Begriff der *Biozönose* geprägt. Er wurde durch MÖBIUS anhand der Austernbänke des Schleswig-Holsteinischen Wattenmeers entwickelt.

MÖBIUS war kein dezidierter Theoretiker und der Anlaß seiner Studie *„Die Auster und die Austernwirtschaft"*, in der er den Begriff der Biozönose einführte, war kein akademisches sondern ein wirtschaftliches Interesse. MÖBIUS hatte von seiten der preußischen Landesregierung den Auftrag, die Möglichkeiten einer Austernzucht im Sylter Wattenmeer zu prüfen. Grund war zum einen der Ertragsrückgang bei den natürlichen Beständen, die es damals noch in den deutschen Küstengewässern gab, zum anderen die erhöhte Nachfrage nach frischen Austern.

MÖBIUS stellte fest, daß die übermäßige Befischung für den Rückgang der Austernpopulationen verantwortlich war und daß eine Austernzucht unter den speziellen Bedingungen des nordfriesischen Wattenmeeres, anders als in England und Frankreich, dort nicht durchgeführt werden konnte. Er forderte daher dringend eine Schonzeit für Austern. MÖBIUS versuchte seinen Ausführungen durch den von ihm neu geprägten Biozönose-Begriff eine stärkere Autorität zu geben.[21]

In Kapitel 10 seiner Studie beschreibt der Autor die Teile, die eine Austernbank ausmachen, und welche Tiere hier zu finden sind. Er prägt dann anhand dieses Beispiels den Begriff der Biozönose. Die Einführung des Begriffs beginnt mit der Schilderung empirischer Beobachtungen. Wörtlich heißt es bei MÖBIUS:

> „Die Gebiete der Austernbänke sind nicht von Austern allein bewohnt. Im schleswig-holsteinischen Wattenmeere und auch in den Mündungen englischer Flüsse, wie ich selbst beobachtete, sind Austernbänke die thierreichsten Stellen des Meeresbodens." (MÖBIUS 1877, p. 72)

> „Wirft man das Schleppnetz im Wattenmeere an Bodenstrecken aus, die zwischen den Austernbänken liegen, so fängt man viel weniger Thiere, und man erhält auf schlickigem Grunde andere Arten, als auf Sandgrund." (a.a.O., p. 75)

---

20 Die Worte „funktional" und „Funktion" sind in der Ökologie sehr schillernd in ihrer Bedeutung (s.a. JAX 2000b). Ich gebrauche „funktional" hier im Sinne von „auf Wechselwirkungen (Interaktionen) bezogen", oder, wie ich es in Kapitel 3.4 ausdrücke, auf die internen Relationen einer ökologischen Einheit bezogen. Es ist damit *nicht* eine andere verbreitete Bedeutung von „Funktion" impliziert, nämlich die, daß ein Element einer Einheit eine bestimmte „Rolle" in bzw. für diese Einheit hat bzw. in ihr ausübt oder eine bestimmte „Leistung" erbringt.

21 Das Umfeld der „Auster" stellt eine frühe Involvierung ökologischen Fachwissens in einen Konflikt zwischen der Erhaltung einzelner Tierarten und aktuellen wirtschaftlichen Interessen dar. Der Konflikt wurde – wie oftmals – zumindest kurzfristig zugunsten der Wirtschaft aufgelöst. Langfristig behielt MÖBIUS leider recht. Die Befischung der Austernbänke ging wenig vermindert weiter und um 1928/29 war die Auster im nordfriesischen Wattenmeer ausgestorben (REISE 1980).

3.2 Funktionale oder statistische Definition ökologischer Einheiten

Die Grunderfahrung, die hier geschildert wird, ist eine ähnliche, wie ich sie bereits oben andeutungsweise für den Gedanken der terrestrischen Einheiten erwähnte, nämlich der einer räumlichen *Heterogenität*. Der von Lebewesen bevölkerte Raum, in diesem Falle der Boden des Wattenmeers, wird als inhomogen erfahren, in seinen Teilen unterschiedlich von Tieren besiedelt. Dies beruht im Falle der Austernbänke teilweise auf direkter Beobachtung (insoweit die Austernbänke im Gezeitenbereich liegen und periodisch trockenfallen), teilweise auf indirekter Beobachtung durch die Ergebnisse von Schleppnetzfängen.

Weiter heißt es nun:

„Jede Austernbank ist gewissermassen eine Gemeinde lebender Wesen, eine Auswahl von Arten und eine Summe von Individuen, welche gerade auf dieser Stelle alle Bedingungen für ihre Entstehung und Erhaltung finden, also den passenden Boden, hinreichende Nahrung, gehörigen Salzgehalt und erträgliche und entwicklungsgünstige Temperaturen.

Jede daselbst wohnende Art ist durch die grösste Zahl von Individuen vertreten, die sich den vorhandenen Umständen gemäss ausbilden konnten; denn bei allen Arten ist die Zahl der ausgereiften Individuen jeder Fortpflanzungsperiode kleiner, als die Summe der erzeugten Keime war.

Die Gesammtheit der herangewachsenen Individuen aller in einem Gebiet zusammenwohnenden Arten ist der übriggebliebene Rest aller Keime der vorhergegangenen Brutperioden. Dieser Rest der ausgereiften Keime ist ein gewisses Quantum Leben, welches in einer gewissen Summe von Individuen auftritt und welches, wie alles Leben, durch Fortpflanzung Dauer gewinnt.

Die Wissenschaft kennt noch kein Wort für eine solche Gemeinschaft von lebenden Wesen, für eine den durchschnittlichen äusseren Lebensverhältnissen entsprechende Auswahl und Zahl von Arten und Individuen, welche sich gegenseitig bedingen und durch Fortpflanzung in einem abgemessenen Gebiete dauernd erhalten. Ich nenne eine solche Gemeinschaft *Biocoenosis* oder *Lebensgemeinde*." (a.a.O., p. 75f.)

Hier taucht das Wort „Biozönose" zum ersten Mal in der Literatur auf. Als wichtige Charakteristika sind zunächst festzuhalten:

1. Die „Auswahl" der vorkommenden Arten aus allen potentiell möglichen Arten und ihre Individuenzahl wird primär durch die abiotischen Bedingungen des jeweiligen Ortes bestimmt.

2. Die verschiedenen Arten bedingen einander gegenseitig und erhalten sich via Fortpflanzung als Ganzes über die Zeit.

Im folgenden beschreibt MÖBIUS weitere Merkmale der Biozönose.

„Jede Veränderung irgendeines mitbedingenden Faktors einer Biocönose bewirkt Veränderungen anderer Faktoren derselben. Wenn irgend eine der äusseren Lebensbedingungen längere Zeit von ihrem früheren Mittel abweicht, so gestaltet sich die ganze Biocönose um; sie wird aber auch anders, wenn die Zahl der Individuen einer zugehörigen Art durch Einwirkungen des Menschen sinkt oder steigt, oder wenn eine Art ganz ausscheidet oder eine neue Art in die Lebensgemeinde eintritt."(a.a.O., p. 76f.)

„Alle lebendigen Glieder einer Lebensgemeinde halten mit ihrer Organisation den physikalischen Verhältnissen ihrer Biocönose das Gleichgewicht, denn sie erhalten sich und pflanzen sich fort gegenüber allen Einwirkungen äusserer Reize und gegenüber allen Angriffen auf das Fortbestehen ihrer Individualität. Obgleich jede Art anders organisiert ist, in jeder also andere Kräfte zur Bildung und Erhaltung der Individuen zusammenwirken [...], so besitzen doch alle dieselbe Sättigungskraft für die Gesammtheit der äusseren Lebensbedingungen ihrer Biocönose. Alle Arten müssen daher eine Abweichung der Lebensbedingungen von dem gewöhnlichen Maasse mit entsprechenden Wirkungen in ihren Kräften beantworten; daher steigern alle zugleich ihre Lebensthätigkeiten oder mindern sie zugleich. Macht günstige Witterung eine Art fruchtbarer, so erhöht sie auch die Fruchtbarkeit der übrigen Arten. Entstehen auf einer Austernbank mehr junge Austern, weil die alten wärmer lagen und mehr Nahrung erhielten, als in gewöhnlichen Jahren, so bringen auch die Schnecken, Krebse, Seeigel, Seesterne und die übrigen Arten derselben Lebensgemeinde mehr Junge hervor, wie wiederholt beobachtet worden ist. Da aber für die Ausreifung aller im Uebermass erzeugten Keime weder Platz noch Nahrung genug vorhanden ist, so sinkt die Gesammtzahl der Individuen der

Lebensgemeinde wieder auf ihr früheres Maass zurück. Das Uebermaass, welches die Natur durch Steigerung einer der biocönotischen Kräfte erzeugte, wird also durch das Zusammenwirken aller biocönotischen Kräfte wieder vernichtet. Immer tritt bald wieder das biocönotische Gleichgewicht ein." (a.a.O., p. 80f.)

„Jeder biocönotische Gebiet hat in jeder Generationsperiode das höchste Maass von Leben, welches es zu bilden und zu erhalten im Stande ist. Aller daselbst vorhandene organisirbare Stoff wird von den dort erzeugten Wesen völlig in Anspruch genommen." (a.a.O., p. 83)

MÖBIUS sieht mithin die Biozönose in einem Gleichgewicht mit ihrer physikalischen Umgebung, d.h. ihre Zusammensetzung ist sozusagen ein Spiegelbild der äußeren Bedingungen und bleibt unter gleichbleibenden äußeren Bedingungen konstant. Gleichzeitig besteht für ihn auch ein Gleichgewicht der Arten untereinander, d.h. eine Konstanz in den Relationen der Individuenzahlen.[22] Diese geht soweit, daß sich die Zahlen „durch das Zusammenwirken aller biocönotischen Kräfte" in gewissem Grade – in moderner Terminologie – „selbst regulieren", da die vorhandene Menge an Nahrung und Platz vollkommen ausgenutzt wird.

Zusammenfassend läßt sich sagen, daß die MÖBIUSsche Biozönose eine *funktional* definierte ökologische Einheit darstellt, die durch die gegenseitige Bedingung der Arten und ihre Wechselwirkung mit den abiotischen Faktoren bestimmt wird, die in einem Gleichgewichtszustand steht, und die in gewissem Maße zur Selbstregulation fähig ist.[23]

Diese Art und Weise, ökologische Einheiten zu definieren, ist eine der klassischen Zugehensweisen, die sich bis heute in der Ökologie findet.

Dem funktionalen Ansatz des Biozönose-Begriffs sei nun eine andere Art und Weise der Definition mariner Organismengesellschaften gegenübergestellt. Über die Identität der sich so ergebenden Einheiten mit Biozönosen im Sinne von MÖBIUS wurde viel gestritten.

C.G.J. PETERSEN: Statistische Gesellschaften (statistical communities)

Anfang des 20. Jahrhunderts entwickelte der dänische Meeresforscher C.G.J. PETERSEN seinen Begriff der „communities" des marinen Benthos. Das englische Wort „community" wird im deutschen Sprachgebiet oft einfach mit „Biozönose" oder „Lebensgemeinschaft" übersetzt. Vor einer simplen Übertragung sei an dieser Stelle schon gewarnt, denn die dahinterstehenden Begriffe sind – nicht nur im Sinne von PETERSENs community-Verständnis – alles andere als deckungsgleich.

PETERSEN untersuchte zwischen 1911 und 1918 die Böden der dänischen Meeresgebiete. Ziel der Arbeiten war es, durch die Analyse der Bodenfauna Rückschlüsse auf die Menge an Fischnährtieren und damit in letzter Konsequenz auf die Menge an Grundfischen zu erhalten. Auch hier also war das erkenntnisleitende Interesse der Untersuchungen ein ökonomisches, d.h. fischereiwirtschaftliches.

---

22 „Gleichgewicht", „Stabilität" und viele andere damit verwandte Worte werden in einer ähnlich Vielfalt von Bedeutungen verwendet, wie die für ökologische Einheiten. Dies deutet sich schon durch die doppelte Bedeutung an, in der MÖBIUS „Gleichgewicht" gebraucht, nämlich sowohl als „Art- zu Art Gleichgewicht" als auch als im Sinne einer sozusagen „optimalen" Individuenzahl unter den jeweils gegebenen abiotischen Bedingungen. Vgl. zur Terminologie dieser Begriffe besonders ORIANS (1975), GIGON (1983), PIMM (1984), GRIMM (1994) GRIMM & WISSEL (1997) und WEIL (in WEIL & GINDELE 1999)

23 So wurde der Begriff auch in der deutschen Literatur überwiegend verstanden und verwendet. Das Wort „Selbstregulation", wird von MÖBIUS zwar nicht gebraucht, aber der damit bezeichnete Begriff ist aus dem obigen Zitat (aus p. 80) herauszulesen. Später wurde er auch explizit von vielen Autoren zur Charakterisierung des Biozönose-Begriffs verwendet, so u.a. von THIENEMANN (1925b), FRIEDERICHS (1927), SCHWENKE (1953), SCHWERDTFEGER (1975).

3.2 Funktionale oder statistische Definition ökologischer Einheiten

Ein wichtiges methodisches Problem, das sich PETERSEN stellte, war dadurch gegeben, daß er durchweg auf Weichböden des Sublitorals arbeitete, in jener Zone des Meeresbodens also, die nie trockenfällt und zudem in einem Substrat, bei dem die Hauptorganismen vor allem *im* Boden und nicht *auf* ihm leben. Dadurch war keine direkte Beobachtung seiner Untersuchungsobjekte und deren räumlicher Anordnung möglich, anders als bei MÖBIUS mit seinen gut abgrenzbaren Austernbänken, bei denen die auf dem Substrat lebende Epifauna dominierte. Traditionell wurde die Bodenfauna mit Hilfe der Dredge untersucht, eines kleinen speziell dafür konstruierten Schleppnetzes, das mit dem Schiff über den Meeresboden geschleift wurde. PETERSEN kritisierte vehement die Probleme, die diese Methode für eine quantitative und qualitative Untersuchung der Bodenfauna mit sich brachte, und entwickelte seinerseits ein Probenahmegerät, welches die weitere Entwicklung der Meerebiologie stark beinflußte und auch entscheidend für die Entstehung seines Begriffs der „community" war. Gemeint ist der nach ihm benannte PETERSEN-Greifer, ein Bodengreifer mit definierter Fläche (meist 0,1 m²), der senkrecht herabgelassen wurde. Mit Hilfe dieses Geräts nahmen PETERSEN und seine Mitarbeiter in den gesamten dänischen Meeresgebieten große Mengen an Proben, die sie auf ihre Bodenfauna hin auswerteten. Es war nicht die ursprüngliche Absicht PETERSENs, communities zu beschreiben. Ziel war vielmehr eine *quantitative, statistische* Verteilung der Bodenfauna zu erhalten. Die großen Unterschiede in der Verteilung der Arten auf die verschiedenen Gebiete, die er fand, und regelmäßig wiederkehrende Kombinationen von Arten legten es ihm jedoch nahe, eine Klassifizierung der Bodenfauna[24] in zunächst 8 *community-Typen* durchzuführen. Diese Klassifizierung stützte sich auf die quantitativ wichtigsten, *charakteristischen* Arten, hier vor allem Echinodermen. Wörtlich heißt es bei PETERSEN:

„On studying the tables accompanying this paper it is easily seen, that there is a great difference in the animal life of the various places and I still retain a vivid series of pictures form earlier studies, though those were only based on dredgings. (...) I am of opinion that by means of the *few species which constitute the main quantity of the animals in the communities*, we are able to give a better characteristics than has been previously possible." (PETERSEN 1913, p. 4)

Mit dem letzten Satz grenzt er sich auch gegen die seines Erachtens falsche Praxis ab, lange Artenlisten zur Beschreibung der Bodenfauna heranzuziehen. Die Auswahl der charakteristischen Arten erfolgt nach einer Reihe von Kriterien, die auf vorangegangen Erfahrungen basieren. Insbesondere nennt PETERSEN:

„The animals, which are not seasonal and which compose an important part of the whole mass of the community, owing to number or weight, will presumably be best suited for characterizing the community and must also be considered as giving a good idea of the outer conditions on which the community is dependent." (a.a.O., p. 4f.)

Saisonal stark schwankende und selten vorkommende Arten werden also von vornherein ausgeschlossen. Der Grund ist der, daß es PETERSEN eben nicht um die vollständige Erfassung des Bodenlebens und seiner Wechselwirkungen geht. Vielmehr vergleicht er explizit die Charakterarten mit den Leitfossilien der Geologen:

„The above-mentioned characteristic animals are, if not quite identical, at any rate closely rate related to the so-called leading fossils of the geologists, i.e. the animals that are always found in or are characteristic of certain layers, whose presence is easily proved even in small parts of geological layers and whose connections with the animals of other layers is just what we wish to discover. [...] The importance of the leading fossils to geology is long since an established fact and the fossils appear to be very closely related to our characteristic animals, being certain, generally distributed, common and therefore characteristic species of

---

[24] Auch vor PETERSENs Arbeiten gab es bereits Klassifizierungen benthischer Organismengesellschaften, meist aber wenig quantitativ und in Form grober „Zonierungen" etwa nach der Tiefe, z.B. bei LORENZ (1863).

animals, which more than all the others may be used to mark and indicate the whole fauna at a certain place; up to the present time we have not known 'leading fossils' in our seas, as these have been concealed by the dredge." (a.a.O., p. 27)

Was ist also für PETERSEN eine „community"? Sie ist eine statistische Einheit, die durch das gemeinsame Auftreten von charakteristischen Arten gekennzeichnet ist. Sie ist damit räumlich und typologisch gegen andere communities abgrenzbar, wobei hier für den letztgenannten Punkt das regelmäßige Auftreten derselben Artkombinationen entscheidend ist. Die community ist zwar das Ganze der Bodenlebewesen, erfaßt werden jedoch nur die Charakterarten, deren relative Mengen von Bedeutung sind.

Die statistischen Gesellschaften nach dem Modell von PETERSEN haben breite Akzeptanz gefunden und sind - mit gewissen Modifikationen - in der marinen Biologie bis heute ein wichtiger Begriff (s.u.).

In unserem Zusammenhang interessiert zunächst vor allem die Frage, inwieweit der Begriff der Biozönose und der der PETERSEN-community identisch sind oder wo ggf. die Hauptunterschiede liegen.

PETERSEN machte sich schon in der bereits zitierten Veröffentlichung von 1913 Gedanken über diesen Punkt. Er äußerte sich darin wie folgt:

„I am of opinion, therefore, that as a rule it is best to regard the animals living on the sea-bottom as communities, just as botanists group together the vegetation of the land into plant communities, even though in our present state of our knowledge it is impossible to show, how intimate the mutual relations are between the animals of the sea in the single cases. Moebius has called the animals living on an oyster bank a *biocoenosis*, laying here principal stress just on the intimate biological relations. [...]

At present we know extremely little in general regarding the mutual relations between the animals on the sea-bottom, except that some animals devour others and that certain animals live symbiotically to their mutual advantage, for example [...]; but we may presuppose with *Darwin*, that strong forces must be at work to limit the number of individuals within each species. We should study these animals communities in aquaria specially fitted up for the purpose and with suitable soils." (a.a.O., p. 32).

PETERSEN läßt also die Frage offen, ob die von ihm charakterisierten communities auch Biozönosen seien, denn seine Untersuchungen können keine Aussagen über die tatsächlichen Interaktionen zwischen den Arten der Gesellschaft machen, er kann in diesem Punkt nur vorsichtig Vermutungen äußern. Seine Ausgangsposition war, wie er viele Jahre später im Gespräch mit einem anderen Wissenschaftler mitteilte (THORSON 1957), deutlich die, sie als statistische, deskriptive Einheiten aufzufassen. Spätere Autoren haben diese vorsichtige Unterscheidung zwischen der deskriptiven statistischen community PETERSENs und der funktionalen Biozönose von MÖBIUS nicht immer gemacht und kamen aufgrund dessen und anderer später zu besprechender Mißverständnisse auch in der Frage nach der „Existenz" der PETERSEN-communites zu Scheinwidersprüchen (vgl.THORSON 1957, JAX & ZAUKE 1992 und Kap. 5.3).

MÖBIUS' Biozönose und PETERSENs community im Vergleich

Was sind nun im direkten Vergleich die entscheidenden Unterschiede der Begriffe von MÖBIUS und PETERSEN?

3.2 Funktionale oder statistische Definition ökologischer Einheiten

1. Während die Biozönose vor allem funktional definiert ist, also durch die Wechselwirkung aller Arten, ist PETERSENs community eine statistische Einheit[25], die über das regelmäßige gemeinsame Auftreten der verschiedenen Arten definiert ist.

2. Für die Charakterisierung der Biozönose sind alle Arten von Bedeutung, während die PETERSEN-community sich mit den nach praktischen Kriterien ausgewählten Charakterarten begnügt, ohne Aussagen über die übrigen Arten innerhalb des Lebensraumes zu treffen. Auch die Frage nach dem „Warum" des Auftretens einzelner Arten wird in PETERSENs Begriff zunächst nicht gestellt.

3. Für MÖBIUS sind sowohl die absoluten wie die relativen Mengen der vorkommenden Tierarten von Bedeutung, für PETERSEN nur relative Mengen.

4. Die Dynamik der Organismengesellschaften ist im Begriff der Biozönose eine wichtige Charakteristik (Stichworte: Selbstregulation, Stabilität), bei gleichzeitiger Annahme eines Gleichgewichtsmodells[26]. Der community-Begriff PETERSENs ist demgegenüber wesentlich statischer, insofern er dynamische Aspekte aus methodischen Gründen so weit wie möglich ausschließt und vorab keine Aussagen dazu macht.

5. Von der Intention her ist die Biozönose ein funktionaler Begriff, bei dem die Beschreibung und Erklärung von Interaktionen im Zentrum der Betrachtung steht, während die community i. S. PETERSENs ein klassifikatorischer Begriff ist, mit dem Ziel verschiedene Typen von communities typologisch wie räumlich voneinander abzugrenzen und zu kartieren. Dieser typologische Anspruch ist dem ursprünglichen Begriff von MÖBIUS fremd.

Die Definition von MÖBIUS war indes von Beginn an doch noch so vage, bzw. auch in sich widersprüchlich (CASPERS 1950; ausführlich dazu in Kap. 3.3), daß sich viele Interpretationen und „Erweiterungen" anboten.[27] Trotz der *Tendenz*, von späteren Autoren vornehmlich im Sinne einer funktional definierten Einheit gebraucht zu werden, kann bei der Verwendung des Terminus „Biozönose" nicht unhinterfragt von dieser Bedeutung ausgegangen werden (s.u.).

Die „Biozönose" wies aber im Gegensatz zur „community" immerhin eine zitierbare, unstrittig lokalisierbare Ursprungsdefinition auf, an der sich theoretisch alle späteren Autoren messen lassen mußten. „Community" wurde demgegenüber der Alltagssprache entnommen und ist so nicht in Form einer eindeutigen „Erstdefinition" festzumachen.

Das Wort „community" wurde häufig auch – aber wiederum beileibe nicht immer – relativ unspezifisch und z.T. explizit im Sinne eines allgemeinen Oberbegriffs für verschiedenste Begriffe von Organismengesellschaften gebraucht[28] (z.B. CLEMENTS 1916, CARPENTER 1938, ELTON & MILLER 1954, MILLS 1969, MACARTHUR 1971, ROUGHGARDEN & DIAMOND

---

[25] Ich behalte hier den von verschiedenen Autoren (so REMANE 1940, THORSON 1957, MCINTOSH 1985) benutzten Sprachgebrauch von den „statistischen" Organismengesellschaften für diese Art von Definitionen ökologischer Einheiten bei, obwohl es sich bei den *Methoden* zu ihrer Bestimmung nicht immer um exakte statistische Methoden im modernen Sinn handelt. Auch das Wort „kombinatorisch" wäre geeignet für das, was damit ausgedrückt werden soll.

[26] Die Formulierung von RESVOY (1924), der von einem „beweglichen Gleichgewichtszustand" sprach, wurde weithin in Definitionen der Biozönose aufgenommen.

[27] Durch einen späteren Aufsatz von MÖBIUS wurde dies noch verschärft, da MÖBIUS hier sogar noch explizit die *abiotische Umwelt* in den Begriff der Biozönose mit einbezog (MÖBIUS 1886; vgl. Fußnote 8 in Kap. 2.4). Laut THIENEMANN (1956, p. 36) ließ MÖBIUS diese zweite Definition jedoch später wieder fallen.

[28] Typisch ist eine Formulierung wie die im Lehrbuch von BEGON et al.:
„*Community*. The species that occur together in space and time." (BEGON et al. 1990, p. 848)

1986, BEGON et al. 1990) und uferte dementsprechend in seinen verschiedenen Verwendungen noch mehr aus, als der der Biozönose (vgl. MACFADYEN 1963, UNDERWOOD 1986, GILLER & GEE 1987). Gerade deshalb, und weil gelegentlich der Biozönosebegriff auch in der angelsächsischen Literatur Verwendung fand, sollte man mit einer simplen Übersetzung im Sinne einer Synonymisierung der Termini sehr vorsichtig sein und das scheinbar innerhalb der verwandten Sprachen Deutsch und Englisch doch simple Übersetzungsproblem nicht unterschätzen (s. Kap. 2.4).[29]

Schlußfolgerungen: Charakteristika funktionaler und statistischer Einheiten

Die allgemeinen Charakteristika funktionaler und statistischer Einheiten, die sich als wesentlich aus den obigen Fallbeispielen herausarbeiten lassen, sind die Folgenden. Für *funktionale Einheiten* ist ein Interaktionsgefüge ihrer Elemente entscheidend. Der Begriff der funktionalen Einheit ist somit nicht rein deskriptiv, sondern enthält die Erklärung des Zustandekommens der Einheit selber, nämlich in Form der Interaktionen zwischen den Elementen. *Statistische Einheiten* hingegen sind durch das wiederholte gemeinsame Auftreten von bestimmten Elementen definiert. Sie sind rein deskriptiv und machen keinerlei Aussagen über die Ursachen, die dazu führen, daß wiederholt eine gleiche oder ähnliche Kombination von Elementen vorkommt.

Wichtig hervorzuheben ist, daß die Definition einer ökologischen Einheit über den statistischen Zugang in keiner Weise *ausschließt*, daß es funktionale Zusammenhänge zwischen den Elementen der Einheit gibt. Diese Zusammenhänge sind aber nicht Bestandteil der Definition bzw. des Vorgehens, nach dem ein Objekt als eine solche ökologische Einheit „identifiziert" wird.

Zu unterscheiden ist zudem, ob der statistische Ansatz zur *Definition* oder zur *Beschreibung* ökologischer Einheiten benutzt wird. Eine statistische Einheit im hier verstandenen Sinne ist eine, bei der die Einheit erst aufgrund des wiederholten gemeinsamen Auftretens bestimmter Elemente als solche *konstituiert* wird (dies ist somit immer ein synthetischer Akt und erst aufgrund von Vergleichen möglich). Das heißt, nur das was typisierbar ist, was wiederholt in „gleichen" (de facto: ähnlichen, s.u.) Kombinationen von Elementen vorkommt, ist auch eine Einheit. Davon zu unterscheiden ist die statistische *Beschreibung* und *Typisierung* anders abgegrenzter „Individuen", also *a posteriori*. Hier ist die Erfassung des „Individuums" unabhängig von seiner weiteren Klassifizierbarkeit und geschieht aufgrund anderer Kriterien als derjenigen sich wiederholender Elementkombinationen (vgl. ausführlich dazu Kap. 4.2.).

Viele Definitionen ökologischer Einheiten sind „Mischformen", die zwar von ihrer *Methodik* her einen statistischen Ansatz verfolgen, „eigentlich" aber die Biozönose als funktionale Einheit ansehen und auch *formal* so definieren (s.a. Kap. 3.3). Bei vielen, gerade zoologischen Arbeiten, wird aber nicht sauber unterschieden zwischen den aufgrund einer bestimmten Methodik ermittelten statistischen Einheiten und den daraus abgeleiteten (bzw. postulierten) funktionalen Eigenschaften. Ein regelmäßiges gemeinsames Auftreten von Elementen (meist: Arten) macht noch keinerlei Aussage darüber, ob und ggf. welche biologischen Interaktionen

---

29 Ein Teil der Schwierigkeit rührt daher, daß „Gesellschaft" und „Gemeinschaft", im Englischen beide mit „community" übersetzt werden (obwohl für „Gesellschaft" auch das Wort „society" existiert). Der Bedeutungsunterschied, d.h. Gesellschaft als ein wenig, Gemeinschaft als ein hochintegriertes Miteinander von Individuen (vgl. Kap. 2.4), geht dabei verloren. Diese Differenzierung wird allerdings innerhalb der Ökologie – und das kompliziert die Sache weiter – auch im Deutschen beim Gebrauch der Worte „Gesellschaft" und „Gemeinschaft" nicht eindeutig und konsequent gemacht.

3.2 Funktionale oder statistische Definition ökologischer Einheiten

vorliegen.[30] Vielmehr können solche Koinzidenzen auch rein durch gleichartige Ansprüche der vorkommenden Taxa an den Lebensraum erzeugt worden sein (vgl. das Individualistische Konzept der Organismengesellschaften, Kap. 3.4).[31] Welche Ähnlichkeiten man findet, ist ohnehin immer stark von methodischen und methodologischen Vorgaben abhängig (s.u.), z.B. vom gewählten Untersuchungsmaßstab (vgl. JAX & ZAUKE 1992). Vergleichbare Probleme werden auch im nächsten Kapitel, bei der Frage nach der Grenzziehung von ökologischen Einheiten, wieder sichtbar werden.

Die Frage, die hier wie dort entscheidend ist, ist die, ob und ggf. unter welchen Umständen von Mustern auf die erzeugenden Prozesse geschlossen werden kann. Sie ist für die Forschung über ökologische Einheiten seit jeher ein Problem (z.B. SCHWENKE 1953, BALOGH 1958, s. dazu auch WIENS 1984, WIEGLEB 1989). CALE et al. (1989) zeigen sehr plastisch anhand von Modellen auf, daß gleiche Muster von Organismengesellschaften durch völlig verschiedene Prozesse erzeugt werden können.

Anwendungsbereiche und Variationen statistisch definierter Einheiten

Da die verschiedenen Variationen funktionaler Definitionen von ökologischen Einheiten in Kapitel 3.4 noch ausführlich erörtert werden, konzentriere ich mich im folgenden vor allem auf die Frage, wo statistische Ansätze von ökologischen Einheiten in der Ökologie Anwendung finden und wie diese in Abhängigkeit von den jeweiligen Fragestellungen, Methoden und theoretischen Auffassungen variieren. Dies beschränkt sich außerdem auf die Ebene der Organismengesellschaften, denn dieser Zugang findet sich unter den Oberbegriffen Population und Ökosystem eher selten, bei letzterem lediglich im Zusammenhang mit geographisch-großräumigen Erfassungen (z.B. Kartierungen) dieser Einheiten (so BAILEY 1987, 1996, KLIJN & UDO DE HAES 1994). Bei „Ökosystem" dominieren ganz klar funktionale Definitionen ökologischer Einheiten.

Statistisch definierte ökologische Einheiten finden bei verschiedenen Fragestellungen Anwendung. *Per definitionem* sind statistische Einheiten immer mit einer Klassifizierung verbunden. Eine solche Klassifizierung von Einheiten kann der eigentliche Zweck der Arbeit sein, oder sie kann nur notwendiges Mittel für andere Fragestellungen sein. Sie kann z.B. dazu dienen, Organismengesellschaften zu kartieren (etwa als Grundlage für biogeographische Fragen), oder dazu Anzeiger für bestimmte Variablen zu erhalten, z.B. für Klimaverhältnisse oder, wie im Falle PETERSENs, als Indikatoren für die Qualität (sprich: Produktivität) bestimmter Fischgründe. Schließlich können Klassifizierungen die Basis sein, um Typen von Organismengesellschaften abzugrenzen, die dann jeweils in ihren funktionalen Eigenschaften untersucht werden, ohne deshalb funktional *definiert* sein zu müssen. Das heißt, die so definierten verschiedenen Typen von statistischen Organismengesellschaften können *funktional* ganz unterschiedlich sein: manche befinden sich in Gleichgewichtszuständen, manche nicht, manche bestehen aus hochgradig interagierenden Elementen (Arten bzw. deren lokale Populationen), manche nur aus einem Nebeneinander dieser Elemente, ohne oder mit minimalen Interaktionen.

---

[30] Einen Fehlschluß dieser Art macht zum Beispiel ILLIES (in SCHWERDTFEGER et al. 1960/61, p. 95-101) indem er meint, den funktionalen „Biozönosecharakter" von Organismengesellschaften in einem Fließgewässer durch sich wiederholende Muster beweisen zu können (vgl. auch die diesbezügliche Kritik SCHWERDTFEGERs in der gleichen Veröffentlichung auf p. 109).

[31] Zumindest implizit steckt in der Idee ökologischer Einheiten *immer* die Vorstellung entweder enger Wechselwirkungen mit dem Umweltbedingungen oder aber von Wechselwirkungen untereinander, die eben dazu führen, daß sich dieselbe Kombination überall wiederholt.

Vielfach wurde – gerade in der Zoologie – der statistische Ansatz auch als ein erster und aus methodischen Gründen vorläufiger angesehen, der die Vorstufe zur Biozönoseforschung darstellen sollte, d.h. später durch einen funktionalen Ansatz ersetzt werden sollte (so z.B. REMANE 1940, THORSON 1957, SCHWENKE 1953; vgl. Kap. 3.3).

Der Allgemeinheitsanspruch, der mit einer Klassifizierung verbunden ist, ist sehr unterschiedlich. Zum Teil geht es darum, ein räumlich und systematisch möglichst weitreichendes System zu entwickeln, in das auch zukünftige Untersuchungen ihre Objekte einordnen können (vergleichbar also mit der Taxonomie der biologischen Arten). In anderen Fällen reicht es lediglich, daß regional oder lokal, d.h. für den Zweck einer einzelnen Untersuchung, Organismengesellschaften aufgrund von Ähnlichkeiten der Artenzusammensetzung voneinander unterschieden werden, ohne daß der Anspruch besteht, sie einem allgemeinen Klassifizierungsschema zuzuordnen – so in vielen Verwendungen von modernen Klassifikationsmethoden, etwa Ordinationen (vgl. GAUCH 1982 und s.u.). Die sich daraus ergebenden Typen von statistischen Einheiten werden dann auch nicht einmal notwendig mit Namen bezeichnet.

In der Praxis variiert dabei die Art und Weise, wie statistisch definierte Organismengesellschaften ermittelt werden, sehr stark. D.h.: was bedeutet „ähnlich" oder „gleich"? Je nachdem, welche Kriterien man anlegt, werden z.B. zwei Vegetationsflecke mal als ähnlich mal als unähnlich in ihrer Artenzusammensetzung zu bezeichnen sein. Einflußgrößen, die hier wichtig sind, sind: die raum-zeitlichen Skalen, die angelegt werden (s. Kap. 5.3), die Auswahl der Artgruppe(n) (z.B. nur Phanerogamen, alle Pflanzen, Pflanzen und Tiere zusammen), und die Frage, ob man alle Arten einer Artgruppe (z.B. Phanerogamen) oder eben nur bestimmte „Indikatoren" zur Bestimmung der Ähnlichkeiten von Gesellschaften betrachtet. Zudem lassen sich unterschiedliche Ähnlichkeitsmaße finden (vgl. z.B. JONGMANN et al. 1987). Im Falle, daß alle Arten einer Artgruppe berücksichtigt werden, unterscheiden sich die Ähnlichkeitsmaße u.a. dadurch, ob nur die Artidentitäten oder ob (und wie) auch relative Mengen berücksichtigt werden. Was, falls nur ausgewählte Arten herangezogen werden, als „charakteristische Elemente" angesehen wird, ist ebenfalls unterschiedlich. Es können z.B. die immer wieder konstant auftretenden Arten sein (auch wenn diese möglicherweise nur in geringen Individuenzahlen vorkommen), Arten, die ausschließlich auf bestimmte Typen von Einheiten beschränkt sind, oder aber die prozentual dominant auftretenden Arten. Die Diskussionen hierüber füllen ganze Bibliotheken (Übersichten bei REMANE 1940, WHITTAKER 1962, DIERSCHKE 1994, KRATOCHWIL 1991a).

Statistische Definitionen ökologischer Einheiten finden sich meistens nicht auf alle Arten eines Raumes zusammen angewandt, sondern eingeschränkt auf ausgewählte Artgruppen. Das sind entweder nur Pflanzen oder Tiere bzw. meist sogar kleinere systematische Gruppen. D.h es werden. z.B. Kieselalgengesellschaften oder Gastropoden-gesellschaften beschrieben. Solche taxonomisch eingeschränkten Gesellschaften werden oft auch als „Taxozönosen"[32] bezeichnet.

---

32 Der Terminus „Taxozönose" (engl. taxocene) taucht erst relativ spät in der Literatur auf und wird auf CHODOROWSKI zurückgeführt, der ihn recht beiläufig – im Zusammenhang mit einer Studie zu den Turbellarien eines polnischen Sees – prägte:

„The organisms which live in the lake compose its biocoenosis. We can state various kinds of groups of organisms in the biocoenosis. The association is one of many such groups. The association with groups of many species with definite structure, form the relatively completed whole inside the biocoenosis. E.g. the organisms of various systematic groups which live on the undersurface of floating leaves form the association as well as those organisms that live in mud (the profundal zone) or those, living on submergent sandy beaches. The organism [sic!] of particular systematic units e.g. Turbellari-

3.2 Funktionale oder statistische Definition ökologischer Einheiten

Die Einschränkung auf ausgewählte Organismengruppen hat verschiedene Gründe. Ein methodischer Grund liegt darin, daß die Bestimmung ähnlicher oder gleicher Artenkombinationen mit zunehmender Vielfalt der berücksichtigten Artenzahlen und Artengruppen schwieriger wird, weil die Identifizierung der Arten bei vielen Tiergruppen nur von Spezialisten geleistet werden kann.

Eine wachsende Artenzahl erhöht aber auch die Zahl der kombinatorischen Möglichkeiten und macht es so unwahrscheinlicher, daß sich wiederholende Kombinationen von Arten beobachtet werden können. Wichtiger als die Artenzahl per se sind für den letztgenannten Punkt die Unterschiede in der speziellen Biologie von Arten aus unterschiedlichen taxonomischen Großgruppen. Die Verschiedenheit der Ansprüche und Lebensweisen bringt es mit sich, daß die Chance sich wiederholender Artenkombinationen sinkt, weil beispielsweise ein beträchtlicher Teil von Tieren nicht an spezifische Pflanzenarten oder an die gleichen Ressourcen und Lebensraumbedingungen wie die Pflanzen gebunden ist. Aus diesem Grund erwiesen sich Versuche, Pflanzengesellschaften und Tiergesellschaften zur Deckung zu bringen, meist als nur mäßig erfolgreich (vgl. DIERßEN 1990, p. 199ff, sowie mehrere Aufsätze in KRATOCHWIL 1988).

In paläoökologischen Untersuchungen werden meist statistische Definitionen von Organismengesellschaften benutzt, aus dem simplen Grund, daß Angaben über Interaktionen hier immer spekulativ bleiben müssen. Dort ist es zwar theoretisch möglich, eine funktionale Definition von Organismengesellschaften zu vertreten, in der Praxis wird man aus naheliegenden Gründen aber immer mit einer statistischen Definition arbeiten müssen (vgl. z.B. BEHRENSMEYER et al. 1992).

In der Vegetationskunde ist ein statistisches Verständnis ökologischer Einheiten seit jeher gang und gäbe. Dort sind die zentralen Begriffe die der *Assoziation* und der *Formation*. Sie stellen von ihren Definitionen her statistische Einheiten dar. Darüber hinaus gibt es eine Vielzahl anderer Termini, die meist Teile oder Zusammenfassungen solcher Einheiten darstellen (vgl. DU RIETZ 1930, 1936, SHIMWELL 1971, DIERSCHKE 1994). Für die Ermittlung statistischer Organismengesellschaften sind zunächst relativ einfache und mathematisch oft nur sehr schwach formalisierte Verfahren, wie sie zu Beginn des Jahrhunderts benutzt wurden (TANSLEY 1920, DU RIETZ 1921, BRAUN-BLANQUET 1928; vgl. auch SHIMWELL 1971), ab Mitte des Jahrhunderts allmählich durch komplexe multivariate statistische Analyseverfahren abgelöst worden (vgl. GAUCH 1982, JONGMAN et al. 1987, DIERSCHKE 1994).

Es muß jedoch angemerkt werden, daß gerade in der Vegetationskunde häufig Unklarheiten darüber bestehen, ob der statistische Zugang tatsächlich der Konstituierung der Einheiten dient (also dem, was MUELLER-DOMBOIS & ELLENBERG 1974 als „entitation" bezeichnen) oder

---

ans, *Cladocera*, which occur in such associations, compose the groups of coexisting species. This group may be called taxocene so as to make it distinct from association. We mean by taxocenes all so called associations of particular systematic groups, e.g. 'associations' of *Copepoda, Cladocera*, etc. The groups of coexisting species (taxocenes) are parts of suitable associations and, as the latter ones, they possess the dominant structure (dominant, adominant, nondominant) of their own, provided that they include so many species as to be of some importance in the association." (CHODOROWSKI 1959, p. 53)

Eine weitere Definition von „Assoziation" wird nicht gegeben. Assoziationen werden vom Vorgehen her als statistische Einheiten beschrieben, die aufgrund des „typischen" gemeinsamen Vorkommens in bestimmten Lebensräumen zusammengestellt werden, welche CHODOROWSKI vorher definiert und abgegrenzt hat.

lediglich deren Beschreibung. Ich werde auf diese wichtige Frage später (Kap. 4.2) noch zurückkommen.

Auch in der Meeresbiologie, wurden statistische Ansätze – meist direkt in der Tradition PETERSENs – intensiv weiterverfolgt und begrifflich wie methodisch weiterentwickelt. Beispiele dafür sind die Studien von MOLANDER (1928; zitiert in LINDROTH 1935), SHELFORD & TOWLER (1925), SHELFORD et al. (1935), THORSON (1957). Wie in der Vegetationskunde werden sie dort heute in statistisch meist stark verfeinerter Form verwendet (z.B. WARZOCHA 1995, ZENETOS 1996)[33]. Es hat jedoch eine Menge Kontroversen um die PETERSEN-communities gegeben, sei es über die Zahl der verschiedenen abgrenzbaren communities oder über ihre Existenz per se (s. THORSON 1957, MILLS 1969, JAX & ZAUKE 1992; s.a. Kap. 5.3). Um die hier erläuterten Unterschiede von statistischer und funktionaler Organismengesellschaft besser herauszuheben, wurde von einigen Autoren vorgeschlagen, für die Einheiten vom Typ der PETERSEN-communities den aus der Botanik entliehenen Begriff der Assoziation zu verwenden (so REMANE 1940, CASPERS 1950, MILLS 1969).

Beispiele für eine Übernahme des statistischen Ansatzes in die limnische und terrestrische Tierökologie, entweder direkt aus der Pflanzensoziologie oder durch die Arbeiten PETERSENs, sind seltener. In Europa folgten z.B. GISIN (1943) KÜHNELT (1943a), FRANZ (1950) den Methoden der Pflanzensoziologie, in den USA vor allem SHELFORD[34] (1932, 1937) und in seiner Traditionslinie (und der von CLEMENTS) z.B. SHACKLEFORD (1929). Aktuelle Behandlungen solcher statistischen Einheiten finden sich z.B. in KRATOCHWIL (1988). Im Zusammenhang mit multivariaten Klassifikationsmethoden nimmt die Benutzung statistischer Einheiten von Organismengesellschaften auch in diesen Bereichen der Ökologie wieder zu (so in Fließgewässern z.B. bei TOWNSEND et al. 1983, WRIGHT et al. 1985).

Wortverwendungen im Zusammenhang mit funktionalen und statistischen Definitionen ökologischer Einheiten

Die wichtigsten Worte, die im Zusammenhang mit den beiden vorgestellten Ansätzen für ökologische Einheiten gebraucht werden, sind die der Biozönose, der community und der Assoziation, sowie im deutschen als Oberbegriffe noch die der Gesellschaft und Gemeinschaft.

In der Tendenz gilt, daß das Wort „Biozönose" nach wie vor meist eine funktionale Bedeutung hat, während „Assoziation" das am häufigsten benutzte Wort für explizit statistisch definierte Einheiten ist.

Dennoch werden alle genannten Worte in Hinblick auf die beiden hier vorgestellten Ansätze einer Definition ökologischer Einheiten in beiden Bedeutungen (d.h. funktional oder statistisch) gebraucht.

Im Zusammenhang mit „Forschungsprogrammen" wird so das Adjektiv „biozönotisch" sowohl in der Bedeutung von „klassifizierend" benutzt, z.B. FRANZ (1950), BALOGH (1958), MACFADYEN (1963), als auch in der Bedeutung von „funktional" z.B. bei REISE (1980). Bei einigen Autoren wird „zönotisch" bzw. „Zönose" mal in der einen, mal in der anderen Bedeu-

---

[33] Eine Analyse von PETERSENs Originaldaten mit neueren Methoden der Datenanalyse wurde von STEPHENSON et al. (1972) durchgeführt.

[34] „Those natural groups of animals which possess likenesses are the communities we must recognize." (SHELFORD 1937, p. 36; 1. Auflage 1913). Sein Ziel war zunächst eine physiologisch orientierte Charakterisierung von communities. Aus praktischen Gründen griff er jedoch schließlich auf einen statistischen Ansatz zurück (SHELFORD 1932, p. 115).

3.2 Funktionale oder statistische Definition ökologischer Einheiten

tung benutzt. So definiert KRATOCHWIL (1991b) *Bio*zönose funktional im Sinne von MÖBIUS, eine (nur aus Tieren bestehende) *Zoo*zönose aber charakterisiert er statistisch:

> „Unter einer Tiergemeinschaft (Zoozönose) verstehen wir die Vergesellschaftung bestimmter, in der Regel für einen definierten Vegetationstyp oder Vegetationskomplex typischer Tierarten, die dort mit einer spezifischen statistischen Wahrscheinlichkeit regelmäßig wieder auftreten. Die Zoozönose besitzt somit, wie die Phytozönose auch, spezifische Charakterarten, die auf diesen Lebensraum zumindest regional beschränkt sind." (KRATOCHWIL 1991b, p. 31)

Einige Autoren machen überhaupt keinen Unterschied zwischen den Begriffen und synonymisieren die diversen Worte:

> „The terms benthic communities, benthic assemblages or biocoenoses in recent marine ecological studies are the end result of the application of numerical taxonomy techniques." (ZENETOS 1996, p. 403)

Ein meines Erachtens sinnvoller Versuch, Trennungen vorzunehmen wird hingegen im Lexikon von CALOW (1998) gemacht. „Assemblage" wird dort als Oberbegriff für eine beliebige Ansammlung von Organismen benutzt, „Assoziation" (dort lediglich unter dem Stichwort „plant association" geführt) für eine statistisch definierte Einheit, „community" für eine funktionale Einheit. Ähnliche Vorschläge machen andere Autoren, z.B. GILLER & GEE (1987), UNDERWOOD (1986).

3.3 Topographische oder funktionale Grenzen ökologischer Einheiten

Eine entscheidende Frage, die für jede ökologische Einheit gestellt werden muß, ist die, wie sich ihre *Grenzen im Raum* bestimmen lassen und zwar sowohl gegenüber anderen Einheiten oder schlicht gegenüber ihrer Umgebung. Zwei prinzipielle Alternativen sind denkbar. Zum einen kann eine Grenzziehung nach (im Idealfall direkt äußerlich sichtbaren) Diskontinuitäten im Raum (so etwa zwischen Wald und Wiese, Wasser und Land) erfolgen, zum anderen aufgrund der Reichweite von funktionalen Beziehungen zwischen den Elementen der Einheit. Ich nenne im folgenden die erste Art der Grenzziehung eine *topographische*, die zweite eine *funktionale*. Dabei fasse ich unter topographische Grenzen auch solche, die von einem Beobachter „künstlich" gesetzt werden, also z.B. aufgrund von Verwaltungsgrenzen oder durch die Grenzen einer Probefläche. Die Frage kann auch anders formuliert werden: wodurch wird etwas zum *Element* einer ökologischen Einheit: durch Anwesenheit in einem bestimmten Raumausschnitt oder aufgrund funktionaler Verbindungen zu anderen Elementen der Einheit? Auch funktionale Grenzen haben einen Raumbezug, aber einen, der sich indirekt erschließt und der meist schwieriger zu bestimmen ist, als der topographischer Grenzen.

Im folgenden werde ich zunächst anhand der Schriften von Helmut GAMS und Olavi RENKONEN erläutern, wie die *Biozönose* in der einen oder der anderen Weise verstanden werden kann und welche theoretischen und praktischen Probleme die jeweiligen Zugehensweisen mit sich bringen. Auch wird aufzuweisen sein, daß ein unhinterfragter Schluß von topographischen auf funktionale Grenzen (und vice versa) nicht möglich ist.

Helmut GAMS: Biozönose als topographisch abgegrenzte Einheit

Wie schon erwähnt wurde „Biozönose" in der deutschsprachigen Tierökologie bald nach der Prägung des Worts zu einem zentralen Terminus für Organismengesellschaften. Nahezu alle Autoren verwiesen dabei auf MÖBIUS und zitierten seine Definition. Dabei wurden vielfach unter der Überschrift „Biozönose" nur die Tiere eines Lebensraumes betrachtet, und die Pflanzen eher als Milieufaktoren denn als Glieder der Biozönose angesehen (TISCHLER 1948). Dies war durchaus im Einklang mit dem Typusexemplar der Biozönose, der Austernbank. MÖBIUS' Formulierungen erlaubten gleichzeitig aber auch eine allgemeinere Interpretation, da er sich nicht explizit auf eine *Tier*gesellschaft festlegte.

In der Botanik dauerte es einige Jahrzehnte bis die „Biozönose" in die Terminologie Eingang fand. Das lag zum größten Teil wahrscheinlich daran, daß die Pflanzenökologie, in der Form der Pflanzengeographie oder Vegetationskunde, bereits auf ältere Begriffe für ökologische Einheiten zurückgreifen konnte, wie die der Assoziation und der Formation. Aber auch und gerade in der Vegetationskunde herrschte, wie oben bereits angedeutet, schon Ende des 19. Jahrhunderts eine babylonische Sprachverwirrung, in der nicht nur die Zahl der Termini und Begriffe für ökologische Einheiten rasant wuchs, sondern auch deren unterschiedliche Verwendung durch verschiedene Autoren. Versuche einer Rettung aus diesem Durcheinander gab es viele, sowohl „offizielle", wie die Vorschläge des III. Internationalen Botanikerkongresses in Brüssel zur phytogeographischen Nomenklatur (FLAHAULT & SCHRÖTER 1910; s.o. und Kap. 3.4), als auch Versuche Einzelner, eine Schneise durch das Dickicht der Worte und Begriffe zu schlagen, wie die Studien von MOSS (1910), GAMS (1918), DU RIETZ (1921) u.a.

Die 1918 publizierte Dissertation des Innsbrucker Botanikers Helmut GAMS, mit dem Titel *Prinzipienfragen der Vegetationsforschung*, hatte innerhalb der kontinentaleuropäischen Ökologie einen großen Einfluß. Durch sie wurde auch der Begriff der Biozönose erstmalig in die Pflanzenökologie eingeführt (DU RIETZ 1965) und besonders in der sogenannten skandinavischen Schule der Pflanzensoziologie in den folgenden Jahrzehnten gepflegt.[35]

In dieser Schrift versuchte GAMS, die verschiedenen Begriffe der Vegetationsforschung neu zu ordnen und mit ihnen – in Weiterentwicklung älterer Schemata von HAECKEL (1866) und TSCHULOK (1910) – die Unterdisziplinen der Biologie (vgl. meine Erläuterungen zum Ökologiebegriff in Kap. 3.1). Eine auf GAMS zurückgehende und zumindest in der ersten Hälfte des 20. Jahrhunderts vielgebrauchte Unterscheidung ist z.B. die in *Idiobiologie*, als der Biologie der Einzelorganismen, und der *Biozönologie* (oder *Synbiologie*) als der Biologie der Organismengesellschaften. Die wechselseitigen Zuordnungen bestimmter Teilgebiete der Vegetationsforschung und der darin behandelten Einheiten stellte für ihn ein zentrales Strukturierungselement für die Vielzahl der Phänomene und Begriffe dar. Er beklagte außerdem, wie manch andere vor und nach ihm, die Zersplitterung in eine botanische und zoologische Richtung der Ökologie und versuchte eine Angleichung der Terminologie beider Teilgebiete. Das begann damit, daß für ihn „Vegetation" und „Vegetationsforschung" nicht rein botanisch verstanden werden sollten, sondern er sie – mangels anderer Worte hierfür – auf die Gesamtheit der in einem Gebiet lebenden Pflanzen *und* Tiere bezog[36]– ein terminologischer Vorschlag, der fast nur Gegner fand. Neben der Einteilung dieser „Vegetations"einheiten in abstrakte und konkrete Einheiten (vgl. Kap. 4.2) interessiert hier speziell seine Unterscheidung in „topographische"

---

35 Zu den verschiedenen Traditionen bzw. Schulen der Pflanzensoziologie vgl. Kapitel 4.2 und vor allem WHITTAKER (1962).
36 Wörtlich heißt es bei ihm:
„Gemeinhin versteht man unter *Vegetation* die pflanzliche Decke eines beliebigen Ausschnitts der Erdoberfläche. Da jedoch kein logischer Grund den Ausschluß der Tierwelt innerhalb der Organismengemeinschaften rechtfertigt, so rechne ich auch die Tierwelt zur Vegetation. (...) Vegetationsforschung gebrauche ich somit als mit Biocoenologie gleichbedeutend." (GAMS 1918, p. 299)
Der Großteil seiner Schrift bezieht sich aber dennoch auf den pflanzlichen Part der „Vegetation" in seinem Sinne.

3.3 Topographische oder funktionale Grenzen ökologischer Einheiten

und „ökologische" Einheiten der Vegetation. Wenn man sich auch über die im weiteren zu erläuternden Zuordnungen von bestimmten Worten zu bestimmten Begriffen streiten mag, so ist festzuhalten, daß selten eine so klare Differenzierung verschiedener Kriterien, nach denen Vegetationseinheiten (ökologische Einheiten in meinem weiteren Sinne[37]) unterschieden werden können, durchgeführt wurde.

Eine *ökologische* Einheit im Sinne von GAMS ist eine Einheit, die durch die Beziehungen der Organismen untereinander und zu ihrer Umwelt konstituiert bzw. zusammengehalten wird. Demgegenüber ist eine *topographische* Einheit bei ihm vor allem durch ihre räumliche Umgrenzung, d.h. durch den *Standort*[38] bedingt. Diese beiden Arten von Vegetationseinheiten stünden zwar nicht beziehungslos nebeneinander, sie müßten aber begrifflich unterschieden werden und ihr Verhältnis muß bei einer konkreten Untersuchung in der Natur jeweils empirisch ermittelt werden (s.u.).

Die maßgebliche „ökologische Einheit" war für GAMS die *Synusie*, einen Begriff, den er neu in die Literatur einführte[39]. „Synusie" ist ein Typenbegriff, eine „abstrakte Einheit", wie GAMS sagt (vgl. Kap. 4.2), der seine konkrete Entsprechung in den im Gelände gefundenen *Siedlungen* und *Beständen* findet. Diese und ihre Typen in Form der Synusien werden von GAMS in einer dreistufigen Hierarchie geordnet. „Bestände" sind für ihn durch die Vereinigung mehrerer gleicher Lebensformen[40] definiert, die entweder derselben Art angehören (Synusie 1. Grades) oder größer sind und verschiedenen Arten angehören (Synusie 2. Grades). Die höchste Hierarchiestufe bilden „Siedlungen", die

„sich dadurch wesentlich von den vorgenannten unterscheiden, daß ihre Komponenten den verschiedensten Lebensformen und meist auch verschiedenen Aspekten angehören, somit verschiedene Lebensräume[41] einnehmen, sich aber auf demselben Standort gewissermaßen ergänzen und eine festgefügte ökologische Einheit bilden." (a.a.O., p. 427)

Das abstrakte Gegenstück hierzu nennt GAMS „Synusien 3. Grades":

---

[37] Das Wort „ökologisch" wird von GAMS in einer engeren Definition benutzt, als ich dies tue. Vgl. Kapitel 3.1 zum Wandel des Ökologiebegriffs.
[38] Der Begriff „Standort" wird von GAMS sehr eng und rein räumlich definiert:
„Es scheint mir zweckmäßig, hier eine Scheidung vorzunehmen und das Wort ,Standort' auf die größeren Einheiten, und zwar auf die Lokalitäten, nicht auf die Faktoren zu beschränken. Für die ,Lokalitäten mit kleinstem Raum' schlage ich die Bezeichnung *Lebensort* oder *Biotop* vor. (Der ,Biotop' von Dahl entspricht eher dem Standort.)" (a.a.O., p. 308)
[39] Die Prägung des Begriffs führte GAMS seinerseits nach DU RIETZ (1965) auf Eduard RÜBEL zurück, der ihn in einer Vorlesung erstmalig aufgestellt habe.
[40] GAMS grenzt seinen Begriff von „Lebensform", wie zu dieser Zeit bereits weitgehend üblich, explizit gegen den physiognomischen Ansatz in der Tradition HUMBOLDTs ab und geht über ein rein morphologisches Verständnis hinaus:
„Zur selben Lebensform gehören alle diejenigen Einzelformen *(seien es nun Arten oder nur bestimmte Generationen oder Entwicklungsstadien von solchen)*, die an denselben Lebensraum angepaßt sind." (a.a.O., p. 312)
[41] Auch „Lebensraum" hat bei GAMS eine sehr spezielle Bedeutung und kommt hier eher einer verbreiteten Bedeutung von „Habitat" nahe (vgl. YAPP 1922, SCHAEFER & TISCHLER 1983):
„Der *Lebensort* ist dem ,mathematischen Ort' zu vergleichen, er ist ein geometrisches Gebilde, das im Grenzfall linien-, ja punktförmig werden kann. Er ist diejenige physiographische Einheit, an der alle *physikalischen und chemischen Faktoren* völlig einheitlich sind. Der *Lebensraum* einer Pflanze (bei einer höheren der Wurzelort) umfaßt demnach die Summe aller von ihnen [sic!] eingenommenen Lebensorte; die darin wirksamen Faktoren resultieren aus allen an den einzelnen Lebensorten auf den Organismus einwirkenden. Sie sind also für einen Baum wesentlich andere als für ein mit ihm den gleichen ,Standort' einnehmendes Gras." (a.a.O., p. 308f.)

„Gesellschaften von Pflanzen und Tieren, deren selbstständige Komponenten verschiedenen Lebensformenklassen und Aspektfolgen angehören, die aber durch feste Korrelationen zu einer ökologischen Einheit auf einem einheitlichen Standort verbunden sind." (a.a.O., p. 328)[42]

Den Synusien als *ökologische* Einheiten stellt er die *Biozönose* als (abstrakte) *topographische* Einheit gegenüber, die er anstelle des seiner Ansicht nach durch zu unterschiedliche Verwendung unbrauchbar gewordenen Begriffs der „Formation" (*sensu* GRISEBACH) einführt:

„Als Ersatz dafür bezeichne ich die topographische Einheit als *Lebensgemeinschaft* oder *Biocoenose*. Eine Biocoenose umfaßt die gesamte auf einem einheitlichen Ausschnitt der Biosphäre (einem Standort, nicht Wurzelort!) enthaltene Vegetation im weitesten Sinn. Das Wort wurde durch den Tiergeographen *Möbius* in Berlin eingeführt und seither wohl ausschließlich von Tierökologen benutzt, z.B. von *Dahl, Enderlein, Bäbler, Shelford, Hesse, Doflein, Thienemann u.a.* und zwar für Tiergesellschaften von recht ungleichem Rang, öfters von dem der Synusie (z.B. bei Bäbler 1911; Shelford bezeichnet die Synusie als community)". (a.a.O., p. 436f.)

Auch GAMS beruft sich also auf die Definition von MÖBIUS und auch er tut dies *insofern* zurecht, als in dessen Definition das von GAMS betonte Kriterium der räumlichen Homogenität („auf einem einheitlichen Ausschnitt ...") eine wichtige Rolle spielt, ja sogar die Ausgangsfeststellung ist, anhand derer eine Biozönose beschreibbar ist (s.o.), und aufgrund derer die Austernbank von MÖBIUS als eine solche charakterisiert wurde. Die konkrete Realisierung einer Biozönose bezeichnet GAMS, (gleichlautend mit jener von Synusien 3. Grades) als „Siedlung"[43].

Entsprechend der Charakterisierungen von Synusie und Biozönose sind unterschiedliche Merkmale für die empirische Bestimmung derselben relevant. Während eine Synusie durch ihre *vollständige*[44] Artenliste charakterisiert und typisiert wird (d.h. immer wieder gleiche Arten treten aufgrund ihrer ökologischen Beziehungen untereinander und zur Umwelt gemeinsam auf), geschieht dies für die Biozönose ausschließlich durch den Standort.

Wir können also zunächst festhalten, daß GAMS klar zwischen funktionalen Einheiten und topographischen Einheiten unterscheidet. Die Biozönose ist für ihn vor allem durch das Zusammensein einer Gruppe von Lebewesen durch einen als einheitlich erkannten Standort definiert.[45]

---

[42] „Synusie" wird heute praktisch nicht mehr in dieser Bedeutung gebraucht. Es bezeichnet meist nur das, was GAMS mit Synusie 2. Grades bezeichnet hat (DIERSCHKE 1994, p. 133), nämlich „Gesellschaften deren selbstständige Komponenten verschiedenen Arten derselben Lebensformklasse und wesentlich derselben Aspektfolge angehören" (GAMS 1918, p. 428). „Synusie" hat heute vielfach auch die Bedeutung einer rein *statistischen* Einheit (so SCHAEFER & TISCHLER 1983).

[43] „Ich bezeichne jede konkrete topographische Einheit als *Siedlung*, wenn sie ökologisch einheitlich ist, als Bestand, und brauche Biocoenose und Phytocoenose nur für den abstrakten Begriff, ohne jedoch großes Gewicht auf diese Unterscheidung zu legen." (GAMS 1918, p. 448)

[44] In expliziter Abhebung von der Methode, lediglich Leit- oder Charakterarten zu verwenden (GAMS 1918, p. 331f).

[45] Es sei noch kurz erwähnt, wie sich topographische und ökologische (also funktionale) Einheiten bei GAMS zueinander verhalten. Es zeigt sich, daß für GAMS die Biozönose als die topographische Einheit deutlich die unspezifischere und im allgemeinen größere Einheit darstellt:
„Tatsächlich besteht die Lebewelt einer topographischen Einheit fast stets aus mehreren, öfters zahlreichen pflanzlichen und tierischen Synusien vom 1. bis 3. Grad, dazu aus mehr oder weniger zahlreichen pflanzlichen und tierischen Einzelindividuen und ‚Clans', die von den verschiedensten Lebensformen sein können." (GAMS 1918, p. 437)

3.3 Topographische oder funktionale Grenzen ökologischer Einheiten

Olavi RENKONEN: Biozönose als funktional abgegrenzte Einheit

Ganz anders wurde aber - zumindest in der Theorie - zur selben Zeit die Biozönose von vielen Zoologen definiert und im Raum abgegrenzt. Für sie waren vor allem die von MÖBIUS (1877) ebenfalls betonten (ökologischen) Beziehungen der Lebewesen untereinander entscheidend dafür, was als Biozönose zu bezeichnen sei und was nicht. Sie wurde damit gegen zufällige „Aggregationen" die sich eventuell in einem Raumabschnitt zusammenfinden könnten, und rein räumlich zusammengehörige Einheiten abgegrenzt (auf diesen Unterschied wies z.B. Friederichs 1929, 1930 hin). THIENEMANN nennt „Gemeinschaft" als das entscheidende Kriterium von Biozönosen und versteht darunter „bestimmte lebensnotwendige Beziehungen [der Organismen] zueinander" (THIENEMANN 1939, p. 268). Beispiele sind für ihn u.a. die Lebewesen eines gesamten Waldes oder eines Sees. Das Hervorheben enger funktionaler Beziehungen ist so gut wie allen expliziten Definitionen des Biozönose-Begriffs gemeinsam. Neben MÖBIUS wird dabei meist noch RESVOY als Gewährsmann angeführt, insbesondere dessen Kennzeichnung der Biozönose als: „.... ein sich in einem beweglichen Gleichgewichtszustand erhaltendes Bevölkerungs-System (...), das sich bei gegebenen ökologischen Verhältnissen einstellt" (RESVOY 1924, p. 209). Sehr unterschiedlich waren dabei die Spezifizierungen, welcher Art die Beziehungen sein mußten, um von einer Biozönose reden zu können (s.u. und Kap. 3.4).

Wie aber werden die Grenzen einer so verstandenen Einheit in der Natur ermittelt? Wo hört eine Biozönose auf und wo fängt eine andere an? Diese Fragen sind praktisch insofern relevant, als sie die Größe eines Forschungsobjektes bestimmen und auch die Voraussetzung bilden, um Biozönosen zu klassifizieren oder gar kartieren zu können. Wenn die Beziehungen zwischen den Organismen das Entscheidende der Einheit sind, so sollten diese auch die Grenzen der Biozönosen bestimmen. Ein Autor der dieses Problem besonders gewissenhaft verfolgte und es in recht typischer Weise löste, war Olavi RENKONEN. In seiner Dissertation (veröffentlicht 1938) untersuchte er die terrestrische Käferfauna der finnischen Bruchmoore. Er versuchte darin, die Käfergesellschaften dieser Lebensräume als Teil typisierbarer Biozönosen zu sehen und die Tierwelt mit der Pflanzenwelt zum Ganzen solcher Biozönosen zur Deckung zu bringen. Dazu bemüht er sich zunächst zu klären, was unter eine Biozönose zu verstehen sei und kommt, nach einem Verweis auf MÖBIUS und andere Autoren, zu einer ausgeprägt funktionalen Auffassung. Er schreibt:

„Soweit ich sehe, muss einer Biozönose vor allem kennzeichnend sein, daß sich innerhalb derselben ein vollständiger Kreislauf der organischen Elemente vollzieht[46]. Sie muß sowohl produzierende, konsumierende als reduzierende Elemente enthalten, denn erst alle diese zusammen bedingen die Fähigkeit zur selbständigen Bewahrung des inneren Gleichgewichtes." (RENKONEN 1938, p. 4)

Dem schwierigen Problem der Grenzziehung einer so verstandenen Biozönose widmet RENKONEN viele Gedanken. Sehr entschieden wendet er sich gegen die Praxis, Grenzen nach

---

[46] Die hier formulierte Forderung nach einem geschlossenen Stoffkreislauf war meines Wissens neu und taucht auch sonst kaum auf (in gewisser Weise vielleicht bei SZELÉNYI 1955). Sie geht indes über MÖBIUS hinaus und würde die Austernbank als Nicht-Biozönose erklären, denn deren Organismen leben als (z.T. als Filtrierer) stark von allochton produziertem Materialien (s.u.). Auch GAMS stellt für seine funktionalen Einheiten (die Synusien) solche Forderungen nicht auf, ja nicht einmal ein viel allgemeineres „Gleichgewicht", wie bei MÖBIUS und anderen. Die Definition der Biozönose, wie sie RENKONEN gibt, stellt damit einen Extremfall einer funktionalen Definition dieses Begriffs dar, und würde von heutigen Autoren unter den Begriff „Ökosystem" subsumiert.

der „Großvegetation und den von dieser angedeuteten Umgebungsverhältnissen" (a.a.O., p. 5) zu bestimmen[47], mit der Begründung:

„Es ist gewagt zu behaupten, daß gerade die Verhältnisse, bezüglich deren das betreffende Gebiet *sichtlich* [Hervorhebung K.J.] von seiner Umgebung abweicht, für die ganze Biozönose entscheidend sind, nur weil sie einigen Komponenten dieser Biozönose, z.B. die Baumvegetation, zu bestimmen scheinen. Auf diese Weise wird die Begrenzung der Biozönose unwissenschaftlich dogmatisch." (a.a.O., p. 6)

Vielmehr sollten konsequenterweise die *Organismen selbst* über die Wichtigkeit der einzelnen Faktoren Auskunft geben. Da eine Biozönose vor allem durch ihre gegenseitigen Beziehungen oder, wie er sich ausdrückt „Synphysiologie" bestimmt sei, könne erst deren Erforschung die Grundlage für eine Klassifizierung und schließlich Abgrenzung der Biozönosen liefern. Bis dahin könne von den großräumig optisch abgegrenzten Biozönosen höchstens als „provisorische Biozönosen" die Rede sein.

RENKONEN schnitt damit ein wichtiges Thema an. Das Dilemma bestand in der Tat darin (und besteht bis heute), daß man zwar Biozönosen beschreiben und klassifizieren wollte, ohne jedoch zuvor in der Lage zu sein, wie MÖBIUS bei seiner Austernbank, empirisch die in der funktionalen Definition postulierten Zusammenhänge überprüft zu haben und überprüfen zu können[48]. Nur so aber läßt sich ermitteln, wo die *funktional* konstituierten Grenzen räumlich zu verorten sind und ob sie sich tatsächlich mit den aufgrund topographischer Kriterien grob festgelegten decken. Dies heißt, wie ich noch zeigen werde, nicht, daß eine funktional orientierte Grenzziehung unmöglich ist, aber die erwünschte *a priori*-Festlegung aufgrund einfacher (topographischer) Kriterien bzw. der simple Schluß vom einen auf das andere erweist sich als unerreichbar.

Welchen Ausweg fand RENKONEN und fanden andere Zoologen aus diesem Dilemma? Es zeigt sich, daß auch die Zoologen, trotz ihrer beweglichen Objekte und der Tendenz, die Beziehungen zwischen den Organismen in den Vordergrund zu rücken, nicht völlig ohne eine topographische Dimension ihrer Einheiten auskamen. Sie war spätestens seit 1908 durch den Begriff des *Biotops* gegeben. Auf dessen Entstehung und Entwicklung muß daher im folgenden zunächst genauer eingegangen werden.

Friedrich DAHL und der Begriff des Biotops

War die topographische Dimension der Biozönose schon bei MÖBIUS angelegt, so war es Friedrich DAHL, der diese Dimension mit dem „Biotop" als eigenständigen Begriff und Gegenstand formulierte und ihn zudem zugleich von dem der Biozönose trennte und doch wieder untrennbar mit ihr verschweißte.[49] DAHL entwickelte den Begriff „Biotop" als eine nicht weiter von ihm problematisierte Erweiterung des von ihm bereits 1904 geprägten, rein auf Tiere

---

[47] So heißt es – wie auch sonst durchaus üblich – bei FRIEDERICHS, der gleichfalls eine funktionale Definition gibt:
„Nach dem derzeitigen Stande unseres Wissens heißt es aber unseres Erachtens sich selbst unnötige Schwierigkeiten schaffen, wenn man darauf verzichtet, die Lebensgemeinschaften nach den Standorten, gekennzeichnet durch die Vegetation, einzuteilen. Jedermann weiß, daß der Sandstrand, der Wald, das Moor, die Kultursteppe von besonderen Assoziationen von Tieren und Pflanzen belebt sind, die als Lebensgemeinschaften aufgefaßt werden können." (FRIEDERICHS 1930, p. 60, Fußnote 1)

[48] Dieses Problem ließ noch weitere 15 Jahre später Wolfgang SCHWENKE davon reden , daß man in der Biozönoseforschung noch ganz am Anfang stehe (SCHWENKE 1953, p. 159) – und das 76 Jahre nach der Prägung des Begriffs durch MÖBIUS.

[49] Das Paar Biotop + Biozönose ist, besonders im deutschsprachigen Schrifttum, als Kurzformel eine Art Standarddefinition für den Begriff des „Ökosystems"; vgl. auch Kapitel 3.5.

3.3 Topographische oder funktionale Grenzen ökologischer Einheiten

bzw. Tiergesellschaften bezogenen Begriffs „Zootop". Hervorgegangen war dieser aus tiergeographischen Fragestellungen, und zwar aus einem Interesse heraus, das sowohl von dem von MÖBIUS als auch von dem PETERSENs unterschieden war. DAHL ging es um die Frage, wie es möglich sei, in der Tiergeographie möglichst systematische Aussagen über die Verbreitung und den Aufenthaltsort von Tieren zu machen. Dazu, so meinte er, sei es nötig, nicht nur Faunistik zu betreiben, sondern auch „biocönotische Untersuchungen" durchzuführen, nämlich solche, welche *„die für die Art charakteristischen Lebensbedingungen"* feststellen (DAHL 1908a, p. 349). Dazu hält er es für notwendig, *planmäßig* bestimmte, in der Natur unterscheidbare Örtlichkeiten aufzusuchen, um das Auffinden von Arten nicht dem Zufall zu überlassen. In seinem für den Anfänger gedachten Buch über das „wissenschaftliche Sammeln von Tieren" (DAHL 1908b, 1. Auflage 1904) gibt er eine Liste aller auf der Erde (nach seinem Wissensstand) unterscheidbaren „Gelände- und Gewässertypen", die er auch „Zootope" nennt. Dies sind für ihn „Naturausschnitte", die aufgrund ihrer Umweltbedingungen für Tiere typologisch unterscheidbar sind. Maßgeblich für seine Klassifizierung sind einerseits physiographische Kriterien (Salzgehalt des Wassers, Tiefe, Gestein, Exposition etc.) und andererseits botanische (Art des Bewuchses). So ergeben sich Zootope (oder Biotope, denn der Übergang findet bei DAHL ohne weitere Modifizierung des Begriffs statt; vgl. DAHL 1908a, p. 350f.) wie „Tümpel und Gräben im trockenen Walde", „Tümpel, die sich in Höhlen befinden", „Nadelwald, dessen Boden mit einer dünnen Moosschicht und mit spärlichen niederen Pflanzen bewachsen ist" etc.

Diese simple und scheinbar problemlose Erweiterung des Zootops zum Biotop versprach einerseits die oftmals geforderte Zusammenführung von Botanik und Zoologie, sie brachte aber, gerade weil sie wenig überdacht war, auch große Probleme und Mißverständnisse mit sich, vor allem nachdem der Biozönosebegriff auch von einigen Botanikern aufgegriffen worden war. Die Frage, wie Pflanzengesellschaften („Phytozönosen") und Tiergesellschaften („Zoozönosen") als Biozönose in ihrer gemeinsamen räumlichen Einheit, dem Biotop zur Deckung zu bringen seien, gehörte schließlich auch zu einem der vieldiskutierten Probleme der folgenden Jahrzehnte (s.u. und GAMS 1918, RENKONEN 1938, KÜHNELT 1943b, SCHWENKE 1953 und andere; vgl. auch KRATOCHWIL 1988), ohne daß es zu einer wirklichen Lösung für die Praxis gekommen wäre.

DAHL selbst hielt indes die Aufgabe, solche voneinander unterschiedenen Biotope räumlich gegeneinander abzugrenzen und zu „identifizieren", für alles andere als leicht – ein Problem, das die Ökologie bis heute oft umtreibt und auf das im weiteren noch einzugehen sein wird . Der Zweck seiner o.g. Liste von „Zootopen" ist es nämlich gerade, dem Anfänger eine Wegweisung hierfür mitzugeben.

Obwohl also der Biotop bei DAHL schon zu Beginn eine topographische und der Klassifizierung von Biozönosen dienende Einheit ist, muß er für die Operationalisierung seines Begriffes feststellen:

> „Geht er [der angehende Forscher] ohne weitere Anweisung an die Arbeit, so wird er freilich bald die Erfahrung machen, daß er oft an scheinbar völlig gleichen Orten recht verschiedene Tiere findet und umgekehrt an scheinbar recht verschiedenen Orten fast die gleichen Tiere. Ja er wird oft an demselben Orte beim zweiten Besuche eine Art, die er das erste mal zahlreich fand, nicht wieder finden. – Diese scheinbaren Regellosigkeiten, aus denen frühere Forscher wohl die völlige Gesetzlosigkeit der organischen Welt ableiteten, sind in erster Linie darauf zurückzuführen, daß der Anfänger auf ökologischem Gebiet die Faktoren, welche das Vorkommen der verschiedenen Tierarten bedingen, welche aber oft durch andere, für das Vorkommen der Tiere belanglose Eigenschaften verschleiert werden, noch nicht erkannt hat. Er glaubt z.B. an genau demselben Orte zu suchen, macht aber seinen neuen Fang einige Schritte von dem früheren Fangort entfernt und ist, ohne es zu merken, in einem anderen Biotop, der dem ersten nur äußerlich ähnlich ist, hineingekom-

men. Oft verschieben sich die Biotope auch etwas gegeneinander infolge anomaler Witterung" (DAHL 1921, p. 12)

Das Problem, das hier auftaucht, ist jenes, daß die Definition des Biotops über die *Ansprüche der Organismen* geschieht, d.h. also nicht alleine über rein topographische, für den Beobachter leicht aufgrund sinnlicher Eindrücke abzugrenzende Raumeinheiten (obwohl letzteres eher die Praxis in der Verwendung des Begriffes sein dürfte; s.u.). Dies mündet schnell in eine zirkuläre Argumentation. Gesucht wird der Biotop, in dem bestimmte Tiere (Tierarten) immer wieder vorkommen. Der Biotop aber charakterisiert sich durch das Vorkommen bestimmter Tiere, da dort ja die Ansprüche der Tiere realisiert sind. Das heißt, um das eine zu kennen, muß jeweils das andere schon bekannt sein. Die Bedeutung dieses Punkts wird noch deutlicher, wenn man das Verhältnis von Biotop und Biozönose näher betrachtet, worauf gleich noch zurückzukommen sein wird.

Die Kriterien, nach denen DAHL eine Abgrenzung und Klassifizierung von Biotopen vornimmt, sind schwierig zu fassen und von ihm nur ungenau beschrieben. Zwar nennt und diskutiert er verschiedenste Faktoren, die er für die ökologisch bedingte Verteilung der Tiere als maßgeblich ansieht (DAHL 1921), muß sich aber letztenendes auf die persönliche Erfahrung des Wissenschaftlers zurückziehen:

> „Für den Anfänger ist es nicht leicht, sich ein Urteil darüber zu bilden, welche Örtlichkeiten als biologisch verschieden zu betrachten sind, *da nicht apriorische Erwägung, sondern nur die Erfahrung den Ausschlag gibt.*" (DAHL 1908b, p. 3ff; Hervorhebungen im Original).

Dies ist eine sicherlich begründbare Aussage, aber das damit verbundene Verfahren zur Auffindung von Biotopen ist nicht intersubjektiv vermittelbar. Neben der Erfahrung des geübten Beobachters sieht er als einen – wenn auch nicht gänzlich ausreichenden – Anhaltspunkt für die Abgrenzung von *Zootopen* immerhin die topographischen Einheiten der Pflanzengeographen an, wenn er schreibt:

> „Stützpunkte können uns bei Aufstellung einer solchen Übersicht vielfach die Arbeiten der Botaniker liefern. Die Leitpflanzen ihrer Vegetationsformationen können nämlich in den meisten Fällen auch für den Zoologen als leicht zu beobachtende Leitformen gelten. (...) Freilich decken sich die Vegetationsformationen keineswegs immer mit den Hauptabgrenzungen, die der Tiergeograph in einem Lande vorzunehmen hat." (DAHL 1908b, p. 4)

Der Zootop-Begriff und mit ihm der des Biotops bleibt so also ein vager Begriff im Sinne einer Anwendung auf empirische Beobachtungen. Sein Charakter ist zwar sehr deutlich ein topographischer, d.h. einer der den Biotop nicht nur als eine Faktorenkombination ohne räumliche Dimension betrachtet, sondern als einen Geländeausschnitt mit den dort herrschenden Umweltfaktoren, einer allerdings, der über die *Bedürfnisse* der dort lebenden Taxa definiert und im Raum abgegrenzt wird.

Für die Frage nach der Grenzziehung ökologischer Einheiten ist der Begriff des Biotops vor allem in seiner engen Verbindung mit dem der Biozönose von Interesse. Das Verständnis dessen, was eine Biozönose ist, weicht aber bei DAHL gerade in diesem Punkt von dem vieler anderer (vor allem späterer) Autoren ab. Schon in seiner Schrift über das Sammeln von Tieren spricht DAHL von Biozönosen und verweist dabei direkt auf Karl MÖBIUS. Auf ihn bezugnehmend charakterisiert DAHL eine Biozönose als:

3.3 Topographische oder funktionale Grenzen ökologischer Einheiten

„Vergesellschaftungen von Tieren, welche an Örtlichkeiten mit ganz bestimmten Existenzbedingungen zusammenleben" (DAHL 1908b, p. 2)[50].

Auch die Biozönose hat – weil DAHL vor allem an der räumlichen Verteilung von Organismen interessiert war – hier einen topographischen Charakter. An keiner Stelle werden die funktionalen Beziehungen der Organismen untereinander als besonderes Charakteristikum einer Biozönose betont, geschweige denn eine Autarkie oder Selbstregulationsfähigkeit derselben postuliert. Eine Biozönose existiert also aufgrund gleicher äußerer Existenzbedingungen, die in einem Raumausschnitt weitgehend homogen sind. Wichtig ist für DAHL die daraus folgende (sich unter gleichen Bedingungen wiederholende) Artenzusammensetzung der Biozönose und die Tatsache, daß jede Biozönose bestimmte (mindestens eine) nur für sie charakteristische Arten enthält.[51] Nur so kann DAHL schließlich auch die Biozönose in sehr unspezifischer Weise als eine Einheit verstehen, die schon durch die (charakteristische) Tierwelt eines Baumteiles gebildet wird, ebenso wie aber z.B. auch die Lebewesen des ganzen Meeres als eine Biozönose (nunmehr „höherer Ordnung") verstanden werden kann.

Biozönose und Biotop müssen sich für DAHL räumlich nicht notwendig decken, d.h. ein Biotop kann mehrere Biozönosen enthalten. So bemerkt er 1908:

„Mit Aufzählung der Gelände- und Gewässerarten [=Zootope, KJ] ist die Zahl der *Biocönosen*, die beim Sammeln zu berücksichtigen sind, keineswegs erschöpft. Ein Beispiel (...) mag dies zeigen: Beim Sammeln von Spinnen bekommt man an genau demselben Punkte im Walde völlig verschiedene Fänge, wenn man erstens im Moos des Bodens, zweitens auf niedere Pflanzen und drittens auf dem Gebüsch des Unterholzes fängt."(...)

„Wie weit Biocönosen an demselben Orte zu unterscheiden sind, wie weit man also in der Variation der Fänge an demselben Orte (Zootope) gehen muß, um alle Tiere zu bekommen, kann wieder nur die Erfahrung lehren." (DAHL 1908b, p. 11 f.)

Erst 1921 spricht er von der Biozönose als „sämtlichen Bewohnern eines Biotops", und bezieht in seine Charakterisierung derselben in mehr oder weniger wörtlicher Wiedergabe auch MÖBIUS' Aussagen zum Gleichgewicht und zur Selbstregulation ein (DAHL 1921, p. 57f.). DAHL stellt aber dennoch auch in dieser Schrift nicht seine Aufsplitterung des Biozönose-Begriffs als die Bewohnerschaft kleiner und kleinster Raumausschnitte in Frage:

„Die Lebensgemeinschaft [= Biozönose] in engster Auffassung entspricht dem Biotop in der oben gegeben Fassung. Es sind also einerseits die grünen Teile einer bestimmten Pflanzenart, andererseits der Stamm, die Wurzel, die Blüte, die Frucht usw. als Lebensgemeinschaft im engeren Sinne zu betrachten." (DAHL 1921, p. 58f.)

So bleibt also die Frage, wie das Verhältnis von Biotop und Biozönose zu verstehen sei bei DAHL unklar. Es verwundert daher kaum, daß später sehr unterschiedliche Interpretationen sich auf den Biotop-Begriff DAHLs berufen konnten.

Eine genaue Deckung zwischen Biozönose und Biotop, aber *nur* zwischen Biozönose und Biotop ist konsequent erst seit FRIEDERICHS (1929, 1930) üblich geworden[52]. HESSE etwa versteht 1924 in seinem Buch *Tiergeographie auf ökologischer Grundlage* „Biotop" wie DAHL vor allem als eine geographische Einheit, und hält es gleichfalls für üblich, daß es Biozönosen gibt, die nur *Teile* eines Biotops bewohnen. Als Beispiel für eine solche Biozönose

---

50 Gerade in der hier zitierten Schrift wird nie völlig klar, ob DAHL mit der Biozönose sowohl Pflanzen als auch Tiere, oder, wie in der zitierten Stelle, nur Tiere meint. Auch MÖBIUS ist hier unterschiedlich interpretiert werden (s.o.). Wahrscheinlich ist es, daß DAHL im allgemeinen alleine die Tiergesellschaft meint.
51 Ein ähnlicher Ansatz findet sich bei SHELFORD (1937).
52 FRIEDERICHS (1930, p. 26) selbst verweist für die gleiche Ansicht auf einen Aufsatz von DICE aus dem Jahr 1922.

nennt HESSE einen Ameisenhaufen innerhalb des Biotops Wald oder die Tierwelt eines Strauches am Waldrand (vgl. auch das o.g. Verständnis von Biozönose bei THIENEMANN). Die Differenz zu der engeren Verwendung des Begriffspaars „Biozönose-Biotop" liegt auch hier in der Fassung des Biozönose-Begriffs, der relativ unspezifisch gebraucht wird (vgl. dazu Kap. 3.2).

Das Problem, das ich in diesem Abschnitt anhand der Veröffentlichungen von DAHL geschildert habe, ist ein prinzipielles. Die Zirkularität der Bestimmung der Biozönosegrenzen durch den Biotop (oder in angelsächsischer Terminologie meist: der community durch das Habitat) und der gleichzeitig dafür notwendig werdenden Heranziehung der Lebewesen (also in ihrer Gesamtheit: der Biozönose) und deren Ansprüche an den Biotop ist immer wieder anzutreffen. So beschreibt Frederic CLEMENTS in seinem Werk über die Methoden der Ökologie die Beziehung zwischen „Formation" und „Habitat" wie folgt:

> „In vegetation (...) the connection between formation and habitat is so close that any application of the term to a division greater or smaller than the habitat is both illegal and unfortunate. As effect and cause, it is inevitable that the unit of the vegetative covering, the formation, should correspond to the unit of the earth's surface, the habitat. This places the formation upon a basis which can be accurately determined." (CLEMENTS 1905, p. 292)

Auch er hat die gleichen Probleme wie DAHL, wenn er die Bestätigung für die Grenzen eines Habitats schließlich doch wieder nur über die Organismen finden kann:

> „The final test of a habitat is an efficient difference in one or more of the direct factors, water content, humidity, and light, by virtue of which the plant covering differs in in structure and in species from the areas contiguous to it." (ibd.)

Diese Zirkularität in CLEMENTS' System wurde auch des öfteren kritisiert (siehe WHITTAKER 1962, p. 51).

Bliebe man bei einer rein physiographischen Definition von Biotop, die etwa schlicht der Bedeutung des „Wohnorts" entspricht, so ließe sich das Problem zwar vermeiden, es bleibt aber die Frage, inwieweit damit der Zweck, den DAHL z.B. im Auge hatte, nämlich der einer Klassifizierung von Lebensräumen, noch erreicht werden könnte. Sobald man aber die Grenzen von Habitat oder Biotop über die Ansprüche von Organismen definiert, befindet man sich in dem geschilderten Zirkel.

RENKONENs Lösungsansatz

Der Begriff des Biotops wurde in der deutschsprachigen Tierökologie zum Schlüsselbegriff für die Abgrenzung der Biozönose. Er war, wie geschildert, ein Zwitter zwischen topographischem und funktionalem Begriff. Topographisch war er insofern, als er durch den Raum festgesetzt wurde, aber aufgrund der Ausprägung der abiotischen Faktoren darin. Aber auch da wurde er *in einem gewissen Sinne* aber wieder funktional, weil diese „abiotischen Faktoren" ja nur durch die Beziehung zu den sie beeinflussenden Organismen zum *Bio*top – und überhaupt erst zu „Umweltfaktoren" – werden (vgl. auch GISIN 1952).

Aber diese „Funktionalität" war eben eine der Interaktionen zwischen Organismen und abiotischen Faktoren, nicht eine der *Interaktionen zwischen den Organismen*, wie sie für die Definitionen der Biozönose in der Tradition von MÖBIUS entscheidend sind.

Methodologisch warf aber selbst eine Grenzziehung aufgrund der Existenzbedingungen der die Biozönose bildenden Organismen enorme Schwierigkeiten auf, wie oben schon angedeutet. So notierte RENKONEN:

3.3 Topographische oder funktionale Grenzen ökologischer Einheiten

Wie kann ein Mensch wissen, was in den Lebensbedingungen wesentlich ist, wenn er nicht weiß, um welche Lebewesen es sich handelt; die Organismen verhalten sich ja zur Umwelt jeder auf seine eigene Weise?" (RENKONEN 1938, p. 9)

Aus diesem Grund führte der Weg zur Abgrenzung der funktional definierten Biozönose auch weder über die funktionalen Beziehungen der Lebewesen untereinander, noch über funktionalen Beziehungen zwischen den Lebewesen und ihrer Umwelt oder einfach über die physiographischen Gegebenheiten allein. Die Methode der Wahl war (und ist) es für die meisten Tierökologen, über die *Pflanzenausstattung* eines Gebiets auf Biotop und Biozönose zu schließen. Damit verlagerte sich die Frage der Grenzziehung noch einmal und zwar auf eine Variante, die – entgegen allen schriftlichen Definitionen – in ihrer Operationalisierung weder rein topographisch noch rein funktional war. Der Weg zur Biozönose und ihrer räumlichen Abgrenzung wurde ein indirekter, über mehrere Stufen.

RENKONEN entschied sich dafür, die Vegetationstypen seines finnischen Landsmanns CAJANDER als Basis für eine Einteilung von Biozönosen zu nehmen. Aufbauend auf eine Argumentation PALMGRENs (1928) kommt er zu dem Schluß:

„Die obige Auslese dürfte mit genügender Deutlichkeit zeigen, daß die Waldtypen, so wie Cajander sie darstellt, pflanzenökologische Gesamtheiten vertreten, die ihrem Wesen nach in einem engen Zusammenhang mit dem oben (p. 8) umrissenen Biozönosebegriff stehen. Nach allem zu urteilen scheint es, daß die Vegetationskomponente der Biozönose, die die Qualität und Menge der organischen Produktion der Biozönosenphysiologie repräsentiert, sich besonders erfolgreich durch die Erforschung des Lebens und des Aufbaus der Waldtypen Cajanders klarlegen läßt." (a.a.O., p. 13f.)

Dabei identifiziert er aber CAJANDERs Vegetationstypen nicht einfach mit Biozönosen, sondern nimmt sie vorsichtig als „äußerlichen Rahmen" für die Untersuchungen. Ausgehend von dieser Vorgabe untersucht RENKONEN nun die Käfergesellschaften der finnischen Bruchmoore auf sich wiederholende Artenkombinationen, deren Ähnlichkeit er mit einem von ihm entwickelten und später viel verwendeten Dominanzidentitäten-Index überprüft. Sein Ziel ist ein Vergleich von Tiergesellschaften mit den Vegetationstypen CAJANDERs und deren allmähliche Angleichung, hin zu einer Synthese von Tier- und Pflanzengesellschaften als Biozönosen und Biozönosetypen. De facto geschah auch hier die Abgrenzung topographisch. Diese Vorgehensweise ist recht typisch für die Abgrenzung von Biozönosen.[53]

Der theoretische Ausgangspunkt von RENKONEN war einer, in dem er Biozönosen als funktionale Einheiten sah und sehr hohe Anforderungen an die sie definierenden Interaktionen stellte (z.B. Gleichgewicht und geschlossene Stoffkreisläufe zwischen den Lebewesen; s.o.). Die Grenzen von Biozönosen wurden dabei explizit auf dieser Basis formuliert. Was in der Praxis blieb war jedoch eine statistisch sich wiederholende Kombination von Arten oder Lebensformen und ähnelte somit dem im vorhergehenden Kapitel skizzierten Ansatz von PETERSEN mehr als jedem anderen. Das Abrücken von dem angestrebten Ziel einer funktionalen Grenzziehung der Biozönosen war damit sozusagen ein doppeltes: das „Funktionale" wurde zunächst von den Beziehungen der Organismen untereinander (und deren die Grenze bestimmenden Reichweite) auf funktionale Beziehungen zwischen Organismen und Lebensraum transferiert und schließlich von dort noch weiter zu einer Analyse von Mustern, d.h. auf rein topographische Grenzziehungen hin.

---

[53] Es liegt, trotz des Bemühens von RENKONEN, ein Trugschluß vor, da die Wiederholung derselben Artenkombinationen noch keine Aussagen darüber macht, ob tatsächlich eine Biozönose in einer funktionalen Definition, wie sie Renkonen vertritt, vorliegt. Auf dieses Problem wurde schon in Kapitel 3.2 hingewiesen.

Schlußfolgerungen: Die Ermittlung funktionaler und topographischer Grenzen

Ziehen wir ein Resümee und versuchen zunächst die wesentlichen Zugänge herauszustellen, aufgrund derer ökologische Einheiten (in diesem Beispiel die Biozönose) abgegrenzt und charakterisiert werden.

1. Während GAMS die Biozönose als eine topographische Einheit definierte, die durch die in einem bestimmten Gebiet versammelten Organismen gegeben ist, war für RENKONEN und die meisten Zoologen die Biozönose wesentlich durch ihre internen Beziehungen, d.h. funktional charakterisiert und abgegrenzt.

2. Die Grenzziehung topographischer Einheiten ist idealiter durch Diskontinuitäten in der *unbelebten* Umwelt (d.h. physiographisch) gegeben, während sie bei einer funktionalen Definition durch die Reichweite der Interaktionen zwischen den Elementen der Einheit gegeben ist.

3. Damit ist eine funktionale Grenzziehung im allgemeinen nur *im Nachhinein* (d.h. nach einer genauen Untersuchung ökologischer Zusammenhänge) möglich, während sie für die topographische Definition auch *vorab* und ohne die Kenntnis der jeweiligen ökologischen Zusammenhänge vorgenommen werden kann.

Am ehesten fanden (fast) rein topographisch-physiographische Ansätze, d.h. solche, die sich auf Diskontinuitäten in der *abiotischen* Umwelt beziehen, noch in der Meeresbiologie (z.B. JONES 1950, ERWIN 1950) und in der Limnologie (z.B. EKMAN 1915, BUTCHER 1933) ihre Anwendung, wo beispielsweise aufgrund der Korngrößenverteilung der Sedimente (bei marinen Weichböden), der Wassertiefe oder aufgrund von Strömungsverhältnissen und Wasser-Land-Grenzen eine Einteilung in Biotope und damit unmittelbar in die damit assoziierten Biozönosen versucht wurde.

Eine wichtige Annahme, die in diesem Ansatz gemacht wird, ist jedoch zu hinterfragen. Es handelt sich dabei um die einer Schlüssel-Schloß-Metapher, d.h. einer engen Paßform zwischen den abiotischen Bedingungen eines Raumausschnittes und der damit zusammenhängenden Lebewelt. Hier wird ein schon bei MÖBIUS angenommenes „Gleichgewicht" zwischen Besiedlung und unbelebten Faktoren vorausgesetzt, das historische Kontingenz und „Zufälle" und u.U. sogar Sukzessionsprozesse weitestgehend als prägende Faktoren ausschließen oder ausblenden muß. Die Idee ist dort besonders stark entwickelt, wo gleichzeitig ein statistisch-typologisches Verständnis von Biozönose vorliegt, d.h. eines, bei dem von immer gleichartig wiederkehrenden Kombinationen von Arten ausgegangen wird, sofern bestimmte abiotische Bedingungen gegeben sind.[54]

Ein weiterer Problempunkt ist der, daß natürlich auch eine Klassifizierung von Orten nach abiotischen Gesichtspunkten *begründet* werden muß. Wie also begründet man die Einteilung verschiedener Bodenarten eines Gewässers, ohne nicht letztendlich doch wieder auf die *Wirkung* der Korngröße auf die Organismenbesiedlung Bezug zu nehmen?

Zentrales Kriterium für die meisten topographischen und alle „statistischen" Zugänge war und ist das der *Homogenität*. Flächen wurden aufgrund ihrer Homogenität (bzw. der Heterogenität zu den benachbarten Flächen) von Variablen abgegrenzt, die als besonders wichtig erachtet wurden, sei es abiotische Variablen, seien es Besiedlungen (mal analysiert auf Artniveau, mal aufgrund der Lebensform bzw. Wuchsform). Daß es selbst bei diesem prinzipiell recht gut operationalisierbaren Kriterium dennoch zu sehr unterschiedlichen Resultaten in der räumli-

---

54 Kritik an solchen Auffassungen innerhalb der Pflanzensoziologie wurde z.B. von DU RIETZ (1921) geübt.

3.3 Topographische oder funktionale Grenzen ökologischer Einheiten

chen Abgrenzung und in der Klassifizierung von Biozönosen oder anderen ökologischen Einheiten kam, liegt an der – ebenfalls schon früh beklagten – Schwammigkeit dessen, was als „homogen" angesehen wurde. Nicht näher spezifizierte Äußerungen wie die, daß Biotope „*einheitliche* Abschnitte des Lebensraums sind, die in dem wesentlichen Verhalten der Lebensbedingungen von anderen Abschnitten abweichen."[55] (FRIEDERICHS 1930, p. 25 f) oder die von einem „*...irgendwie [!] als einheitlich (als Biotop) erkannten Lebensraumes..*" (REMANE 1940, p. 36) können als typisch gelten (siehe auch Kap. 4.2). Dieses Problem sei hier nur kurz erwähnt; seine genauere Behandlung bleibt Kapitel 5.3 vorbehalten.

Im Gegensatz zu späteren Ideen im Zusammenhang mit dem Ökosystem oder an Nahrungsnetztheorien orientierten Einheiten wie dem „ecotrophic module" (COUSINS 1990; s.u.) lösten sich trotz anderslautender Ansprüche die Beziehungsgeflechte nie völlig von der Topographie ihrer Umgebung ab und dienten zumindest *de facto* praktisch nie dazu, die Grenzen einer Biozönose zu bestimmen. Auf der Basis von ausschließlich auf Beziehungen aufgebauten Einheiten würde man nämlich beispielsweise in der Lage sein, am gleichen Ort einander durchdringende, unabhängige Einheiten zu beschreiben, ein Gedanke, den man sehr selten explizit formuliert findet (aber der durchaus z.B. bei GAMS 1918 nahegelegt ist; in neuerer Zeit z.B. bei RAVERA 1984). Es existiert zudem das zusätzliche Problem, daß die Grenzen solcher Einheiten sehr schwer als feste räumliche Koordinaten zu denken sind, da sie dort, wo bewegliche Organismen beteiligt sind, kurzfristig wechseln und in ihrem dynamischen Charakter wohl am ehesten mit „Aufenthaltswahrscheinlichkeiten" beschreibbar sind.

Die in der Praxis häufigste Abgrenzungsweise von ökologischen Einheiten ist weder eine funktionale noch eine „streng" topographisch-physiographische, sondern eine, die in gewissem Sinne zwischen den beiden genannten steht, nämlich die de facto auch von RENKONEN angewandte nach der Homogenität der *organismischen Besiedlung*. Sie ist vor allem bei Meeresbiologen und bei botanisch orientierten Ökologen gang und gäbe. Ich möchte sie hier – wie eingangs erläutert – ebenfalls als topographische Abgrenzungen bezeichnen.

In der ökologischen Wissenschaftspraxis ist also die theoretisch vielfach postulierte räumliche Abgrenzung von Biozönosen auf Grund funktionaler Kritierien praktisch nie verwirklicht. Die Regel dürfte vielmehr die topographische Abgrenzung im Sinne GAMS' oder im Sinne des oben zitierten Ausspruchs von FRIEDERICHS sein. Die Auffassung von GAMS blieb zwar nominell immer eine Minderheitsauffassung, insbesondere in seiner expliziten Entgegensetzung von „ökologischer" und topographischer Einheit. In der allgemeinen Praxis der Ökologie (insbesondere der Feldforschung) ist das GAMSsche Verständnis der Biozönose aber nach wie vor – in einer trivialisierten Form – durchaus üblich, selbst da, wo mit einem impliziten Verständnis einer funktional begrenzten Biozönose gearbeitet wird. Die Organismengesellschaften eines Waldstücks, einer Wiese oder eine Bachs werden als „Biozönosen" bezeichnet, ohne daß je die Art der Zusammenhänge zwischen den im Raumausschnitt lebenden Organismen auf ihre Stimmigkeit mit der dahinter stehenden Theorie (d.h. den übrigen Definitionskriterien) überprüft werden.

Aus praktischen Gründen hat dies auch viel für sich, denn es erlaubt eine schnellere Ansprache und Abgrenzung, als dies bei einer funktional definierten Grenze möglich wäre. Aus diesem Grunde lehnte z.B. HUTCHINSON eine Einbeziehung funktionaler Grenzkriterien in die Definition der Biozönose ab:

---

[55] Lebensraum wird von FRIEDERICHS, anders als von GAMS sehr allgemein verstanden als „[d]er gesamte lebenserfüllte Raum unseres Planeten" (FRIEDRICHS 1930, p. 25).

„It has also usually been assumed that the biotope and the biocoenosis should have some sort of natural limits. Much of the difficulty that has developed with regard to both terms is in finding an operational definition of these limits. The difficulties have been enhanced by attempts to include in the definitions properties that might be empirically established after prolonged study but are useless in definition, for they do not enable us to determine rapidly whether we have a biocoenosis before us. Thus Friederichs emphasizes the self-regulatory properties of the biocoenosis. Certainly the properties are important, but if the biocoenosis is to be regarded as a convenient unit in biological studies it must be recognizable by properties other than those that have been demonstrated only after considerable investigation in a limited number of cases." (HUTCHINSON 1967, p. 227f.)

Die einzigen funktionalen Überlegungen, die HUTCHINSON zuläßt, sind die, daß es *möglich* sein solle, daß die Organismen eines Raumes miteinander interagieren *können* (a.a.O., p. 230).

Der so gewonnene Vorteil hat allerdings seinen Preis darin, daß die prognostischen Verallgemeinerungen, die man über eine so leicht gefundene (topographisch abgegrenzte) Biozönose machen kann, für sehr viele Fragestellungen geringer sind als die einer funktional abgegrenzten. Je nach Forschungsfrage hat man hier also Gewinne und Verluste der verschiedenen Definitionen für die wissenschaftliche Arbeit gegeneinander abzuwägen.

Nicht die unterschiedlichen Abgrenzungskriterien sind aber das Problem, sondern die unkritische Identifizierung von „Biozönosen", die aufgrund dieser verschiedenen Kriterien beschrieben werden. Dies wird besonders dann kritisch, wenn nicht nur *irgendwelche* Beziehungen zwischen den Organismen zum Kriterium einer Biozönose gemacht werden, sondern solche wie das „biozönotische Gleichgewicht". Dies läßt sich besonders anschaulich mit einem Rückblick auf das „Typusexemplar" der Biozönose, die Austernbank von MÖBIUS, verdeutlichen. Hieran zeigt sich gleichzeitig, daß ein funktionales Verständnis einer Biozönose (oder einer sonstigen ökologischen Einheit) es noch nicht notwendig mit sich bringt, daß auch deren *Grenzen* funktional bestimmt werden.

Die Grenzen der Biozönose wurden bei MÖBIUS ganz klar aufgrund topographischer Kriterien bestimmt, nämlich aufgrund der wahrgenommenen Inhomogenitäten des Wattenbodens bzw. seiner Besiedlung (s. Kap. 3.2). Würde man – darauf hat beispielsweise schon H. CASPERS (1950) hingewiesen – die Grenzen der Austernbank-Biozönose im Sinne einer funktionalen Autarkie bestimmen, so würden diese Biozönose räumlich völlig andere Größenordnungen annehmen, als die, die ihr durch die topographische Grenzziehung zukommen. Da viele Organismen der Austernbank von Plankton leben und auch ihre Larven weithin verdriftet werden, erstrecken sich die funktionalen Beziehungen der Bewohner der Austernbank über extrem weite Entfernungen.[56] Eine funktionale Grenzziehung würde daher den vorher topographisch festgelegten Rahmen bei weitem sprengen. Dieses Problem wurde sowohl von CASPERS als auch von anderen Autoren (z.B. SCHWERDTFEGER 1975, p. 18) wahrgenommen, aber in seiner Konsequenz – d.h. den inhärenten Widersprüchen der MÖBIUSschen Biozönose-Definition und den sich generell für die Operationalisierung von ökologischen Einheiten nahelegenden Problemen – nicht weiter durchdacht. Man ist *de facto* gezwungen, entweder auf die topographische Grenzziehung der Biozönose zu verzichten oder auf das Kriterium eines „biozönotischen Gleichgewichts". Fordert man dennoch, daß beide Kriterien gleichermaßen erfüllt sein

---

56 So heißt es bei CASPERS:
„...und wenn wir also die vorhandene enge Verknüpfung der Bodenfauna zum Plankton und Pelagial irgendwie in die Gesichtspunkte der biozönotischen Abgrenzung mit einbeziehen wollten, so kämen wir sprunghaft zum gesamten Meeresraum, müßten dabei aber auch noch die mannigfachen Beziehungen zum Süßwasser und zur Lebewelt des Landes mit in Betracht ziehen, so daß das Leben auf der ganzen Erde eine große Gemeinschaft bildet, die nun erst funktionell die Forderung nach dem biozönotischen Gleichgewicht erfüllt." (CASPERS 1950, p. 47f.)

3.3 Topographische oder funktionale Grenzen ökologischer Einheiten

müssen um der Definition zu genügen, so fällt zumindest die Austernbank aus der Gruppe der Objekte heraus, die unter „Biozönose" zu subsumieren sind, und in jedem anderen Fall ist im Einzelnen zu prüfen, ob ein (topographisch abgegrenztes) Objekt die Bedingungen der Definition erfüllt. An diesem Beispiel wird daher deutlich, wie verschiedene Definitionskriterien in Kombination in inhärente Widersprüche führen *können*, wenn man sie keiner *a-posteriori* Prüfung unterziehen will (vgl. auch Kap. 4.3).

Ein funktionales Verständnis ökologischer Einheiten muß also nicht mit einer funktionalen Grenzziehung einhergehen. Man kann von einem funktionalen Verständnis einer Organismengesellschaft ausgehen und einen Wald beispielsweise als Biozönose im Sinne eines funktionalen (d.h. Interaktions-) Gefüges der Lebewesen innerhalb des durch den Waldrand topographisch begrenzten Raums ansehen. Welcher Art die Interaktionen dort aber genau sind, inwieweit sie zu einem Gleichgewicht führen, und wie weit und wie stark sie über den Rand der so topographisch abgegrenzten Biozönose hinausreichen, bleibt dann zunächst offen. Wohl aber gilt der praktisch triviale umgekehrte Schluß. Es ist keine funktionale Grenzziehung einer Einheit vorstellbar, wenn nicht auch ein funktionales Verständnis derselben vorliegt. Ähnliches kann dahingehend gesagt werden, daß zwar ein statistisches Verständnis von ökologischen Einheiten eine topographische Grenzziehung impliziert, nicht jedoch umgekehrt. Es gibt häufig Fälle, wo ein Ökosystem oder eine community rein aufgrund topographischer Kriterien ausgewählt werden, wo es aber nicht wichtig ist, ob eine ganz bestimmte sich an verschiedenen Orten wiederholende Kombination von Arten dort vorkommt. Man kann einen bestimmten räumlich abgegrenzten See, Wüstenausschnitt, Waldteil als Ökosystem bezeichnen und untersuchen, ohne vorher mehr zu wissen als die Tatsache, daß dort Lebewesen und unbelebte Dinge zusammen vorkommen. Ob und wann zu einer topographischen Abgrenzung auch eine genauere Spezifizierung im Sinne eines statistischen Ansatzes hinzutritt, ist fragestellungsabhängig und besonders dann gefordert, wenn ein typologisches Interesse vorliegt.

Die Probleme, welche die Grenzziehung von ökologischen Einheiten bereiten, sind, obwohl immer wieder als wichtig erkannt, recht wenig systematisch behandelt worden (aber z.B. bei VAN DER MAAREL 1976, ALLEN & HOEKSTRA 1992, AHL & ALLEN 1996, FORTIN & DRAPEAU 1995, FORTIN et al. 1996; s.a. Kap. 5.3). Grenzziehungen im Raum sind aber zentral für jede Erfassung eines Objekts und vor allem für seine Behandlung als System.

Topographisch sind Grenzen relativ simpel und pragmatisch festzulegen, zumindest dann, wenn man nicht nach *den* „natürlichen" Grenzen sucht. Wenn man topographische oder funktionale Grenzen nur nach *einem*, klar bestimmten Kriterium festlegt, läßt sich schnell Eindeutigkeit erreichen. Schon dann aber, wenn zwei verschiedene Kriterien zugleich herangezogen werden, wachsen die Probleme.

Versuche, funktionale Grenzziehungen zu etablieren sind besonders bei Ökosystemen üblich. Eine der klassischen Studien der Ökosystemforschung ist das 1962 von Herbert BORMANN and Gene LIKENS ins Leben gerufene Hubbard-Brook-Projekt (BORMANN & LIKENS 1979, LIKENS & BORMANN 1995). Generell verstehen die beiden Autoren ein Ökosystem als ein topographisch, nach Maßgabe der jeweiligen Fragestellung, abgegrenztes System. Für ihre Fragestellung nach biogeochemischen Kreisläufen wählten sie jedoch einen funktionalen Ansatz der Grenzziehung des Ökosystems. Diese Abgrenzung geschah hier über einen für die Definition des Ökosystems als wichtig identifizierten Prozess, nämlich den des Wasserkreislaufs, der die verschiedenen Elemente des Systems verbindet. Folgerichtig wurde die Grenze des Ökosystems durch das (Regen-)Wassereinzugsgebiet des Hubbard-Bachs festgelegt, eine Linie, die allein aufgrund der Höhenlinien recht flächenscharf festzustellen ist. Neben den speziellen günstigen Eigenschaften dieses Gebietes[57] ist vor allem ein Grund dafür entscheidend, warum hier funktionale (Wasserhaushalt) und topographische (Höhenlinien) Grenzen so gut zusammenfallen. Es wurde nämlich nur *ein* Prozeß betrachtet, der deshalb ausgewählt wurde, weil er mit mehreren anderen Prozessen (d.h. einigen Stoffflüsse) empirisch eng korreliert ist. Würde man versuchen, andere Prozesse (z.B. Nahrungsbeziehungen) oder gar eine Vielzahl von unterschiedlichen Prozessen heranzuziehen, so stände man schnell vor dem Dilemma, je nach betrachtetem Prozeß ganz unterschiedliche räumliche Grenzen ziehen zu müssen bzw. käme zumindest zu ganz anderen Grenzen als bislang (vgl. etwa den Ansatz von COUSINS 1990; s.u.).

Sobald also mehrere Kriterien zugleich als wichtig erachtet werden, droht die Klarheit von funktionalen Grenzen zu verschwimmen. Dies ist ein Problem, das, wie gesagt, auch für topographische Grenzen gilt. Innerhalb der Pflanzensoziologie gab es z.B. eine lange Diskussion darüber, ob es möglich oder gar notwendig sei, die Assoziation oder die Formation aufgrund mehrerer (rein musterbedingter, d.h. im hier verwendeten Sinne topographischer) Kriterien zugleich zu bestimmen. Auch hier fallen zum Leidwesen der Botaniker die Grenzen, die aufgrund von Homogenitäten bei „Habitat" (=Biotop), Floristik und Physiognomie gefunden werden, oftmals nicht räumlich zusammen (z.B. GRADMANN 1909, TANSLEY 1920, DU RIETZ 1921). Neuere Arbeiten von VAN DER MAAREL (1976) und FORTIN und Mitarbeitern (FORTIN & DRAPEAU 1995, FORTIN et al. 1996) bekräftigen die Schwierigkeit, die mit der Bestimmung von Grenzen aufgrund mehrerer Kriterien verbunden sind.

Ein weiteres wichtigstes Problem funktionaler Grenzziehungen betrifft die Tatsache, daß viele Interaktionen nicht irgendwo „scharf" enden[58] und daß Ökosysteme thermodynamisch gesehen „offene Systeme" sind, die im stofflichen und energetischen Austausch mit ihrer Umwelt stehen. Für bestimmte Konzeptionen ökologischer Einheiten sind deren Grenzen daher nicht *scharf* im Raum lokalisierbar. Dies wird häufig thematisiert. Das folgende Zitat ist dafür ein typisches Beispiel:

> „Spatially, the ecosystem proves difficult to 'pin down.' Boundaries of course can and are being drawn, but they are always to a degree, arbitrary. In reality, ecosystems are open systems with important linkages to neighboring systems (via energy transfers and nutrient flows mediated by physical, chemical, and biological processes). Thus, in a way, ecosystems form a continuum that extends to encompass all of the biosphere."
> (RAPPORT 1989, p. 121)

Wenn man auch dem letzten Satz prinzipell zustimmen mag, bleibt die Aussage des Zitats insgesamt doch letztlich unbefriedigend. Es gibt tatsächlich keine „allgemeingültigen" (d.h. für alle Fragestellungen gleichermaßen relevanten) oder gar „natürlichen" Grenzen ökologischer Einheiten. Dennoch müssen explizite Aussagen zu dieser Frage gemacht werden, zumindest dann, wenn ökologische Einheiten operationalisiert werden sollen (s. Kap. 4.4).

Da ich auf die Frage der Grenzbestimmung ökologischer Einheiten noch ausführlicher in Kapitel 5.3 zurückkommen werde, sei hier nur soviel gesagt, daß wichtige Hinweise zur Frage der Bestimmung funktionaler Grenzen durch die Hierarchietheorie gegeben werden. Eine funktio-

---

57 Das Gebiet hat den Vorteil, daß sich aufgrund der geologischen Beschaffenheit der dortige Grundwasserfluß nicht auf andere oberiridische Einzugsgebiete ausdehnt, so daß auch der unterirdische Stofffluß mit den Grenzen des Regeneinzugsgebiets übereinstimmt.

58 Auch hier existieren bei topographischen Grenzziehungen ähnliche Probleme, wie sie sich z.B. in Kontinua der Vegetationsmuster äußern (s. besonders WHITTAKER 1967, MCINTOSH 1967). Häufiger als bei Prozessen lassen sich jedoch bei Mustern tatsächlich „scharfe", gut lokalisierbare Grenzen beschreiben. In allen Fällen sind maßgeblich methodische Fragen mitentscheidend dafür, welche Grenzen „gefunden" werden (vgl. Kap. 5.3).

3.3 Topographische oder funktionale Grenzen ökologischer Einheiten

nale Grenze muß nicht absolut in dem Sinne gegeben sein, daß *keinerlei* Interaktionen zwischen den Elementen verschiedener Einheiten stattfinden. Vielmehr müssen die für die jeweilige Fragestellung interessierenden Interaktionen *innerhalb* einer Einheit stärker als die zwischen gleichen Einheiten bzw. der Einheit und ihrer Umgebung sein. Dabei bleibt sowohl die Auswahl der betrachteten Prozesse als auch die Frage, welcher „Intensitätssprung" in der Stärke der Interaktionen als hinreichend für eine Grenzziehung erachtet wird, fragestellungsbezogen, d.h. in diesem Sinne notwendig relativ. Grenzen gewinnen dann einen „stärkeren" Status, wenn gezeigt werden kann, daß man bei vielen der als wichtig erachteten Prozesse zugleich zu übereinstimmenden Grenzen kommt.

Die Bestimmung von Grenzen wird schließlich noch durch die zeitliche Veränderlichkeit vieler Grenzen im Raum erschwert, ein Phänomen, das bei funktionalen Grenzen im allgemeinen stärker ausgeprägt ist (im Sinne schnellerer Veränderungen) als bei topographischen.

Die Unterscheidung zwischen topographischen und funktionalen Grenzen ist, um ein Fazit zu ziehen, eine absolut grundlegende in der Definition ökologischer Einheiten. Sie stellt eine absolute Dichotomie dar – im Gegensatz etwa zu dem im nächsten Kapitel behandelten Definitionskriterium der Ausprägung der internen Relationen in einer Einheit. Entweder etwas ist aufgrund von Interaktionen mit anderen Elementen Teil einer ökologischen Einheit *oder* dadurch, daß es sich in einem bestimmten Raumausschnitt befindet, nach welchen topographischen Kriterien dieser auch immer festgemacht, d.h. abgegrenzt wird. Funktionale Einheiten desselben Typs können einander im Raum durchdringen (wie zwei Fußballmannschaften auf demselben Spielfeld einander „durchdringen"), topographische Einheiten können dies nicht.

Man kann in beiden Fällen *nach* der Festlegung des „Eingangskriteriums" danach suchen, wie die jeweils anderen Grenzen im Raum sind: wo eine funktionale Einheit im Raum lokalisierbar ist; ob und welche Interaktionen zwischen welchen Mitgliedern einer topographisch umgrenzten Einheit stattfinden (ob und wieviele funktionale Einheiten es innerhalb der topographischen Einheit gibt) bzw. wo die funktionalen Grenzen der zunächst topographisch festgelegten Einheit sind und ob sie sich mit den topographischen decken (vgl. Kap. 5. und 6.3). Ein ungeprüfter Schluß vom einen auf das andere ist genauso unmöglich wie der in Kap. 3.2 problematisierte ungeprüfte Schluß von Mustern auf Prozesse. Das Vorhandensein funktionaler Grenzen sagt zudem noch nichts über die genaue *Art* der funktionalen Beziehungen innerhalb der Einheit (Kap. 3.4) aus.

Anwendungsbereiche und Variationen topographischer und funktionaler Grenzziehungen

Die skizzierten Formen der Grenzziehung von ökologischen Einheiten finden sich nicht nur bei der Biozönose, sondern auch bei praktisch allen anderen ökologischen Einheiten wieder. Populationen beispielsweise werden von verschiedenen Autoren mal funktional, mal topographisch definiert, ebenso gilt dies für Ökosysteme. Natürlich sind die jeweils herangezogenen Kriterien für funktionale und topographische Grenzen durchaus verschiedene, was aber auch schon innerhalb der Definitionen eines Begriffes gilt. So kann „funktional" für eine Biozönose auf (irgendwelche) Nahrungsbeziehungen beschränkt sein, es kann – wie bei RENKONEN – mehr oder weniger geschlossene Stoffkreisläufe beinhalten oder, wie sehr häufig, das Gleichgewicht und die Selbstregulation des „Ganzen" zum notwendigen funktionalen Kriterium machen (ausführlich dazu in Kap. 3.4).

Topographisch ist eine Population eine Gruppe von Individuen derselben Art, die in einem räumlich (vom Beobachter) abgegrenzten Gebiet leben (z.B. FRIEDERICHS 1930, SCHWERDTFEGER 1979, KREBS 1985, TISCHLER 1984, BEGON et al. 1996). Dies ist die übliche Art der Abgrenzung von Populationen. Funktionale Kriterien für die Definition von Populationen und ihre Grenzen sind – anders als in der Populationsgenetik (CRAWFORD 1984) – recht selten anzutreffen. Beispiele sind die Definitionen von BAKKER (1964) und NICHOLSON (1957). Die Angabe darüber, *welche* Interaktionen speziell gemeint sind, blieben aber meist vage. Denkbar sind Interaktionen z.B. in Form von Kooperation oder intraspezifischer Konkurrenz.

Der community-Begriff hat gerade in den beiden Charakteristika funktionale oder topographische Grenzen eine Hauptdichotomie. „Community" bezieht sich ursprünglich auf menschliche Gruppierungen. Das OXFORD ENGLISH DICTIONARY (1989) nennt verschiedene Bedeutungen des Begriffs „community", wie er außerhalb der Ökologie benutzt wurde. Eine allgemeine Definition lautet „a body of individuals" mit spezifischeren Bedeutungen wie u.a. „a body of men living in the same locality" oder „a body of people *organized* into a political, municipial, or social unity" (meine Hervorhebung, K.J.). Beide Bedeutungen wurden in den ökologischen Sprachgebrauch übernommen. Damit wurde der Begriff von Anfang an in der Ökologie sowohl im Sinne einer topographisch als auch in dem einer funktional abgegrenzten Einheit gebraucht. Gleiches gilt noch heute. So definiert WOLDA (1987, p. 70) „community" als: „the sum total of all living organisms in a given area, without reference to interactions, and without taxonomic restrictions" und ähnlich MACARTHUR (1971, p. 190), für den eine community „any set of organisms currently living near each other and about which it is interesting to talk" ist. Demgegenüber versuchen ALLEN & HOEKSTRA einen davon stark unterschiedenen community-Begriff zu stärken:

> „Communities are the integration of the complex behavior of the biota in a given area so as to produce a cohesive and multifaceted whole. This whole usually manifests properties of self-regulation and self-assertiveness that often modify the physical environment." (ALLEN & HOEKSTRA 1992, p. 44)

und betonen:

> Like ecosystems, communities do have some aspects that can map onto a spatial matrix. Nevertheless, the spatially defined community is as inadequate as the spatially defined ecosystem." (...)

> „The community is not the presence of a particular set of organisms, it is the difference in the organisms because the other community members can be expected to be present." (a.a.O., p. 126 f.)

In beiden Bedeutungen, allerdings jeweils durch einen sprachlichen Zusatz gekennzeichnet, gebraucht ROOT (1973) das Wort community. Er unterscheidet zwischen „compound community" (topographisch abgegrenzt) und „component community" (funktional abgegrenzt).

Bei einem Ökosystem sind es meist Stoff- und Energieflüsse, die als entscheidendes funktionales Kriterium für die Grenzziehungen dieser Einheiten angesehen werden (s.o.). Ein neuerer Lösungsversuch, zu einer sozusagen „natürlichen" Grenzziehung von ökologischen Einheiten auf der Ebene des Ökosystems (so zumindest sein Anspruch) zu gelangen, ist der des „ecotrophic module" (ETM) von Stephen COUSINS (1990). Er zieht nur ein Kriterium, dies-

3.3 Topographische oder funktionale Grenzen ökologischer Einheiten

mal ein biotisches, heran, um seiner funktionalen Einheit[59] räumlich lokalisierbare Grenzen zu geben. Dieses Kriterium ist das der Nahrungsbeziehungen, der Prädation. Die Grenzen des ecotrophic module, als „natürliche" ökologische Grundeinheit, sind durch den Aktivitätsradius einer sozialen Gruppe des höchstrangigen Räubers in einem Gebiet gegeben. Auf diesen Räuber münden sozusagen alle Nahrungsbeziehungen, und so läßt sich eine räumlich abgrenzbare Einheit bestimmen, unabhängig von sonstigen biotischen Prozessen und erst Recht unabhängig von abiotischen Prozessen. Diese gehören zwar zum ETM, spielen aber keine Rolle bei seiner Grenzziehung und Definition.

Ähnlich wie für communities (s.o.), definieren ALLEN & HOEKSTRA auch für Ökosysteme funktionale Grenzen. Sie vergleichen sie mit denen von intrazellulären Stoffkreisläufen wie dem Krebszyklus (ALLEN & HOEKSTRA, 1992, p. 100). Für sie sind diese Grenzen deshalb eindeutig nicht räumlich fixierbar.

Für andere Autoren stellen Ökosysteme topographisch abgegrenzte Einheiten dar und dies dürfte auch in der ökologischen Praxis ein sehr häufig anzutreffender Fall sein. So schreibt etwa ROWE:

> „Any single perceptible ecosystem is a topographic unit, a volume of land and air plus organic contents extended over a particular part of the earth's surface for a certain time. To some degree, therefore, it is unique in space and time, for geography like history does not repeat itself. Study of the ecosystem is essentially topological, and the root *topos*, meaning 'place,' appears in many of the terms devised to describe its composition." (ROWE 1961, p. 422)

Diese Auffassung, hat ihn in jüngster Zeit auch dazu geführt, zwischen Bio-Ökologie und Geo-Ökologie zu unterscheiden[60]:

> „The geo-ecologist has no such problem. Her/his ecosystem resembles a giant terrarium or aquarium with a particular developmental history and a particular location. It is a volumetric, layered, sitespecific object (...) into and out of which mobile organisms come and go." (ROWE & BARNES 1994, p. 40)

Auch hier gilt wieder, daß die jeweilige Fragestellung stark die Definition der ökologischen Einheit beeinflußt. Es überrascht daher nicht, daß geographisch orientierte Wissenschaftler auch am stärksten topographische Grenzziehungen favorisieren. Eine topographische Definition ist auch dort anzutreffen, wo man wenig Wert auf eine hohe Integriertheit des Systems (vgl. Kap. 3.4) legt und aus pragmatischen Gründen zunächst jedes System aus Organismengesellschaft mit ihrer Umwelt (im Sinne meiner in Kap. 2.4 gegebenen Minimaldefinition von „Ökosystem") als Ökosystem bezeichnet, unabhängig davon, daß bzw. vor allem welche Interaktionen existieren. Typische Definitionen dieser Art sind z.B. die von Likens:

> „An ecosystem is defined as a spatially explicit unit of the Earth that includes all the organisms, along with all the components of the abiotic environment within its boundaries." (LIKENS 1992, p. 9)

oder FOSBERG:

> „Ecosystem is the term used for the sum total of vegetation, animals and physical envrionment in whatever size segment of the world is choosen for study." (FOSBERG 1967, p. 75, Fußnote).

---

[59] Er nennt sie strukturell definiert. Das was für COUSINS „Struktur" ausmacht, ist aber nur durch *Interaktionen* als Struktur konstituiert und in meiner Terminologie daher funktional.

[60] Für die Diskussion von ROWEs Ansatz bzw. generell der Frage, ob Ökosystem als eine topographische (bzw. dort: geographische) und/oder funktionale Einheit verstanden werden soll vgl. BLEW (1996), ROWE (1997), MARÍN (1997). Siehe auch meine Erläuterung zu TANSLEYS Begriff in Kapitel 3.5.

Prozesse, Interaktionen und funktionale Relationen: einige terminologische Nachbemerkungen

Im Zusammenhang mit funktionalen Definitionen und speziell funktionalen Abgrenzungen von ökologischen Einheiten ist oft davon die Rede, daß ökologische Einheiten wesentlich durch „Prozesse" konstituiert seien. Ich möchte darauf hinweisen, daß „Prozeß" in der Ökologie in zweierlei Bedeutungen benutzt wird, die oft nicht klar getrennt werden. Zum einen – in seiner Grundbedeutung – meint Prozeß ganz allgemein eine Veränderung in der Zeit: einen Vorgang, ein Geschehen, in Entgegensetzung zu einem statischen Zustand. In diesem Sinne sind Erosion, Sukzession, Ortsbewegungen, Alterung etc. alles Prozesse. In einem spezielleren Sinne wird in der Ökologie damit aber auch das bezeichnet, was ich hier als funktionale Relationen oder Interaktionen bezeichnet habe. Das heißt, es geht um Wechselwirkungen zwischen den Elementen einer Einheit. Nur in diesem Sinne sind Prozesse aber für die Definition einer ökologischen Einheit von Interesse, als etwas, das diese Einheit aufgrund von Wechselwirkungen zwischen den Elementen derselben zusammen mit diesen prägt, ja konstituiert. Diese Interaktionen können direkt beobachtbar sein: A frißt B, oder sie können indirekt und aufgrund unterschiedlichster Detail-Interaktionen beschrieben sein, so wie dies bei Stoff- und Energieflüssen der Fall ist. Diese können auch einfach als Phänomene unabhängig von den Elementen einer ökologischen Einheit beschrieben werden; für die Definition einer ökologischen Einheit sind sie jedoch nur insofern relevant, als sie sich als Interaktionen zwischen den Elementen der Einheit beschreiben lassen.

Ähnliches gilt für die Aussage, man müsse die Dynamik ökologischer Systeme erhalten. Damit sind einerseits die das System konstituierenden Interaktionen gemeint (die möglicherweise nach außen hin zu einer ausgesprochenen Konstanz des Gesamtsystems führen), zum anderen aber Veränderungen bzw. Veränderungsmöglichkeiten des Systems, die eventuell dazu führen können, daß es „ein anderes" wird (vgl. Kap. 5.2).

Diese verschiedenen Wortbedeutungen sind jeweils auseinanderzuhalten.

3.4 Ökologische Einheiten als Summe der Teile oder organisches Ganzes

Es ist ein Punkt, nach der äußeren Abgrenzbarkeit und Klassifizierung ökologischer Einheiten zu fragen und ein anderer, danach, was bzw. wie ökologische Einheiten *sind*, d.h. wie sie zustandekommen und sich „bei Bestand erhalten". Sind ökologische Einheiten nur ein reines Nebeneinander der sie konstituierenden Elemente, sind sie ein hochintegriertes organisches „Ganzes", das einem Organismus gleicht, oder was sind sie sonst? Diese für die Definition ökologischer Einheiten wichtige Frage läßt sich besonders prägnant an zwei extremen und wirkmächtigen Auffassungen zur „Natur" der Pflanzengesellschaften aufzeigen, wie sie in der ersten Hälfte des 20. Jahrhunderts in den USA diskutiert wurden, dem sogenannten Organismischen Konzept von Frederic CLEMENTS und dem Individualistischen Konzept Henry Allan GLEASONs.

Der Weg zum Organismischen Konzept

Die räumlich-konkrete (topographische) Fassung von ökologischen Einheiten kann man, wie bereits erwähnt, auf die lebensweltliche Erfahrung einer nicht zufällig durchmischten oder homogenen Natur zurückführen. Es waren stets unterschiedliche Vegetationsformen wie Wald,

3.4 Ökologische Einheiten als Summe der Teile oder organisches Ganzes

Wiese, Moor beobachtbar. So war es die Pflanzengeographie, angefangen bei Alexander VON HUMBOLDT Anfang des 19. Jahrhunderts (HUMBOLDT 1960), die zuerst nach der Verteilung der Pflanzen auf der Erde fragte und diese Einheiten zum Gegenstand wissenschaftlicher Forschung machte. Den zunächst zentralen Begriff der Pflanzengeographie, den der *Formation*, prägte 1838 der Botaniker August GRISEBACH:

> „Ich möchte eine Gruppe von Pflanzen, die einen abgeschlossenen physiographischen Charakter trägt, wie eine Wiese, ein Wald usw. eine *pflanzengeographische Formation* nennen. Sie wird bald durch eine einzige gesellige Art, bald durch einen Komplex der vorherrschenden Arten derselben Familie charakterisiert, bald zeigt sie ein Aggregat von Arten, die, mannigfach in ihrer Organisation, doch eine gemeinsame Eigentümlichkeit haben, wie die Alpentriften, die nur aus perennierenden Kräutern bestehen." (in: GRISEBACH 1880, p. 2)

In den frühen Definitionen der Formation, bis zur Jahrhundertwende, ist eindeutig die Zusammensetzung nach Lebensformen das entscheidende Kriterium und nicht die Frage nach den funktionalen Beziehungen der Organismen *untereinander*.[61] Im Detail gab es jedoch diverse Unterschiede, und man hielt es zu Anfang des 20. Jahrhunderts schließlich aus Gründen einer besseren Kommunikation für nötig, Vorschläge für eine einheitliche phytogeographische Nomenklatur zu erarbeiten. Der Bericht der dazu eingerichteten Kommission wurde 1910 dem III. Internationalen Botanischen Kongresses in Brüssel vorgelegt (FLAHAULT & SCHRÖTER 1910). In diesem Bericht deutet sich in Form eines Minderheitenvotums der angelsächsischen Botaniker bereits die Spaltungslinie an, die bis heute die kontinentaleuropäische Pflanzensoziologie von der angelsächsischen Pflanzenökologie trennt.

Die Divergenz, die um 1910 ihren Anfang nimmt, ist gekennzeichnet durch das Eindringen des (ontogenetischen) *Entwicklungsgedankens* in die Begriffe von ökologischen Einheiten. Es interessierte die englischen und amerikanischen Forscher in ihrer Definition der Formation nicht mehr alleine die deskriptiv-statistische Fassung und Abgrenzung dieser Einheiten, sondern vielmehr die Interaktionen, die zum Zustandekommen der beobachteten Formationen führten. Eingeführt wurde der Entwicklungsgedanke zuerst von Charles Edward MOSS im Jahr 1907 (TANSLEY 1916). FLAHAULT & SCHRÖTER lehnten die Aufnahme solcher Aspekte in die Definition der Formation als „mit zu viel Hypothese und Subjektivität" beladen ab, gemäß einem von ihnen formulierten Grundsatz:

> „Die Nomenklatur soll sich auf die gegenwärtig zu konstatierenden Tatsachen beziehen; sie soll von Hypothesen frei sein (z.B. zeitliche Aufeinanderfolge der Assoziationen, Entstehung der Formationen, Entwicklung, etc.)." (FLAHAULT & SCHRÖTER 1910, p. 3)

Diese hier entstandene Bruchlinie verheilte nie mehr ganz und wir finden z.B. auf dem 6. Internationalen Botanischen Kongress in Amsterdam (1936), der einen weiteren großen Anlauf zur Vereinheitlichung der phytogeographischen Nomenklatur machte, erneut Briefe angelsächsischer Botaniker, die vor voreiligen terminologischen Festlegungen warnen (vgl. DU RIETZ 1936, p. 587, Fußnote). *Innerhalb* der angelsächsischen Pflanzenökologie aber entstand ein weiterer mit großer Schärfe ausgetragener Streit, der besonders wichtig für die Definition ökologischer Einheiten war und ist, nämlich eben jener mit den Schlagworten des „Organismischen Konzepts" und des „Individualistischen Konzepts" der Pflanzengesellschaften gekennzeichnete.

---

[61] Das heißt nicht, daß diese Fragen als unwichtig betrachtet wurden und – wie manchmal behauptet wird – die Ökologie bis Mitte des Jahrhunderts vor allem „statisch" und deskriptiv gewesen ist. Sowohl Zoologen wie Botaniker haben auch schon um die Wende zum 20. Jahrhundert „dynamische" Phänomene untersucht, (unter den Botanikern siehe z.B. WARMING 1896, COWLES 1899, MOSS 1910). Diese Aspekte gingen in der Vegetationskunde nur zunächst nicht in die *Definition* von ökologischen Einheiten ein.

Frederic CLEMENTS und das Organismische Konzept der Pflanzengesellschaften

Zu Beginn des Jahrhunderts wurde die Pflanzenökologie vor allem in den USA von einer Sichtweise dominiert, die Pflanzengesellschaften (hier: die Formation) als Organismen höherer Ordnung ansah. Die Idee, überindividuelle Einheiten so zu betrachten ist schon sehr alt und nicht auf die Biologie beschränkt (s. z.B. CONGER 1922, BOTKIN 1990, und besonders Stichwort „Organismus" in RITTER 1971ff.). Sie dürfte aber innerhalb der Biologie kaum je so prägnant und konsequent formuliert und sogar zum Dreh- und Angelpunkt eines Theoriegebäudes gemacht worden sein, wie bei Frederic CLEMENTS und seinen Epigonen.

Zuerst formulierte CLEMENTS seine Idee von der Formation als Organismus in seinem Buch „Research methods in ecology" (1905). Elf Jahre später, unter Hinzuziehung des explizit von MOSS übernommenen und modifizierten Entwicklungsgedankens (CLEMENTS 1916, p. 118f.), erfährt das Konzept sozusagen seine Komplettierung, da es sich für das Verständnis der Sukzession geradezu anzubieten scheint.

> „...it is felt that the earlier concept of the formation as a complex organism with a characteristic development and structure in harmony with a particular habitat is not only fully justified, but that it also represents the only complete and adequate view of vegetation" (CLEMENTS 1916, p. III)

Der Begriff der Formation, wie er von CLEMENTS gebraucht wurde, wich auch insofern von dem in Kontinentaleuropa üblichen ab, als er *auch* die Artenzusammensetzung in deren Definition einbezieht.[62] Zudem gebraucht er den Begriff nicht nur als klassifikatorische Einheit, sondern auch im Sinne einer räumlich konkreten Einheit (s. Kap. 4.2), da er sonst auch nicht von deren *Entwicklung* sprechen könnte.[63] CLEMENTS beginnt so sein klassisches Werk zur Sukzession (1916) mit den Worten:

> „The developmental study of vegetation necessarily rests upon the assumption that the unit or climax formation is an organic entity (Research Methods, 199). As an organism the formation arises, grows, matures and dies. Its response to the habitat is shown in processes and functions and in structures which are the record as well as the result of these functions. Furthermore, each climax formation is able to reproduce itself, repeating with essential fidelity the stages of its development. The life-history of a formation is a complex but definite process, comparable in its chief features with the life-history of an individual plant." (a.a.O., p. 3)

In dieser knappen Aussage, die er an späterer Stelle im Buch noch einmal wörtlich wiederholt, werden die entscheidenden Charakteristika des „Organismischen Konzepts" bereits deutlich:

- Die Pflanzengesellschaft (Formation) agiert und reagiert wie ein individueller Organismus im Wechselspiel mit der Umwelt als ein *Ganzes*.

- Die Formation vollzieht eine Entwicklung, die der Individualentwicklung eines Organismus entspricht.

- Diese Entwicklung ist absolut deterministisch (s.u.) und führt in einem sozusagen endogen (d.h. durch biotische Interaktionen seiner Teile) bestimmten Prozess zu einem stabilen Endzustand, der Klimax-Formation (dem erwachsenen Organismus).

---

62 Zumindest teilweise, so CLEMENTS 1916, p. 126. Die Verwendung von „Formation" ist bei ihm nicht immer konsistent (s.a. DU RIETZ 1921, p. 94f.).

63 Er schreibt:
„According to the developmental idea, the formation is necessarily an organic entity, covering a definite area marked by a climatic climax. It consists of associations, but these are actual parts of the area with distinct spatial relations. The climax formation is not an abstraction, bearing the same relation to its component associations that a genus does to its species. It is not a pigeon-hole in which are filed physiognomic associations gathered from all quarters of the earth." (CLEMENTS 1916, p. 127)

3.4 Ökologische Einheiten als Summe der Teile oder organisches Ganzes

- Wie ein Organismus ist eine Formation in der Lage, sich zu reproduzieren.

Hinzuzufügen ist noch, daß, wie CLEMENTS sagt, der Klimaxzustand unter gleichen Klimabedingungen immer derselbe ist, unabhängig von anderen abiotischen Faktoren wie der Bodenbeschaffenheit (climatic climax, Monoklimax-Theorie).

CLEMENTS zog die zunächst durchaus getrennt entwickelten Gedanken des „Superorganismus" (wie CLEMENTS & SHELFORD 1939 ihn explizit nennen) und der Entwicklung von Formationen heran, um darauf ein großes ordnendes Schema für die gesamte Vegetation in Raum und Zeit zu entwickeln. Ziel war die Errichtung eines „natürlichen Systems" der Formationen (CLEMENTS 1916, p. 123). Streng logisch geordnet entwickelte er eine ebenso hochgradig systematische wie hochgradig komplizierte neue Terminologie, mit der er die Mängel und Widersprüche der von ihm ausführlich beschriebenen und kommentierten früheren Klassifikationen zu beseitigen glaubte. Hier soll auf sein zwar durchdachtes, aber z.T. doch recht verwirrendes Begriffsraster[64], welches sich auch niemals ganz durchsetzen sollte, nur insoweit eingegangen werden, als es zum Verständnis der Charakteristika und Unterschiede des Organismischen Konzepts und des ihm entgegengesetzten Individualistischen Konzepts nötig ist.

Wie andere vor ihm erkannte CLEMENTS, daß es möglich ist, innerhalb der Gesamtheit der Pflanzendecke mehr oder minder homogene Teile als Pflanzengesellschaften zu beschreiben, daß diese unter bestimmten klimatischen Bedingungen in ähnlicher Weise vorkommen, daß es aber auch Veränderungen in der Natur gibt, die dazu führen, daß sich auch unter gleichen klimatischen Bedingungen an einem Ort verschiedene Pflanzengesellschaften in der Zeit ablösen und im Raum oft nebeneinander stehen können. Die so wahrnehmbaren unterschiedlichen „Stadien" von Sukzessionen wurden von den kontinentaleuropäischen Pflanzensoziologen als getrennte Einheiten (Assoziationen) behandelt. Für CLEMENTS, wie schon für MOSS, gehörten diese Einheiten jedoch untrennbar zusammen, für ersteren gar als die Entwicklungsstadien eines Superorganismus.

CLEMENTS unterschied formell zwischen Klimax-communities und Seral-communities, wobei community für ihn ein allgemeiner Sammelbegriff für jede Art von ökologischer Einheit war (1916, p. 126). Er beschreibt dies so:

> „The climax formation is the adult organism, the fully developed community, of which all initial and medial stages are but stages of development. Succession is the process of the reproduction of a formation, and this reproductive process can no more fail to terminate in the adult form in vegetation than it can in the case of the individual plant."
>
> (...) "A formation, in short, is the final stage of vegetational development in a climatic unit. It is the climax community of a succession which terminates in the highest life-form possible in the climate concerned."
> (a.a.O., p. 125)

Hier wird die Formation also explizit auf den „erwachsenen Organismus" beschränkt (also auf Klimax-communities), womit er sich deutlich von MOSS abhebt, der sämtliche Entwicklungsstadien einer Sukzessionreihe mit in den Begriff einer Formation einbezieht (vgl. auch TANSLEY 1916). Wenige Sätze später resümiert er etwas widersprüchlich:

> „As a consequence, the formation falls naturally into climax units or associations, and developmental or seral units, associes. The former have their limits in space, and are permanent for each climatic era; the latter are limited in time, and they arise and pass in the course of successional development." (ibd.)

---

[64] EGLER (1951, p. 677) kommentierte etwas launig, das von CLEMENTS entwickelte Schema sei „a meticulously orderly system of nature, as neatly organized and arranged as the components of Dante's Inferno". Selbst unter Wissenschaftlern, die CLEMENTS und seinen Ideen insgesamt wohlgesonnen waren und mit ihm zusammenarbeiteten, stieß seine überbordende Terminologie auf Kritik.

Hier erscheint es so, daß die Seres Teil der Formation sind. Dieser Widerspruch wird im weiteren zwar nicht ganz aufgelöst, in summa findet jedoch eine Trennung von Formation=Climax-units und Sere=Sukzessionstadien im Sinne der erstgenannten Zitate statt. Die (klassifikatorischen) Untereinheiten dieser beiden großen, durch die Entwicklung verbundenen Basiseinheiten entsprechen einander dabei in der Art ihrer Definition und der von CLEMENTS dafür verwendeten bzw. neu geschaffenen Begriffe. Ganz im Bild des Organismus bleibend, sieht er sie gar als Teile eines „Generationswechsels" an:

> „... for those ecologists who regard the formation as an actual organism, it is as essential to distinguish developmental and climax communities as to recognize gametophytic and sporophytic generations in the life-history of the individual." (a.a.O., p. 136)

Auch die Art, in der sich CLEMENTS die Entwicklung der Formation denkt, entspricht genau der Entwicklung eines Organismus. Nicht einzelne Pflanzen lösen sich innerhalb einer Sukzession ab, sondern ganze communities (Entwicklungs*stadien* also), und dies zuverlässig („with essential fidelity"; s.o.) in einer genau vorgegebenen Reihenfolge (so daß EGLER 1954 von „relay floristics" sprach):

> „The essential nature of succession is indicated by its name. It is a series of invasions, a sequence of plant communities marked by the change from lower to higher life forms." (a.a.O., p. 6)

> „The motive force in succession, i.e. in the development of the formation as an organism, is to be found in the responses or functions of the group of individuals, just as the power of growth in the individual lies in the responses or functions of various organs." (a.a.O., p. 7)

Innerhalb des voluminösen Werkes macht CLEMENTS aufgrund der Notwendigkeit, seine sehr umfangreichen Beobachtungen und seine Theorie in Einklang zu halten, mancherlei Einschränkungen, was z.B. den Determinismus der Sukzessionsfolgen oder die fehlende „Stabilität" der Seral-communities angeht[65], ohne deshalb aber hier oder später sein theoretisches Gesamtkonzept auch nur im geringsten in Frage zu stellen.

Frederic CLEMENTS war spätestens seit der Veröffentlichung seiner „Research methods in ecology" (1905) alles andere als ein Unbekannter. Seine gründliche vegetationskundliche Feldforschung und nicht zuletzt die von ihm dazu entwickelten quantitativen Methoden (auf CLEMENTS geht z.B. die Einführung der Quadratmethode in der Pflanzenökologie zurück) machten ihn bald zum prominentesten Pflanzenökologen der USA. Dementsprechend aufmerksam wurde auch sein Buch „Succession" mit den dort entwickelten Ideen rezipiert. Die Reaktionen waren sehr geteilt und reichten von begeisterter Zustimmung bis hin zu unbedingter und polemischer Ablehnung seines Gedankengebäudes (vgl. WHITTAKER 1962, p. 52). Die Gründe für Zustimmung oder Ablehnung waren indes sehr vielfältig. Auf kontinentaleuropäischer Seite herrschte meist Ablehnung vor (z.B. DU RIETZ 1921, GAMS 1918), die jedoch meistens nicht die Grundidee von CLEMENTS betrafen, ökologische Einheiten als „organismusähnlich" aufzufassen.[66] Die Ablehnung gründete sich besonders auf die in den pflanzensoziologischen Schulen Europas nie akzeptierte Einbeziehung der Entwicklung in die Charakterisierung und Klassifikation von ökologischen Einheiten. Aus eben demselben Grunde jedoch trafen CLEMENTS' Ideen in den angelsächsischen Ländern überwiegend auf Zustimmung. Kri-

---

[65] So führt er z.B. den Begriff der „Subclimax" ein, der ein „unterhalb" der Klimax durch bestimmte äußere Bedingungen relativ lange stabilisiertes Sukzessionstadium darstellt, das sich sehr lange nicht zur „wirklichen" Klimax entwickeln kann. Man kann, ohne CLEMENTS hier unrecht zu tun, davon reden, daß er schon hier – in einem frühen Stadium seiner Theorieentwicklung – gezwungen ist, diverse *ad-hoc*-Hypothesen einzuführen, um seinem theoretisches Gesamtgebäude die nötige Stabilität zu erhalten.

[66] Wohl jedoch bei GAMS (1918, p. 457)

3.4 Ökologische Einheiten als Summe der Teile oder organisches Ganzes

tik wurde dort gegenüber seiner ausufernden überexakten Terminologie[67] geäußert. Auch seine Ansicht, daß das Klimaxstadium der Formation in einem Gebiet ausschließlich vom Klima (und nicht auch von den jeweiligen Bodenverhältnissen, wie es z.B. von SCHIMPER (1898) vertreten wurde) bestimmt werde, und seine sehr enge Sichtweise der Sukzessionsmechanismen stießen auf Widerspruch. Demgegenüber wurden weder der Entwicklungsgedanke noch die Auffassung von der Pflanzengesellschaft als Organismus von den meisten angelsächsischen Botanikern grundsätzlich in Frage gestellt. Einen sehr heftigen und seinerseits kreativen Kritiker fand CLEMENTS jedoch in Henry Allan GLEASON, der die Gleichsetzung von Pflanzengesellschaften mit Organismen strikt ablehnte.

Henry Allan GLEASON und das Individualistische Konzept

In mehreren Publikationen hat sich GLEASON mit dem Organismischen Konzept auseinandergesetzt und mit zunehmender Konkretheit seinen eigenen Entwurf dagegen gesetzt. Im Oktober 1917 erscheint die erste kritische Auseinandersetzung GLEASONs mit dem im Vorjahr erschienenen Buch „Succession", worin er sein – wie es im Gegensatz zu den späteren Veröffentlichungen noch umfassender heißt – „individualistic concept of *ecology*" (meine Hervorhebung) entwickelt.[68] Hier sind alle wesentlichen Elemente seines Konzepts schon voll ausgeformt. In den Jahren 1926 und 1939 folgen zwei weitere Veröffentlichungen zu diesem Thema. Wenn auch die Titel der beiden letztgenannten Aufsätze identisch sind, so trifft das nicht in vollem Maße für den Text zu, in dem unterschiedliche Schwerpunkte gesetzt sind.

GLEASON stellte stets fest, daß es ihm keineswegs darum gehe, die Existenz von Vegetationseinheiten als solches zu bestreiten. So heißt es 1917:

> „Of the actual existence of definitive units of vegetation there is no doubt. That these units have describable structure, that they appear, maintain themselves, and eventually disappear are observable facts." (GLEASON 1917, p. 464).

In Bezugnahme auf GRISEBACH (für dessen Begriff der Formation er indes den Ausdruck der Assoziation besser geeignet hält und durchgängig benutzt) anerkennt er die lebensweltliche Erfahrung unterschiedlicher Vegetationstypen und räumlich gegeneinander abgrenzbarer Vegetationseinheiten. So sagt er 1939:

> „First, an association, or better one of those detached pieces of vegetation which we may call a community, is a visible phenomenon. (...) the community is nevertheless a very tangible thing, which may be mapped, surveyed, photographed, and analyzed. (...) Uniformity, area, boundary, and duration are the essentials of a plant community." (GLEASON 1939, p. 103)

Die Frage, in der er mit CLEMENTS nicht übereinstimmt, ist eine andere, nämlich die, als was man sie auffaßt, und welche Konsequenzen man daraus zieht:

> „But the great mass of ecological facts revealed by observation and experiment may be classified in different ways, and from them general principles may be derived which differ widely in their meaning or even in their intelligibility." (GLEASON 1917, p. 464).

Oder, wie er es später formuliert:

---

[67] So kommentiert TANSLEY am Ende seiner ausführlichen Rezension von „Plant succession":
„The new terminology adopted by the author, like his systems of concepts, is very complete. It is certain that the majority of readers will find it much too complete!" (TANSLEY 1916, p. 204)

[68] Unabhängig von GLEASON entwickelte in Rußland RAMENSKY (1926, russisches Original 1924) einen gleichartigen Ansatz, seinerseits in Opposition zu dort dominanten organismischen Ideen, wie sie z.B. von SUKATSCHEW vertreten wurden (vgl. WEINER 1988, p. 65f.).

„This is the fundamental question, basic to all our work: What *is* a plant association?" (GLEASON 1939, p. 93)

Die Antwort von CLEMENTS war, wie erläutert, die, daß die Pflanzengesellschaft ein Organismus sei. Die Antwort GLEASONs steht dem diametral entgegen:

„The vegetation unit is a temporary and fluctuating phenomenon, depending in its origin, its structure, and its disappearance, on the selective action of the environment and on the nature of the surrounding vegetation. Under this view, the association has no similarity to an organism and is scarcely comparable to a species." (GLEASON 1939, p. 93)

Den Superorganismusgedanken akzeptiert er zunächst im besten Falle noch als sehr lose Analogie, „but these analogies are always more apparent than real, and never rise to the rank of homologies" (GLEASON 1917, p. 465). Die Assoziation ist vielmehr ein Ansammlung, ein Zusammentreffen („a coincidence", GLEASON 1926, p.16) von Pflanzenindividuen, die in Abhängigkeit von der existierenden umgebenden Vegetation, den Migrationseigenschaften der verschiedenen Arten, und der Wechselwirkung mit der jeweils vorgefundenen Umwelt entstehen. Diese Umwelt ist variabel in Raum und Zeit und das führt zusammen mit der Variabilität der Lebewesen selbst (d.h. der Toleranz jedes Individuums gegenüber einer Spanne von Umweltbedingungen) dazu, daß es keine sich exakt wiederholenden Pflanzengesellschaften gibt.

„The postulated uniformity of the community is therefore far from absolute. A community is uniform, either in space or in time, only to a reasonable degree. This uniformity is sufficient to enable us to recognize the community and to accept it as a unit of vegetation, while its variability, although slight, is sufficient to indicate the impossibility of considering any such area of vegetation as a definitely organized unit." (GLEASON 1939, p. 104)

GLEASON bestreitet damit auch den im CLEMENTSschen Modell enthaltenen Determinismus der Vegetationsentwicklung. Eine simple 1:1-Beziehung zwischen Umweltbedingungen (so Klima bei CLEMENTS, Klima und Boden bei SCHIMPER 1898) und Pflanzenbewuchs ist für ihn nicht denkbar.[69]

Für GLEASON entscheidet also das Individuum, seine Eigenschaften in Auseinandersetzung mit der Umwelt, über das Zustandekommen der beobachteten Vegetation. Aufgrund von Einwanderung und „Umweltselektion" kommt es in einer begrenzten Region mit ähnlicher Umwelt zu ähnlichen „assemblages of species", die man Pflanzen-Assoziationen nennt.

Das Individualistische Konzept ist manchmal dahingehend mißverstanden worden, daß es die Rolle von Interaktionen zwischen den Pflanzen völlig vernachlässige oder gar negiere (so z.B. KÜHNELT 1943b, p. 568, der GLEASON offenbar sogar so verstand, daß dieser nur den Faktor der Migration für das Zustandekommen der konkreten Vegetationseinheiten als wesentlich ansah). Demgegenüber bezog GLEASON *de facto* sehr wohl auch biotische Interaktionen, z.B. Konkurrenz (GLEASON 1917, p. 472), in seine Erklärung der Vegetationsentwicklung und der daraus resultierenden Muster ein und betonte stets die Rolle dessen, was er als „environmental control" bezeichnete. Darunter verstand er das Phänomen, daß Pflanzen in einem Lebensraum dessen physikalisch-chemische Eigenschaften verändern, z.B. durch Beschattung und andere Wechselwirkungen. Konsequenterweise, da er vom Individuum ausging und nicht von der ganzen Assoziation, mußte für ihn diese durchaus biotische Wirkung unter den Komplex der

---

[69] Dies hat natürlich auch Konsequenzen für die Art und Weise, nach der er die Assoziation abgrenzt: Für ihn ist nur die Homogenität der Pflanzenbesiedlung selbst wichtig (GLEASON 1917, p. 472), nicht aber das Habitat (Biotop) oder die Lebensformen und die Entwicklung, wie bei CLEMENTS.

3.4 Ökologische Einheiten als Summe der Teile oder organisches Ganzes

„Umweltfaktoren" subsumiert werden. Das „System" sind die einzelnen Pflanzen, alles andere sind „externe" Faktoren.[70]

Die zentralen Aussagen des Individualistischen Konzeptes sind also :

- Die grundlegende Einheit zur Erklärung der Vegetationsmuster ist das Individuum bzw. die einzelne Art[71].

- Die autökologischen Eigenschaften der Individuen, vor allem Migrationsfähigkeit und Toleranzen gegenüber bestimmten Umweltbedingungen, bestimmen im Zusammenhang mit der selektierenden Wirkung der Umwelt die Zusammensetzung der topographisch abgrenzbaren Assoziationen.

- Da die Umwelt räumlich wie zeitlich stets variabel ist, gibt es keinen definierten endgültigen Endzustand der Vegetationsentwicklung eines Gebietes.

- Die Entwicklung von Assoziationen läuft nicht deterministisch ab, sondern wird stark von zufälligen Ereignissen und historischen Faktoren geprägt.

- Eine Assoziation ist damit eine Ansammlung von Pflanzenindividuen und in keiner Weise mit einem Organismus vergleichbar.

GLEASONs Ideen fanden zum Zeitpunkt ihrer Formulierung nur wenig Zustimmung. Zu dominant war der Einfluß der Thesen Frederic CLEMENTS' und der GLEASON entgegenstehende Zeitgeist (s.u.). GLEASON hat seine Position selbst später einmal als die eines „ecological outlaws" bezeichnet (MCINTOSH 1975). Erst ab den 50er Jahren des 20. Jahrhunderts konnte sein Ansatz Fuß fassen (vgl. SIMBERLOFF 1980, MCINTOSH 1975).

Schlußfolgerungen: Was ist ein Superorganismus? – der Grad der internen Relationen bei ökologischen Einheiten

Ich habe die Konzepte von CLEMENTS und GLEASON deshalb geschildert, weil sie als das klassische Beispiel in Hinsicht auf das Für und Wider des Organismusvergleiches ökologischer Einheiten gelten können. Wenn ich oben (Kap. 3.1) sagte, daß die Metapher ökologischer Einheiten als Organismen eine der zentralen Metaphern überhaupt im Zusammenhang mit ökologischen Einheiten ist, so muß tiefer nachgefragt werden, was denn genau mit der Aussage gemeint ist, die Assoziation, community, Formation o.ä. sei ein Organismus. Es finden sich eine Reihe sehr unterschiedlicher Gesichtspunkte unter dem Oberbegriff des überindividuellen „Organismus". Diese wurden zum Teil bereits behandelt und werden zum Teil auch noch in späteren Kapiteln erörtert werden.

Es sind dies:

---

[70] Es fällt allerdings auf, daß GLEASON im Laufe der Jahre immer weniger auf diese Aspekte einging. Während sie 1917 noch eine große Rolle für ihn spielten, wird z.B. 1926 Konkurrenz nicht mehr explizit erwähnt, und 1939 wird selbst die ihm zuvor noch sehr wichtige „environmental control" nur noch *en passant* behandelt. Es findet also zumindest in seinen Publikationen eine deutliche Schwerpunktverlagerung statt. In einem mehr als 10 Jahre später (1952) geschriebenen Brief (GLEASON 1975) hebt er jedoch gerade die Aspekte der „environmental control" wieder besonders hervor.

[71] GLEASON springt in seinen Texten zwischen „Art" und „Individuum" hin und her. Es geht zwar um Pflanzen-Individuen als Grundelemente der Vegetation, aber diese werden, für eine Klassifizierung in Assoziationen und in der Beschreibung ihrer Eigenschaften, über ihre Artmerkmale charakterisiert.

1. Eine ökologische Einheit besitzt wie ein Organismus räumlich wahrnehmbare Grenzen (s. Kap. 3.3).
2. In einer ökologischen Einheit existieren die dort lebenden Einzelindividuen nicht nur räumlich und zeitlich neben- bzw. nacheinander, sondern es existieren Wechselwirkungen (Kap. 3.2, 3.3).
3. Die individuellen Organismen(arten) sind *spezifisch* miteinander verbunden und durch ihre Wechselwirkungen eng integriert (vergleichbar mit den Zellen eines Körpers).
4. Die individuellen Organismen haben, wie Zelltypen oder Organe derselben, eine spezifische „Funktion" (d.h. Rolle) innerhalb des Superorganismus (Kap. 3.5).
5. Eine ökologische Einheit verfügt, wie ein individueller Organismus, über die Fähigkeit zur Selbstregulation, d.h. zur Aufrechterhaltung einer bestimmten „Struktur und Funktion" bei wechselnden äußeren Einflüssen.
6. Eine ökologische Einheit weist eine Lebensgeschichte auf, indem eine inhärent gesteuerte Entwicklung (Sukzession) wie die Embryonalentwicklung des individuellen Organismus deterministisch von der Geburt bis zum Reifestadium (oder Tod) abläuft.
7. Eine ökologische Einheit kann sich wie ein individueller Organismus identisch reproduzieren.
8. Die ökologische Einheit ist, wie der individuelle Organismus, eine als solche ontologisch existente Einheit, die als Ganzes, ohne Reduktion auf ihre Einzelteile, entdeckt und beschrieben werden kann (Kap. 3.5).
9. Die ökologische Einheit wirkt als Superorganismus als Ganzes auf die Teile und hat Eigenschaften, die in den Teilen nicht enthalten sind (Kap. 3.5).
10. Eine ökologische Einheit ist wie ein individueller Organismus eine Einheit der Selektion.

Jeder einzelne dieser Punkte[72] wurde in verschiedenen Kombinationen von einigen Autoren in Verbindung mit dem Bild des Organismus vertreten, und ebenso wurden aufgrund einzelner oder mehrerer dieser Punkte „organismische" (oder auch „holistische"; vgl. Kap. 3.5) Begriffe von ökologischen Einheiten von anderen Wissenschaftlern heftig abgelehnt. Einzelne Kriterien wurden dabei nur von wenigen Autoren vertreten (z.B. Punkt 7, die Fähigkeit zur Reproduktion) und brauchen daher hier nicht tiefer behandelt zu werden.

Auch unterscheiden sich die Aussagen, ob der „Organismus" nur eine hilfreiche Metapher (d.h. ein Bild zu Veranschaulichung) sei, ob er eine Analogie darstelle (d.h., daß ihnen, trotz aller sonstigen Verschiedenheit, wichtige den Begriff konstituierende Eigenschaften in gleicher Weise zukommen) (TANSLEY 1916, 1920[73]), oder ob die jeweilige ökologische Einheit ein Organismus *sei* (z.B. bei PHILLIPS 1935b)[74].

---

[72] MUELLER-DOMBOIS & ELLENBERG (1974, p. 23f.) nennen als weiteren möglichen Vergleichspunkt zwischen Organismus und Organismengesellschaft, daß man in der Pflanzensoziologie Organismengesellschaften analog zu Organismen in taxonomische Gruppen einzuteilen versuche (vgl. dazu auch Kap. 4.2).

[73] TOBEY (1981, p. 166) bezeichnet TANSLEY deshalb als einen „soft organicist".

[74] Das Herausgreifen und Kombinieren einzelner dieser Punkte ist nur möglich, wenn man den Organismusbegriff lediglich als Bild oder lose Analogie benutzt. Dort wo ökologische Einheiten tatsächlich *als* Organismen aufgefaßt werden, müssen alle genannten Eigenschaften eng verknüpft sein. Als Organismus hat eine solche Einheit zudem nicht nur einfach bestimmte Eigenschaften, sondern ein bestimmtes „Wesen" und ist damit nicht mehr einer naturwissenschaftlichen Zugehensweise zugänglich, sondern erfordert einen „verstehenden" Zugang (ich danke L. TREPL für diesen Hinweis). Vgl. Kapitel 3.5 für die mit einem sol-

3.4 Ökologische Einheiten als Summe der Teile oder organisches Ganzes

Um die Vielfalt der Kriterien zu sondern, will ich an der Diskussion zwischen CLEMENTS und GLEASON nur einige der Aspekte herausstellen, während die übrigen anderen Kapitel vorbehalten sind.

Was verstanden beide Autoren unter einer Assoziation/community/Formation als Organismus? Gemeinsam ist beiden Wissenschaftlern, daß sie die „Existenz" (i.S. von topographischer Abgrenzbarkeit) von Pflanzengesellschaften in der Natur (s.o., Punkt 1) anerkennen. Sowohl CLEMENTS als auch GLEASON bleiben bei den konkreten Pflanzenindividuen und Arten sowie deren Assoziationen. Keiner abstrahiert völlig in Richtung auf ein „System" von reinen Funktionsträgern, bei denen es nicht mehr auf die Artzugehörigkeit, sondern nur noch auf eine funktionale „Rolle" in der Pflanzengesellschaft ankommt (Punkt 4), wie dies später z.T. geschah. Auch die Existenz von Interaktionen innerhalb dieser Einheiten (Punkt 2) war für GLEASON unstrittig (s.o.). Dann jedoch beginnen die Differenzen.

GLEASON beschrieb das, was für ihn das Organismische Konzept CLEMENTS' ausmachte, indem er seine eigene Position im Aufsatz von 1917 wie folgt davon abgrenzte:

> „According to this view, the phenomena of vegetation depend completely upon the phenomena of the individual. It is in sharp contrast with the view of Clements that the unit of vegetation is an organism, which exhibits a series of functions distinct from those of the individual and within which the individual plants play a part as subsidiary to the whole as that of a single tracheid within a tree." (GLEASON 1917, p. 464)

Betont er hier vor allem die Autonomie des Individuums gegenüber dem „Ganzen", wird in seinem Aufsatz von 1939 – ohne explizite Bezugnahme auf CLEMENTS – das von ihm zurückgewiesene Konzept des Superorganismus mit weit mehr Eigenschaften qualifiziert:

> „The association is an organism, or a quasi-organism not composed of cells like an individual plant or animal, but rather made up of individual plants and animals held together by a close bond of interdependence; an organism, or a quasi-organism, with properties different from, but analogous to, the vital properties of an individual, including phenomena similar to birth, life, and death, as well as constant structural features comparable to the structures of the individual." (GLEASON 1939, p. 93)[75]

Die Angaben decken sich im wesentlichen mit den Ausführungen von CLEMENTS. Betonte dieser 1916 im Zusammenhang mit seiner Theorie der Sukzession vor allem den Entwicklungsaspekt (Punkt 6), so wurden an anderer Stelle andere Aspekte stärker betont, vor allem die Aussage, daß das Ganze der Assoziation mehr sei als die Summe seiner Teile (Punkt 9). In dem zusammen mit dem Zoologen Victor SHELFORD 1939 herausgegebenen Lehrbuch „Bio-Ecology" etwa heißt es über die um die Tiere erweiterte Einheit der Formation[76] (dort synonym als „biotic formation", „biotic community" und „biome" bezeichnet):

---

chen Zugang zusammenhängenden Schwierigkeiten bei bestimmten „holistischen" Auffassungen von ökologischen Einheiten.

[75] Dies ist die ausführlichste Darstellung dessen, was GLEASON unter der Assoziation als Organismus verstand, die ich in seinen Schriften finden konnte.
Die Erweiterung seiner Argumentation auf den „Quasi-Organismus" ist eine Bezugnahme auf die vorsichtigere Terminologie Arthur TANSLEYs, der den Organismusvergleich als heuristisch fruchtbar befürwortete, sich aber aus verschiedenen Gründen (vgl. Kap. 3.5 sowie TOBEY 1981., p. 155ff) wiederholt gegen den Ausdruck „Organismus" oder „complex organism" für Pflanzengesellschaften aussprach.

[76] Trotz mancher Kritik an seinem Konzept des Superorganismus – nicht zuletzt durch den der Idee lange sehr wohlgesonnenen TANSLEY (s.u., Kap. 3.5) – modifizierte CLEMENTS sein Konzept nicht, sondern dehnte es vielmehr noch explizit auf Gesellschaften von Pflanzen *und* Tieren aus. Wann CLEMENTS die Begriffe der „biotic community" (in Abhebung zur plant- oder animal community) und des „biomes" genau zuerst benutzte, bleibt unklar. PHILLIPS (1931, p. 4) verweist auf das *Bull. Ecol. Soc. Am.* von 1916; das „Bulletin" erschien jedoch nach meinen Recherchen erstmals 1917. Möglicherweise bezieht er sich auch auf einen Vortrag, den CLEMENTS Ende 1916 vor der Ecological Society of America in New York hielt und dessen

„The concept of the biome is a logical outcome of the treatment of the plant community as a complex organism, or superorganism, with characteristic development and structure. As such a social organism, it was considered to possess characteristics, powers, and potentialities not belonging to any of its constituents or parts." (CLEMENTS & SHELFORD 1939, p. 20)

Weiterhin vergleichen sie das Verhältnis von individuellem Organismus zu seinem Biom mit dem Verhältnis von Zelle zum individuellen Organismus (a.a.O., p. 21).

Die zwischen den Positionen des Organismischen und des Individualistischen Konzepts aufscheinende Differenz, die mir hier besonders wichtig ist, ist die Dichotomie zwischen einer Vorstellung von der Autonomie der Individuen auf der einen und von der einer Vorherrschaft des Ganzen über die Einzelindividuen auf der anderen Seite. Sie ist indes, wenn man es vom Grundsätzlichen her betrachtet, letztlich keine starre Alternative; es handelt sich vielmehr um zwei Extremmodelle, zwischen denen es intermediäre Kombinationen der sie konstituierenden Elemente gibt. Die eine mögliche Extremposition – daß die die Assoziation bildenden individuellen Pflanzen ausschließlich von ihren (Art)Eigenschaften und der jeweiligen unbelebten Umwelt abhängen – wurde nicht einmal von GLEASON vertreten. Sobald auch noch Tiere in die Einheit einbezogen werden, wird dies aufgrund der notwendigen Nahrungsbeziehungen ohnehin hinfällig, und mir ist niemand bekannt, der eine solche Extrem-Individualismus-Position als Regelfall vertreten würde.[77] Die andere Extremposition – daß die Individuen vollkommen dem Ganzen der ökologischen Einheit untergeordnet sind, ja sogar „zum Wohle" des Ganzen agieren – liegt durchaus nahe an den Ansichten von CLEMENTS und PHILLIPS. Ins Letzte durchgedacht führt ein solches Denken dann dahin, daß sich Einzelindividuen im Interesse des Überlebens des Ganzen „opfern" und schließlich die ökologische Einheit (die community, das Ökosystem) zur Selektionseinheit wird. Eine frühe „organismische" Vorstellung, die dem nahekommt, hat Stephen Alfred FORBES in seiner klassischen Schrift „The lake as a microcosm" (1887) formuliert.[78]

Abstract 1917 im Journal of Ecology abgedruckt wurde (CLEMENTS 1917). CLEMENTS & SHELFORD (1939) nennen CLEMENTS' oben diskutiertes Buch von 1916, ohne jedoch eine Seitenzahl zu nennen. In jedem Falle werden die Begriffe in „Bio-Ecology" zur Basis des Ökologieverständnisses der Autoren. Begründet und eingeführt werden die Begriffe wie folgt:

„The biome or plant-animal formation is the basic community unit; that is, two separate communities, plant and animal, do not exist in the same area.(...)
The extent and character of the biome are exemplified in the great landscape types of vegetation with their accompanying animals, such as grassland or steppe, tundra, desert, coniferous forest, deciduous forest, and the like. These commonly represent biotic formations or climaxes (...).
The term biome, as here employed, is regarded as the exact synonym of formation and climax when these are used in the biotic sense." (CLEMENTS & SHELFORD 1939, p. 20)

[77] Es gibt natürlich Fälle in der Natur, z.B. der Beginn einer Sukzession, wo *phasenweise* Organismengesellschaften genau so konstituiert sind (vgl. z.B. bei CONNELL & SLATYER 1977).

[78] FORBES schreibt dort:
„Perhaps no phenomenon of life in such a situation is as remarkable than the steady balance of organic nature, which holds each species within the limits of a uniform average number, year after year, although each one is doing its best to break across boundaries on every side.
We thus see that there is really a *close community of interest* between these seemingly deadly foes [Räuber und Beute].
And next we note that this common interest is promoted by the process of natural selection, for it is the great office of this process to eliminate the unfit." (FORBES 1887, p. 549; Hervorhebung im Original)

3.4 Ökologische Einheiten als Summe der Teile oder organisches Ganzes

Clements

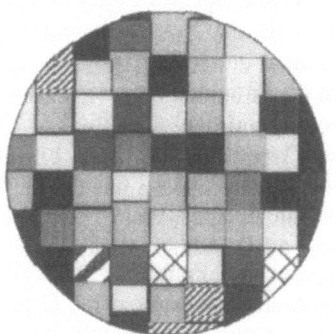

Gleason

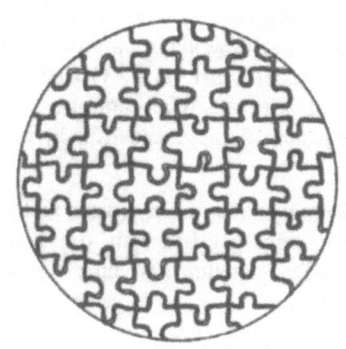 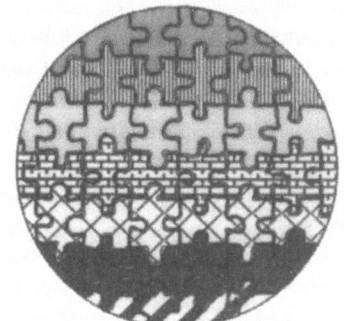

H.T Odum

Abb. 3.1 Vorstellungen zur Integriertheit von ökologischen Einheiten. Siehe Text.

Dazwischen liegen die „gemäßigten" Positionen, welche die Wichtigkeit von Wechselwirkungen zwischen den Individuen einer ökologischen Einheit in unterschiedlichstem Grad beschreiben. Wechselwirkung und Abhängigkeit sind z.b. schon gegeben, wenn in einer Organismgesellschaft eine Pflanze Sauerstoff produziert und ein Tier diesen veratmet. Solche Abhängigkeiten sind trivial und werden von niemandem bestritten. Es ist aber dabei völlig gleichgültig, *welche* Pflanze und *welches* Tier (welche Arten) vorhanden sind. Das heißt, die Wechselwirkung ist völlig unspezifisch. Das dürfte für eine große Anzahl von Wechselwirkungen zwischen Organismen gelten. Wird dies (Punkt 2 in obiger Aufzählung) schon als hinreichend betrachtet, um von der Interdependenz der Lebewesen einer ökologischen Einheit und vom „Organismus" zu sprechen, so ist die Diskussion müßig. Bei CLEMENTS und vielen anderen – und hier liegt denn der mir wichtige Unterschied zu GLEASON – wird eine *spezifische* Wechselwirkung zwischen den Teilen des Ganzen (Punkt 3) angenommen. Auch hier sind noch Unterschiede möglich: geht es nur um die (funktional bestimmte) *Rolle* einer bestimmten Art oder um das Vorkommen und die Eingebundenheit *dieser* speziellen Art und keiner anderen. Bei CLEMENTS ist der letztere, strengere Fall gegeben. Dies kann mit einem Verständnis bestimmter „Rollen" der Arten zusammenfallen, muß es aber nicht. Anschaulich läßt sich der Unterschied mit dem Vergleich eines Puzzles verdeutlichen (Abb. 3.1):

Faßt man eine Wiese oder einen Wald (konkrete Formationen im Sinne CLEMENTS') als einzelne Puzzles auf, deren Bestandteile die dort existierenden Arten sind, so besitzen diese funktionale Beziehungen, repräsentiert durch die Form der Puzzle-Teile, und eine spezifische Art-Identität, repräsentiert durch die Grautöne bzw. Schraffuren jedes Teils. Zusammengelegt ergibt sich ein geschlossenes Gesamtbild, daß sich für CLEMENTS bei jeder Neubildung des Puzzles (der Formation) identisch wieder ergeben muß. Für einen modernen Systemtheoretiker (vgl. Kap. 3.5) hingegen zählt im allgemeinen nur die Paßform der Teile, d.h. ihre Beziehungen (unten links). Hier kann ein Puzzle „Wald" also jedesmal aus einem völlig anderen Muster bestehen – die Arten sind austauschbar – , vorausgesetzt, die Paßform der Teile ist gegeben, d.h. solange sie die jeweilige „Funktion" (d.h. Rolle) im System erfüllen. Die „Details" (Arten) einer spezifischen, „gewachsenen" Organismengesellschaft interessieren nicht. Die einzelnen spezifischen Arten werden zunehmend durch abstrakte funktionale Kompartimente ersetzt (z.B. ODUM 1983[79]). Verschwinden einzelne Arten, so können sie durch völlig andere (in der Abbildung unten rechts durch andere Grautöne bzw. Schraffuren repräsentiert) ersetzt werden. Der Ansatz findet seine Vollendung in einer künstlichen Herstellung funktionaler ökologischer Einheiten, wie sie im Zusammenhang mit der technisch-ökologischen Richtung des „ecological engineering angestrebt wird (H.T. ODUM 1971, p. 279f., MITSCH & JØRGENSEN 1989b, BERRYMAN et al. 1992)[80]. Hier kommt wieder die Frage nach dem Allgemeinheitsgrad ins Spiel, unter dem eine ökologische Einheit betrachtet wird (Kap. 5.1 und 5.3).

GLEASONs Formationen (=Assoziationen) würden demgegenüber eher einem Kaleidoskop gleichen: Die Paßform muß nicht genau, sondern nur ungefähr gegeben sein, die Teile liegen recht locker, ohne engen spezifischen Zusammenhang. Die Muster bei einer wiederholten

---

79 In seiner Dissertation (1950) sprach Howard ODUM nach Angaben von TAYLOR (1988, p. 226) von Organismen als „Ökokatalysatoren".

80 Es sei darauf hingewiesen, daß viele Vertreter des „ecological engineering" ihren Ansatz als einen sehen, der eine „Partnerschaft mit der Natur" befördert (so etwa H.T. ODUM 1971, p. 274, MITSCH & JØRGENSEN 1989a). Die Gefahr, daß die Ergebnisse dieser Forschungsrichtung im Sinne einer rein technokratischen Manipulation von Natur benutzt werden, die den meisten Naturschutzbestrebungen diametral entgegenläuft, scheint mir jedoch sehr groß.

Neubildung des Puzzles sind zwar einander ähnlich, aber nicht identisch; sie entstehen in immer neuen Variationen, ein sich ständig veränderndes Mosaik.

Für CLEMENTS und viele Anhänger ähnlicher Begriffe ist nun das sich aus den Puzzleteilen immer wieder deterministisch ergebende Bild etwas, was in den Teilen allein nicht enthalten ist. Generell führt die Frage, was es heißen kann, daß das Ganze mehr sei, als die Summe seiner Teile, zu dem in der Biologie vieldiskutierten Problem der „Emergenz" (vgl. SALT 1979, EDSON & FOIN 1981, MAYR 1984, WIEGLEB & BRÖRING 1996). Es ist dabei u.a. zu fragen, ob die genannte Behauptung eine erkenntnistheoretische oder eine ontologische sein soll, ob es sich bei emergenten Eigenschaften lediglich um eine Verschiebung der Beobachtungsperpektive handelt, um Platzhalter für fehlende Informationen, oder um neu entstehende Eigenschaften der Dinge. Die Rede von den emergenten Eigenschaften muß jedoch von der einer Ontologisierung ökologischer Einheiten getrennt werden, die damit nicht zwangsläufig impliziert ist (s.a. WIEGLEB & BRÖRING 1996) – wenn dies auch oft einhergeht. Dieses Problem wird in Kapitel 3.5 besprochen werden.

Für die Definition ökologischer Einheiten ist eine „Lösung" der Frage, *was* Emergenz sei, insoweit irrelevant, als die damit bezeichneten Phänomene unabhängig davon in jedem Falle soweit konkretisiert werden müssen, daß sie operationalisierbar sind (vgl. Kap. 4.4).

Die dieses Kapitel entscheidende Quintessenz sei nun hier gezogen. Die Dichotomie „Summe der Teile" (bzw. Ansammlung von Individuen) vs. Superorganimus (bzw. hochintegrierte Ganzheit) läßt sich in einen *Gradienten*, in ein Kontinuum des *Grades der internen funktionalen Relationen einer ökologischen Einheit* überführen. Dieser reicht von: keine internen Relationen (womit z.B. eine rein statistisch gefaßte Einheit vorliegt) bis hin zum hochintegrierten Ganzen mit vielen und hochspezifischen internen Relationen. Im Sinn eines Definitionskriteriums ökologischer Einheiten stellt sich die Frage daher so, daß dieser Gradient bestimmt, welcher Grad der internen Relationen als *notwendig* erachtet wird, um von einer bestimmten ökologischen Einheit reden zu können (zur näheren Anwendung vgl. Kap. 5 sowie JAX et al. 1998).

Interne Relationen von ökologischen Einheiten: Anwendungen und Variationen

<u>Populationen</u> werden, wie schon oben (Kap. 3.3) erläutert, meist lediglich durch die Anwesenheit gleichartiger (im Sinne der gleichen taxonomischen Spezies) Individuen in einem Raumausschnitt definiert, teilweise jedoch auch mit höheren Anforderungen an die Interaktionen zwischen ihren Mitgliedern. Bei populationsgenetischen Untersuchungen ist dies der Genaustauch bzw. die Fortpflanzung zwischen den Individuen. Bei ökologischen Untersuchungen spielen andere Interaktionen die primäre Rolle. So bleibt die Definition von RICHARDS in Hinblick auf die genaue Art der Interaktionen allgemeiner:

> „The term 'population' means all those individuals of one species whose lives are sufficiently integrated to have an influence on one another. A population will normally occupy a spatially well-defined area even though the distribution of a species is hardly ever strictly continuous. Although populations so defined will often tend to have somewhat wooly edges, it is only to such populations that one can correctly attribute such features as birth rates and death rates." (RICHARDS 1961, p. 147)

Für ökologische Fragestellungen können die entscheidenden Interaktionen eher in (intraspezifischer) Konkurrenz oder Kooperation (vgl. zur Terminologie BOUCHER 1992) oder, in wenigen Fällen sogar in Räuber-Beute-Relationen (Kannibalismus) bestehen.

"Organismische" Sichtweisen von Populationen kommen vor, besonders in Bezugnahme auf staatenbildenden Organismen wie sozialen Insekten und anderen eusozialen Tierarten. Außerhalb dieser Gruppe von Arten können sie aber als Ausnahme betrachtet werden. Solche Theorien wurden vor allem von einigen Biologen in den USA in der ersten Hälfte des 20. Jahrhunderts vertreten. Genannt seien Raymond PEARL (KINGSLAND 1985, p. 80ff.), Warder Clyde ALLEE, Alfred E. EMERSON (vgl. zu der sogenannten Chicago-Schule der Tierökologie MITMAN 1992) und William Morton WHEELER (z.B. WHEELER 1911).

Vielfältiger sind die Grade möglicher Interaktionen bei Organismengesellschaften. Die beiden Grundrichtungen, wie sie sich in der Form der geschilderten Positionen von CLEMENTS und GLEASON besonders scharf darstellen, waren schon bei den "Gründervätern" der Pflanzenökologie angelegt. Während Oscar DRUDE, dessen Schriften nach TOBEY (1981, p.57 ff. und 87ff.) wesentlich CLEMENTS' Auffassung der Pflanzenökologie prägten, tendenziell die Ganzheit der Pflanzengesellschaften betonte, findet sich bei Eugenius WARMING ein Verständnis der Pflanzengesellschaft, das eher als Vorläufer des individualistischen Ansatzes gesehen werden kann, und maßgeblich COWLES und TANSLEY beeinflußte (MCINTOSH 1985, p. 42f.).

Insgesamt findet man im Zusammenhang mit Organismengesellschaften aber tatsächlich Definitionen, die über das gesamte Spektrum der oben aufgeführten 10 Punkte gehen. Die sehr weite und fast ohne Bezug auf Interaktionen auskommende Definition der community durch Robert MACARTHUR (1971) wurde schon im vorangegangenen Kapitel zitiert. Man kann sagen, daß MACARTHUR hier allerdings weniger eine streng "individualistische" Position als vielmehr eine "agnostische" Position einnimmt, d.h. er macht keinerlei a-priori-Aussagen darüber, welche Interaktionen communities charakterisieren, und sie sind für ihn in jedem Falle nicht entscheidend dafür, eine Ansammlung von Organismen eine community zu nennen. Ähnliche Positionen sind häufig (so KREBS 1985, WOLDA 1987, BEGON et al. 1996).

Explizit individualistische Positionen unterscheiden sich von den gerade genannten dadurch, daß sie nicht nur bestimmte Interaktionen als unwichtig ansehen, sondern sich sogar dagegen verwahren, eine community durch bestimmte Interaktionen definiert zu sehen, zumindest solche, die über Punkt 2 in der obigen 10-Punkte-Liste hinausgehen.

Als Extremfall ist PEUS (1954) zu nennen, der sogar soweit ging, den Begriff der Biozönose und darüber hinaus sogar die synökologische Forschungsrichtung als Ganzes für nicht existent bzw. überflüssig zu erklären.

Neben GLEASON finden sich dezidiert individualistische Positionen z.B. bei RAMENSKY (1926), BODENHEIMER (1957, 1958) und bei vielen modernen Ökologen (vgl. besonders NOBLE & SLATYER 1980, VAN DER VALK 1981). Dies gilt vor allem für jene Botaniker, die in der Tradition von CURTIS und WHITTAKER stehen. Letztere haben in den 1950er Jahren das Individualistische Konzept gegenüber dem bis dato vorherrschenden organismischen Verständnis der Organismengesellschaften so stark gemacht, daß es im Laufe der Zeit das Organismische Konzept innerhalb der wissenschaftlichen Ökologie wenn nicht verdrängt, so doch zur Minderheitenposition gemacht hat.

Viele Definitionen von Organismengesellschaften gehen indes weiter als rein musterdefinierte oder agnostische Positionen. Der nächste Schritt wäre etwa in der Definition von ABELE et al. (1984) zu sehen, indem zumindest eine *Möglichkeit* der Interaktion in der Definition gefordert ist.

3.4 Ökologische Einheiten als Summe der Teile oder organisches Ganzes

„Ecological communities are groups of species living closely enough together for the potential of interaction." (ABELE et al. 1984, p. vii)

Das Vorhandensein *irgendwelcher* Interaktionen als Voraussetzung dafür, von einer Organismengesellschaft reden zu können, findet sich ebenfalls sehr häufig, in Absetzung zu den gerade genannten weiter gefaßten Begriffen, z.B.:

„... the term *association* will be reserved for groups of populations that occur in the same area without regard for their interactions; *community* will be used to denote an association of interacting populations." (RICKLEFS 1976, p. 351)

Charles ELTON, für den die community im Zentrum der Tierökologie stand, faßte die community ähnlich und charakterisierte sie als: „closely-knit communities or societies comparable to our own" (ELTON 1927, p. 5.). Über die Betonung des wesentlich funktionalen Charakters von communities hinaus weigerte er sich aber stets, eine spezifischere Definition zu geben und hielt vielmehr den Begriff bewußt weit und flexibel (vgl. JAX 2001a und Kap. 4.4). Vielmehr sah er in „community" „a term that in its practical application may mean any section of the species network chosen for study, whether arbitrarily carved from the general network or chosen for special characters." (ELTON & MILLER 1954, p. 479). In diese Richtung geht auch die Definition, die E.P. ODUM in seinem Lehrbuch gibt:

„Organisms living in a common area, whether large or small, are associated together in what are known as biotic communities. The biotic community is rather loosely but definitely held together as a unit by the interdependence of its members" (ODUM 1953, p. 87)[81]

Um einiges weiter gingen vor allem deutsche Ökologen in ihren Definitionen des Biozönose-Begriffs, geprägt durch die Definition MÖBIUS', die, wie oben erläutert, Bedingungen wie Gleichgewicht und Selbstregulation enthielt.[82] Ganz folgerichtig wurde daher z.B. von FRIEDERICHS zwischen Biozönosen und „Lebensvereinen" als dem allgemeineren Begriff unterschieden. Während bei Biozönosen gilt: „Das Streben nach Gleichgewicht, die Fähigkeit zur Selbstregulierung sehen wir hier in die Definition aufgenommen" (FRIEDERICHS 1930, p. 27) ist ein Lebensverein für ihn: „,...jede Vergesellschaftung gesetzmäßig verbundener lebender Wesen (...), die klein oder groß sein kann, der Selbstregulierung fähig oder nicht."(a.a.O., p. 30). Lebensvereine sind jedoch immer noch durch Interaktionen charakterisiert, während er ansonsten von „Aggregationen" spricht. Eine ähnliche Unterscheidung machten SCHWENKE (1953) und SZELÉNYI (1955).

Extremvarianten der Definition von Organismengesellschaften sind neben den von CLEMENTS und seinen Anhängern vertretenen Superorganismen auch die Definitionen von FRIEDERICHS und THIENEMANN (vgl. hierzu Kap. 3.5) und die – allerdings anders gelagerte – im vorigen Kapitel genannte Definition von RENKONEN (1938), der sogar die Bedingung geschlossener Stoffkreisläufe als Definitionskriterium mit aufnimmt.

Ein stark von der klassischen Definition von MÖBIUS geprägtes Verständnis von Biozönose bildet bis heute (manchmal nur implizit) den „mainstream" der deutschen Ökologietheorie.

---

[81] Diese Aussage ist der 1. Auflage von Eugene ODUMs Lehrbuch „Fundamentals of ecology" entnommen. Trotz ODUMs „organismischer" Tendenzen ändert sich diese Formulierung in ihrem Sinn auch in den späteren Auflagen des Buches (1959, 1971) nur unwesentlich. Anders beim Begriff des Ökosystems (s.u.).

[82] Die große Bedeutung, die diese enge Definition in der deutschen Ökologie hatte, zeigen die heftigen Auseinandersetzungen, die es mit den wenigen „Dissidenten" in der deutschen Wissenschaftlergemeinde gab. Vgl. besonders die Diskussion um die Thesen von Fritz PEUS (1954), die gar zu einem eigenen Symposium führten (abgedruckt in: SCHWERDTFEGER et al.. 1960/61), auf dem die „ketzerischen" Abweichungen in Richtung auf einen (von PEUS nicht so genannten) extremen individualistischen Ansatz fast einmütig zurückgewiesen wurden.

Das Ökosystem wird ebenfalls mit höchst unterschiedlichen Graden der notwendigen internen Relationen definiert. Auch hier wird das komplette Spektrum an Möglichkeiten erfaßt, wobei rein musterdefinierte, „agnostische" oder „individualistische" Definitionen seltener sind als bei Population oder Organismengesellschaft.

Den Extremfall stellen Definitionen dar, für die alle Lebewesen zusammen mit ihrer abiotischen Umwelt innerhalb eines durch topographisch feststellbare oder festgelegte Grenzen gegebenen Raumausschnittes ein Ökosystem darstellen. Meist werden von den Autoren aber schon funktionale Beziehungen innerhalb der Einheit als selbstverständlich gegeben vorausgesetzt, sie werden allerdings nicht explizit in den Definitionen genannt.

So definiert LIKENS:

> „An ecosystem is defined as a spatially explicit unit of the Earth that includes all the organisms, along with all the components of the abiotic environment within its boundaries." (LIKENS 1992, p. 9)

Aus den weiteren Erörterungen wird aber sichtbar, daß auch er selbstverständlich von Interaktionen in Ökosystemen ausgeht, auch wenn sie in seiner Definition nicht explizit auftauchen.

Einen Schritt weiter geht z.B. STÖCKER mit seiner von ihm selbst so genannten „maschinentheoretischen" Definition des Ökosystems.

> Ein *Ökosystem* ist ein biologisches System, das aus den Wechselwirkungen aller (oder einer begrenzten Zahl) biotischer und abiotischer Compartments (Elemente) untereinander und mit ihrer abiotischen und biotischen Umgebung (definierte Ausschnitte der Biosphäre) in einer diskreten Zeit gebildet wird.
>
> Die Festlegung einer Minimal-Dimension und des biologischen Inhalts von Ökosystemen bedeutet, daß praktisch mindestens 2 Compartments (A, B) mit ihrer taxonomischen oder ökologisch-funktionellen Zuordnung gegeben sein müssen und eine Koppelung besteht. Wenigstens eines der Compartments muß biologischer Natur sein." (STÖCKER 1979, p. 166f.)

Hier wird der funktionale Charakter des Ökosystems explizit festgeschrieben.

Auch Lindeman stellt in seiner formalen Definition noch keine sehr hohen Ansprüche an den Grad der internen Relationen eines Ökosystems:

> „The ecosystem may be formally defined as the system composed of physical-chemical-biological processes active within a space-time unit of any magnitude, i.e. the biotic community plus its abiotic environment." (LINDEMAN 1942, p. 400)

Tansley, der Schöpfer des Worts „Ökosystem", geht in seiner Charakterisierung etwas weiter, ohne allerdings *spezifische* Typen von Relationen und Bestandteilen innerhalb des Ökosystems zu benennen:

> „A wider conception still is to include with the biome all the physical and chemical factors of the biome's environment or habitat (...) as parts of one physical *system*, which we may call an *ecosystem*, because it is based on the οικος or home of a particular biome. All the parts of such an ecosystem – organic and inorganic, biome and habitat – may be regarded as interacting factors which in a mature ecosystem, are in approximate equilibrium: it is through their interactions that the whole systems is maintained." (TANSLEY 1946, p. 207)

Eugene ODUM, der sein Lehrbuch *Fundamentals of Ecology* rund um den Ökosystem-Begriff aufbaut, beginnt zunächst noch mit einem mittleren und im Detail wenig spezifizierten Grad von internen Relationen:

> „Any entity or ecological unit that includes living and nonliving parts interacting to produce a stable system in which the exchange of materials between the living and the nonliving parts follows circular paths is an ecological system or ecosystem." (ODUM 1953, p. 9)

Er fügt hinzu:

3.4 Ökologische Einheiten als Summe der Teile oder organisches Ganzes

> „The concept of the ecosystem is and should be a broad one, its main function in ecological thought being to emphasize obligatory relationships, interdependence, and causal relationships. Ecosystems may be conceived and studied in various sizes." (a.a.O., p. 10).

In der dritten Auflage von 1971 heißt es demgegenüber detaillierter und „anspruchsvoller":

> „Any unit that includes all the organisms (i.e. the 'community') in a given area interacting with the physical environment so that a flow of energy leads to clearly defined trophic structure, biotic diversity, and material cycles (i.e. exchange of materials between living and nonliving parts) within the system is an ecological system or *ecosystem*" (E.P. ODUM 1971, p. 8)

Der oben angeführte verallgemeinernde Satz bleibt erhalten, mit dem Zusatz allerdings, daß die Teile vom Ganzen untrennbar seien, weshalb Methoden der Systemanalyse notwendig würden (in die ab der dritten Auflage des Buches in einem eigenen – nicht von ODUM selbst verfaßten – Kapitel eingeführt wird).

Häufig finden sich über solche Spezifizierungen hinaus auch Aussagen darüber, daß Ökosysteme selbstregulierend oder kybernetisch seien (so EVANS 1956, PATTEN & ODUM 1981; LESER 1984, JØRGENSEN et al. 1992, KLÖTZLI 1993; wobei bei letzteren nicht ganz klar wird, wie hoch nun genau ein Ökosystem *per definitionem* integriert sein muß – vgl. Kap. 4.3). Als Beispiel sei die Definition von LESER zitiert:

> „Ökosystem: eine sich aus abiotischen und biotischen Faktoren des Ökotops bzw. von Geosystem und Biosystem aggregierende Funktionseinheit der hochkomplexen realen Umwelt, die somit einen Ausschnitt aus der Geobiosphäre bildet, der ein sich regulierendes Wirkungsgefüge darstellt, dessen stets offenes stoffliches und energetisches System sich in einem dynamischen Gleichgewicht befindet." (LESER 1984, p. 356)

Beliebt ist es allerdings bei manchen Autoren, Kriterien wie die der „Selbstregulationsfähigkeit" durch Worte wie „mehr oder weniger", „bis zu einem gewissen Grade" (so bei KLÖTZLI 1993) u.ä. zu relativieren und damit sowohl einer harten Diskussion wie einer Operationalisierung zu entziehen.

Das nicht nur enge, sondern auch spezifische Verbundensein der einzelnen Teile, in dem jedem Teil seine genau spezifizierte Rolle zukommt, und in dem das „Ganze" die klare Priorität über die Teile besitzt (wie es auch bei E.P. ODUM anklingt) finden sich z.B. im Holocön-Begriff von FRIEDERICHS oder den „Lebenseinheiten" THIENEMANNs (s. ausführlich Kap. 3.5).

Die Meinung, daß Ökosysteme so hochintegriert seien, daß sie auch als Einheiten miteinander konkurrierten und als Ganzes der Evolution unterlägen, vertritt z.B. DUNBAR (1960, 1972). So schreibt er:

> „Ecosystems can compete, and evolution of the stable ecosystem can be looked upon as a process of learning, analogous to the learning of regulated behavior in the nervous system of animals." (DUNBAR 1960, p. 129)

Dies ist allerdings eine selten zu findende Extremvariante der Definition von Ökosystemen.

Ein großes Problem bei der Analyse der Begriffe von ökologischen Einheiten ist, daß zwar einerseits kurze und einfache explizite Definitionen gegeben werden, diese dann aber häufig durch weitere Angaben über die „Eigenschaften" von Ökosystemen (gleiches gilt für andere Einheiten) ergänzt werden, von denen nicht klar ist, ob sie Bestandteil der Definition sind oder lediglich Beschreibungen von „Tatsachen", welche auf alle unter die Definition fallenden Objekte zutreffen. Darauf werde ich ausführlich in Kapitel 4.3 eingehen.

3.5 Ontologische oder epistemologische Auffassung ökologischer Einheiten[83]

Vor allem zu Beginn des Jahrhunderts waren, wie im vorhergehenden Kapitel erwähnt, Ansätze populär, die eine „ganzheitliche" Betrachtung der Natur anstrebten. Es sind in diesem Zusammenhang etliche Begriffe verwendet worden, die alle auf ökologische Einheiten Anwendung fanden und bis heute in Zusammenhang damit gebracht werden. „Ganzheit", „Ordnung", „Organisation", „Gefüge", „Gestalt" und „System" sind solche Begriffe, und sie werden häufig als Synonyme verwendet. Es wird die Aufgabe dieses Kapitels sein, die vorhandenen Unterschiede in den gedanklichen Ansätzen unterschiedlicher Wissenschaftler zu diesem Thema herauszuarbeiten, und zu zeigen, was dies für die Definition und Charakterisierung ökologischer Einheiten bedeutet. Die Frage, um die es dabei geht, ist die, ob es ökologische Einheiten als überindividuelle „Ganzheiten" in der Natur tatsächlich „gibt", ob sie „real" sind. Entscheidend für die Sinnhaftigkeit der Frage, und dafür, wie sie beantwortbar ist, sind zwei unterschiedliche erkenntnistheoretische Standpunkte, von denen aus ökologische Einheiten betrachtet werden. Diese werde ich im folgenden in ihren Grundlagen und ihren Konsequenzen ausführlich erläutern.

Die Entwicklung des Ökosystembegriffs

Es bietet sich an, diese unterschiedlichen erkenntnistheoretischen Ausgangspunkte anhand der Entstehung des populärsten aller „Ganzheitskonzepte" der Ökologie, dem des *Ökosystems* zu erläutern, und den Begriff des Ökosystems einem etwa zur gleichen Zeit entwickelten, nämlich dem des *Holocöns* gegenüberzustellen.

Die Entwicklung des Ökosystembegriffs schließt dabei lückenlos an die im letzten Kapitel geschilderte Kontroverse über das Organismische Konzept von Frederic CLEMENTS an. Denn der Grund für die Prägung des Begriffes ist eine Auseinandersetzung Arthur TANSLEYs mit dem „Ganzheits"-Verständnis von CLEMENTS und seinen Anhängern.

CLEMENTS' Entwicklung des Superorganismus-Konzeptes geschah zunächst ohne einen *expliziten* philosophischen Unterbau. Seine Ansichten befanden sich jedoch durchaus in der Tradition von organizistischen philosophischen und soziologischen Strömungen, die gegen Ende des 19. Jahrhunderts populär waren. TOBEY (1981, p. 84f.) nennt vor allem die soziologischen Theorien von Herbert SPENCER und Frank Lester WARD als maßgebliche Einflüsse für CLEMENTS. Wenn CLEMENTS später auch explizit auf philosophische Theorien Bezug nahm (so in CLEMENTS & SHELFORD 1939), so geschah dies aufgrund von Reaktionen, die sein Konzept hervorrief, und in denen er auf Konvergenzen zwischen seinen Ideen und denen anderer Biologen und Philosophen der Zeit hingewiesen wurde. Vor allem der in Südafrika arbeitende Botaniker John PHILLIPS, mit dem CLEMENTS seit den 20er Jahren in Briefwechsel stand, machte ihn mit den philosophischen Theorien der „Emergenz" und des Holismus bekannt, die CLEMENTS sich auch als Bestätigung seiner eigenen Theorie zu eigen machte und an Kollegen weiter empfahl (HAGEN 1992, p. 84).

TANSLEY begleitete die Clementsschen Ideen von Anfang an mit kritischem Wohlwollen. Er – der heute manchmal als „Reduktionist" bezeichnet wird – wies ebenso wie CLEMENTS die Kritik GLEASONs zurück und sah in der Idee vom Superorganismus einen heuristisch frucht-

---

[83] Große Teile dieses Kapitels folgen eng einer bereits an anderer Stelle (JAX 1998) in englischer Sprache abgedruckten Veröffentlichung von mir.

3.5 Ontologische oder epistemologische Auffassung ökologischer Einheiten

baren Ansatz. Seine eigene Kritik an CLEMENTS richtete sich zunächst weniger gegen den Gedanken, eine Pflanzengesellschaft mit einem Organismus zu vergleichen, als vielmehr dagegen diese auch so zu *bezeichnen*. Die Unterschiede, die zwischen einem individuellen Organismus und einem solchen Organismus höherer Ordnung bestünden, seien für jeden evident, und um Konfusion und eine Verwässerung des Organismusbegriffs zu vermeiden, schlug TANSLEY vor, bei der Pflanzengesellschaft lieber vom „Quasi-Organismus" zu reden. Dieser Ausdruck sei angebracht, denn – so TANSLEY:

> „... for on the one hand they [the plant communities] are composed of organic units, and on the other they are certainly entities, in the sense that they behave in many respects as wholes, and therefore have to be studied as wholes." (TANSLEY 1920, p. 125)

Pflanzengesellschaften ließen sich daher, in ähnlicher Weise wie menschliche Gesellschaften, als organische Einheiten auffassen.

Diese – im Vergleich zu CLEMENTS vorsichtigere – Formulierung TANSLEYs fand bei letzterem allerdings keinen Anklang. Im Gegenteil: CLEMENTS weitete nicht nur seinen Gedanken des Superorganismus von der Pflanzengesellschaft auf Gesellschaften von Tieren *und* Pflanzen aus, sondern untersetzte diesen unter dem Einfluß von John PHILLIPS auch noch mit einem bis dato nicht explizit vorhandenen philosophischen Unterbau (HAGEN 1992). Dabei handelte es sich speziell um den „Holismus" des südafrikanischen Generals und Staatspräsidenten Jan SMUTS. Das so betitelte (genau: „Holism and Evolution"), 1926 erschienene Buch behandelt die Ökologie zwar nur in einigen Nebensätzen, aber PHILLIPS wies CLEMENTS erfolgreich auf die dort enthaltenen Konvergenzen zu dessen Superorganismustheorien hin. PHILLIPS selbst erwies sich bald als der feurigste „Apostel" (so wörtlich TANSLEY) von CLEMENTS und seiner Lehre und explizierte diese in drei langen Aufsätzen im – von TANSLEY herausgegebenen – *Journal of Ecology* (PHILLIPS 1934, 1935a, b). Man kann diese Artikelserie mit gutem Recht als den Versuch einer Kanonisierung des CLEMENTSschen Lehrgebäudes bezeichnen. In der Art scholastischer Disputationen listete PHILLIPS zu den Themen Sukzession, Entwicklung und schließlich Klimax und Superorganismus (complex organism) Punkt für Punkt jeweils die unterschiedlichen Positionen verschiedener Autoren auf, um dann, stets unter Heranziehung von Autoritäten, zu der zwingenden Schlußfolgerung zu gelangen, daß die Gedanken von CLEMENTS den einzig möglichen und gangbaren Weg zum Verständnis der Natur darstellten. Dabei führte er auch Arthur TANSLEY als prominenten Zeugen für seine Thesen an. Zentral für PHILLIPS war die Aussage, daß die Organismengesellschaft aus Tieren und Pflanzen (synonym als biotic community, biome oder complex organism bezeichnet) nicht nur einem individuellen Organismus *ähnlich* sei, sondern tatsächlich „eine Art von Organismus" *sei*. Dazu gehörte auch, daß das Ganze mehr sei als die Summe seiner Teile, ja daß das Ganze durch einen „holistischen Faktor" bestimmt werde. In seinen eigenen Worten:

> „At different stages, or, to use a philosophical term, within different *fields*, there arise new properties, qualities or *emergents* definitely unpredictable from a knowledge of the individual organisms and their individual functions, emergents that may be due either to some creative, synthesising factor such as holism, or to profoundly complex and highly effective integration of biotic responses and habitat actions, or both." (PHILLIPS 1935b, p. 496)

Die Reaktion TANSLEYs auf diese Artikelserie war scharf.[84] Seine Kritik, veröffentlicht in der Zeitschrift *Ecology* unter dem Titel: „The use and abuse of vegetational terms and concepts",

---

[84] TANSLEY äußert sich in einer für ihn ungewöhnlichen Polemik gegen die pseudoreligiösen Anklänge in den Artikeln von PHILLIPS:

entzündete sich an mehreren Punkten. Neben einer in ähnlicher Form schon früher von ihm geäußerten Kritik (TANSLEY 1916) an CLEMENTS' Sukzessions- und (damit zusammenhängend) Klimaxverständnis, standen nun vor allem die von diesem und von PHILLIPS verwendeten Worte und Begriffe für ökologische Einheiten im Zentrum.

TANSLEY wiederholte seine Ansicht von der Nützlichkeit eines *Vergleichs* der Pflanzengesellschaften mit einem Organismus, wandte sich aber in aller Entschiedenheit gegen die sowohl von CLEMENTS wie von PHILLIPS wörtlich geäußerte Auffassung, die Pflanzengesellschaft (Formation, community) *sei* ein Organismus. Während er den Holismus und andere organismische Theorien (er nennt explizit Alfred North WHITEHEAD) als *Philosophie* gelten ließ, lehnte er ihre Anwendung auf die Biologie ab, und dies sowohl aus semantischen Gründen (Verwässerung des biologischen Organismusbegriffs) als auch aus wissenschaftstheoretischen. Die von PHILLIPS bemühten „emergenten Eigenschaften" sah er als Wissensdefizite an und insofern als weit weniger geheimnisvoll als dieser. Insbesondere aber sprach er sich strikt gegen jeden Versuch aus, Eigenschaften von Organismengesellschaften durch einen „holistischen Faktor" zu erklären, da dieses auf eine Umkehr der klassischen Kausalität herausliefe und ein Ganzes nie *Ursache* seiner Teile sein könne. Vielmehr gelte:

> „...that these activities of the community are *in analysis* nothing but the synthesised actions of the components in association. We have simply shifted our point of view and are contemplating a new entity, so that we now, quite properly, regard the totality of actions as the activity of a higher unit." (TANSLEY 1935, p. 299)

All dies – und einige weitere Kritikpunkte, auf die ich hier nicht eingehen kann – mündete schließlich in der Formulierung eines neuen Begriffs:

> „Clements' earlier term »biome« for the whole complex of organisms inhabiting a given region is unobjectionable, and for some purposes convenient. But the more fundamental conception is, as it seems to me, the whole *system* (in the sense of physics), including not only the organism-complex but also the complex of physical factors forming what we call the environment of the biome – the habitat factors in the widest sense. Though the organisms may claim our primary interest, when we are trying to think fundamentally we cannot seperate them from their special environment, with which they form one physical system.
>
> It is the systems so formed which, from the point of view of the ecologist, are the basic units of nature on the face of the earth. Our natural human prejudices force us to consider the organisms (in the sense of the biologist) as the most important parts of these systems, but certainly the inorganic »factors« are also part – there could be no system without them, and there is constant interchange of the most various kinds within each system, not only between the organisms but between the organic and the inorganic. These *ecosystems*, as we may call them, are of the most various kinds and sizes. They form one category of the multitudinous physical systems of the universe, which range from the universe as a whole down to the atom. The whole method of science (...) is to isolate systems mentally for the purpose of study, so that the series of *isolates* we make become the actual objects of our study, whether the isolate be a solar system, a planet, a climatic region, a plant or animal community, an individual organism, an organic molecule or an atom. Actually the systems we isolate mentally are not only included as parts of larger ones, but they also overlap, interlock and interact with one another. The isolation is partly artificial, but it is the only possible way we can proceed." (a.a.O., p. 299 f.)

Es ist nötig, diese Stelle so ausführlich zu zitieren, denn man sieht daran, daß TANSLEY dreierlei tut:

- Zum einen erweitert er, zumindest nominell, die Einheiten der Pflanzengesellschaft bzw. des Bioms (=complex organism=biotic community) um die unbelebten Faktoren. Ob man

---

„Phillips' articles remind one irresistibily of the exposition of a creed – of a closed system of religious and philosophical dogma. Clements appears as the mayor prophet and Phillips as the chief apostle, with the true apostolic fervour in abundant measure." (TANSLEY 1935, p. 285)

3.5 Ontologische oder epistemologische Auffassung ökologischer Einheiten

die Organismen überhaupt je von unbelebten Faktoren isoliert betrachten *konnte*, sei hier dahingestellt.

- Zweitens stellt TANSLEY belebte und unbelebte Elemente auf eine Stufe: ein System im Sinne der Physik.

- Und drittens – und das ist vor allem neu und für unsere Fragestellung der wichtigste Punkt – charakterisiert er die so definierte Einheit, also das Ökosystem, als eine Abstraktion, eine *geistiges Isolat* zum Zwecke der (jeweiligen) Untersuchung.

TANSLEY versuchte damit einen Mittelweg zu beschreiben. Auf der einen Seite wollte er – gegen GLEASON – an seiner Überzeugung von der hohen Integriertheit der Organismengesellschaften (bzw. des Ökosystems) festhalten. Auf der anderen Seite aber versuchte er – darauf hat meines Wissens zuerst TOBEY (1981) hingewiesen – eine *Ontologisierung* solcher Einheiten zu vermeiden. Wie er um diese Frage ringt, wird besonders in einer Fußnote zu dem o.g. Zitat deutlich, in der TANSLEY seinen kühnen Entwurf zum Teil wieder zurückzunehmen scheint, indem er schreibt:

> „The mental isolates we make are by no means all coincident with physical systems, though many of them are, and ecosystems among them." (a.a.O., p. 300, Fußnote).

Die hier schon aufscheinende Ambivalenz sollte die spätere Entwicklung des Ökosystembegriffs immer wieder verfolgen und damit einen Teil der von TANSLEY erwünschten Klarheit wieder zunichte machen.

Doch fragen wir zunächst, wie es mit dem Verhältnis dieses Begriffs zu den im deutschen Sprachraum entwickelten Begriffen ökologischer Einheiten steht.

Holocön und Ökologische Gestaltsysteme

TANSLEY war keineswegs der erste, der dem Gedanken Ausdruck gab, daß nicht die Organismen alleine, sondern die Organismengesellschaften und ihr Lebensraum zusammen das grundlegende Objekt synökologischer Forschung darstellten. Schon 1916 z.B. schrieb August THIENEMANN erstmals von „Lebensraum plus Lebensgemeinschaft als eine[r] innig verbundene[n] Einheit" (THIENEMANN & KIEFFER 1916, p. 489). THIENEMANN prägte dafür allerdings kein spezielles Wort, sondern sprach recht allgemein von „Biosystemen" oder „Lebenseinheiten". Im Jahre 1927 hatte Karl FRIEDERICHS seinen Begriff des „Holocöns" entwickelt und 1928 sprach Richard WOLTERECK in ähnlicher Bedeutung von „Ökologischen Gestaltsystemen".[85]

Die prägnanteste und am ausführlichsten von ihrem Verfasser beschriebene Idee einer Einheit aus „Lebensgemeinschaft und Lebensraum" wurde durch Karl FRIEDERICHS gegeben. Zuerst 1927 formuliert, hat er sich bis in die 1960er Jahre immer wieder zu seinem Begriff des Holocöns geäußert, versucht, seine diesbezüglichen Gedanken klarzulegen und sie gegen Kritiker verteidigt.

Der Kontext von FRIEDERICHS' Entwicklung des Holocön-Gedankens war der einer Suche nach der Einheit der Natur und der Einheit der Wissenschaft (vgl. FRIEDERICHS 1937). Die Zersplitterung des Weltbildes, das in die zwei unterschiedlichen „Kulturen" der Natur- und

---

[85] Es lassen sich leicht eine ganze Reihe weiterer Termini finden, die ähnliche Einheiten bezeichnen und die entweder als Vorläufer der hier im Zentrum stehenden Begriffe anzusehen sind oder die in etwa zeitgleich entstanden. Vgl. Kapitel 3.1.

der Geisteswissenschaften gespalten war, war ein Thema, das bereits um die Jahrhundertwende viele Menschen bewegte. Gerade in der Biologie gab es eine ganze Anzahl von Versuchen, diese Zersplitterung zu überwinden. Den Strömungen des materialistischen Monismus, besonders im Gefolge Ernst HAECKELs, welche die *Einheit* des Weltbildes durch ein allumgreifendes einheitliches Prinzip – die Materie – herzustellen suchten, setzte man die „organische *Ganzheit*" der Welt entgegen (MEYER-ABICH 1941). Eine organische, ganzheitliche Weltsicht sollte wieder zusammenfügen bzw. „zusammenschauen", was die analytische, d.h. zergliedernde, an Physik, Chemie und Physiologie orientierte Wissenschaft auseinandergerissen hatte. Verschiedene Strömungen, die sich unter dem Überbegriff „Organizismus" [86] zusammenfassen lassen (ALVERDES 1936, PHILLIPS 1970), bildeten sich mit dieser Intention. Der Organizismus erschien seinen Vertretern innerhalb der Biologie auch als ein dritter Weg zum Verständnis des Lebendigen, mit dem Anspruch, eine Synthese von Mechanismus und Vitalismus darzustellen. Der Mechanismus, hier verstanden als der Versuch, sämtliche Lebensphänomene analytisch auf die physikalischen und chemischen Wechselwirkungen seiner Bestandteile zu reduzieren und damit hinreichend zu erklären (eine „Maschinentheorie des Lebens"), wurde als ebenso defizitär angesehen wie der (Neo-)Vitalismus, der zur Erklärung des Lebendigen eine nicht auf Physik und Chemie reduzierbare immaterielle Lebenskraft (Entelechie bei DRIESCH) postulierte, die zur Erklärung von Finalität und Zweckmäßigkeit im Bereich des Organischen herangezogen wurde. Für den Organizismus, so schillernd die Auffassungen seiner verschiedenen Theoretiker im Einzelnen sind (vgl. dazu NEEDHAM 1928, PHILLIPS 1970), ist charakteristisch, daß er die „Organisation", die internen Relationen von *Ganzheiten*, als entscheidend für ihr Verständnis ansieht.[87] Diese erkläre sich weder im Sinne der Mechanisten lediglich als Summe ihrer Teile noch benötige sie das Postulat einer geheimnisvollen immateriellen „Lebenskraft". Das Bild der für den Organismus als typisch erachteten Organisiertheit von „Ganzheiten" wurde z.T. auch weit in die anorganische Welt und auch in die Sphäre psychologischer und sozialer Phänomene hinein übertragen und blieb so keineswegs auf die Biologie und die Erklärung biologischer Erscheinungen beschränkt. Prominente, wenngleich sehr verschieden ausgerichtete Vertreter des Organizismus waren innerhalb der Biologie u.a. J.S. HALDANE, Joseph NEEDHAM, Ludwig VON BERTALANFFY, Adolf MEYER-ABICH und eben Karl FRIEDERICHS.

Die für FRIEDERICHS schlicht *evidente* Ganzheit der Natur und ihre sinnvolle Geordnetheit („... und wir müßten blind sein, um nicht zu erkennen, daß alles aufeinander geordnet und aufeinander angewiesen ist." FRIEDERICHS 1927, p. 156) hatte für ihn wichtige Konsequenzen für das wissenschaftliche Verständnis derselben. Natur als Ganzes und „natürlich abgegrenzte Teile" davon waren für ihn nicht, wie für die Mechanisten, als Summation ihrer Teile zu verstehen, sondern nur als Ganzheiten oder „Gestalten" im Sinne der Gestaltpsychologie (s.u.). Als eine solche Ganzheit sah er die Biozönose oder Lebensgemeinschaft, welche er als „Lebenseinheit" verstand d.h., – ganz im Sinne früherer Definitionen der Biozönose (z.B. bei

---

[86] Ich verwende im vorliegenden Text Organizismus und Holismus als Synonyme, wie es weitgehend – aber durchaus nicht immer – auch Anfang des 20. Jahrhunderts geschah.

[87] Die philosophischen Grundlegungen solcher Ideen reichen z.T. weit zurück, besonders zu den Ideen von LEIBNIZ und HERDER (TREPL, persönliche Mitteilung). Gerade in Deutschland waren sie auch stark durch die romantische Naturphilosophie des 19. Jahrhunderts beeinflußt. Eine detaillerte Behandlung der Wurzeln des deutschen Holismus (besonders in der Psychologie und Biologie, allerdings ohne Bezugnahme auf die Ökologie) und ihres Einflusses auf die deutsche Kultur findet sich bei HARRINGTON (1996).

3.5 Ontologische oder epistemologische Auffassung ökologischer Einheiten

MÖBIUS 1877 oder RESVOY 1924; s. Kap. 3.2) – als „biologisches System, das sich durch Selbsterhaltung bei Bestand erhält"[88] (FRIEDERICHS 1927, p. 155). So schrieb er:

> „So wie die Welt ein dynamisches System ist, das sich durch Selbstregulierung in einem labilen Gleichgewichtszustand erhält, so gilt das gleiche von natürlich abgegrenzten Abschnitten der Biosphäre (z.B. Teich, Moor, Strand)."

> „... und all dieses Leben zusammen bildet ein Beziehungsgefüge: die Lebensgemeinschaft. Diese ist eingepaßt in den Lebensraum, dessen Einzelfaktoren wieder zu einem Beziehungsgefüge vereinigt sind." (FRIEDERICHS 1937, p. 18)

Das heißt, innerhalb der enkaptisch angeordneten Hierarchie der Natur bildet die Lebensgemeinschaft mit dem Biotop, mit dem sie sich räumlich decken soll,[89] eine höhere Lebenseinheit, die FRIEDERICHS als *Holocön* bezeichnete. Darin werden belebte und unbelebte Teile also als *gleichberechtigt* behandelt. Die Einheit der Natur führt für ihn zu weiteren Aussagen über das „Wesen" von Biozönose und Holocön:

> „Eine notwendige und direkte Folgerung aus der Einheit der Natur ist, daß von den zahllosen einzelnen ökologischen Faktoren, aus denen sich jedes Milieu zusammensetzt, zwar jeder einzelne für sich, aber nicht nur für sich, sondern zugleich alle im Verband miteinander als Einheitsfaktor einwirken." (FRIEDERICHS 1927, p. 182)

Dieser „Einheitsfaktor" hat indessen viele Ausprägungen und ist ebenfalls „enkaptisch" geordnet:

> „Ein Einheitsfaktor ist die Lebensgemeinschaft, aber auch das ‚Klima'. Letzteres ist ein Bestandteil desjenigen Einheitsfaktors, den wir hier als *physiographischen* (abiotischen) *Konnex* bezeichnen: die Ganzheit der physiographischen Faktoren. Die Ganzheit der biozönotischen Faktoren ist der *biocönotische* (biotische) *Konnex* oder das *Geflecht des Lebens*." (FRIEDERICHS 1930, p. 108)

Unter diesen verschiedenen Einheitsfaktoren hebt Friederichs aber vor allem den *lokalen Einheitsfaktor* heraus:

> „Die Gesamtheit aller Faktoren bildet in ihrer spezifischen örtlichen Beschaffenheit den *lokalen Einheitsfaktor*. Dieser ist kosmischer, d.h. universeller Natur." (ibd.)

und an anderer Stelle:

> „Die Gesamtheit der physiographischen und biocönotischen Bedingungen als Einheitsfaktor zusammengefaßt, bestimmt den Charakter der Landschaft." (FRIEDERICHS 1927, p. 183)

Dieser lokale Einheitsfaktor ist für ihn gleichzusetzen mit dem „holocönen Faktor" oder kurz dem Holocön. Das Holocön ist demnach nicht einfach als eine Summe der in einem, wie es bei ihm heißt „natürlich abgegrenzten Abschnitten der Biosphäre" (s.o.) lebenden Organismen und abiotischen Faktoren zu verstehen, sondern als integrierte Ganzheit. Es besitzt emergente Eigenschaften, d.h. Eigenschaften, die nur dem Ganzen zukommen, und die aus den Teilen und ihren Interaktionen alleine nicht zu erklären sind. Konkret deckt sich das Holocön mit den räumlich wahrnehmbaren Lebensräumen:

---

[88] Der Begriff „System" kann nicht im Sinne der heutigen Systemtheorien aufgefaßt werden, wobei er auch dort nicht eindeutig ist (KULLA 1979), da diese erst in den 1940er Jahren ins Licht der Öffentlichkeit traten. Werden heute System und Ganzheit oft sinnvollerweise entgegengesetzt (vgl. JAX 1996 und s.u.), so war dies Anfang des Jahrhunderts nur bedingt so. Im GROßEN BROCKHAUS von 1934 heißt es z.B. unter „System":
> „*...allgemein* ein ganzheitlicher Zusammenhang von Dingen, Vorgängen, Teilen, wobei jeder Teil durch das übergeordnete Ganze bestimmt ist."

[89] Eine Zuschreibung, die bis dahin nicht selbstverständlich war. Vgl. Kapitel 3.3.

„Da es einen allgemeinen und innerhalb desselben örtliche Einheitsfaktoren gibt, so kann man für diese letzteren auch den Plural ‚Holocöne' gebrauchen. Holocöne sind ein Wald, ein See, ein Moor." (FRIEDERICHS 1930, p. 112)

In dieser integrierten Ganzheit kann sich kein Teil verändern, ohne daß jeder andere Teil und das Ganze selbst davon betroffen ist. Ja mehr noch, das Holocön *beherrscht* die zu ihm gehörenden Lebewesen – mit Ausnahme des Menschen, der sich durch seinen Verstand ganz aus der Einheit der Natur herauszuheben und neben ihr zu wirken vermag.

FRIEDERICHS gliedert sich mit seinen Ausführungen in die Reihe der Organizisten und Holisten unter den Biologen ein, und bezieht sich dabei im speziellen auf die Schriften von John Scott HALDANE, Jan SMUTS und Adolf MEYER-ABICH. Für die Erläuterung seines „Ganzheits"-Verständnisses benutzt er dabei insbesondere einen in seinem Sinne verstandenen *Gestaltbegriff*. FRIEDERICHS greift explizit zurück auf Wolfgang KÖHLERs – zunächst durch Wertheimer für die Wahrnehmungspsychologie[90] entwickelte – Definition von Gestalten als „Zustände und Vorgänge, deren bezeichnende Eigenschaften und Wirkungen aus artgleichen Eigenschaften und Wirkungen ihrer sogenannten Teile nicht zusammensetzbar sind" (KÖHLER zitiert von FRIEDERICHS 1937, p. 6, Fußnote 3) und dehnt den Begriff auf die gesamte Natur und viele ihrer Teile aus. Natur kann für FRIEDERICHS nicht nur als aus Gestalten aufgebaut *gedacht* werden, Natur *ist* in dieser Weise aufgebaut:

„Ich fasse zusammen: Es ist alles nicht nur durch sich selbst, sondern durch alles Übrige da, durch dieses bedingt und selbst wieder Bedingung für anderes. (...) Die Welt ist *organisiert*: das Einzelne (nicht das Individuum, sondern das einzelne gleichartig So-seiende) ist nicht bloß unwesentlicher Teil, der hinweggenommen oder hinweggedacht werden könnte, ohne daß das Ganze davon wesentlich berührt würde, sondern Glied, das für das Ganze notwendig ist. Am schärfsten kann es ausgedrückt werden: Die Welt ist *integriert*. Sie ist Gestalt und aus Gestalten zusammengesetzt." (FRIEDERICHS 1937, p. 45)

Festzuhalten bleibt also zunächst, daß für ihn das Holocön eine irreduzible Einheit der Natur ist, die lediglich gedanklich in ihre Einzelteile (z.B. in Biotop und Biozönose) zerlegbar ist.

In dieser Tradition stand FRIEDERICHS innerhalb der deutschen Ökologie nicht alleine. Insbesondere Richard WOLTERECK (1928, 1932) und einer der prominentesten deutschen Ökologen seiner Zeit, der Limnologe August THIENEMANN, entwickelten vergleichbare Ideen. THIENEMANN selbst hatte bereits 1916 – allerdings recht versteckt in einer Schrift über „Schwedische Chironomiden" – erstmals den Gedanken formuliert, daß man nicht die Lebensgemeinschaft (Biozönose) allein, sondern die Biozönose und ihren Lebensraum zusammen als die entscheidende Einheit aufzufassen habe:

„Jede Lebensgemeinschaft bildet mit dem Lebensraum, den sie erfüllt, eine Einheit, und zwar eine in sich oft so geschlossene Einheit, daß man sie gleichsam als einen Organismus höherer Ordnung bezeichnen kann." (THIENEMANN & KIEFFER 1916, p. 485)

Auch bei ihm deutet sich schon in dieser frühen Formulierung die Verbindung zum Organizismus an. Der Gedanke wurde von THIENEMANN in der Folge in vielen Publikationen (so u.a.

---

[90] Der Gestaltbegriff geht ursprünglich auf VON EHRENFELS zurück, wurde dann aber von Max WERTHEIMER entscheidend weiterentwickelt und insbesondere ab ca. 1910 durch eine Gruppe von Psychologen, die ab 1922 die sogenannte „Berliner Schule" bildeten, in vielfältiger Weise entfaltet (METZGER 1986, ASH 1995). Der Bezug von FRIEDERICHS speziell auf Wolfgang KÖHLER dürfte insofern kein Zufall sein, als KÖHLER derjenige der Gestalttheoretiker war, der versuchte, Gestaltphänomene auch in der physikalischen Welt nachzuweisen (vgl. KÖHLER 1924; siehe dazu besonders auch ASH 1995 p. 168-186). Für die theoretischen Anschauungen von FRIEDERICHS konnte der Gestaltbegriff nur dann von Nutzen sein, wenn es möglich war, ihn aus der Psyche des Beobachters in die „Struktur" der Welt hinaus zu verlegen. An anderer Stelle bezieht sich FRIEDERICHS jedoch auch auf WERTHEIMER und KOFFKA.

3.5 Ontologische oder epistemologische Auffassung ökologischer Einheiten

1918, 1925b, 1935, 1939, 1954) variiert und erweitert, ohne daß er jedoch einen spezifischen Ausdruck für die so verstandene Einheit geprägt hätte. Vielmehr sprach er mal von Biosystem, mal von Lebenseinheiten, ohne daß jedoch einer dieser Termini ausschließlich auf Biozönose plus Biotop beschränkt bliebe. In späteren Publikationen verweist THIENEMANN auf FRIEDERICHS' Holocön als mit seinem Ansatz übereinstimmend. Diese in Deutschland entwickelte Tradition wurde im angelsächsischen Sprachraum in der ersten Hälfte des Jahrhunderts zwar gelegentlich rezipiert (z.B. CARPENTER 1938, CLEMENTS & SHELFORD 1939, LINDEMAN 1942, SOLOMON 1949) erlangte aber, ähnlich wie der Biozönosebegriff, keine größere Popularität. Demgegenüber setzte sich dort als Begriff für eine Einheit aus Organismengesellschaft und Lebensraum seit den 1940er Jahren der des „Ökosystems" durch.

System und Ganzes

Karl FRIEDERICHS betrachte seinen Begriff des Holocöns und den Ökosystembegriff TANSLEYs als weitgehend identisch an – und mit ihm viele andere Autoren (so E.P. ODUM 1971, TISCHLER 1992, GOLLEY 1993; gegenteiliger Ansicht sind TREPL 1987, SCHRAMM 1985 sowie SCHNELLER 1993). Die Ähnlichkeiten zwischen Ökosystem und Holocön wurden vielfach herausgehoben. Beide beschreiben eine Einheit aus Organismengesellschaft und abiotischen Komponenten, beide versuchen sie die traditionelle Priorität der biologischen Anteile von Ausschnitten der Natur zugunsten einer Gleichberechtigung von Lebendigem und Nichtlebendigem aufzuheben.[91] Die Betrachtung der Entstehungskontexte, wie ich sie oben geschildert habe, läßt jedoch auch gewichtige Unterschiede sichtbar werden.

Während für FRIEDERICHS und THIENEMANN der Organizismus der Schlüssel zum Verständnis der Natur ist und ihre Begriffe zu ökologischen Einheiten darauf fußen, ist es gerade eine Variante dieses Organizismus – in Form des von PHILLIPS herausgehobenen Holismus SMUTSscher Prägung – die TANSLEY bekämpft und die er aus der Ökologie verbannen möchte.[92] Es sind die Kronzeugen von FRIEDERICHS, gegen die TANSLEY, mit Stoßrichtung auf PHILLIPS und CLEMENTS, zu Felde zieht. Während für FRIEDERICHS und THIENEMANN das Holocön eine ontologisch gegebene Realität der Natur darstellt,[93] schafft TANSLEY einen neuen Begriff, der gerade jegliche ontologische Konnotationen von sich weist und ein fragestellungsbezogenes, vom Beobachter konstituiertes System darstellt. Es ist offensichtlich, daß dies von den genannten deutschen Ökologen nicht in dieser Weise gesehen wurde. Aus der simplen Feststellung, daß man sowohl beim Ökosystem wie beim Holocön als Minimaldefini-

---

[91] *De facto* ist eine echte Gleichgewichtung von lebenden und nichtlebenden Teilen der Natur in Verbindung mit der Definition ökologischer Einheiten wie dem Ökosystem nicht möglich. Ökologie beschäftigt sich immer mit Organismen und nur durch ihre Anwesenheit wird irgendein Ausschnitt der Natur zu einem Objekt ökologischer Wissenschaft. Die biologischen Komponenten werden so, wenngleich manchmal implizit, zu den Auswahlkriterien für die abiotischen. Siehe auch JAX (1996) und Kapitel 7.

[92] Erwähnt werden muß, daß sowohl FRIEDERICHS als auch THIENEMANN stets die *Identifizierung* des Holocöns oder anderer ökologischer Einheiten mit einem Organismus im Sinne von CLEMENTS und PHILLIPS zurückwiesen und den „Organismus" lediglich als heuristisch fruchtbare Metapher verstanden wissen wollten. Ihre organizistische Haltung und ihre Nähe zum Holismus (sensu SMUTS und A. MEYER-ABICH) war jedoch stets explizit.

[93] Daß diese ontologischen Anklänge keineswegs Zufall sind, bestätigte FRIEDERICHS noch einmal sehr deutlich in einem seiner späten Werke:
„Abschließend dürfen wir sagen: Die Ganzheiten, gleichviel welchen Grades, sind nicht bloße gedankliche Zusammenfassungen, eine methodische Hilfe zur geordneten Darstellung eines Tatbestandes, sondern sie sind Realitäten schon als Trägerinnen der Emergenz. Aber auch Systeme ohne Emergenz sind Realitäten." (FRIEDERICHS 1955, p. 184)

tion „Organismengesellschaft plus Umwelt" angeben kann, wurde deren Identität behauptet. Zwar werden gelegentlich Einschränkungen bezüglich dieser Identität geäußert, sie betreffen aber andere Punkte als die von mir hervorgehobenen. So betonen FRIEDERICHS (und andere) wiederholt, daß das Holocön den umfassenderen Begriff darstelle, da man im Falle von TANSLEYs Ökosystem auch kleinere Ausschnitte als „vollständige" Biozönosen (plus ihre Umwelt) als solche bezeichnen könne, der Ökosystembegriff insoweit unspezifischer sei.[94] Dies ist richtig, und insofern ist zu sagen, daß z.B. der extrem formalisierte Ökosystem-Begriff STÖCKERs, der mit einer Minimaldimension von einem Organismus plus mindestens einem Umweltfaktor auskommt (STÖCKER 1979), durchaus in der Konsequenz der ursprünglichen *Formulierung* TANSLEYs ist — wenngleich wahrscheinlich nicht in seiner Absicht. Der Unterschied zwischen *realem* und *abstrakten* System wurde aber offenbar nicht wahrgenommen von denen, die Holocön und Ökosystem identifizierten. Ein weiteres ist, daß der Ökosystembegriff, so wie TANSLEY ihn formulierte, bald im angelsächsischen Bereich, und vor allem in den USA, eine Bedeutung gewann, die sich von der räumlichen Dimension (wenn man so will) dem Begriff des Holocöns annäherte, von seiner epistemologischen Konstitution aber die Distanz behielt; dies, obwohl der Begriff gegenüber der Definition TANSLEYs spezifischer wurde. Dies bedarf einer Erläuterung.

Obwohl TANSLEY den Ökosystembegriff begründete und ihn in seinen späteren theoretischen Schriften (z.B. TANSLEY 1939, 1946) auch erwähnt, hat er selbst keine Ökosystemforschung im heutigen Sinne durchgeführt oder aktiv initiiert. Auch ist festzustellen, daß sein Begriff, obwohl an exponierter Stelle (nämlich in der Zeitschrift *Ecology*) veröffentlicht, nicht sofort begeistert aufgenommen wurde.[95] Auch CLEMENTS scheint die zwar mit ausdrücklicher Wertschätzung seiner Person gegenüber vorgebrachte, aber doch frontal gegen seine Theorien gerichtete Attacke wenig beeinflußt zu haben. In dem zusammen mit Victor SHELFORD von CLEMENTS 1939 herausgegebenen umfangreichen Lehrbuch „Bio-Ecology" wird TANSLEYs Aufsatz zwar rezipiert, aber in einer Art und Weise, die wenn vielleicht nicht bewußt boshaft, so doch recht kurios ist. Die einzige Erwähnung des Artikels geschieht zu dem Zweck, auf die dort zitierte Literatur von PHILLIPS (!) zu verweisen, die als eine „Magna Carta" des zukünftigen wissenschaftlichen Fortschritts gefeiert wird.[96] Auf die Inhalte von TANSLEYs Aufsatz oder den Ökosystembegriff wird jedoch in keiner Weise Bezug genommen.

Der erste, der den Ökosystembegriff auch operationalisierte und ihm seine heute im Zusammenhang mit der „Ökosystemforschung" dominierende Bedeutung gab, war Raymond Laurel LINDEMAN mit seiner klassischen Studie über einen verlandenden See in Minnesota. In dem 1942 nach einer komplizierten Vorgeschichte (vgl. COOK 1977) posthum erschienenen Aufsatz „The trophic-dynamic aspect of limnology" wandte er erstmals den Ökosystembegriff in

---

[94] Es ist anzumerken, daß FRIEDERICHS offenbar, zumindest bis 1958, TANSLEYs Aufsatz nicht im Original gelesen hatte, denn er zitiert diesen nur indirekt über einen Artikel von Richard CARPENTER (FRIEDERICHS 1957, p. 133, Fußnote 22; FRIEDERICHS 1958, p. 157, Fußnote 13).

[95] Zwischen 1935 und 1941 wurde TANSLEYs Aufsatz nur zweimal in der Zeitschrift *Ecology* zitiert. Obwohl beide Autoren den Begriff „Ökosystem" erwähnen, nutzt keiner ihn als eine Leitlinie für die Forschung. Im britischen *Journal of Ecology* finden sich ebenfalls nur zwei Erwähnungen des Aufsatzes im besagten Zeitraum, wobei in keinem Falle der Ökosystembegriff erwähnt wird.

[96] Das vollständige Zitat lautet:
„The most recent and illuminating discussion of the theme of the complex or social organism is that of Phillips (1935; cf. Tansley, 1935), which must be read and pondered by everyone who wishes to obtain a comprehensive outlook upon the world of living things. To the forward-looking biologist, it leaves no doubt that this concept is the 'open sesame' to a whole new vista of scientific thought, a veritable magna carta for future progress (...)". (CLEMENTS & SHELFORD 1939, p. 24)

3.5 Ontologische oder epistemologische Auffassung ökologischer Einheiten

der Praxis an. Sein Ökosystem war eines, das einen See mit seinen belebten und unbelebten Teilen zu einem System von Stoff- und Energieflüssen zusammenfaßte, und genau das ist es, was heute von den meisten Wissenschaftlern und in der breiten Öffentlichkeit als Ökosystemforschung verstanden wird (LIKENS 1992). Die Abstraktion, die in Zukunft vom konkreten See oder sonstigem Naturobjekt vorgenommen wurde, war nicht mehr irgendeine von den unendlich vielen theoretisch möglichen, sondern eine ganz bestimmte, nämlich eine, die alle Komponenten des Sees (oder Walds o.a.) in Hinblick auf ihre funktionale Rolle im Stoff- und Energiefluß abstrahierte. *Dieser* Gedanke war bei TANSLEY noch nicht angelegt (in voller Konsequenz vielleicht nicht einmal bei LINDEMAN) und insofern ist es genaugenommen falsch, die Definition TANSLEYs als die im Sinne der heutigen Verwendung maßgebliche Definition des Ökosystems anzusehen – wenn es denn eine solche überhaupt gibt. TANSLEYs wichtiger Beitrag ist es mit seiner Definition des Ökosystems – in Entgegensetzung zu den beschriebenen „holistischen" Ganzheitsideen – einen naturwissenschaftlichen Systembegriff in die Ökologie eingeführt zu haben. Aber er sprach in seinen Erwähnungen des Ökosystems weder von funktionalen Rollen einzelner Organismen noch von der Notwendigkeit, Stoff- und Energieflüsse zu untersuchen. Für TANSLEY blieben die einzelnen Arten bzw. die konkreten Organismengesellschaften von Interesse. Selbst die von ihm gegenüber den „menschlichen Vorurteilen" so herausgehobenen abiotischen Faktoren des Ökosystems rücken bei ihm in den Hintergrund.

Dies also ist der Ökosystembegriff, den man schließlich dem Holocön von Karl FRIEDERICHS gegenüberstellen muß: ein vom konkreten Gegenstand abstrahiertes System von Stoff- und Energieflüssen. Dennoch lohnt es, bevor ich zur Konsequenz der unterschiedlichen Begriffe komme, kurz einen näheren Blick zurück auf LINDEMANs Veröffentlichung zu werfen. Denn auch diese steht noch in einer Zwischenposition gegenüber der eben geschilderten, von ihm initiierten Verwendung des Ökosystembegriffs und früheren Begriffen. Zunächst ist zu sagen, daß LINDEMAN nicht einfach „Produktion" in seinem See mißt, sondern sozusagen „bottom up" von den Einzelorganismen hochaggregiert auf trophische Ebenen. Er bezieht sich für den Begriff der trophischen Ebenen (oder Klassen) auf THIENEMANNs Einordnung der Organismen in Produzenten, Konsumenten und Destruenten und auf dessen Beschreibung des Nahrungskreislaufs in Seen (hier: THIENEMANN 1926), während seine Betonung der Energie auf die Arbeiten von Chancey JUDAY (1940) und auf den Einfluß von George Evelyn HUTCHINSON zurückgeführt werden kann (vgl. auch GOLLEY 1993, p. 47ff.). Obwohl THIENEMANN Daten zur Produktivität (in Form von Biomasse) einzelner Tiergruppen in Seen diskutierte, erwähnte er in dem Aufsatz, auf den sich LINDEMAN bezog, energetische Aspekte nur am Rande. Er behandelte diese in seiner Darlegung des Nahrungskreislaufes nicht in irgendeiner bedeutsamen Weise und versuchte auch nicht den Energieinhalt spezieller Organismengruppen oder „Ebenen" zu berechnen. Auch in seinem Diagramm des Nahrungskreislauf fehlte Energie völlig. Im Gegensatz dazu schloß LINDEMAN diese nichtmateriellen (d.h. energetischen) Aspekte in seine graphische Darstellung des Nahrungskreislaufs ein. Dies scheint jedoch erst unter dem Einfluß HUTCHINSONs geschehen zu sein. Das Diagramm in LINDEMANs Aufsatz von 1941 über den Nahrungskreislauf im Cedar Creek Bog ist noch eng an THIENEMANN und andere „klassische" Darstellungen angelehnt. Ein Jahr später jedoch erscheint „dasselbe" Diagramm mit kleinen aber wichtigen Änderungen in „The trophic dynamic aspect of ecology". Diese Änderungen bestanden in der Hinzufügung von „Sonneneinstrahlung" (solar radiation) und von Symbolen, die sich auf den Energie-Inhalt der verschiedenen Kompartimente (d.h. trophischen Ebenen) bezogen, zurückgehend auf ein unveröffentlichtes Paper von HUTCHINSON (LINDEMAN 1942, p. 401-403).

Bei seiner Einführung des Ökosystem-Begriffs beruft sich LINDEMAN zwar einerseits (mit wörtlichen Zitaten) auf TANSLEYs Artikel von 1935, sieht sich selbst aber durchaus in der Tradition von CLEMENTS und SHELFORD und synonymisiert das „Ökosystem" mit dem Holocön von FRIEDERICHS und dem Biosystem THIENEMANNs (LINDEMAN 1942, p. 400). Es hat den Anschein, daß hier, wie auch später häufig, die epistemologischen Anteile der Begriffe ausgeblendet werden. Dies heißt nicht, daß sie implizit nicht noch bei vielen Wissenschaftlern mitschwingen. Für die Praxis aber bleibt fast nur der heuristische und instrumentelle Wert.

Dennoch glaube ich, daß die oftmals übersehenen und vernachlässigten Unterschiede zwischen Ökosystem und Holocön, und generell die zwischen einem Verständnis ökologischer Einheiten als „abstrakte" und einem solchen als „reale" (d.h. von „Natur aus" gegebene) Einheiten im oben erläuterten Sinn wichtige methodische Konsequenzen haben, auf die ich im Folgenden eingehen werde. Dies soll anhand der These exemplifiziert werden, daß die genannten Unterschiede nicht unwesentlich zu den unterschiedlichen Forschungstraditionen in Deutschland und den USA beigetragen haben und insbesondere das Aufkommen der Ökosystemforschung als eigener ökologischer Teildisziplin und als Gegenstand von Großprojekten beeinflußt haben.

Konsequenzen: Die Entwicklung von „Ökosystemforschung" in Deutschland und in den USA

Frank GOLLEY stellte in seiner 1993 erschienenen Geschichte des Ökosystembegriffs die Frage, warum sich dieser in den USA sehr schnell ausgebreitet hat und zu einer Leitidee der Forschung wurde, in Deutschland (und anderen Ländern Europas) aber erst mit größerer Verzögerung. In den USA wurde der Begriff in der Folge der LINDEMANschen Studie aufgenommen und operationalisiert, d.h. als Grundlage für ein konkretes Forschungsprogramm verwendet. Die durch LINDEMAN eingeleitete Entwicklungsrichtung des Ökosystembegriffs wurde nicht zuletzt durch das Hinzutreten der neu aufkommenden Systemtheorien und durch den schon auf LINDEMAN wirkenden Einfluß G.E. HUTCHINSONs mit seinem Interesse an Biogeochemie und der Mathematisierung ökologischer Objekte weiter kanalisiert (TAYLOR 1988, GOLLEY 1993).[97] In den darauffolgenden Jahren, vor allem im Zusammenhang mit den Forschungen der Brüder ODUM, die teilweise schon von der finanzkräftigen Amerikanischen Atomenergiebehörde AEC unterstützt wurden, und in wirklich großem Maßstab dann im Rahmen des Internationalen Biologischen Programms (IBP) entwickelte sich das Ökosystem zu einem Leitbegriff in der amerikanischen Ökologie, was sich auch in der relativ frühen Institutionalisierung der Ökosystemforschung (in den 1960er Jahren) äußerte (vgl. GOLLEY 1993 und BOCKING 1995). Demgegenüber wurde in der Bundesrepublik Deutschland erst im Rahmen des IBP zum ersten Mal in größerem Maßstab „Ökosystemforschung" betrieben. Danach wurde diese Art der Forschung erst Anfang/Mitte der 1980er Jahre wieder aufgenommen und intensiviert, vor allem im Zusammenhang mit dem deutschen Beitrag zum „Man and the Biosphere" Projekt (MAB) (vgl. DEUTSCHES NATIONALKOMITEE MAB 1983). Diesem Startschuß folgten weitere ähnliche Projekte und Ende der 1980er Jahre wurden mehrere Forschungszentren zur Ökosystemforschung an (west)deutschen Universitäten etabliert (siehe dazu auch MATHES et al. 1996). So ist GOLLEYs Frage berechtigt, warum sich der Ökosystembegriff und die Ökosystemforschung in Deutschland erst so spät etablierten, während diese Forschungsrichtung in den USA schon längst in voller Blüte stand. Seine Antwort hierauf ist (neben offensichtlichen Verzögerungen der wissenschaftlichen Entwicklung durch den

---

97 Zur Geschichte und theoretisch-methodologischen Grundlegung der verschiedenen Systemtheorie-Ansätze siehe LILIENFELD (1978), MÜLLER (1996).

Krieg und die Kriegsfolgen) die, daß holistische Begriffe in Deutschland durch ihren Gebrauch oder Mißbrauch im Nationalsozialismus diskreditiert worden seien und deshalb abgelehnt wurden (vgl. dazu auch TROMMER 1989). Ich glaube, daß GOLLEY in diesem Punkte weitgehend irrt und möchte die These aufstellen, daß der Ökosystembegriff deshalb in Deutschland erst so spät aufgenommen wurde, weil er gerade durch die *ungebrochene* Tradition organizistisch/holistischer Vorstellungen von ökologischen Einheiten in der Tradition von THIENEMANN und FRIEDERICHS sozusagen daran gehindert wurde, Fuß zu fassen. Damit will ich sagen, daß sich die deutschen Wissenschaftler keineswegs reuig von holistischem Gedankengut abwandten, zumal meines Wissens keiner der Protagonisten dieser Begriffe aus politischen Gründen des Lehramts enthoben wurde (eine solche Abwendung von in Verruf geratenen Begriffen dürfte am ehesten bei bestimmten Strömung der Evolutionsforschung und Genetik gegeben gewesen sein, etwa im Zusammenhang mit der Eugenik). Vielmehr war dieses Denken für sehr viele zu einer selbstverständlichen Grundlage ihres Verständnisses von Natur geworden. Diese Grundlage jedoch war im Gegensatz zum TANSLEY/LINDEMANschen Ökosystembegriff wenig geeignet, ein naturwissenschaftliches Forschungsprogramm zu begründen. De facto wurde auch in Deutschland bis zum Start des IBP kein Forschungsprogramm entwickelt, das im Sinne der Ökosystemforschung die planmäßige Analyse eines gesamten Ökosystems in Angriff genommen hätte. Mögen FRIEDERICHS aufgrund der schwachen Infrastruktur der terrestrischen Ökologie in Deutschland hierzu wenig Möglichkeiten gegeben gewesen sein, so trifft dies für THIENEMANN nicht zu. Er besaß in seiner Funktion als Leiter des Kaiser-Wilhelm-Instituts (später Max-Planck-Institut) für Limnologie, die er seit 1917 innehatte, nicht nur eine relativ gute infrastrukturelle Basis, sondern auch eine vergleichsweise starke wissenschaftspolitische Position innerhalb Deutschlands und erhielt sogar noch während des Krieges beträchtliche Fördermittel, z.B. durch die Deutsche Forschungsgemeinschaft (DEICHMANN 1995). Ruft man sich dazu erneut ins Gedächtnis, daß seine Idee, Lebensgemeinschaft und Lebensraum als Einheit betrachten zu müssen, bereits in der zweiten Dekade des 20. Jahrhunderts, also lange vor dem Einschnitt des II. Weltkriegs, vorhanden war, so fragt man sich, warum diese Idee nicht zu einem Forschungsprogramm entwickelt wurde.

Folgt man ELSTER (1974), so wurde in der Limnologie schon seit jeher Ökosystemforschung betrieben, also auch von THIENEMANN, ja sogar bereits bei den Seenuntersuchungen von FORBES (insbesondere FORBES 1887). Geht es also nur um einen Streit um Worte, fehlte vor TANSLEY und LINDEMAN nur die passende Vokabel? Dies möchte ich zurückweisen, zumal ich auch ELSTERs Äußerungen für typisch im Zusammenhang mit dem vagen Verständnis des Begriffs „Ökosystem" halte. Ökosystemforschung im Sinne von LINDEMAN und seinen Nachfolgern wurde weder bei FORBES noch bei THIENEMANN und seinen zahlreichen Mitarbeitern betrieben. Zwar hat THIENEMANN gemäß seinem Anspruch immer versucht, bei seinen Arbeiten das „Ganze" und die vielfältigen Zusammenhänge zwischen Belebtem und Unbelebtem im Auge zu behalten, und auch Teilkomponenten dessen, was heute für die Ökosystemforschung charakteristisch ist, untersucht, z.B. den Nahrungskreislauf im Wasser (THIENEMANN 1926; auf diese Veröffentlichung griff, wie erwähnt, auch LINDEMAN zurück). Sogar einer möglichen energetischen Quantifizierung von Nahrungsbeziehungen stand THIENEMANN prinzipiell nicht ablehnend gegenüber (THIENEMANN 1926, p. 64 u. p. 74). Auch nutzte er durchaus makroskopische Eigenschaften einzelner Seen (besonders den Sauerstoffhaushalt) zu deren Typisierung. Der Versuch jedoch, das „Ganze" insgesamt zu erforschen und es in einer quantitativen Weise zu beschreiben, d.h. im Sinne des angelsächsischen Ansatzes den See als ein funktionales System von Stoff- und Energieflüssen zu verstehen, blieb aus. Die Gründe hierfür liegen m.E. nicht zuletzt in dem naturphilosophischen Wurzeln des THIENEMANNschen Ganzheitsverständnisses.

Eine Wahrnehmung der Einheit der Natur, eine Erfassung ihrer „Ganzheit" war für „die" deutschen Ökologen – über abweichende Meinungen wird noch zu kurz zu reden sein – zwar ebenso Ausgangspunkt wie Ziel der ökologischen Forschung.[98] Diese Auffassung von Natur, eingeordnet in eine organizistische Philosophie, war jedoch nicht geeignet, methodisch relevant zu werden, denn sie wurde von ihren Protagonisten explizit als einem anderen als dem „traditionellen" Typus von Wissenschaft zugeordnet. Dem analytisch/reduktionistischen und zergliedernden Vorgehen der traditionellen Naturwissenschaften sollte die „schauende" Zugehensweise einer synthetischen, an der Naturphilosophie orientierten Sichtweise als komplementäre Methode entgegengesetzt werden. FRIEDERICHS und THIENEMANN ziehen als Gewährsleute dieser unterschiedlichen Weisen, sich Natur zu nähern immer wieder einerseits GALILEI oder NEWTON und andererseits GOETHE heran. Stehen die ersteren für das nach Gesetzen und kausalen Zusammenhängen suchende „analytische Erkennen", so ist letzterer Propagandist einer anschauenden Betrachtung, deren Ziel das Erfassen von „Gestalten" ist. FRIEDERICHS äußert sich z.B. wie folgt:

> „Es gibt allerdings auch eine andere Art von Synthese, denn auch der Analytiker setzt zusammen. Aber diese Art der Synthese hat kein Leben; sie ist ein abstraktes Denkgebilde, mit dem Lebendigen verglichen nicht höher stehend als eine Maschine und auch das nicht einmal. Die wahre Synthese erfolgt durch *Zusammenschau*." (FRIEDERICHS 1937, p. 51)

THIENEMANN erläutert in einem Vortrag über „Lebenseinheiten":

> „Die Darstellung der ‚Lebenseinheiten', wie ich sie oben gegeben habe – ihre ‚Entwicklung' vom Einzelwesen über Lebensgemeinschaft zum Holocoen – diese ganzheitliche Auffassung der Natur ist zweifellos eine ‚anschauende' Naturbetrachtung morphologischer Art..." (THIENEMANN 1954, p. 317)

Für THIENEMANN ist diese Art der Naturbetrachtung denn auch weniger Naturerklärung,

> „sondern Naturverständnis, letzten Endes vielleicht sogar Naturdeutung; dazu braucht es nicht nur die Kausalzusammenhänge. Wer dies nicht als Naturwissenschaft bezeichnen will, kann es Naturbetrachtung oder auch Naturschau nennen; das ist gleichgültig." (a.a.O., p. 322)

Es findet hier, wie bei FRIEDERICHS und anderen, eine enge Verknüpfung von organizistischer Naturphilosophie und Ökologie statt, wobei die Grenzen zusehends verwischt werden. Gerade im Kontext des Organizismus jedoch lähmt diese „Schau" des Ganzen nicht nur wegen ihrer „kontemplativen" Haltung gegenüber der Natur, sondern auch wegen inhärenter erkenntnistheoretischer Probleme einen empirischen Zugang zu größeren „Einheiten" der Natur. Im Sinne des Organizismus und auch der von FRIEDERICHS, THIENEMANN und WOLTERECK immer wieder ins Feld geführten Gestalttheorie sind nämlich die Teile nicht nur untrennbar zu einem Ganzen verbunden, sie ändern, aus dem Kontext des Ganzen herausgelöst, auch ihre Eigenschaften und sind nicht mehr die gleichen wie im Zusammenhang einer bestimmten Ganzheit. Gerade dies unterscheidet das Teil eines Ganzen vom Element eines (physikalischen) Systems (PHILLIPS 1970, METZGER 1974). Können die Teile des Ganzen aber, wie im Holocön, nur in ihrem Zusammenhang mit dem Ganzen verstanden werden, so müssen zur Kenntnis des Teils alle seine Relationen innerhalb des Ganzen bekannt sein. Da aber innerhalb

---

[98] So FRIEDERICHS :
„Nun ist das Merkwürdige, daß das Ganze und damit die Synthese für viele kein Arbeitsziel ist, sondern nur im Beginn der Arbeit als Aufgabe für die Analyse, als ‚heuristisches Prinzip' steht. Das heißt doch, so wenig man sich dessen bewußt ist, nicht die Erkenntnis des konkret Wirklichen als letztes Ziel vor Augen haben, sondern die abstrahierten Verallgemeinerungen der Analyse, die in Teile, deren Zusammenhang aufgehoben ist, aufgelöste Wirklichkeit. Das konkret Wirkliche ist doch das Ganze, gewiß Aufgabe für die Analyse, nachher aber auch wieder das Ziel auf Grund der erfolgten Analyse, das A und O der biologischen Forschung." (FRIEDERICHS 1955, p. 130).

3.5 Ontologische oder epistemologische Auffassung ökologischer Einheiten

des Ganzen alles mit allem verbunden ist, muß zur Kenntnis des Teils das Ganze schon vorher genau bekannt sein. Weder kann daher das Ganze aus der analytischen Untersuchung seiner Teile erklärt werden noch können in der Konsequenz dieser Sichtweise Erkenntnisse über die Teile gewonnen werden (PHILLIPS 1970).

So verwundert es nicht, wenn immer wieder darauf hingewiesen wird, daß „analytisches" und „synthetisches" Vorgehen (im Sinne der „anschauenden" Wissenschaft) immer nur „komplementär" zu verstehen sind.[99] Und schließlich bleibt auch die Methodik der Wissenschaft unbeeinflußt durch die Hinwendung zu einem „synthetischen" Ansatz:

> „Es ist möglich, daß die Tatsache der Einheit der Natur manchen Gegner finden wird, da sie für eine gewisse Weltanschauung verhängnisvoll ist. Indessen wird die *Methode* der Untersuchung der einzelnen Lebensvorgänge und -zustände durch die holocöne Anschauung nicht wesentlich beeinflußt; die Methode bleibt die gleiche wie bei isolierender Naturbetrachtung. Manches Rätsel aber kann erstere enthüllen, das für letztere immer ein Rätsel hätte bleiben müssen." (FRIEDERICHS 1930, p. 113f)

und

> „Wenn somit trotz des Holocöns bei den meisten Untersuchungen praktisch *alles beim Alten bleibt*, so können wir doch, indem wir seine Bestehen niemals vergessen, auf unserer Hut sein und Richtpunkte für ein Vorgehen finden, das uns unvergleichlich viel weiter bringt als bloße isolierende Untersuchung allein." (a.a.O. p. 118; Hervorhebung K.J.)

So also ist die Einheit der Natur, sind das Holocön und die THIENEMANNschen Lebenseinheiten zwar heuristisch wertvoll für den Wissenschaftler, aber sie sind ungeeignet, neue naturwissenschaftliche Methoden und vor allem naturwissenschaftliche *Forschungsprogramme* zu begründen.[100] Im Gegensatz dazu bietet sich der Ökosystembegriff geradezu ideal für eine Erforschung von Naturteilen an, indem er sich, als bewußte Abstraktion im Sinne der Physik,

---

[99] So warnt FRIEDERICHS:
„Alles hängt mit allem zusammen. (...) Ja, wir wissen es alle, aber nur wenn wir es uns klar machen und nicht vergessen. Es war ganz aus dem Bewußtsein verdrängt, als 1927 und später der Verfasser die ‚Einheit der Natur' betonte und belegte. Seitdem und wohl teilweise deshalb ist es besonders in der Ökologie stärker ins Bewußtsein eingetreten. Es darf übrigens nur eine Korrektur, vielmehr Ergänzung der Analyse sein, kein beherrschendes Prinzip, sonst wirkt es lähmend auf Forschung und Tätigkeit überhaupt, aber es soll vor Extremen und Einseitigkeiten hüten." (FRIEDERICHS 1955, p. 135)

[100] THIENEMANN präsentierte schon 1925 in einem Beitrag zu ABDERHALDENS Handbuch der biologischen Arbeitsmethoden ein „Programm" für die limnologische Forschung, in dem *u.a.* auch Stoffflüsse als wichtig erachtet wurden:
„Die Einheit, die den See zum Mikrokosmos oder Organismus macht, wird im wesentlichen hergestellt durch stoffliche Beziehungen: es ist der Kreislauf der Stoffe im Wasser, der in diesem Sinne das letzte Problem der Limnologie bildet." (THIENEMANN 1925a, p. 677)
„Stoffliche Beziehungen" wurden für ihn jedoch nie zum alles strukturienden Ausgangspunkt einer Erforschung des „Ökosystems", wie dies Energie- und Stoffflüsse für LINDEMAN und seine Nachfolger wurden. Thienemann rang mit der Quantifizierung der Nahrungskreisläufe von SEEN und insbesondere mit dem „Produktionsproblem", welches auch im Zentrum von LINDEMANs Ansatz steht. Er wies jedoch die Möglichkeit zurück, daß man die Produktivität ganzer Seen quantifizieren könne (vgl. Schneller 1993, p. 95-100): „Die 'Produktivität' einer natürlichen Lebensstätte (...) läßt sich quantitativ nicht fassen" (THIENEMANN 1931, p. 621).
Dieses Problem wiederholte THIENEMANN in unveränderter Weise bis an sein Lebensende und er sah auch keine Lösung dafür mittels einer „energetischen Betrachtungsweise" (THIENEMANN 1955, 68 f.). Das Problem war für ihn nur zum Teil technischer Natur; er schloß eine Abhandlung über diesen Punkt mit den Worten:
„Hier noch eine allgemeine Bemerkung: Nur wer noch ganz im dogmatischen Mechanismus steckt, kann erwarten, daß ein natürliches Geschehen, in das Lebendiges eingeht, restlos nach Maß und Gewicht bestimmbar sein soll." (THIENEMANN 1955, p. 70)

frei macht von den erkenntnistheoretischen Fesseln des Organizismus und den Problemen, die daraus entstehen, das „Ganze" erfassen zu müssen. Im Ökosystembegriff wird nicht mehr das „Ganze" erforscht,[101] sondern fragestellungsbezogene Aspekte, die für die jeweilige Untersuchung aus dem in seiner Vollständigkeit unerkennbaren Ganzen vom Beobachter abstrahiert werden – mit der vollen Ambivalenz, die dadurch entsteht, daß zwar damit eine naturwissenschaftliche Annäherung an die untersuchten Phänomene möglich wird, gleichzeitig aber Natur vom organisch Gewachsenen zur bloßen instrumentell verfügbaren Materie degradiert zu werden droht.

Daß die Formulierung des Ökosystembegriffs die deutschsprachigen Ökologen – ebenso wie ja zunächst ihrer angelsächsischen Kollegen (s.o.) – nicht sonderlich aufregte, zeigt gerade die Tatsache, daß es von ihnen als Synonym zum Holocön angesehen wurde, also als etwas, das längst zum eigenen Begriffs- und Denkgebäude gehörte. Insoweit bestand keine Veranlassung, an den bisherigen methodischen Ansätzen Änderungen vorzunehmen. Man betrieb ja bereits „Ganzheitsforschung". Inwieweit bzw. wann die erste Anwendung des Ökosystembegriffs im „modernen" Sinne in das Bewußtsein von FRIEDERICHS, THIENEMANN und anderen in ihrer Tradition Stehenden drang, ist schwer zu sagen. THIENEMANN berichtet, daß es ab 1939 zunehmend Schwierigkeiten in der Versorgung mit internationaler Literatur gab (THIENEMANN 1959, p. 384). Die Kriegs- und Nachkriegswirren dürften das ihrige zu einer schleppenden Rezeption der neuen Forschungsansätze jenseits des Atlantiks beigetragen haben, von den offensichtlichen logistischen Schwierigkeiten im kriegszerstörten Deutschland gar nicht zu reden.[102]

Die Nachkriegsveröffentlichungen von THIENEMANN und FRIEDERICHS, die zunächst nach wie vor zu den theoretisch einflußreichsten deutschen Ökologen zählten, befinden sich in voller Kontinuität zu ihren Publikationen vor 1945. Das „Ökosystem" findet zwar gelegentlich Erwähnung (zumindest bei FRIEDERICHS), meist aber mit dem Hinweis, daß es ein neueres und populäres Wort für Holocön sei. Ein Abrücken vom holistischen Gedankengut, wie es GOLLEY vermutet, läßt sich aber nicht zeigen. Noch Ende der 1950er Jahre z.B. bildeten organizistische/holistische Theorien den mainstream der ökologischen Theoriediskussion in Deutschland. Nur wenige Wissenschaftler vertraten hiervon abweichende Positionen, die insbesondere (implizit) den Positionen H.A. GLEASONs nahekamen; genannt seien exemplarisch Fritz PEUS, Karl STRENZKE (ein Schüler THIENEMANNs) oder Friedrich Simon BODENHEIMER, der durch seine Ausbildung in der deutschen Tradition stand, aber schon in den 1920er Jahren nach Palästina emigrierte.

Es dürfte daher auch kein Zufall sein, daß es gerade Heinz ELLENBERG war, der in Deutschland mit der Ökosystemforschung begann und nicht einer der vielen Schüler THIENEMANNs und der mit ihm gedanklich verbundenen Wissenschaftler. Denn ELLENBERG war einer derjenigen deutschen Pflanzenökologen, die in ihrem theoretischen Zugang zur Vegetationskunde schon früh vom mainstream der traditionell (bis heute) eher „organismischen" kontinentaleuropäischen Vegetationskunde abwichen. So setzte er sich schon in seinem Buch „Aufgaben

---

[101] Diese Selbstbeschränkung wird in der Praxis und noch mehr in der populären, außerwissenschaftlichen Wahrnehmung des Ökosystembegriff leider nur zu oft vergessen.

[102] Ganz im Gegensatz dazu war gerade die frühe Nachkriegszeit eine besonders förderliche Phase für die ökologische Forschung in den USA. Die Verbindung der Ökologie mit außerhalb der Ökologie entwickelten neuen Methoden wie Kybernetik, Systemtheorie u.a., dem „technokratischen Optimismus" jener Zeit und einer für die USA neuen starken Verbindung von wissenschaftlicher Forschung und staatlicher Förderung (in der Folge des Manhattan-Projekts) war insbesondere für die Ökosystemforschung extrem förderlich (vgl. TAYLOR 1988, HAGEN 1992, GOLLEY 1993).

3.5 Ontologische oder epistemologische Auffassung ökologischer Einheiten

und Methoden der Vegetationskunde" (ELLENBERG 1956) kritisch mit dem „Wesen der Pflanzengemeinschaften" auseinander und kam, in Abgrenzung zu den Organismusmetaphern von BRAUN-BLANQUET und vieler seiner Schüler, zu der Feststellung:

> „*Eine Pflanzengemeinschaft ist also eine umweltabhängige Kombination von Pflanzenindividuen, die im Wettbewerb miteinander stehen und ihrerseits ihre Umwelt verändern.* Zusammen mit ihrem gemeinsamen Standort und mit den übrigen Lebewesen der an ihm entwickelten Lebensgemeinschaft bilden diese Pflanzen nach Tansley (1935) ein mehr oder minder kompliziertes ‚Ökosystem', das auch mit seiner weiteren Umwelt eng verbunden ist.
>
> Trotz der engen Beziehungen zueinander behalten allerdings die einzelnen Partner eines Pflanzenbestandes ihre individuelle Selbstständigkeit. *Deshalb sind nicht Pflanzengesellschaften, sondern Pflanzenarten die letzten Grundeinheiten der Vegetation.*" (ELLENBERG 1956, p. 15; Hervorhebungen im Original)

ELLENBERG kann als *die* Triebfeder der deutschen Ökosystemforschung angesehen werden. Er war Leiter des ersten großen deutschen Ökosystemforschungsprojekts, dem im Rahmen des IBP durchgeführten Solling-Projekt. Die Aufgaben der Ökosystemforschung beinhalten für ELLENBERG:

> „sowohl (...) die beschreibende Inventarisierung als auch (...) die Analyse der Funktion und Leistung einzelner Komponenten oder Komponentengruppen, (...) die Erfassung des Funktionszusammenhanges, (...) die Aufstellung von Modellen und die mathematische Systemanalyse sowie (...) experimentelle Abwandlungen von Ökosystemen zur Vertiefung ihrer kausalen Analyse." (ELLENBERG 1973, p. 21)

Zwar sieht auch er Ökosysteme „nie [als] eine additive Summe, sondern eine Einheit oder Ganzheit" (ELLENBERG 1973, p.1, Max HARTMANN zitierend), ohne deshalb aber eine „anschauende Haltung" zu verlangen oder in anderer Weise sich des metaphysischen Vokabulars der Holisten zu bedienen. Vielmehr favorisiert er einen pragmatischen Zugang, wenn er im Zusammenhang mit dem „eigentlichen Anliegen" beim Verständnis der Ökosysteme, nämlich „dem Verständnis des Systems als Ganzheit" schreibt:

> „Im Gegensatz zu einem hochorganisierten Organismus ist jedoch ein Ökosystem keine unteilbare Einheit. Es ist zwar mehr als die Summe seiner Komponenten. Aber es kann sich – wenn auch oft erst in langen Zeiträumen – aus seinen Komponenten neu bilden und unterlag im Laufe seiner Geschichte manchen Veränderungen, von denen seine Komponenten in unterschiedlichem Maße betroffen wurden. Wie Burkamp (1929), der Philosoph der Ganzheiten, betont, kann man diese gar nicht anders als über Teilvorgänge analysieren." (a.a.O., p. 23)

Man kann also sagen, daß ELLENBERG zwar nicht der extremen System-Abstraktion TANSLEYs das Wort redet, aber auch nicht einer „ganzheitlichen" Philosophie im oben geschilderten Sinne. Vielmehr ist für ihn eine Synthese des Ganzen aus den Teilaspekten möglich und nötig:

> „Die eigentliche und wichtigste Aufgabe der Ökosystemforschung ist aber nicht die Analyse von solchen Teilvorgängen, wie sie seit langem isoliert untersucht wurden[103] und im Prinzip von einem einzigen Fachmann ohne Kontakt mit anderen bewältigt werden können, sondern die interdisziplinäre Analyse von Vorgängen, die alle oder doch mehrere Komponenten miteinander verbinden. Solche Vorgänge könnte man geradezu als ‚ganzheitsschaffende' oder ‚systemeigene' bezeichnen." (a.a.O., p. 23f.)

Die „Vorgänge", die er im Folgenden nennt, sind im wesentlichen die der „klassischen" Ökosystemforschung, nämlich zuförderst Energie- und Stoffflüsse.

Das Solling-Projekt selbst war im Vergleich zu den großen Ökosystem-Studien des amerikanischen IBP noch ein vergleichsweise „organismennahes" Projekt. Letztere waren in wesentlich stärkerem Maße auf eine Synthese unter dem Dach übergreifender theoretischer Konzeptionen

---

[103] Untersuchungen, die von ELSTER und anderen bereits unter Ökosystemforschung subsumiert werden.

angelegt und machten zudem in starkem Maße von Systemanalyse und mathematischen Modellen Gebrauch (GOLLEY 1993). Das Fehlen eines solchen übergreifenden Schemas sollte, wie sich später zeigte, auch eines der größten Probleme für eine Auswertung und Synthese der enormen Datenmengen werden, die das Solling-Projekt erbrachte.[104]

Im Jahre 1978 verfaßte ELLENBERG zusammen mit dem Kieler Bodenkundler Otto FRÄNZLE und dem Saarbrückener Biogeographen Paul MÜLLER im Auftrag des Umweltbundesamtes eine Denkschrift mit dem Titel „Ökosystemforschung im Hinblick auf Umweltpolitik und Entwicklungsplanung" (ELLENBERG et al. 1978), die den Grundstein legte für die staatlich in Form von Großprojekten und eigenen Institutionen geförderte Ökosystemforschung in der Bundesrepublik Deutschland. Das erste Projekt, das aus den dort formulierten Gedanken resultierte, war das von Wolfgang HABER in München entworfene und geleitete „Man and the Biosphere" - Projekt „Der Einfluß des Menschen auf Hochgebirgsökosysteme im Alpen- und Nationalpark Berchtesgaden". Dieses Projekt folgte, ebenso wie die meisten der danach initiierten Ökosystemforschungsprojekte in Deutschland, dem klassischen Muster der amerikanischen Ökosystemforschung, wie sie in der Tradition der LINDEMANschen und ODUMschen Ideen gegeben war (siehe aber JAX et al. 1993 für einen anders strukturierten Ansatz). Das Berchtesgadener Projekt erweiterte diesen klassischen Ansatz, indem es sich auf Landschaftselemente, die sie verknüpfenden Stoffflüsse, sowie historische und aktuelle Landnutzungsmuster konzentrierte und dabei stark kartographischen Methoden (Geographische Informationssysteme, GIS) einsetzte. Das Projekt gilt für viele der folgenden Projekte der Ökosystemforschung in Deutschland als Modell.

Ingesamt haben sich inzwischen die Methoden und Begriffe von kontinentaleuropäischer und angelsächsischer Erforschung von „Biozönose + Biotop" einander angenähert. Dies heißt jedoch nicht, daß völlige Einigkeit über die zugrundeliegenden Begriffe und Theorien besteht. Der Begriff „Ökosystem" ist heute ein ausgesprochen schillernder geworden, dessen genaue Bedeutung, wie in den vorangegangen Kapiteln schon aufgewiesen, in der scientific community uneindeutig ist. Die organizistischen Ideen, wie sie CLEMENTS, PHILLIPS, FRIEDERICHS oder THIENEMANN vertreten haben, sind dabei oft, sozusagen über die Hintertür, wieder in manchen Auffassungen des Ökosystems lebendig geworden (TAYLOR 1988) – eine kuriose Wendung in Hinblick auf die ursprüngliche Intention TANSLEYs. Der sich so ergebende Widerspruch wird nur deshalb in der Forschung nicht praxisrelevant, weil die zugrundeliegende „holistische" Philosophie meist wesentlich vager ist als noch bei FRIEDERICHS, THIENEMANN oder WOLTERECK. Praxisrelevant kann er indessen – wenn unreflektiert – im Management und Naturschutz werden. Dies gilt besonders deshalb, weil die Bedeutungen von „Ökosystem" als Einzelbegriff und seine Bedeutung im Wort Ökosystem*forschung* mittlerweile (oder vielleicht schon immer?) auseinanderklaffen. Während unter Ökosystemforschung in dem o.g. Sinne heute meist die Erforschung von Stoff- und Energieflüsse bestimmter Naturausschnitte verstanden wird, so wird dem „Ökosystem" meist ein viel konkreterer Inhalt zugeschrieben, der – unbewußt – oft näher an dem liegt, was FRIEDERICHS und THIENEMANN vorschwebte. Fatal ist nur, daß beide Bedeutungen dennoch identifiziert werden. In der Ökosystemforschung erforscht man das Ökosystem, und so nimmt man die Abstraktion für die Realität, und den

---

[104] In der zusammenfassenden Abschlußpublikation über die Ergebnisse des Projekts schreibt ELLENBERG, daß ein übergreifendes prognostisches Ökosystem-Modell oder auch nur eine „zentrale Hypothese" von vorneherein bewußt abgelehnt worden sei. Vielmehr werden Zweifel an den prognostischen Möglichkeiten solcher Modelle geäußert und es wird betont, daß man versucht habe, die qualitativen Aspekte und die Komplexität des speziellen untersuchten Ökosystems nicht durch zu große Simplifizierung zu verfehlen (ELLENBERG et al. 1986, p. 28f.).

Ausschnitt (die Stoff- und Energieflüsse samt der dazugehörigen „Kompartimente") für das „Ganze". Damit aber werden wichtige Dinge aus der ökologischen Betrachtung der Natur ausgeblendet (beispielsweise die spezifischen Arten eines Ökosystems) – und mit einer zunehmenden Verwissenschaftlichung der Gesellschaft auch aus ihrer lebensweltlichen Betrachtung.

Schlußfolgerungen: erkenntnistheoretische Vorentscheidungen bei ökologischen Einheiten

Die sehr ausführliche Erörterung dieses Themas ist nötig, weil leicht übersehen wird, welche methodologischen Probleme eine wissenschaftstheoretische Position mit sich bringt, die von der „realen" Existenz ökologischer Einheiten ausgeht, d.h. diese reifiziert. Wie oben gezeigt, kann nur eine „epistemologische" Ausgangsposition, d.h. eine Position ähnlich der TANSLEYs, die Basis naturwissenschaftlichen Arbeitens sein. Wie schon in Kapitel 2 eingeführt sind „Natur" oder Teile von Natur nicht „an sich" faßbar, sondern immer nur vermittels eines abstrahierenden Beobachters (vgl. Kap. 4.1). Das heißt nicht, daß diese Abstraktionen beliebig sind und sich nicht in an der „Realität" messen müssen, aber auch, daß es keine abolut von „der" Natur vorgegebenen ökologischen Einheiten als Gegenstand ökologischen, d.h. naturwissenschaftlichen Arbeitens geben kann. Diese Erkenntnis ist keinesfalls neu und wurde für die Ökologie z.B. schon von C.C. ADAMS (1913) und von Charles ELTON (1927) betont (vgl. zu neueren systematischen Auseinandersetzungen auch ALLEN & HOEKSTRA 1992, AHL & ALLEN 1996). Die Vernachlässigung dieses simplen erkenntnistheoretischen Grundsatzes und der darauf aufbauenden programmatischen Selbstbeschränkung der Naturwissenschaften führt deshalb genau jenen mystisch angehauchten Geist wieder in die Ökologie ein, den TANSLEY in seinem klassischen Aufsatz von 1935 exorzieren wollte.

Ich möchte behaupten, daß ontologische Positionen – in einer „schwachen", d.h. unreflektierten und nicht philosophisch untermauerten Form – weiterhin gang und gäbe sind und für einen beträchtlichen Teil der Unklarheiten sorgen, die im Zusammenhang mit ökologischen Einheiten bestehen. Implizit wird nach wie vor häufig davon ausgegangen, daß es „natürliche" ökologische Einheiten oder sogar ein „natürliches System" derselben gibt. So wird sehr selbstverständlich immer wieder danach gesucht, *wie* z.B. Ökosysteme sind, ohne vorher deren Definition wirklich klar gestellt zu haben, d.h. erläutert zu haben, welche Systeme man konkret damit meint, z.B. welcher Grad der Interaktionen überhaupt als notwendig erachtet wird, um von etwas als „Ökosystem" zu reden, und welche physischen Objekte also tatsächlich Gegenstand der Diskussion sind. Es werden Kriterien der Definition und Eigenschaften von ökologischen Einheiten, die nur postuliert werden, bzw. die als selbstverständliches empirisches Wissen über solche „natürlichen" Einheiten angesehen werden, nicht mehr auseinandergehalten und es wird mehr vorausgesetzt als tatsächlich möglich ist (vgl. ausführlich dazu Kap. 4.3). Auch die Frage nach der Grenzziehung von ökologischen Einheiten wird vor allem dann kompliziert, wenn nach „natürlichen" Grenzen gesucht wird (s. Kap. 3.3 und 5.3).

Die erkenntnistheoretische Position im Zusammenhang mit ökologischen Einheiten wird in der Fachliteratur selten explizit gemacht und muß meistens „zwischen den Zeilen" erschlossen werden. Ontologische Positionen werden außerdem von ihren Vertretern – wenn sie darauf angesprochen werden – gern verleugnet. Dennoch finden sich solche Diskussionen über die „Realität" ökologischer Einheiten auch in der neuesten Fachliteratur noch wiederholt, wobei die Diskussion noch dadurch verkompliziert wird, daß hier die Begriffe „real" und „abstrakt" in verschiedenen Bedeutungen gebraucht werden (vgl. zur zweiten Bedeutung Kap. 4.2).

Umgekehrt muß man – ebenfalls wegen der ungenauen und mehrdeutigen Verwendung der Termini – vorsichtig sein, jeden Gebrauch der Worte „holistisch" oder – häufiger – „ganzheitlich" mit den hier am Beispiel THIENEMANNs und FRIEDERICHS erläuterten ontologisierenden Bedeutungen gleichzusetzen. Beide Worte sind zu Modewörtern geworden, die vielfach nur mehr wenig mit den engeren Bedeutungen zu tun haben, die ihnen Anfang des 20. Jahrhunderts mitgegeben wurde. Hier sei insbesondere auf einen differenzierenden Aufsatz von WILSON (1988) hingewiesen. Häufig wird schon von einem „ganzheitlichen" und „holistischen" Ansatz gesprochen, wenn die Lösung von Forschungsfragen nicht „monokausal" gesucht wird, sondern komplexere Faktorenzusammenhänge in den Blick genommen werden, bzw. Phänomene nicht isoliert betrachtet werden, sondern in dem größeren Kontext, in dem sie eingebettet sind, d.h. z.B., wenn bei der Untersuchung von Fließgewässern nicht der Fluß alleine, sondern das gesamte Niederschlags-Einzugsgebiet mit betrachtet wird. Ein Ausdruck wie „kontextuell" würde hier weniger Verwirrung stiften.

Wie deutlich geworden sein sollte, erachte ich eine ontologische Sichtweise ökologischer Einheiten nicht als eine vertretbare erkenntnistheoretische Position *innerhalb der naturwissenschaftlichen* Vorgehensweise. Es macht daher wenig Sinn, die Anwendung der beiden oben skizzierten Positionen ausführlich in der Literatur aufzuzeigen. Ich werde aber in den folgenden Kapiteln noch mehrfach auf Studien hinweisen, die einen starken ontologischen „bias" tragen oder sogar explizit diese Position vertreten (s. vor allem Kap. 4.2). Dabei geht es mir nicht darum, die jeweiligen Autoren anzugreifen, sondern lediglich darum, auf Probleme hinzuweisen, die sich im Zusammenhang mit den genannten erkenntnistheoretischen Aspekten für eine intersubjektive Fassung von Begriffen ökologischer Einheiten und die Anwendung dieser Begriffe ergeben.

3.6 Zwischenfazit: Von der Vielfalt der Definitionen

Ich habe oben die verschiedenen Definitionskriterien von ökologischen Einheiten als einzelne Dichotomien und Gradienten dargestellt, um sie möglichst klar zu kontrastieren. De facto werden die Kriterien in unterschiedlichsten Kombinationen benutzt, und dies ist der Grund, warum ökologische Einheiten nur schwer in wenige „Typen" eingeordnet werden können. Um einen Ausdruck von Paul FEYERABEND zu mißbrauchen kann man in Hinblick auf die Definition ökologischer Einheiten nahezu sagen: „anything goes". Ich will diese Aussage anhand einiger weniger Beispiele aus der Vielfalt der Definitionen illustrieren. Ein Problem dabei, das schon in den vorangegangenen Kapiteln deutlich geworden sein dürfte, ist, daß manche der Kriterien von den Autoren nicht explizit spezifiziert werden. Sie müssen daher indirekt über den Gesamtzusammenhang des Textes erschlossen werden oder bleiben ungeklärt.

Als erstes Beispiel (Tabelle 3.1) seien verschiedene Verwendungen des Wortes „Biozönose" erläutert, von denen die meisten in den vorangegangenen Teilkapiteln diskutiert wurden.

3.6 Zwischenfazit: Von der Vielfalt der Definitionen

Tabelle 3.1: Verschiedene Definitionen von „Biozönose" und die dort verwendeten Kriterien.

Autor	Grenzkriterium	funktional/ statistisch	Grad der internen Relationen	Ontologischer Status
MÖBIUS 1877	Topographie/ Interaktionen?	funktional	hoch	unklar
GAMS 1918	Topographie	statistisch	unwichtig	unklar
FRIEDERICHS 1927	Topographie	funktional	hoch	ontologisch
RENKONEN 1938	Interaktionen	funktional	hoch	unklar
HUTCHINSON 1967	Topographie	funktional	niedrig	epistemologisch
WITTIG 1993	Topographie	funktional	mittel	unklar

Man sieht, daß die Biozönose in den meisten Definitionen als funktionale Einheit angesehen wird – in Übereinstimmung bzw. mit Bezugnahme auf die Ursprungsdefinition durch MÖBIUS (1877). Was stark variiert ist hingegen der Grad der Interaktionen, der als nötig angesehen wird, um von einer Biozönose zu sprechen. Für viele Autoren ist – wieder in Übereinstimung mit MÖBIUS – ein Gleichgewicht oder eine Selbstregulation erforderlich, während diese Bedingung von HUTCHINSON (1967) z.B. explizit abgelehnt wird (s.o., Kap. 3.3) und von WITTIG (1993) zumindest nicht explizit genannt wird. Die Verwendung von „Biozönose" für eine rein

Tabelle 3.2: Verschiedene Definitionen von „community" und die dort verwendeten Kriterien.

Autor	Grenzkriterium	funktional/ statistisch	Grad der internen Relationen	Ontologischer Status
PETERSEN 1913	Topographie	statistisch	unwichtig	unklar
CLEMENTS 1916	Topographie	funktional	hoch	ontologisch
GLEASON 1926	Topographie	statistisch	gering	epistemologisch
ELTON 1927	unklar, wechselnd	funktional	mittel	epistemologisch
MACARTHUR 1971	unklar	funktional	unwichtig	epistemologisch
ALLEN & HOEKSTRA 1992	Interaktionen	funktional	mittel	epistemologisch
BEGON et al 1996	Topographie	statistisch	niedrig	epistemologisch

statistische Einheit ist die Ausnahme. Das Grenzkriterium ist meistens ein topographisches, bleibt jedoch in seiner genauen Ausprägung (d.h. welche Variablen werden z.B. zur Bestimmung eines „in sich einheitlichen Gebietes" herangezogen?) oft unklar (vgl. Kap. 3.3). Explizit funktional ist die Grenze bei RENKONEN, auch wenn er in der Praxis, wie geschildert, anders vorgeht. Es ist außerdem wahrscheinlich, daß in vielen Fällen von einer topographischen Grenze auf eine funktionale geschlossen wird, auch wenn dies nicht ausdrücklich gesagt wird (vgl. Kap. 3.3. und 4.3). Der ontologische Status der Biozönose schließlich bleibt bei vielen Autoren unklar – was auch bei anderen ökologischen Einheiten gilt (s.u.).

Anders als „Biozönose" wird der Ausdruck „community" (Tabelle 3.2) weit häufiger auch als statistische Einheit definiert. Ansonsten gilt auch hier das oben für die Biozönose Gesagte. Schließlich sollen als drittes noch verschiedene Definitionen von „Ökosystem" zusammengestellt (Tab. 3.3) und etwas ausführlicher kommentiert werden.

Tabelle 3.3: Verschiedene Definitionen des Ökosystems und die dort verwendeten Kriterien.

Autor	Grenzkriterium	funktional/ statistisch	Grad der internen Relationen	Ontologischer Status
TANSLEY 1935	Interaktionen	funktional	hoch, unspezifisch	epistemologisch
LINDEMAN 1942	Topographie	funktional	niedrig	unklar
ODUM 1953	Interaktionen	funktional	mittel, geringe Spezifität	unklar
ROWE 1961	Topographie	funktional	gering	epistemologisch
DUNBAR 1972	Topographie	funktional	hoch	ontologisch
STÖCKER 1979	Interaktionen	funktional	unwichtig	epistemologisch
JØRGENSEN et al. 1992	Interaktionen	funktional	unklar	ontologisch
KLIJN & UDO DE HAES 1994	Topographie	statistisch	niedrig	unklar
LIKENS & BORMANN 1995	Topographie oder Interaktionen	funktional	mittel	epistemologisch

Das Ökosystem war in der Definition von TANSLEY (1935) zunächst eine Abstraktion des Beobachters (in Entgegensetzung zu einem ontologisierten Objekt; Kap. 3.5). Diese wurde von TANSLEY gleichzeitig als funktionale und als hochintegrierte Einheit angesehen. TANSLEY machte zwar keine expliziten Aussagen über das grundlegende Kriterium für die Grenzziehung des Systems, aber es scheint, daß die funktionalen Beziehungen das entscheidende Kriterium darstellten. Er macht auch keine Angaben darüber, welche Prozesse für die starken internen Relationen innerhalb eines Ökosystems verantwortlich sind. Mit LINDEMANs Studie (1942)

3.6 Zwischenfazit: Von der Vielfalt der Definitionen

als der ersten expliziten Anwendung von TANSLEYs Begriff wurde dem Ökosystem eine explizite räumliche Dimension zugewiesen, aber nur wenige spezifische Eigenschaften. Eugene ODUM betonte Prozesse und fügte Stoffkreisläufe hinzu (ODUM 1953). Er steigerte – von der zweiten Auflage seines Buches (1959) an – die Spezifizität der notwendigen internen Beziehungen in seiner Definition durch die Hinzunahme von Energiefluß als einer strukturierenden Kraft, welche zu den „klar definierten trophischen Strukturen" führen müsse (vgl. Kap. 3.4), die LINDEMAN als das Resultat seiner Studien eines verlandenden Sees in Minnesota beschrieb. Für ROWE (1961) war das Ökosystem eine geographische Einheit, die alle lebenden und nichtlebenden Teile innerhalb eines topographisch abgegrenzten Teiles der Erde umfaßt. So wurde „Ökosystem" häufig als ein System definiert, dessen Grenzen räumlich bestimmt sind (z.B. FORMAN 1986), während es zumindest einige seiner funktionalen Kriterien behielt, ohne daß dies notwendig einen hohen Grad an Integriertheit verlangte. Einige Autoren gaben auch die Distanz zu einer ontologischen Sicht des Ökosystems auf, welche TANSLEY in seiner Definition installiert hatte (z.B. DUNBAR 1972, JØRGENSEN et al. 1992). Der ontologische Status, der dem Ökosystem zugeschrieben wird, ist jedoch wie bei den anderen Einheiten meist implizit und schwierig zu bestimmen. Er bleibt daher bis auf wenige Fälle, in denen er explizit gemacht wird, vage und schwebend. Für STÖCKER (1979) ist das Ökosystem jedoch ganz klar eine Abstraktion. Er lockerte auch das Kriterium des hohen Grads interner Relationen und gab keine räumliche Definition der Grenzen eines Ökosystems. In seiner Definition ist das Ökosystem sowohl funktional definiert als auch in seinen Grenzen funktional bestimmt. Die einzige Bedingung in Hinblick auf die internen Relationen ist hier, daß zumindest ein (unspezifiziertes) lebendes Kompartment und ein abiotisches funktional verknüpft sind. KLIJN & UDO DE HAES (1994) zielen in einer neueren Publikation auf die Klassifizierung von Ökosystemen auf verschiedenen Maßstabsebenen ab und benutzen statistische Maße der Homogenität als ihre entscheidenden Kriterien. LIKENS & BORMANN (1995) haben zweckgebunden verschiedene Ökosystemdefinitionen, die sich z.B. in der Art der Grenzziehung unterscheiden. Während sie generell von einer vom Beobachter zu setzenden topographischen Grenze von Ökosystemen ausgehen, ist ihr Ökosystem für Fragen der Biogeochemie ein funktional (über den Wasserhaushalt) abgegrenztes, ein „Wasserscheiden-Ökosystem".

Die in den vorherigen Kapiteln herausgearbeiteten Definitionskriterien und deren Kombinationen ließen sich in der sehr umfangreichen Literatur, die direkt oder indirekt ökologische Einheiten zum Thema hat, in ausführlicher Weise nachzeichnen. Es ist jedoch nicht Intention dieser Studie, dies zu tun. Wichtig ist vielmehr, daß jeder Wissenschaftler selbst kritisch die jeweilige Literatur (inclusive seiner eigenen) daraufhin betrachtet, was der jeweilige Autor tatsächlich meint, wenn er Biozönose, Ökosystem o.ä. Worte gebraucht. Wichtiger noch ist es zu fragen, ob der Gebrauch in sich konsistent ist, und ob die Prämissen, die gemacht werden, fundiert sind und die Schlüsse, welche in der Studie gemacht werden, tragen.

Als <u>Fazit</u> von Kapitel 3 kann gesagt werden, daß eine ökologische Einheit in eindeutiger Weise nur durch *mehrere* explizite Kriterien definiert werden kann. Wie dies in einer systematischen Weise geschehen kann, wird Gegenstand von Kapitel 5 sein. Nicht alle der vier oben dargestellten Kriterien sind aber gleichermaßen „nutzbar" in dem Sinne, daß sie zur sinnvollen Definition ökologischer Einheiten herangezogen werden können. Das gilt speziell für die Unterscheidung von ontologischem und epistemologischem Verständnis ökologischer Einheiten. Vorhandene Definitionen lassen sich zwar in diese Dichotomie einordnen und daraufhin kritisch untersuchen, naturwissenschaftliches Arbeiten (z.B. im Sinne einer Operationalisierung) ist aber, wie in Kapitel 3.5 dargestellt, nur aufgrund der epistemologischen Option möglich.

Ein ontologisches Verständnis von ökologischen Einheiten ist, wie die obige Tabellen zeigen, selten explizit. Es spielt jedoch, wie in den folgenden Kapiteln noch zu sehen sein wird, immer wieder eine untergründige aber wirkmächtige Rolle in der Formulierung und Anwendung von Definitionen ökologischer Einheiten und sollte daher nicht als nebensächlich abgetan werden.

Die Unzulänglichkeiten vieler Definitionen ergeben sich weniger daraus, daß einzelne der verschiedenen Kombinationen grundlegend „falsch" wären, alleine deshalb schon, weil es bei Definitionen nicht um richtig und falsch, sondern lediglich um eine Nützlichkeit im Sinne einer Gegenstandsadäquatheit gehen kann (s. Kap. 4). Die Gründe liegen vor allem darin daß Definitionen zu wenig explizit sind und darin, wie mit ihnen umgegangen wird. Das betrifft z.B. die Beobachtung, daß zwischen verschiedenen Bedeutungen eines Worts (z.B. community) unbemerkt, oder zumindest unerwähnt hin- und hergesprungen wird (z.B. zwischen einer statistischen und einer funktionalen Bedeutung). Gleichermaßen gilt, daß häufig eine Kluft zwischen Theorie und Praxis besteht und die formalen Kriterien der Definition entweder gar nicht operationalisierbar sind oder wenn doch oft über unzulässige „Ersatzkriterien" operationalisiert werden (vgl. das Beispiel von Renkonen in Kap. 3.3 und siehe Kap. 4.4). Auch wird häufig übersehen, daß es sich tatsächlich um verschiedene voneinander *unabhängige* Kriterien handelt, und z.B. nicht einfach von dem wiederholten Auftreten der gleichen Artenkombination auf einen bestimmten Grad an Interaktionen geschlossen werden kann (vgl. Kap. 3.2 und 3.3). Zudem wird nicht ausreichend zwischen der Definition einer Einheit und deren Beschreibung unterschieden (s. Kap. 4.2 und 4.3). All diese Probleme hängen mit Fragen nach der Verbindung von Begriff, Definition und Realität zusammen. In Kapitel 4 werde ich mich daher den wissenschaftstheoretischen Grundlagen der Begriffsbildung und ihrer Anwendung auf das Begriffsfeld der ökologischen Einheiten zuwenden.

4 Begriffsbildung und -anwendung bei ökologischen Einheiten

Im vorangehenden Kapitel habe ich aufgezeigt, wie groß die Vielfalt der Bedeutungen jener Worte ist, die ökologische Einheiten bezeichnen. Nun geht es nicht darum, die hier diskutierten Begriffe zu destruieren, sondern sie zu schärfen, d.h. sie, bzw. die Art ihrer Benutzung in der ökologischen Wissenschaft und ihren Anwendungsfeldern, zu verbessern. Dieses Kapitel steht sozusagen auf halbem Wege zwischen Analyse und Synthese. Nachdem die verschiedenen Bausteine, aus denen die Begriffe wie Ökosystem oder community zusammengesetzt werden können, nun vorliegen, gilt es, vor dem erneuten Zusammenbau derselben zurückzutreten und sich den grundsätzlichen Bauplan und besonders das Werkzeug anzusehen, nach und mit dem ein solcher Zusammenbau erfolgen kann.

Daher werden in diesem Kapitel einige grundlegende Fragen der Bildung und Anwendung von Begriffen diskutiert, sowie die Probleme, die in diesem Zusammenhang bei ökologischen Einheiten auftreten.

Ich werde dazu zunächst einige allgemeine Grundlagen wissenschaftlicher Begriffsbildung diskutieren, insbesondere die Frage nach dem Verhältnis von empirischer Realität und Begriff sowie die Frage, was einen guten, d.h. brauchbaren Begriff auszeichnet (Kap. 4.1). Einzelne Aspekte davon wurden schon in Kapitel 2.3 kurz andiskutiert, bedürfen aber noch einer Vertiefung. In Kapitel 4.2 werde ich dann auf ein spezielles Problem eingehen, das im Zusammenhang mit ökologischen Einheiten für viel Verwirrung gesorgt hat, nämlich das Verhältnis von räumlich konkreter Einheit („Individuum") und Klassenbegriff und – damit zusammenhängend – der Unterscheidung zwischen der „Entifizierung" einer Einheit (d.h. ihre Konstituierung als eine ökologische Einheit) und ihrer Klassifizierung. Das leitet zu einem damit verwandten Aspekt über, der besonders häufig Probleme bei der Anwendung von Definitionen ökologischer Einheiten macht, nämlich der mangelnden Unterscheidung zwischen Definitionskriterien und nur beschreibenden Tatsacheninformationen, die in Kapitel 4.3 behandelt wird. Schließlich muß gefragt werden, welche Bedingungen gegeben sein müssen, damit ein bestimmter Begriff auch in der empirischen Realität angewendet werden kann, d.h. damit er operationalisierbar ist, und wie diese Anforderungen mit den jeweiligen Fragestellungen, in deren Kontext er benutzt wird, variieren (Kap. 4.4). Die in Kapitel 4.2 bis 4.4 behandelten Probleme werden jeweils anhand konkreter Beispiele aus der Ökologie illustriert. Am Ende des Kapitels werde ich dann ein Fazit zur gegenwärtigen Situation bei der Begriffsbildung und -anwendung ökologischer Einheiten ziehen (Kap. 4.5).

4.1 Realität, Begriff und Definition

Von der Realität zum Begriff

Die Welt tritt uns in einzelnen Phänomenen entgegen. Um mit diesen Phänomenen im täglichen Leben und erst recht in der Wissenschaft umgehen zu können, beschreiben wir sie nicht nur mit Eigennamen (Charlie Chaplin, Montblanc, Schönbuch), sondern auch mit verallgemeinernden Worten (Mensch, Berg, Wald). Wir machen uns einen *Begriff* von ihnen, und das im doppelten Wortsinn. Begriffe sind also Verallgemeinerungen, sie fassen Gruppen von Phänomenen aufgrund von gleichartigen Merkmalen in Klassen zusammen. Diese Phänomene können konkret-materiell sein (Objekte), wie in den obigen Beispielen, sie können aber auch immateriell sein, wie „Gesetz", „Mut", „Lachen". Erst durch die Verwendung von Begriffen lassen sich

Verallgemeinerungen, Prognosen über diese Phänomene machen. Erst wenn man weiß, daß Charlie Chaplin ein Mensch ist, kann man im Zusammenhang mit einer Theorie deren Teilbestandteil dieser Begriff ist, vorhersagen, daß er essen und trinken wird oder einen Blutkreislauf hat. Wäre „Charlie Chaplin" ein Roboter oder ein Berg oder ein Wald, würden sich diese Vorhersagen nicht machen lassen – dafür andere.

Um die Bedeutung eines Begriffs festzusetzen, benutzt man Definitionen. Durch eine *Definition* wird ein Begriff bestimmt, d.h. einem sprachlichen Ausdruck (Wort) wird eine exakte Bedeutung gegeben (RADNITZKY 1992). Man nennt dabei die Eigenschaften, durch die ein Begriff konstituiert wird, dessen *Intension* (seinen Inhalt). Der Bereich der Phänomene, welche unter den so definierten Begriff fallen, ist seine *Extension* (sein Umfang)(ESSLER 1982; vgl. Kap. 2.3). Die „Intension" ist gleichzeitig der „Begriff" im engeren Sinne (seine Bedeutung), während, das was den Begriff bezeichnet – das Wort – auch Begriffswort (Prädikator) genannt wird. Im fließenden Sprachgebrauch wird „Begriff" meist für beides zusammen benutzt, d.h. man sagt oft „Begriff" und meint damit (auch) das Begriffswort.

Eine klassische Frage ist, ob Begriffe die Realität als solche abbilden, sie also *Vorgefundenes* charakterisieren, oder ob Sie lediglich willkürlich von den sie prägenden Menschen festgesetzt sind. Diese Kontroverse steht hinter einer traditionellen philosophischen Unterscheidung zweier Typen von Definitionen, nämlich der zwischen Realdefinitionen und Nominaldefinitionen.

Realdefinitionen erheben den Anspruch, Aussagen über das „Wesen" von Phänomenen zu machen, über die Realität als solche sozusagen, während *Nominaldefinitionen* rein sprachliche Festsetzungen, d.h. Konventionen, sind (STEGMÜLLER 1989, p. 368ff).

Eine typische Nominaldefinition (auch *stipulative* oder *festsetzende Definition*) ist etwa: „Süßwasser = Wasser mit einem Salzgehalt von weniger als 0,5‰". Solche Definitionen stellen zuallererst *Abkürzungen* für komplexe Aussagen dar. Sie ersetzen einen komplexen sprachlichen Ausdruck durch einen einfachen, im simpelsten Fall durch ein einziges Wort oder sogar ein einziges Zeichen.

Realdefinitionen können wahr oder falsch sein, für Nominaldefinitionen macht diese Unterscheidung jedoch keinen Sinn. Sie können lediglich adäquat oder inadäquat sein. Realdefinitionen spielen in der heutigen Wissenschaftstheorie (wenn auch nicht in der Philosophie insgesamt) aus erkenntnistheoretischen Gründen praktisch keine Rolle mehr, denn sie implizieren, daß es möglich sei, die Dinge „an sich" in ihrer Wesenheit erkennen zu können. Die Ablehnung von Realdefinitionen entspricht der schon eingangs (Kap. 2.3) und in Kapitel 3.5 erläuterten Position, daß ökologische Einheiten nicht in der Natur „vorgefunden" werden können, sondern vom Beobachter aufgrund von spezifischen Fragestellungen „konstruiert" (gedanklich aus dem Ganzen der Natur isoliert, wie es bei TANSLEY (1935) für das Ökosystem heißt) werden.

Eine Nominaldefinition legt also aufgrund des Definitionsaktes einen Begriff fest, d.h. einem Wort (Ausdruck) wird aufgrund sprachlicher Konvention eine Bedeutung zugeordnet. Wird damit aber die durch Begriffe beschriebene Strukturierung unserer Welt willkürlich? Welcher Zusammenhang besteht dann noch zur empirischen Realität? Und haben wir es nicht bei ökologischen Einheiten wie bei den meisten anderen Begriffen mit Begriffen zu tun, die wir schon vorfinden und eben nicht selbst *de novo* schaffen? Anders gesagt: liegt nicht bereits jeweils irgendeine Idee, ein Vorverständnis dessen vor, was gemeint sein soll, wenn etwa von „Mensch", „Berg" oder „Ökosystem" die Rede ist?

Tatsächlich nehmen wir in vielen Fällen eben keine reine Nominaldefinition vor. Man kann zwar „Mensch" oder „Leben" durch eine Nominaldefinition willkürlich definieren, aber in den meisten, bekannt schwierigen Bemühungen um eine Definition dieser Begriffe handelt es sich um den Versuch, deren *akzeptierte Bedeutung*, d.h. eine weitverbreitete *Verwendung* eines bestimmten Begriffs, in einer verbal möglichst präzisen Weise zu erfassen. Wir haben im allgemeinen eine gute Vorstellung davon, was wir meinen, wenn wir „Mensch" sagen, auch ohne eine Definition zur Hand zu haben. Wir können uns im allgemeinen recht klar und einfach darüber verständigen, welche Objekte wir dem Begriff „Mensch" zuordnen und welche nicht, obwohl aus der Geschichte der Menschenrechte wie aus der Debatte um die Zulässigkeit der Embryonenforschung deutlich wird, daß auch hier die Grenzlinien nicht überall evident sind oder waren. Auch von vielen Begriffen des Alltags, wie Haus, Baum, Stuhl haben wir ein wenig umstrittenes, für uns klares Vorverständnis.

C.G. HEMPEL (1974, englisches Original 1952) führte daher, sozusagen in Ablösung des strengen Begriffs der „Realdefinition", den der *Bedeutungsanalyse* ein, auch als *analytische* oder *beschreibende Definition* bezeichnet (s. auch ESSLER 1982, STEGMÜLLER 1989). Es ist diese Art von Definitionen, die sich typischerweise in Wörterbüchern und Fachlexika wiederfindet. Im folgenden stütze ich mich weitgehend auf den Argumentationsgang HEMPELs.

Eine Bedeutungsanalyse weicht insofern von einer Realdefinition ab, als es nicht mehr darum geht, das (ontologisch verstandene) „Wesen" eines Begriffs zu beschreiben, sondern nur noch die von den Beobachtern geteilte Bedeutung des Begriffsworts. Das setzt jedoch voraus, daß das Begriffswort selbst in seiner Verwendung klar bestimmt ist und daß es von allen Benutzern in gleicher Weise angewandt wird (HEMPEL 1974, p. 19f.). Dies ist, wie leicht einzusehen ist, eine Idealisierung, die zumindest in der Alltagssprache sehr oft nicht zutrifft. Das Wort „Fisch" beispielsweise wird von Biologen und Köchen durchaus unterschiedlich verwendet, denn für letztere fallen z.B. auch Tintenfische unter diesen Begriff. Die beschreibende Definition beschränkt sich daher *de facto* auf die Analyse „einheitlicher Gebrauchsmuster" (HEMPEL 1974, p. 20) von Begriffen in engeren oder weiteren Kontexten (im obigen Beispiel etwa in dem der Eßkultur oder dem der Biologie). Der theoretisch vorhandene „Wahrheitsanspruch" beschreibender Definitionen ist damit stark eingeschränkt, aber nicht völlig aufgehoben: der Gebrauch muß *richtig* erfaßt werden.

Im Sinne des Einheitlichkeitsanspruches von Naturwissenschaften sollten Begriffe aber zumindest innerhalb einer Fachdisziplin in jeweils gleicher Weise verstanden und benutzt werden, d.h. mit der gleichen Intension, und sie sind damit einer Bedeutungsanalyse zugänglich. Die Resultate einer solchen Analyse führen jedoch je nach Begriff zu sehr unterschiedlichen Ergebnissen. Der Begriff „Leben" etwa, oder „(individueller) Organismus" hat innerhalb der Biologie einen relativ fest umrissenen gemeinsamen Kern. Bei aller Verschiedenheit der Definitionen bleibt ein hohes Maß an Gemeinsamkeiten, ebenso wie ein hohes Maß an allgemeinem Vorverständnis bei diesen Begriffen gegeben ist. Sehr anders verhält es sich jedoch bei ökologischen Einheiten. Kapitel 3 stellte eine ausführliche Bedeutungsanalyse der damit verbundenen Begriffswörter dar. Es zeigte sich sehr deutlich, und ich habe versucht, dies in Kapitel 3.6 noch einmal besonders plastisch herauszustellen, daß eher Vielfalt als Einheit(lichkeit) bei der Verwendung der Wörter „Ökosystem", „Biozönose", „community" etc. vorherrscht. Versucht man, den gemeinsamen Kern herauszukristallieren, in dem (fast) alle Definitionen übereinstimmen, das gemeinsame Gebrauchsmuster in der Terminologie HEMPELs, so bleiben lediglich die von mir in Kapitel 2.4 als „Minimaldefinitionen" gegebenen Inhalte. Allen Ökosystem-Definitionen ist danach nur gemeinsam, daß Ökosysteme aus Organismen mehrerer Typen (meist: taxonomische Arten) bestehen sowie deren Wechselwirkungen untereinander und mit ihrer abiotischen Umwelt in einem beliebig abzugrenzenden Raum- und Zeitausschnitt (wobei einige wenige Definitionen bereits nicht mehr voll in dieser Minimaldefinition aufgehoben sind, da sie theoretisch auch mit einem einzigen Organismentyp auskommen). Unter diesen Definitionen lassen sich extrem viele Objekte aus der belebten Natur als „Ökosysteme" bezeichnen, so viele, daß der Nutzen eines so definierten Begriffs sehr eingeschränkt ist, zumindest dann, wenn es darum geht, verallgemeinernde Aussagen und die Ermittlung von Gesetzmäßigkeiten in Bezug auf die mit diesem Wort bezeichneten Objekte zu ermöglichen. Auch mit einem einheitlichen Vorverständnis derjenigen Objekte, die wir als „Ökosystem" oder „community" bezeichnen, ist es nicht sehr weit her. Das läßt sich an einem Gedankenexperiment zeigen. Stellt man 20 Ökologen vor die Aufgabe, die Bäume oder die Menschen in einem bestimmten Gebiet, etwa einem Teil der schwäbischen Alb, zu zählen, so wird man allein aufgrund des vorhandenen Vorverständnisses der Begriffe nur geringe Abweichungen in den Resultaten der 20 Beobachter finden. Bei den Bäumen etwa wird es einige Abweichungen geben aufgrund der Frage, was Baum, was Strauch ist, oder ab wann man Schößlinge mitzählt oder nicht. Würde man dieselben Wissenschaftler nun auffordern, die Zahl der Ökosysteme oder Biozönosen in diesem Gebiet zu zählen, so würde man dramatisch unterschiedliche Ergebnisse erhalten, denn es gibt *de facto* kein klares einheitliches Vorverständnis von Ökosystemen und Biozönosen, sieht man vielleicht einmal von Sonderfällen wie Seen ab (und selbst dort ist, besonders im Falle von großen Seen, unklar, ob ein See ein einziges Ökosystem darstellt oder mehrere).

Man kommt also, wenn einem die allgemeinen, extrem weit gefaßten Definitionen von ökologischen Einheiten nicht reichen, nicht umhin, sich um Nominaldefinitionen der Begriffe zu bemühen. Damit meine ich nicht: eine, „die" für alle Fälle gültige Definition, sondern Definitionen, die für spezifische Fragestellungen nützlich sind.

Kriterien für die Nützlichkeit von Begriffen

Damit steht man nun wieder vor der oben angesprochenen Frage der Willkürlichkeit von Definitionen. Wenn oben der Eindruck entstanden sein sollte, daß Nominaldefinitionen rein willkürliche Festsetzungen seien, so ist dies allerdings eine Überzeichnung. Denn auch Nominaldefinitionen werden nicht ohne Bezug zur Realität formuliert. De facto stehen wir bei der Bildung, Interpretation und Benutzung von Begriffen in einem ständigen Wechselspiel zwischen gedanklicher Konstruktion und der Wahrnehmung empirischer „Realität", in einer Art Ping-Pong zwischen rein festsetzender und beschreibender Definition (vgl. auch STEGMÜLLER 1974, p. 15ff.). Auch wenn „die Realität" nicht völlig erkennbar ist, so müssen sich die Konstruktionen, die wir uns davon machen, doch an dieser Realität praktisch bewähren und sich zumindest jeweils einigen Aspekten dieser Realität annähern. Eine Definition einer „Mauer" etwa, die das Kriterium außer acht läßt, daß sie aus harten Materialien besteht, wird spätestens dann zu Problemen führen, wenn man versucht, in Anwendung des Begriffs aufgrund einer Definition, die dies mißachtet, durch sie hindurchzugehen. Dabei ist noch einmal zu betonen, daß es nicht einfach um die (beliebige) Zuordnung von Wörtern zu Begriffen geht, sondern um die inhaltliche *Bedeutung* (Intension) von Begriffen, die mit einem bestimmten Wort bezeichnet werden (vgl. Kap. 2.3; natürlich kann ich auch einen Pudding per Definitionsakt als „Mauer" bezeichnen, aber dies trifft nicht das Problem, das hier für die adäquate Definition von Begriffen diskutiert wird). Ein Kriterium für die Güte eines Begriffs ist daher seine Nützlichkeit in einem bestimmten, von einem Beobachter ausgewählten Kontext. Wie stellt man nun diese Nützlichkeit fest? Dazu ist es nötig, noch einmal tiefer auf grundlegende Charakteristika von Begriffen einzugehen.

Ich sagte am Anfang des Kapitels, daß Begriffe Verallgemeinerungen sind, die Einzelphänomene aufgrund ausgewählter, ihnen gleicher Merkmale zu Gruppen zusammenfassen. In der Redeweise der philosophischen Logik kann man statt von Gruppen auch von *Klassen* reden.

4.1 Realität, Begriff und Definition

Begriffe beziehen sich also immer auf Klassen von Phänomenen. Das was den Phänomenen an Merkmalen gemeinsam ist und ihre Zugehörigkeit zur Klasse bestimmt, sind ihre *invarianten Merkmale*, das was sie unterscheidet, sind ihre *individuellen Merkmale*. Beispiel: Ein invariantes Merkmal aller Objekte, die unter den Begriff (d.h. in die Klasse) Mensch fallen, ist beispielsweise ihre (potentielle) Fähigkeit zur Sprache, während die Hautfarbe ein individuelles Merkmal ist, das nicht über die Zugehörigkeit zu dieser Gruppe entscheidet und (heute) nicht Teil der Definition von „Mensch" ist. Dasselbe Einzelobjekt aber läßt sich unter ganz verschiedene Begriffe subsumieren, in Abhängigkeit vom gewählten Merkmal. So lassen sich einzelne Menschen nach ihrem Geschlecht mit den Begriffen (d.h. unter den Klassen) „Mann" und „Frau" behandeln, oder zusammen mit anderen nichtmenschlichen Organismen als „männlich" und „weiblich". Charlie Chaplin ist nicht nur Mensch, sondern aufgrund der Merkmale seines Berufes auch Schauspieler und aufgrund seiner Nationalität Engländer, während Charles Darwin nur letzteres ist. De facto gibt es so viele Begriffe, wie es Merkmale und Abstufungen dieser Merkmale gibt. Eine nominalistische Definition erlaubt daher auch völlig neue Begriffe zu bilden. Zum Beispiel läßt sich der neue Begriff „Gier" definieren als: Gier (engl.: Yellimal) ist definiert als ein Tier, das gelb ist. Dieser Begriff gibt durchaus etwas „Reales" wieder und erlaubt weitestgehend eine eindeutige Zuordnung von Tieren zu der Gruppe, ähnlich wie der noch weit exaktere Begriff des Q-Bayern oder Quayern, mit dem man alle in Bayern lebenden Menschen bezeichnen könnte, deren Nachnamen mit „Q" anfängt.

Die Frage ist aber, welchen Nutzen Begriffe wie die letztgenannten habe. Es will scheinen, daß ein Begriff wie „Frau" oder „Mensch" oder selbst „Tisch" weit nützlichere, ja sogar weit „natürlichere" Begriffe, „natürlichere" Klassen von Objekten bezeichnen, als etwa der des Quayern oder des Giers.

Das liegt daran, daß Begriffe, die uns als „natürlich" erscheinen, es uns erlauben, über die Merkmale hinaus, mittels deren der Begriff definiert ist, allgemeine Aussagen, Vorhersagen über andere Eigenschaften zu machen, die allen Phänomenen gemein sind, die unter diesen Begriff fallen. Chlor kann definiert werden als das Element, das 17 Protonen hat. Über alle Atome, die unter diese Definition fallen, kann man nun gleichzeitig aussagen, daß sie für uns einen bestimmten Geruch haben, bestimmte chemische Verbindungen eingehen und in bestimmter Weise hergestellt werden können, alles Eigenschaften – und darauf kommt es an – die *empirisch* mit den Definitionskriterien korreliert sind, nicht aber *logisch* damit korreliert sind, d.h. nicht logisch daraus ableitbar sind. In den Worten HEMPELs:

> „Der rationale Kern der Unterscheidung zwischen natürlichen und künstlichen Klassifikationen wird durch die Überlegung verdeutlicht, daß in den sogenannten natürlichen Klassifikationen die bestimmenden Merkmale universell oder in einem hohen Prozentsatz aller Fälle mit anderen Merkmalen verknüpft sind, von denen sie logisch unabhängig sind." (HEMPEL 1974, p. 53)

Da diese Verknüpfungen/Korrelationen in unterschiedlichem Maße bei verschiedenen Begriffen gegeben sind, ist die Unterscheidung von „künstlichen" und „natürlichen" Begriffen auch hier wieder eine graduelle. Auch der vom Restaurantbesitzer benutzte Begriff von „Fisch" zeigt solche Korrelationen empirischer Merkmale und erlaubt Generalisierungen: so ist allen darunter gefaßten Organismen nicht nur gemeinsam, daß sie im Wasser leben (oder lebten), sondern auch, daß der Koch sie in einem Fischgeschäft, nicht aber in einer Metzgerei oder Bäckerei einkaufen kann – der Begriff hat also auch großen praktischen Nutzen, indem er dem Koch unnütze Wege erspart. Der anders gefaßte biologisch-taxonomische Begriff erlaubt jedoch weit mehr Generalisierungen und empirische Korrelationen, als dies der kulinarische tut, z.B. über die Fortbewegungsweise, den Blutkreislauf etc. Solche Korrelationen interessieren jedoch den Koch auch wenig (es sei denn, er ist Hobby-Ichtyologe) und insoweit mag ihm die von ihm benutzte Definition von „Fisch" für seine Zwecke ausreichend sein.

Ich werde im folgenden statt von „künstlichen" und „natürlichen" Begriffen von „schwachen" und „starken" Begriffen reden, weil die letztgenannten Worte Konnotationen von „real" und „nicht real" vermeiden. Außerdem ist es bei den Bezeichnungen „schwach" und „stark" deutlicher, daß es nicht ein „entweder – oder" gibt, sondern daß ein Kontinuum vorliegt.

Das Beispiel des Quayern verdeutlicht, daß „Stärke" (oder „Natürlichkeit") und „Nützlichkeit" eines Begriffes nicht zu verwechseln ist mit seiner Genauigkeit. Denn der Quayer ist ein sehr präziser Begriff, aber es gibt vermutlich keinerlei Generalisierungen, die sich über die Objekte, die er bezeichnet, machen lassen, keine Merkmale, die empirisch mit dem verbunden wären, als Anfangsbuchstaben des Nachnamens ein „Q" zu haben.

Wenn es also darum geht, Begriffe für eine wissenschaftliche Verwendung zu definieren, so ist nach ihrer Nützlichkeit im Sinne ihrer theoretischen und systematischen Bedeutung zu fragen, nach ihrer theoretischen Relevanz also. Das heißt: inwieweit erlaubt es ein Begriff, die Vielfalt der in einem Wissenschaftsbereich interessierenden Phänomene zu strukturieren und nach Möglichkeit auf seiner Grundlage innerhalb einer Theorie verallgemeinerbare Erklärungen und Prognosen aufzustellen?

Für die Beurteilung der Qualität von Begriffen lassen sich noch einige weitere Eigenschaften derselben angeben.

Ein Begriff kann *eindeutig* oder *mehrdeutig* sein, was hier wie folgt verstanden werden soll:

> „Ein Begriff ist eindeutig (genau dann), wenn der sprachliche Ausdruck von den Benutzern der Sprache mit genau einer Intension verstanden wird. Er ist mehrdeutig (genau dann), wenn die Benutzer ihn nach verschiedenen Intensionen verwenden, und er ist sinnlos (genau dann), wenn mit ihm keine Intension assoziiert ist. (...) Inkonsistent gebraucht wird ein mehrdeutiger Ausdruck, wenn man den Ausdruck in ein- und derselben Situation (z.B. in der Forschung, oder in der Küche eines Gasthauses) nach verschiedenen Intensionen verwendet, ohne auf diese verschiedenen Verwendungen aufmerksam zu machen und ohne daß vom Gesprächspartner erwartet werden kann, daß er in der Lage ist, diese Unterschiede ohne Hinweis zu erkennen.
>
> Normalerweise werden mehrdeutige Begriffe einen gemeinsamen Kern haben, so daß sie in der Anwendung wenigstens in einem eingeschränkten Bereich zu definitiven Ergebnissen führen." (ESSLER 1982, p. 58f.)

In diesem Falle ist es allerdings besser, präzise vom *Begriffswort* („sprachlicher Ausdruck" im obigen Zitat) zu sprechen. Nur dieses kann mehrdeutig sein, denn verschiedene Intensionen stellen ja schon verschiedene Begriffe dar, auch wenn das gleiche Wort für sie verwendet wird.

Der Begriff selbst kann je nach Definition *eng* oder *weit* gefaßt sein, in Abhängigkeit davon, wie groß der Bereich der Objekte ist, die seine Extension ausmachen. Der enge Begriff von „Tee" umfaßt z.B. nur Getränke aus Blättern und Knospen des Teestrauches, der weitere auch Getränke aus anderen Pflanzen. Wichtig ist dabei, daß eine Definition nicht nur eine bestimmte Anzahl von Objekten/Phänomenen einem Begriff zuordnet, sie grenzt gleichzeitig eine unendliche Zahl anderer Objekte aus. So fällt beispielsweise ein einzelner Hirsch nicht unter den Minimalbegriff der Population („Population: eine Gruppe von Organismen derselben Art in einem beliebigen Gebiet"; vgl. Kap. 2.4), ebensowenig wie die Gruppe, die der Hirsch zusammen mit seinen Parasiten bildet. Dies erscheint zunächst trivial, ist aber, wie oben schon anklang, und wie ich in Kap. 4.3 ausführlich zeigen werde, von großer praktischer Relevanz bei der Definition ökologischer Einheiten. Je nach Anwendungszweck kann nämlich ein Begriff auch zu weit oder zu eng (und damit inadäquat) gefaßt sein.

Zu weit ist ein Begriff, wenn es eindeutig Objekte gibt, die nicht unter die Extension des Begriffs fallen sollen, obwohl die Intension sie einschließen würde. Ein Beispiel mag die von ESSLER (1982) wiedergegebene Episode sein, nach der die griechischen Platoniker den Menschen als „ungefiederten Zweibeiner" definierten. Diese Definition hatte nur solange Bestand,

4.1 Realität, Begriff und Definition

bis DIOGENES eines Tages ein gerupftes Huhn über die Mauern der platonischen Akademie warf. Zu eng ist ein Begriff, wenn seine Intension Objekte ausschließt, die eindeutig zu seiner Extension gehören sollten. Es wird bei diesen Aussagen deutlich, daß sie nur sinnvoll sind, wenn nicht von einer reinen Festsetzungsdefinition die Rede ist.

Die Breite eines Begriffs ist nicht mit seiner *Schärfe* zu verwechseln. Letztere ist eine weitere Anforderung, die an Begriffe gestellt wird. Was heißt es genau, daß ein Begriff scharf oder aber, sein Gegenteil, vage ist? ESSLER drückt es so aus:

> „Ein Begriff ist scharf (genau dann), wenn seine Anwendung auf Dinge eines Universums (oder eines Anwendungsbereiches) stets zu einem eindeutigen Resultat führt; ansonsten ist er vage, und zwar partiell vage, wenn die Anwendung zwar bei einigen, aber nicht bei allen Objekten des Universums eindeutige Ergebnisse erbringt, und total vage, wenn sie in keinem Anwendungsfall zu einem eindeutigen Ergebnis führt." (ESSLER 1982, p. 54)

So sind – ein Beispiel, das ESSLER gibt – die Begriffe Tier und Pflanze im makroskopischen Bereich für Biologen scharf bestimmt, sie werden jedoch partiell vage, wenn man in den Mikrobereich geht. Dort läßt sich z.B. ein einzelliger eukaryotischer Organismus nicht mehr eindeutig einem der beiden Begriffe zuordnen – ein Grund, warum man heute bei Einzellern nicht mehr von Protozoen oder einzelligen Algen redet, sondern den Begriff „Protisten" benutzt, und diesen ebenbürtig neben „Tier" und „Pflanze" stellt. Wann ein Begriff in welcher Schärfe definiert werden muß, hängt, wie das Beispiel zeigt, von der jeweiligen Fragestellung ab und wird in Kapitel 4.4 diskutiert werden.

Was macht einen Begriff vage? Ein Begriff kann zunächst dadurch vage sein, daß mehrdeutige Begriffe zu seiner Definition benutzt werden. Zudem kann ein scharfer Begriff dadurch vage werden, daß er in einen neuen Kontext gebracht wird. In der Inselökologie von MACARTHUR & WILSON (1967) war beispielsweise der Begriff „Insel" im Sinne echter ozeanischer Inseln scharf gefaßt, aber er wurde zunehmend vage, als die Theorie auch auf „Inseln" auf dem Festland angewandt wurde – mit negativen Konsequenzen für die Aussagekraft der Theorie (vgl. PICKETT et al. 1994, p. 83, HAILA 1990). Die ursprünglichen Definitionskriterien (z.B. in diesem Falle die Isoliertheit eines Landstücks durch es umgebendes Wasser) waren nicht mehr adäquat und mußten in diesem neuen Kontext geklärt und präzisiert werden. Ebenso ist die Bestimmung des Begriffs „Fisch" im Kontext des Kochs scharf, wird aber vage, wenn sie im biologisch-taxonomischen Kontext angewandt werden soll (und umgekehrt, denn nicht alle Fische im Sinne des Biologen sind eßbar und anhand der Definition ist dies nicht entscheidbar).

Definitionsausdrücke müssen insgesamt „eine bestimmte, feste und klare Bedeutung haben" (RADNITZKY 1992, p. 28). Man kann auch sagen, *sie müssen die notwendigen und hinreichenden Bedingungen für die Anwendung des Begriffs angeben*, d.h. dafür, daß entschieden werden kann, ob ein Phänomen einem Begriff zuzurechnen ist oder nicht. Definitionen sollen Mehrdeutigkeiten ausräumen und eine Konsistenz des Begriffsgebrauchs gewährleisten (HARVEY 1969, p. 302).

4.2 Empirisches Objekt, Entifizierung und Klassifizierung bei ökologischen Einheiten

Wenn davon gesprochen wird, daß ökologische Einheiten „real" oder „abstrakt" seien, so kann dies verschiedene Bedeutungen haben. In Kapitel 3.5 wurde eine sehr wichtige Bedeutung dieser Unterscheidung herausgearbeitet, nämlich die zwischen einem ontologischen und einem epistemologischen Verständnis ökologischer Einheiten. Eine andere Bedeutung der Unterscheidung, die das Potential für beträchtliche Mißverständnisse in sich trägt, ist die zwischen einer ökologischen Einheit als einem konkreten Objekt und einem Klassenbegriff. Diese manifestiert sich in der schon oben (Kap. 3.3) bei GAMS (1918) geschilderten Differenzierung in „konkrete Einheiten" und „abstrakte Einheiten", eine Unterscheidung, die bis heute insbesondere in der Vegetationskunde immer wieder gemacht wird.[1] Diese zunächst einmal einfach erscheinende begriffstheoretische Differenzierung ist komplizierter als sie aussieht, verbergen sich in der Praxis der Ökologie dahinter doch zwei fundamental verschiedene Dinge, deren Vermischung zu vielen Mißverständnissen führt und eine klare Definition ökologischer Einheiten erschwert.

Das Problem, das hier auftaucht, ist nämlich, daß, wie in Kapitel 4.1 geschildert, *jede* Begriffsbildung einer ökologischen Einheit bereits eine Klassenbildung ist. Diese hat jedoch zunächst einen anderen Charakter, als das, was bei einer Klassifizierung von Einheiten gemacht wird. Das heißt, es wird von „Klassenbildung" in zwei unterschiedlichen Bedeutungen gesprochen: einmal im Sinne von „Entifizierung"[2] (d.h. der Konstituierung einer Einheit), einmal im Sinne von Klassifizierung als einer Einordnung in ein Schema (bzw. eine Hierarchie) von Klassen verschiedener Rangstufen, d.h. eine Taxonomie (SOKAL 1974). Diese beiden Typen von Klassenbildungen fallen im Falle „echter" statistischer Einheiten (im Sinne von Kap. 3.2) zusammen, was die Definition und den Umgang mit ökologischen Einheiten weiter verkompliziert und mit verantwortlich ist für einen Teil der in der Vegetationskunde vorhandenen Begriffskonfusion und die Diskussionen darüber, ob es Pflanzengesellschaften „gibt" (s.u.).

Das Problem läßt sich besonders gut am Beispiel des Begriffs der „Assoziation" deutlich machen. Ich will es anhand eines Anfang des Jahrhunderts in der Pflanzensoziologie ausgetragenen Streits erläutern. Dieser Streit ging darüber, ob Pflanzengesellschaften – meist stand dabei die Assoziation im Vordergrund – abstrakt oder real seien und war vor allem mit den Namen des skandinavischen Botanikers G. Einar DU RIETZ auf der einen Seite und dem von Josias BRAUN-BLANQUET auf der anderen Seite verbunden.

DU RIETZ und der Begriff der Assoziation

Spätestens in den 20er Jahren des 20. Jahrhunderts hatten sich in Europa zwei konkurrierende „Schulen" oder Richtungen der Vegetationskunde entwickelt, der man als dritte Richtung die von diesen noch einmal stark unterschiedliche angelsächsische Tradition im Gefolge von CLEMENTS, MOSS und TANSLEY (s.o.) gegenüberstellen kann (WHITTAKER 1962). Zum Hauptexponenten der durch SERNANDER begründeten „Upsalaer Schule" (bei WHITTAKER: Nord-Tradition) wurde bald G. Einar DU RIETZ, während die auf SCHRÖTER und FLAHAULT zurückgehende Zürich-Montpellier-Schule (Süd-Tradition bei WHITTAKER) der Pflanzen-

---

[1] vgl. z.B.: ELLENBERG & MUELLER-DOMBOIS (1974 p. 29f), WILMANNS (1978, 26f.), DIERSCHKE (1994, p. 31).
[2] vgl. MUELLER-DOMBOIS & ELLENBERG (1974, p. 32ff), die von „entitation" sprechen, offenbar in Anlehnung an den von ihnen zitierten Ralph GERARD (1965).

4.2 Empirisches Objekt, Entifizierung und Klassifizierung

soziologie zur gleichen Zeit durch die Person Josias BRAUN-BLANQUETs geprägt und nach außen am sichtbarsten repräsentiert wurde.[3]

Es soll an dieser Stelle nicht im Detail auf die methodischen und begrifflichen Unterschiede zwischen den beiden Traditionen eingegangen werden. Darüber ist viel diskutiert und geschrieben worden (siehe besonders WHITTAKER 1962) und einige wichtige Aspekte sind auch bereits in vorhergehenden Kapiteln besprochen worden. Ab Mitte der 1930er Jahre war außerdem eine zunehmende Annäherung der Ideen zu beobachten (vgl. DU RIETZ 1965, TÜXEN 1965, WHITTAKER 1962). Einige Fragen blieben jedoch stets kontrovers.

Für die in der Tradition der HUMBOLDTschen und GRIESEBACHschen Pflanzengeographie stehende Vegetationskunde war ein wesentliches Ziel der Untersuchungen stets die Ordnung und Klassifizierung der Vegetation. Auch wenn diese – vornehmlich deskriptive – Tätigkeit von vielen Wissenschaftlern nur als ein Durchgangsstadium zu einer kausalanalytischen Erklärung der Vegetation gesehen wurde,[4] so gewann sie doch insbesondere in der kontinentaleuropäischen Forschung eine starke Dominanz. Anders als in den angelsächsischen Ländern, wo über das Einbeziehen der Sukzession (development) schon der Weg zu einer stärker prozeßorientierten, dynamischen Pflanzenökologie vorbereitet wurde, blieb die klassifikatorische Forschungsrichtung in der europäischen Pflanzensoziologie trotz anderslautender programmatischer Äußerungen (so BRAUN-BLANQUET 1928, p. 1f.) das vorherrschende Arbeitsgebiet.

Zentrale ökologische Einheit für die Ordnung der Biosphäre in sich wiederholende Kombinationen von Pflanzenarten war – spätestens seit dem III. Internationalen Botanikerkongress von Brüssel (1910) – die *Assoziation*. Unabhängig von manchen Detailfragen der Definition dieses Begriffes, die zwischen Nord- und Südtradition umstritten waren, stimmte man schließlich zumindest insoweit überein, daß die Assoziation nicht physiognomisch, sondern floristisch zu charakterisieren sei. DU RIETZ z.B. definierte den Begriff wie folgt:

„Eine Assoziation ist ein Komplex von Artenkombinationen, die in der Natur besonders oft wiederkehren und einen gemeinsamen Grundstock von praktisch niemals fehlenden Arten (Konstanten) in ± bestimmten Mengenverhältnissen besitzen; dieser Komplex ist in der Regel gegen andere ähnliche Artenkombinationskomplexe scharf (d.h. durch Fehlen oder relative Seltenheit der intermediären Artenkombinationen) abgegrenzt." (DU RIETZ 1923, p. 242)

Es handelt sich also, im Sinne der in Kapitel 3.2 gemachten Unterscheidung, um eine statistische Einheit.

Es galt, diese Artenkombinationen in der Natur festzustellen (zu erkennen), zu charakterisieren und zu klassifizieren. Wie dies zu geschehen habe, war freilich höchst umstritten, sowohl in Hinblick auf die genaue Methodik als auch auf die theoretischen Grundlagen. Probleme von besonderer Hartnäckigkeit waren: Werden Assoziationen am besten durch die von DU RIETZ favorisierten „stetigen" Arten oder „Konstanten" charakterisiert oder durch die „gesellschaftstreuen", d.h. auf einen einzigen Assoziationstyp beschränkten „Charakterarten" (BRAUN-BLANQUET)? Müssen die Assoziationen nur „aufgefunden" werden oder sind sie ein reines Produkt des ordnenden Menschengeistes? Ist die Assoziation (und sind andere ökologische Einheiten) ein konkretes Ding oder ein Klassenbegriff? Diese Fragen haben eine Flut von kontroversen Veröffentlichungen hervorgebracht und DU RIETZ sprach 1928 von dem letztgenannten Themenbereich als „einem der wichtigsten und aktuellsten Hauptprobleme der modernen Pflanzensoziologie" (DU RIETZ 1928, p. 20).

---

[3] GAMS (Kap. 3.3) läßt sich – obgleich als Österreicher räumlich in Nähe der „Süd-Schule" – von seinem theoretischen Verständnis der Vegetationsforschung her eher der „Nord-Schule" zuordnen.

[4] Gleiches gilt für Teile der zoologischen Biozönologie; vgl. Kapitel 3.2.

DU RIETZ beharrte stets (bis in seine späten Schriften; vgl. DU RIETZ 1965) darauf, daß die Assoziation keine Abstraktion, sondern eine Realität sei. Was genau meinte er damit? Die Analyse zeigt, daß er zwei Dinge zugleich damit sagte. Zum einen ging es um die ontologische Ebene. Das heißt, Assoziationen waren für ihn nicht Kunstprodukte des menschlichen Geistes, die aus bestimmten Zwecken heraus definiert und aufgrund dessen beschrieben wurden, sondern Einheiten, die als solche in der Natur gegeben waren und „gefunden" werden konnten. So schrieb er in seiner Dissertation, die sich mit der Geschichte und den methodologischen Grundlagen der Pflanzensoziologie auseinandersetzte:

> „Die Assoziationen ebenso wie die Arten werden nicht in wissenschaftlichen Abhandlungen und Lehrbüchern fabriziert. *Sie sind in der Natur existierende, durch die Natur selbst mehr oder minder scharf und deutlich abgegrenzte Artenkombinationen.*" (DU RIETZ 1921, p. 15. Hervorhebung im Original)

Als Konsequenz ist für DU RIETZ auch das Erkennen bzw. Feststellen von Assoziationen in der freien Natur ein zum Teil intuitiver Akt, den er mit dem Erkennen von biologischen Arten vergleicht:

> „Ebenso wie die Unterscheidung der Arten in einer kritischen Pflanzengattung unbedingt das erfordert, was man einen guten systematischen Blick zu nennen pflegt, einen Blick, den man sich durch lange Übung, Arten zu unterscheiden und sich mit ihnen zu beschäftigen, erwirbt, so erfordert die Unterscheidung und Begrenzung der Assoziationen (...) das, was man einen guten soziologischen Blick nennen könnte (...), d.h. eine durch lange Beschäftigung mit Pflanzengesellschaften erworbene Fähigkeit, in einem Assoziationsfleck rasch das wesentliche zu sehen und auch ohne eine eingehende und zeitraubende Analyse die mehr oder minder deutlich hervortretenden Diskontinuitätslinien (oder -zonen) in der Natur zu sehen." (a.a.O., p. 214f.)

Die Upsalaer Schule sieht sich aber gleichzeitig in einer stark induktiven (sic!) Tradition und DU RIETZ betont diese Vorgehensweise ebenso, wie er jedes „deduktive" Vorgehen in der Pflanzensoziologie ablehnt. Darum spielen für ihn auch quantitative Methoden (Quadratmethode u.a.) eine große Rolle bei der Charakterisierung der Assoziationen. Diese quantitativen Methoden – und hier schlägt das ontologische Verständnis der Assoziationen durch – stehen indes nicht am Anfang der Forschung, sondern bilden erst den zweiten Schritt, denn:

> „Eine sehr gefährliche Arbeitsmethode ist die, daß man von einem ‚objektiv' angelegten Material von Probeflächen ausgeht und in diesem die natürlichen Assoziationen zu finden versucht, indem man die Probeflächen vereinigt, die die größte Ähnlichkeit aufweisen. Es ist ja recht augenscheinlich, daß die auf diese Weise konstruierten Assoziationen sehr leicht reine Kunstprodukte werden, umsomehr, da man ja gar keine Garantie dafür hat, daß in jeder Probefläche nur eine Assoziation vertreten ist. Eine solche Arbeitsweise beginnt die Untersuchung am verkehrten Ende." (a.a.O., p. 215)

Die „Realität" der Assoziation geht aber für DU RIETZ noch weiter und dieser zweite Aspekt ist es, der besonderen Widerspruch erregte. Denn die Assoziation ist für ihn nicht nur insoweit eine Realität, als sie in Form konkreter Ansammlungen von Pflanzen in der Natur aufzufinden ist. Während viele andere Autoren zwischen konkretem Objekt Assoziation und einem daraus abstrahierten Assoziations-*Typus* unterschieden, verweigerte sich DU RIETZ stets dieser Unterscheidung. War dies zunächst noch eher vorsichtig und vage formuliert (in DU RIETZ 1921) oder wurde sogar in gewissem Ausmaß noch die Unterscheidung akzeptiert (DU RIETZ et al. 1918), so konkretisierte und verschärfte er seine Haltung in den folgenden Jahren, nicht zuletzt unter dem Einfluß der starken Reaktionen, die seine Ansichten hervorriefen.

In seiner Dissertation beleuchtete er das Thema vor allem in der Auseinandersetzung mit seinem norwegischen Kollegen Rolf NORDHAGEN. Er grenzt die Vorstellungen der Upsalaer Schule gegen diesen ab:

> „Er [Nordhagen] will nämlich diesen Terminus für seine kleinste Grundeinheit, ‚das qualitativ und quantitativ gleichartige Pflanzenaggregat' reservieren, also das, was Schröter 1902 ‚den Einzelbestand (association

4.2 Empirisches Objekt, Entifizierung und Klassifizierung

locale)' oder das ‚Individuum des physiognomischen Systems' nannte[5], den speziellen, untersuchten *Fleck* einer gewissen Vegetation." (DU RIETZ 1921, p. 124)

Dies hält DU RIETZ für einen großen Fehler, und er versucht dies mit genau der gleichen Analogie zu zeigen, die auch NORDHAGEN benutzt, nämlich der zwischen Art und Assoziation. Er wirft Nordhagen jedoch vor, auch hier schon einen falschen Artbegriff zu benutzen, denn NORDHAGENs offenbar nicht essentialistischer sondern rein typologischer Artbegriff, der Arten als Klassen aufgrund von Ähnlichkeiten sieht, wird von DU RIETZ strikt zurückgewiesen:

> „Eine Art ist ja ganz einfach eine in der Natur gegebene Einheit, die durch eine gewisse, mehr oder minder unbedingt gegebene Kombination von Genen charakterisiert ist; die Art ist gerade die Genenkombination [sic!] selbst und die speziellen Individuen, in denen sich diese vervielfältigt hat, sind ja etwas rein Sekundäres. Ebenso ist die Assoziation eine bestimmte Artenkombination, die wir (zusammen mit gewissen akzessorischen und zufälligen Bestandteilen) in der Natur unablässig wiederfinden. Ebenso aber wie eine Gesteinsart, z.B. der Granit, nicht das Resultat eines Vergleiches zwischen einer Anzahl von Gesteinsstückchen und ihrer Gruppierung nach ihrer gegenseitigen Ähnlichkeit, sondern eine in der Natur gegebene, beständig wiederkehrende Kombination gewisser Minerale in mehr oder minder bestimmten Proportionen ist, so ist auch die natürliche Assoziation nicht nur das Resultat eines Vergleiches zwischen gewissen untersuchten Vegetationsflecken, zwischen denen man gewisse Ähnlichkeiten gefunden zu haben glaubt. Assoziationen, die man auf diese Weise herstellt, sind und bleiben reine Kunstprodukte." (DU RIETZ 1921, p. 124)

Das ontologische Verständnis der Assoziation bildet deutlich wieder die Basis dieser Thesen. Es geht soweit, daß für DU RIETZ nicht nur die Individuen der biologischen Art sekundär werden, sondern die konkreten Manifestationen der Assoziation (Vegetationsflecken), wie sie NORDHAGEN versteht, für DU RIETZ gar reine Kunstprodukte sind. Für ihn ist die Vorstellung, das es für die „reale" Assoziation etwas geben könnte, das dem Individuum bei der Art entspricht, schlichtweg unsinnig. Das was Realität und was Abstraktion ist, wird für ihn damit auf den Kopf gestellt:

> „Das einzige begrenzte pflanzensoziologische Individuum, das man sich denken kann, ist tatsächlich gerade die untersuchte Probefläche, ihre Grenzen aber sind ja rein künstlicher Natur. Und meiner Ansicht nach muß der ganze Begriff „Pflanzensoziologisches Individuum" als eine rein theoretische Konstruktion betrachtet werden, der in der natürlichen Vegetation nichts entspricht." (a.a.O., p. 125)

Der Vergleich mit der biologischen Art ist aufschlußreich und hilft den Unterschied gegenüber dem, was in Kapitel 3.5 als „Realität" einer Einheit bezeichnet wurde, deutlich zu machen. Ging es dort um die Realität, die Individuation bestimmter Raumausschnitte als „Ökosystem", Biozönose oder Assoziation, so geht es hier um die Realität von *Klassen*. Für DU RIETZ ist eben nicht der einzelne Assoziationsfleck entscheidend und real, sondern die Klasse „Assoziation", die für ihn eben mehr ist als eine Klasse bzw. er sieht diese Kategorie – im Gegensatz zu NORDHAGEN und anderen (s.u.) – als ein essentialistisches Gebilde. Deutlich wird das auch daran, daß für ihn – und hier folgt ihm kaum einer seiner Kollegen mehr – auch die „höheren" Einheiten der Pflanzensoziologie, in denen Assoziationen (er redet hier von Biozönosen) wieder zu höher aggregierten Klassen zusammengefaßt werden, real sind. So schreibt er noch 1965:

---

[5] Die hier angesprochenen Gedanken SCHRÖTERs wurden von diesem zuerst im Anschluß an eine Vegetationsmonographie des Bodensees formuliert (SCHRÖTER & KIRCHNER 1902, p. 68ff.), wenngleich dort noch nicht von Assoziation die Rede war. Er unterschied zwischen Worten für die konkrete Pflanzengesellschaft, neben oder in der der beobachtende Botaniker in der Natur steht, und für aufgrund von wiederholten Ähnlichkeiten abstrahierte Typen. Er bezeichnete die aus seiner Sicht elementare konkrete Einheit als „Einzelbestand", die abstrahierten Verallgemeinerungen als „Bestand" und „Bestandestypus". Letzteres entspricht in etwa der Definition der Assoziation, wie sie oben durch DU RIETZ gegeben wurde.

„"... habe ich seit Jahrzehnten die Begriffe des Assoziationsindividuums und der Assoziation als abstrakten Typus zurückgewiesen und die ganze Biozönose als ebenso konkrete Einheit (eine Population von gemischten Arten) wie ihre einzelnen Teilstücke oder *Segmente* im Sinne Schmid's (1941) aufgefaßt. Dies gilt für Biozönosen von allen Rangstufen – die höheren Biozönosen werden von mir nicht als abstrakte Typen aufgefaßt, die durch Klassifikation von niedrigeren Biozönosen erfaßt werden, sondern als konkrete Mischpopulationen hohen Ranges (Clements 1916, S. 127: ‚The climax formation is not an abstraction'), die in der Natur durch direkte Beobachtung erkannt werden. Daraus ergibt sich als eine wichtige Konsequenz, daß die höheren Biozönosen in der Natur direkt studiert, erkannt und gewissermaßen charakterisiert werden können auch ohne Spezialstudien ihrer Gliederung in Biozönosen niedrigeren Ranges." (DU RIETZ 1965, p. 25f)

BRAUN-BLANQUET und das Assoziationsindividuum

Die Gegenposition zu DU RIETZ wurde u.a. von Josias BRAUN-BLANQUET vertreten, der ganz in der kritisierten Linie von Carl SCHRÖTER stand. Einig war sich BRAUN-BLANQUET mit DU RIETZ darin, daß es „natürliche" Assoziationen gebe, zu deren Erkennen Erfahrung und Intuition unerläßlich seien:

„Das *Erkennen* der Gesellschaftseinheiten ist bis zu einem gewissen Grad Uebungssache und erfordert einen nicht weniger geschärften Formensinn als etwa das Erkennen der Kleinarten gewisser polymorpher Formenkreise der Sippensystematik. Zwar erleichtert eine Reihe von Leitsätzen und Empfehlungen dem angehenden Pflanzensoziologen das Erfassen der Gesellschaften. Die Fähigkeit, unbeschriebene Gesellschaften zu erkennen, wird aber stets von der persönlichen Veranlagung und Routine des Forschers abhängen." (BRAUN-BLANQUET 1921, p. 307)

Er fordert, daß man sich einem *natürlichen* System der Pflanzengesellschaften allmählich annähern müsse, während „synthetisch" gewonnene, künstliche Assoziationen nur Behelfslösungen seien. Gleichzeitig vertrat er aber, im gleichen Jahr 1921, in dem die Dissertation von DU RIETZ erschien, eine diesem völlig entgegengesetzte Meinung hinsichtlich des Status der Assoziation:

„Man ist heute im grossen ganzen darüber einig, dass die Assoziation so gut wie die Art eine Abstraktion darstellt, während uns in der Natur einzelne Assoziationsindividuen oder Lokalbestände entgegentreten. Jeder Lokalbestand weist ein Minimum von Gesellschaftsmerkmalen auf, die die gegebene Assoziation unter allen Umständen verkörpern." (BRAUN BLANQUET 1921, p. 311)

Und gerade das, was für DU RIETZ absolut künstlich und ein Vorgehen vom falschen Ende her war, stellte für BRAUN-BLANQUET die Methode der Wahl zum Auffinden und Charakterisieren der Assoziationen dar:

„Wir sind somit genötigt, die Ähnlichkeitsbeziehungen zwischen den einzelnen Vegetationsflecken durch Vergleich zu ermitteln. Vegetationsflecke mit ähnlicher Artenzusammensetzung werden zu einem abstrakten Typus zusammengeführt. Dieser Typus ist die ‚Assoziation', die einzelnen Flecke sind die ‚Assoziationsindividuen' oder Einzelbestände." (BRAUN-BLANQUET 1928, p. 20)

Diese verschiedenen Positionen erzeugten eine wahre Flut von Publikationen, die zu dem Thema Stellung nahmen. Für die Assoziation als etwas konkretes, „Reales" setzten sich, neben DU RIETZ, vor allem ALECHIN (1925) sowie – wenig überraschend und schon vor DU RIETZ – Frederic CLEMENTS (1916) ein. Demgegenüber schlossen sich z.B. WANGERIN (1925) und PAVILLARD (1935) der Argumentation BRAUN-BLANQUETs an. Eine Vermittlung zwischen den beiden Positionen versuchten NICHOLS (1923) und SUKATSCHEW (1929). NICHOLS macht zwar die Unterscheidung zwischen einem konkreten „Stück Vegetation" und dem Typus, unter den diese eingeordnet wird, gebraucht aber, in Abstimmung mit vielen nordamerikanischen Kollegen „Assoziation" für beide Dinge.[6] SUKATSCHEW benutzt zwar für beide Dinge

---

6 Er begründet dies ebenfalls mit einem Vergleich zur biologischen Art:

4.2 Empirisches Objekt, Entifizierung und Klassifizierung

verschiedene Termini, hält aber sowohl die Assoziation („Objekttypus") wie das konkrete Stück Natur („Naturobjekt", bei ihm dann: Pflanzengesellschaft) für „real".

Entifizierung und Klassifizierung

Der geschilderte Streit wird erst dann wirklich verständlich, wenn man sich klar macht, daß es hierin nicht um zwei Ebenen (z.B. Assoziationsindividuum und Assoziation), sondern um drei Ebenen geht.

Denn wie bereits oben mehrfach ausgeführt, ist jedes von einem Beobachter beschriebene konkrete Objekt durch den Akt der Beschreibung schon nicht mehr nur „konkret". Jedes „reale Objekt" wird, sofern es als eine (Beobachtungs-)einheit aufgefaßt wird, als Element einer Klasse betrachtet, insoweit wir einen Begriff bilden, der das Objekt mit mehr als einem (rein denotativen) Eigennamen bezeichnet (etwa „Berg" und nicht nur „Der Großglockner"). Insoweit ist schon die Aussage, daß ein bestimmtes Objekt in der Landschaft, d.h. eine Ansammlung von Pflanzen, ein Bestand sei, die Fassung dieses Objekts als Mitglied einer Klasse. Der räumlich-konkrete Gegenstand ist also zunächst immer einmalig, ein „Individuum", er wird aber durch den Akt der Verallgemeinerung aufgrund bestimmter Merkmale zum Element einer Klasse.

Der Wissenschaftler hat bei seinen Untersuchungen konkrete Pflanzen in einem konkreten Raumausschnitt vor sich. Um aber vom mehr als rein floristischem Interesse zu sein, d.h. um von phytosoziologischem oder ökologischem Interesse zu sein, belegt er die Ansammlung von Pflanzen mit Begriffen. Er tut dies aber auf verschiedene Art. Zunächst muß er einen Begriff und ein Begriffswort, für das finden, was er dort konkret vor sich hat, d.h. er muß seine Untersuchungseinheit „identifizieren". Bleibt man zunächst bei der Vegetationskunde, so geht es darum, wie die Vegetationsdecke segmentiert werden soll (MUELLER-DOMBOIS & ELLENBERG 1974, p. 32), in welche Einheiten sie unterteilt werden soll. Dieser Schritt ist das, was ich oben bereits als „Entifizierung" einer ökologischen Einheit bezeichnet habe, und was der Hauptgegenstand dieser Studie ist. Die Bezeichnung für die so gewonnenen ökologischen Einheiten schwankt in der Literatur stark. Um beim Beispiel der Pflanzenassoziation zu bleiben: neben dem Assoziationsindividuum (bei DU RIETZ: der Vegetationsfleck) ist von Bestand, Einzelbestand, Lokalbestand oder Pflanzengesellschaft die Rede.[7] Diese Begriffsbildung

---

[7] „When I point to a particular tree and say, 'This is *a* white oak', or 'This is *Quercus alba*,' I am applying the species concept in the concrete sense. When I say '*The* white oak can be recognized by the following characteristics,' or '*Quercus alba* is distributed throughout the eastern United States,' I am applying the species concept in the abstract sense. And there is no confusion of ideas in this double sense." (NICHOLS 1923, p. 16)

Obwohl es hier z.T. wirklich „nur" um die Wahl des richtigen Wortes geht, steckt durchaus Sinn hinter der Diskussion. Das Wort (Assoziations-)Individuum wurde von manchen Autoren wegen einer Verwässerung des in anderen Bereichen (Philosophie, Taxonomie) gebräuchlichen Individuum-Begriffes abgelehnt (so SUKATSCHEW 1929). Es trägt tatsächlich Konnotationen mit sich (so schon in der Ethymologie: „das Unteilbare"), die sowohl ontologisch-organismisch eingefärbt sind, als auch eine größere Ähnlichkeit und schärfere Grenzen zwischen den verschiedenen „Individuen" einer Assoziation postulieren (gerade bei der Analogie Individuum-Art = Assoziationsindividuum - Assoziation) als sie tatsächlich vorgefunden werden (SUKATSCHEW 1929, ALECHIN 1925, VIERHAPPER 1924/25). Auch die Verwendung von „Bestand" und seinen Spezialformen „Lokalbestand" bzw. „Einzelbestand" (SCHRÖTER & KIRCHNER 1902) stießen auf Kritik und haben sich nicht einheitlich durchgesetzt. Für SUKATSCHEW (1929) etwa ist das Wort durch seine bisherige Verwendung zu unbestimmt und uneindeutig (er favorisiert statt dessen „Pflanzengesellschaft"). Weitere Vorschläge und Wortschöpfungen, um das konkrete Objekt einer pflanzensoziologischen Untersuchung zu bezeichnen sind: Assoziations-Abschnitte (ALECHIN 1925), Pflanzengemeinschaft

ist ihrerseits notwendig schon eine Klassenbildung, welche die grundlegende ökologische Einheit konstituiert.

Davon abzuheben ist nun die darauf folgende Beschreibung und Klassifizierung der so gewonnenen Untersuchungsgegenstände, z.B. als Assoziationen oder – eine Allgemeinheitsstufe höher – als Assoziationstypen. Die genaue Definition dessen, was eine Assoziation ist, entscheidet dabei darüber, welche der untersuchten Gegenstände (Bestände, Pflanzengesellschaften) nun *überhaupt* Assoziationen sind und – noch einmal eine Klassifizierungsebene weiter – zu welchem Typ von Assoziation sie ggf. gehören, d.h. ob es eine *bestimmte* Assoziation (etwa: Eichen-Hainbuchenwald) sei.[8]

Es gibt also drei Ebenen:

1) der *empirische* Gegenstand,

2) der Begriff, den man sich davon macht bzw. der ihn als Gegenstand konstituiert (im Vorgang der Entifizierung) und

3) das Klassifizierungsschema nach dem man verschiedene empirische Gegenstände, die alle unter den in 2) gebildeten Begriff fallen, nach bestimmten Kriterien in Gruppen einteilt.

Aus der Schilderung sollte deutlich werden, daß wir es mit einer Hierarchie von Begriffen (und somit von Klassen) zu tun haben, d.h. mit einer Begriffspyramide. Es gibt sehr allgemeine Oberbegriffe, (jene, die unter 2 fallen, z.B. Pflanzengesellschaft, Bestand), die dann zunehmend unterteilt werden (z.B. in Assoziation, Assoziationstyp) oder wieder zu neuen Begriffen (Assoziationsklasse) zusammengefaßt werden.

Es ist dabei aber, und nun komme ich zum Kern des Problems, oft unklar, welchen Status innerhalb dieser Begriffspyramide bestimmte ökologische Einheiten haben, bzw. es bleibt ein entscheidender Platz innerhalb der Pyramide undefiniert.

Ein Weg, die Assoziation zu definieren, wäre es, sie im Sinne einer echten statistischen Einheit zu verstehen. Das bedeutet, es ist das die Grundeinheit (Ebene 2), was in wiederholten Artenkominationen vorkommt. Solche Einheiten lassen sich etwa über multivariate Auswertemethoden ermitteln (vgl. Kap. 3.2). Damit werden die Grenzen der Assoziationen im Raum im Nachhinein, also synthetisch bestimmt (wie im Falle von PETERSENs benthischen communities; Kap. 3.2). Das heißt, es ist nur diejenige Ansammlung von Pflanzen eine Assoziation, die auch *klassifizierbar* ist. Im Gegensatz dazu wird bei der (als Beispiel – siehe oben – ja oft herangezogenen) Gegenüberstellung von Art und Individuum das Individuum über andere Eigenschaften (nämlich die eines *Organismus* als allgemeinerem Oberbegriff) definiert, als die, nach denen es als einer bestimmten Art zugehörig charakterisiert wird. Bei statistischen Einheiten jedoch leisten die gleichen Kriterien beides auf einmal. Anders gesagt: eine so verstandene Einheit ist nicht einfach nur der Begriff, der auf bestimmte von ihm unabhängige Objekte angewandt wird, die unter ihn fallen oder nicht fallen. Diese Objekte sind vielmehr erst dadurch

---

(ELLENBERG 1956, WILMANNS 1978, DIERSCHKE 1994) und Phytozönose (ELLENBERG 1956, WILMANNS 1978). VAN DER MAAREL (1976) bezeichnet die konkrete Einheit als „Phytozönose" und die abstrakte als „Phytozönon".

8 Gibt es also Pflanzenbestände, die keine Assoziation sind? Woran erkennt man, daß sie keine sind? Ist eine Mischung von Gewächsen in meinem Garten also einfach keine Assoziation oder ist sie eine bestimmte neue Art von Assoziation – eben eine durch Menschen zustande gekommene? Den Pflanzensoziologen sind diese Fragen offenbar nicht fremd und sie behelfen sich mit einer großen Anzahl von Begriffen für solche nicht mit dem Klassifikationsschema einhergehenden Fälle, wie z.B. „Fragmentgesellschaften", „Assoziationsresten" oder „Neophytengesellschaften" (vgl. DIERSCHKE 1994).

4.2 Empirisches Objekt, Entifizierung und Klassifizierung

Objekte (im Sinne z.B. von Assoziationsindividuen), daß sie auf einer höheren Abstraktionsebene *klassifizierbar* sind (als Assoziationstypen), während die Voraussetzung, etwas als Organismus (Individuum) zu bezeichnen, nicht die ist, daß man diesen in eine Art (im Sinne eines Organismentypus) einordnen kann. Es mag zunächst verwirrend sein, daß hier die gleichen Kriterien, die zur begrifflichen Konstitution des Objekts verwendet werden, auch die sind, die zur weiteren Klassifikation der so konstituierten Objekte herangezogen werden, und daß so mehrere Ebenen der Klassenbildung (also Entifizierung und Klassifizierung) miteinander verwoben werden (so fordern Rowe & SHEARD 1981 eine deutliche Trennung der beiden Schritte). Dies ist aber *prinzipiell* kein Problem und hat zudem den großen Vorteil intersubjektiv nachvollziehbar zu sein. Dieses Vorgehen wird aber sowohl von den oben zitierten DU RIETZ und BRAUN-BLANQUET als auch von heutigen Pflanzensoziologen als „künstlich" oder unnötig zeitraubend (ELLENBERG & MUELLER-DOMBOIS 1974, p. 35ff.) abgelehnt.

Der andere Weg ist es, die Assoziation als ein Klassifizierungsschema von ökologischen Einheiten anzusehen, die aufgrund *anderer* Kriterien vorgegeben (entifiziert) werden, als denen, die den Begriff Assoziation definieren – also die Ebenen 2) und 3) zu trennen. Die Entifizierungskriterien können die diversen in Kapitel 3 geschilderten Kriterien zur Definition ökologischer Einheiten sein, z.B. topographische Grenzen, funktionale Interaktionen etc. Insbesondere Grenzen im Raum sind zum Erkennen eines Einzelobjekts wichtig. Dann wird es unter den so konstituierten Einheiten (Beständen, Vegetationsflecken) nur bestimmte geben, die Assoziationen sind, während andere es nicht sind. Dies ist im Prinzip der Weg, der von den Vegetationskundlern favorisiert wird und beim Ökosystem beispielsweise der übliche ist. Dann aber wird es nötig, daß die räumlich-konkrete Grundeinheit (Ebene 2) genau definiert wird.

Ein Problem ist, daß sich zumindest die Pflanzensoziologen einer Definition der dafür nötigen ökologischen Einheiten, die sie als Bestand oder (potentielles) Assoziationsindividuum etc. identifizieren, meist verweigern. Es bleibt dort vielmehr – wie schon bei Braun-Blanquet – bei einer Praxis des „intuitiven", durch Erfahrung geleiteten „Auffindens" der Einzelbestände.

Stellvertretend sei hier die Argumentation von DIERSCHKE (1994) referiert. Die Assoziation dient hier deutlich einer Klassifizierung. Die Definition der räumlich-konkreten Einheit (Ebene 2), d.h. was ein Bestand, eine Aufnahmefläche ist, welche mittels des Assoziationsbegriffs klassifiziert werden soll, bleibt allerdings vage. So schreibt er:

> „Voraussetzung der Flächenwahl sind visuelles Erkennen und Differenzieren von unterschiedlichen Beständen, wofür einige Erfahrung notwendig ist." (DIERSCHKE 1994, p. 150)

Er gibt drei mögliche Verfahren für die Auswahl und Abgrenzung der Aufnahmefläche, aus der dann Stichproben genommen werden, an: (a) gleichmäßig nach einem Raster, (b) „nach dem Zufälligkeitsprinzip" und:

> „c) Nach subjektiver Einschätzung der floristisch-ökologischen Homogenität des Bestandes.
>
> Die beiden ersten Verfahren sind von Vorkenntnissen unabhängig und erscheinen objektiver, sind aber in gewissem Maße unsinnig. Ziel der Vegetationsaufnahme ist in der Regel ein Vergleich der Datensätze nach floristischer Ähnlichkeit und die Herausarbeitung floristisch definierter Vegetationstypen. a und b ergeben nur bei großräumig relativ gleichartiger Vegetation hierfür brauchbare Ergebnisse. Bei kleinräumigen Mosaiken kommt es eher zu uneinheitlichen Aufnahmen. Weit Verbreitetes und zufällige Einsprengsel, aber auch ganz unterschiedliche Bestandestypen werden vermischt. Um alle Feinheiten der Vegetationsgliederung zu erfassen, müßten sehr viele Aufnahmen auf kleinen Flächen gemacht werden. Dabei ist nicht sicher, ob seltene Typen überhaupt mit erfaßt werden.
>
> Die Braun-Blanquet-Methode beruht dagegen auf c), nämlich einer zwar subjektiven, aber möglichst unvoreingenommenen, sorgfältigen Auswahl der Probeflächen. Sowohl Ort als auch Größe der Flächen werden

aufgrund vorher gemachter Erfahrungen oder nach Augenschein im Gelände festgelegt, ebenfalls die Zahl der Aufnahmen für jeden grob erkennbaren Typ." (ibd.)

Auch die theoretisch vorhandene Möglichkeit, den Ausdruck „floristisch-ökologische Homogenität des Bestandes" klar zu definieren und so intersubjektiv nachvollziehbar zu machen, wird verworfen, wenn es über deren Bestimmung heißt:

> „Homogenität ist demnach ein subjektives Merkmal, das von den jeweiligen Anforderungen und Ansichten des Bearbeiters abhängt" (a.a.O., p. 139).

und:

> „Für die praktische Geländearbeit gibt es trotz subjektiver Elemente doch meist einen Grundkonsens, wie homogen eine Aufnahmefläche sein soll. Die anwendbaren Merkmale sind in Kap. V.3 zusammengestellt. Erfahrung und geübter Blick erscheinen hier wichtiger als irgendwelche formalen Kriterien." (ibd.)

Die genannten „anwendbaren Merkmale" stellen eine sehr allgemeine Liste fast aller denkbaren Kriterieren für die Homogenität von Vegetation dar („physiognomisch-strukturell", „floristisch", „ökologisch"; a.a.O., p. 151) und erlauben keine präzise Definition von „Homogenität", sondern ermöglichen vielmehr die Auswahl einer nahezu unendlichen Zahl von *verschiedenen* Homogenitätsmaßen.

So gesehen und insoweit diese (gängige) Praxis verfolgt wird, hat die Pflanzensoziologie in Form der Assoziation nur eine klassifikatorische Einheit, der aber genaugenommen die räumlich-konkrete ökologische Einheit (Ebene 2), auf die sie angewendet werden soll, fehlt. Zumindest ist diese nicht klar und intersubjektiv nachvollziehbar definiert.

Einen konkreten Gegenstandsbezug hat die Assoziation in beiden von mir skizzierten möglichen Definitionswegen (zumindest soweit Ebene 2 geklärt ist); es gibt in beiden Fällen empirische, räumlich-konkrete Gegenstände, die ihr als „Fälle" zugeordnet werden können. Der Unterschied ist aber die Stellung des Begriffs innerhalb einer Begriffspyramide. Das heißt: bestimmt der Begriff auch die Entifizierung (d.h. Konstituierung) eines Gegenstandes oder nur dessen weitere klassifikatorische Einordnung?

Das Verständnis der Assoziation von DU RIETZ ist m. E. noch einmal anders gelagert. Für ihn hat die Ebene der Entifizierung (im Gegensatz zu BRAUN-BLANQUET und anderen) schlicht keine Bedeutung bzw. existiert für ihn nicht. Es ist sozusagen überall Assoziation, wo eine bestimmte („natürlich vorgegebene") Artenkombination vorkommt, wie überall (siehe sein obiges Beispiel) Granit ist, wo eine bestimmte Mineralienzusammensetzung vorkommt oder Wasser, wo Wasser vorkommt. Die räumlich-konkrete Einheit (Ebene 2) ist somit zwangsläufig eine Fiktion für ihn, so wie es keine räumlich-konkreten „Wassereinheiten" oder „Wasserindividuen" gibt (außer dem Molekül).

Fazit

In der in diesem Kapitel skizzierten Auffassung der Zuweisung von Begriffen zu konkreten Gegenständen sind Bestände, Assoziationen, spezielle Assoziationstypen und alle anderen ökologischen Einheiten Klassenbegriffe im Sinne der Logik.[9] Die Elemente einer Klasse können dabei ihrerseits wieder konkret oder abstrakt sein, wodurch Begriffspyramiden, d.h. Hierarchien von Klassen (wie in der Taxonomie) möglich werden. Diese rein logische Unterscheidung sagt hingegen noch nichts darüber aus, ob die jeweiligen Klassen „real" in einem ontologischen

---

9   Nach HOFFMEISTER (1955) ist eine (logische) Klasse „die innerhalb einer Vielheit gebildete Gruppe von Einzelgegenständen mit bestimmten übereinstimmenden Merkmalen." (p. 349). Vgl. auch Kapitel 4.1.

4.2 Empirisches Objekt, Entifizierung und Klassifizierung

Sinne sind oder nicht, ob es sich dabei also, wie z.B., wie für den biologischen Artbegriff vielfach diskutiert, um „natural kinds" (so die Auffassung von DU RIETZ) oder um rein willkürliche Konstrukte des Beobachters („artificial kinds"; vgl. RUSE 1987 für eine gute Diskussion dieser Frage anhand des biologischen Artbegriffs) handelt. Eine wichtige Feststellung, die sich daraus ergibt und die ich besonders betonen möchte, ist die, daß viele Diskussionen über den Status der Assoziation (oder anderer ökologischer Einheiten) Fragestellungen aus völlig verschiedenen Bereichen, nämlich einerseits der Erkenntnistheorie (wie sie in Kap. 3.5 behandelt wurden), andererseits der Logik vermischen. Mit letzteren haben wir es aber bei den im vorliegenden Kapitel behandelten Fragen in erster Linie zu tun. Ein Auseinanderhalten dieser beiden Aspekte hilft zur Klärung vieler Streitfragen über die „Existenz" von ökologischen Einheiten oder ihr „Wesen". Gleichzeitig weisen die Kontroversen, die so reichlich (bis heute, vgl. die neuere Diskussion im *Journal of Vegetation Science:* WILSON 1991,1994, KEDDY 1993, PALMER & WHITE 1994, DALE 1994, MIRKIN 1994) geführt wurden, nicht nur auf die oft übersehene Bedeutung der Unterscheidung selbst hin, sondern auch auf die immense methodologische Bedeutung der Vorannahmen über den epistemischen Status der ökologischen Einheiten, wie sie in Kapitel 3.5 schon erläutert wurde.

Die Rede von „real" oder „abstrakt" meint aber auch innerhalb des in diesem Kapitel beschriebenen logischen, begriffstheoretischen Bereichs zweierlei: einmal wird der empirische Gegenstand selbst (Ebene 1 in obigem Schema) als das „Reale" (oder Konkrete) bezeichnet, einmal der Begriff, der diesen Gegenstand als solchen konstituiert und identifiziert (Ebene 2). Entsprechend meint „abstrakt" im ersten Fall den *Begriff* der den Gegenstand definiert (Ebene 2), im anderen aber das Klassifikationsschema (Ebene 3).

Definitionen müssen, von ihrer Anlage her, immer eine *abstrakte* Einheit (Ebene 2 und 3) zum Gegenstand haben. Dennoch müssen sie Angaben enthalten, aufgrund welcher Kriterien ein konkretes Phänomen unter den so definierten Begriff (in die so definierte Klasse) fällt. Es ist wichtig, sich klarzumachen, auf welcher Ebene man gerade über ökologische Einheiten diskutiert, weil man sonst leicht Fragen, welche die Konstituierung und Eigenschaften der jeweiligen Einheiten betreffen, mit jener nach ihrer Ordnung im Sinne eines taxonomischen Systems verwechselt. Die Auseinandersetzung um „reale" und „abstrakte" ökologische Einheiten, wie sie in diesem Kapitel erläutert wurde, stellt letztendlich ein Ringen um den Zusammenhang von Wahrnehmung und Wirklichkeit, Begriff und Phänomen dar. Ebensowenig wie die „Dinge an sich", in ihrer beobachterunabhängigen Wirklichkeit, sind die konkreten Einzelphänomene Gegenstand von operationalisierbaren Definitionen ökologischer Einheiten. Sie sind aber der Anwendungsbereich der so definierten Begriffe.

Wenn Begriffe ökologischer Einheiten daher empirisch anwendbar sein sollen, müssen sie also mehr als *nur* klassifikatorische Einheiten sein, bzw. es muß in der Definition der klassifikatorischen Einheit ein klarer Verweis auf die zugehörige Definition der konkret-räumlichen Einheit (Ebene 2) enthalten sein.

4.3 Definitionskriterien und Tatsacheninformationen

In diesem Kapitel möchte ich auf ein wichtiges und häufig mißachtetes Problem hinweisen, welches im Zusammenhang mit der Definition ökologischer Einheiten besteht.

Eine Definition soll, wie ich oben (Kap. 4.1) erläutert habe, die hinreichenden und notwendigen Bedingungen angeben, unter denen ein Phänomen in die Klasse fällt, die durch den definierten Begriff gebildet wird. Diese Bedingungen werden durch das ausgedrückt, was ich hier Definitionskriterien nenne. Oft werden aber – gerade in Lexikondefinitionen – Definitionskriterien zusammen mit ergänzenden Tatsacheninformationen über den Begriff aufgeführt (vgl. HEMPEL 1974, p. 19f). So kann beispielsweise zusätzlich zur hinreichenden und notwendigen Definition von Natrium über seinen atomaren Aufbau (11 Protonen und 11 Elektronen) die Angabe gemacht werden, daß es unter bestimmten Druck- und Temperaturbedingungen fest oder flüssig ist oder in bestimmter Weise in der Technik verwendet wird.

Diese Art von Definitionen sind zum einen beschreibende Definitionen. Sie definieren Begriffe nicht neu, sie geben aber die hinreichenden und notwendigen Bedingungen (z.B. die Zahl der Protonen und Elektronen von Natrium) an, um ein Objekt dem jeweiligen Begriff zuordnen zu können. Mit diesen so definierten Begriffen sind zum anderen eine Reihe weiterer Merkmale *empirisch* korreliert, wie etwa der Gefrierpunkt des Natriums. Diese Merkmale werden der Definition als Tatsacheninformation beigefügt und sie gelten für alle Einzelobjekte (Atome), die unter den Begriff fallen. Eine große Anzahl solcher Korrelationen zeichnet einen „starken" Begriff aus, der eine große Zahl von Verallgemeinerungen erlaubt und dadurch eine hohe Nützlichkeit hat. Wichtig ist dabei zu sehen, daß die Korrelation hier nicht symmetrisch im Sinne von ein-eindeutig ist. Definitionskriterien (als notwendige und hinreichende Merkmale) und die übrigen (als Tatsacheninformationen zugefügte) Merkmale unterscheiden sich sehr deutlich in ihrem Status. Es kann z.B. noch andere Stoffe geben, die den gleichen Gefrierpunkt haben mögen wie Natrium, ohne deshalb genau 11 Protonen und Elektronen zu haben.

Im Zusammenhang mit der Definition von ökologischen Einheiten bleibt es oft unklar, was innerhalb einer Aussage Definitionskriterium ist und was Tatsacheninformation. Eine recht typische Definition des Ökosystems stellt etwa die von KLÖTZLI dar:

> „Ein Ökosystem ist ein Wirkungsgefüge von Lebewesen und deren anorganischer *Umwelt*, das offen, und bis zu einem gewissen Grade zur Selbstregulierung befähigt ist. Diese zusammenfassende und heute allgemein gültige Definition ist das Resultat jahrhunderte alter ökologischer Beobachtungen und Forschungen." (KLÖTZLI 1993, p. 288)[10]

Aus dem zweiten Satz dieses Zitats wird deutlich, daß KLÖTZLI offenbar seine Definition als eine beschreibende oder gar als eine „Real-Definition" im klassischen Sinne sieht und nicht als eine festsetzende Definition. Welche von den im ersten Satz genannten Angaben sind nun aber Definitionskriterien (hinreichende und notwendige Eigenschaften der Einheit) und welche nur eine Beschreibung weiterer Merkmale, d.h. von Merkmalen, die zwar alle Ökosysteme aufweisen, ohne aber hinreichende und notwendige Merkmale für die Zugehörigkeit von etwas zur Klasse (zum Begriff) „Ökosystem" zu sein? Ist ein Wirkungsgefüge, das nicht „bis zu einem gewissen Grade" zur Selbstregulierung in der Lage ist, kein Ökosystem? Es scheint, daß hier davon ausgegangen wird, daß – eben aufgrund empirischer Erfahrungen – sozusagen intuitiv klar sei, was die „Ökosysteme" sind, deren Eigenschaften man beschreibt, gerade wenn hier von „jahrhundertealten" Beobachtungen die Rede ist.

---

10 Der erste Satz ist eine geringfügig geänderte Wiedergabe der Ökosystemdefinition von ELLENBERG (1973, p. 1).

4.3 Definitionskriterien und Tatsacheninformationen

Dies und – insbesondere die Unklarheit über den Status von Aussagen (Definitionskriterium oder Tatsacheninformation) – führt zu Problemen für die Ökologie und ihre Anwendung. Ich werde dies und die genaue Art der Probleme im folgenden an zwei Beispielen aus der ökologischen Fachliteratur erläutern.

Die „kybernetische Natur" von Ökosystemen

In der Zeitschrift *American Naturalist* erschien 1979 ein Aufsatz von ENGELBERG & BOYARSKY, der die Frage aufwarf (und verneinte), ob Ökosysteme kybernetische Systeme seien. Dieser Artikel löste eine Reihe von Reaktionen aus (PATTEN & ODUM 1981, KNIGHT & SWANEY 1981, MCNAUGHTON & COUGHENOUR 1981, JORDAN 1981).

Die Eigenschaft eines Systems, ein kybernetisches System zu sein, um die sich die Diskussion drehte, ist offensichtlich nicht die einzige Eigenschaft von Ökosystemen bzw. nicht die sie *allein* hinreichend definierende Eigenschaft. Jedem ist klar, daß es vielerlei kybernetische Systeme gibt – angefangen beim Prototyp des kybernetischen Systems, den Lenkwaffen Norbert WIENERs – aber daß nicht jedes kybernetische System ein Ökosystem ist. Die Frage, die aufgeworfen wird, ist vielmehr die, ob der umgekehrte Schluß gilt: ist jedes Ökosystem gleichzeitig ein kybernetisches System?

ENGELBERG & BOYARSKY 1979 bestreiten dies aufgrund ihrer Definition eines kybernetischen Systems. Sie argumentieren, daß für ein kybernetisches System der Besitz eines *Informationsnetzwerks* zentral sei, dessen Funktion es sei, das System zu steuern und zu regulieren. Dies impliziere zudem eine Zielgerichtetheit des Systems. Ein solches Informationsnetzwerk funktioniere über informationale Interaktionen, bei denen im Gegensatz zu anderen, d.h. nichtinformationalen Interaktionen, wie Energie- und Stoffflüsse in Nahrungsketten, die übertragene Energie nur als Auslöser („trigger") diene, aber nicht selbst physikalisch-chemische Arbeit leistet. Kybernetische Systeme seien außerdem charakterisiert durch Rückkopplungsschleifen und eine innere Stabilität. All dies sehen ENGELBERG & BOYARSKY in Ökosystemen nicht gegeben, insbesondere nicht das Informationsnetzwerk. Es gebe vielmehr vornehmlich direkt energetische und stoffliche Wechselwirkungen in Ökosystemen und keine koordinierte zielgerichtete Steuerung. Ökosysteme seien daher keine kybernetischen Systeme.

In den Erwiderungen auf diesen Aufsatz wurde indes die Sicht von Ökosystemen als kybernetischen Systemen vertreten. Die Autoren versuchten, die o.g. Argumente zu widerlegen, z.T. aufgrund theoretischer Überlegungen, z.T. mit Hilfe empirischer Beispiele; z.T. argumentierten sie jedoch auch lediglich mit eher weltanschaulich begründeten Plausibilitätsannahmen.[11]

Bemerkenswert an der ausführlichen Diskussion um die kybernetische oder nichtkybernetische „Natur" von Ökosystemen ist, neben der Schwierigkeit, sich auf die Bedeutung von so offensichtlich grundlegenden Begriffen wie System und Kybernetik bzw. kybernetisches System zu verständigen, daß die Bedeutung des grundlegendsten Begriffs dieser Debatte, nämlich der des Ökosystems, in dreien der fünf Artikel gar nicht erst thematisiert wird. Die mei-

---

[11] So muß man wohl Sätze bezeichnen, wie sie im Artikel von PATTEN & ODUM formuliert wurden:
„Either the ecosystem is orderly in the way we have described, or its lack of chaos just happened to develop from unregulated Darwinian struggles between competing populations, all alone and uninfluenced except by each other, on a neutral stage of life. The latter seems implausible to us." (PATTEN & ODUM 1981, p. 891)
„If ecosystems are not cybernetic, then by what other means could the perceived harmony of the biosphere have evolved?" (a.a.O., p. 894)

sten Kontrahenten halten offenbar die Bedeutung von „Ökosystem" für so klar, selbstverständlich oder evident, daß man sich um eine vorherige Explizierung nicht mehr kümmern muß. Lediglich in zwei der fünf Aufsätze finden sich kurze Kommentare zur Definition von „Ökosystem". MCNAUGHTON & COUGHENOUR schreiben:

> „For completeness, we must include here the well-established definition of an ecosystem. An ecosystem consists of living organisms in some abiotic environment. What makes it a system is the fact that there exist specific dynamic relationships between these constituents. What makes it cybernetic is the existence of coordination, regulation, communication, and control in these relationships." (MCNAUGHTON & COUGHENOUR 1981, p. 985)

JORDAN zitiert eine etwas ältere Definition von PATTEN, indem er schreibt:

> „... an appropriate definition of an ecosystem would be: 'The ecosystem can be taken to consist of biotic and abiotic components that change and evolve together, and the term ecosystem implies a unit of coevolution'." (JORDAN 1981, p. 285)

Aber auch diese Erläuterungen schaffen insgesamt wenig Klarheit. Denn worum dreht sich eigentlich die Debatte? Sie findet gewissermaßen im luftleeren Raum statt. Es wird nicht klar, ob die Eigenschaft, ein kybernetisches System zu sein (oder in der zweiten Definition noch dazu eine „Einheit der Koevolution"), ein notwendiges *Definitionskriterium* für Ökosysteme oder eine Tatsacheninformation ist. Im ersteren Falle sind alle Ökosysteme *per definitionem* kybernetische Systeme. Dann geht es nur darum, zu klären, was mit „kybernetisch" genau gemeint ist. Ein spezifisches materielles System muß dann allerdings daraufhin überprüft werden, ob es diese Eigenschaft (kybernetisch zu sein) besitzt, bevor es in die Klasse (unter den Begriff) der Ökosysteme eingeordnet werden kann. Dennoch müssen auch in diesem Fall die weiteren Kriterien genannt werden, welche Ökosysteme von anderen kybernetischen Systemen signifikant unterscheidbar machen (z.B., daß sie aus Lebewesen bestehen, wie bei MCNAUGHTON & COUGHENOUR) und die dann, zusammen mit dem Kriterium, ein kybernetisches System zu sein, die notwendigen und hinreichenden Bedingungen der Definition bilden.

Ist hingegen die Eigenschaft, ein kybernetisches System zu sein, kein entscheidendes Definitionskriterium für ein Ökosystem, so ist die Frage, ob (alle) Ökosysteme kybernetische Systeme sind, nicht beantwortbar bzw. sie wird lediglich im Einzelfall zur Forschungsfrage. Die einzige Möglichkeit, die Frage des Disputs allgemeingültig zu beantworten, wäre die, die genaue im Hintergrund befindlichen Definitionen von „Ökosystem" anzugeben und sie daraufhin zu untersuchen, ob diese tatsächlich die umstrittene Eigenschaft implizieren, d.h., ob sie entweder unmittelbar logisch aus den Definitionskriterien ableitbar ist oder – was die Definition sehr stark machen würde – ob aufgewiesen werden kann, daß diese *empirisch* mit diesen korreliert ist (s. Kap. 4.1). Das Bereitstellen einer expliziten Definition wird jedoch, wie gesagt, nur von zwei der Beteiligten gemacht, wodurch die Diskussion völlig ins Leere läuft, da nicht klar ist, ob alle Beteiligten unter „Ökosystem" das gleiche verstehen. Auch die Definition von MCNAUGHTON & COUGHENOUR bleibt so allgemein, daß man mit großem Recht in Zweifel ziehen kann, ob für alle Systeme aus Lebewesen und ihrer Umwelt tatsächlich gilt, daß sie alleine aufgrund dessen und aufgrund der naheliegenden Wechselwirkungen (spezifische, wie MCNAUGHTON & COUGHENOUR ausdrücken; genauer werden sie allerdings nicht) schon als kybernetisches System angesehen werden können. Die von Jordan favorisierte Definition hat möglicherweise mehr Chancen von Korrelationen, die auf eine „kybernetische" Natur der damit definierten Systeme hinweisen. Die Eigenschaft, eine „Einheit der Koevolution zu sein", *wenn* sie denn als Definitionskriterium zu verstehen ist, dürfte allerdings auf ausgesprochen wenige der Objekte zutreffen, welche im allgemeinen „Ökosystem" genannt werden. Nicht zuletzt bleibt spezifizierungsbedürftig, was genau unter „change and evolve together" zu verstehen ist.

4.3 Definitionskriterien und Tatsacheninformationen

Eine weitere Variante, die Frage von ENGELBERG & BOYARSKY zu verstehen und zu beantworten, wäre noch die, ob es *überhaupt* Ökosysteme gibt, die *auch* kybernetische Systeme sind, selbst innerhalb des extrem breiten Spektrums der möglichen Definitionen.

Die Unklarheit der Definition und die fehlende Klärung, was Definitionskriterium und was Tatsacheninformation ist, führt hier also zu einer höchst fruchtlosen Diskussion. Dennoch scheinen sich die Kritiker des Aufsatzes von ENGELBERG & BOYARSKY (1979) darauf zu „einigen", daß Ökosysteme kybernetische Systeme sind. Werden aufgrund solcher Diskussionen jedoch Eigenschaften von Ökosystemen oder anderen ökologischen Einheiten für allgemeingültig erklärt, ohne daß sie im oben diskutierten Sinne als Definitionskriterium im strengen Sinne dienen, so kann dies zu schwerwiegenden methodologisch bedingten Fehlern führen und zu unzulässigen Schlüssen in der Anwendung ökologischer Theorien (s.u. und Kap. 6).

„Ecosystems emerging"?

Daß solche Verallgemeinerungen von (vermeintlichen) Eigenschaften ökologischer Einheiten auf der Basis unzureichend klarer Definitionen stattfinden, läßt sich an einem anderen Beispiel darstellen, in dem im Gegensatz zu der gerade geschilderten Diskussion durchaus zunächst eine explizite Definition der behandelten ökologischen Einheit gegeben wird.

In einem programmatischen Aufsatz zur Theorie der Ökosysteme definieren JØRGENSEN und Mitarbeiter ein Ökosystem wie folgt:

"We define an *ecosystem* as a partition unit of nature:

- a whole whose parts include all living and nonliving processes or objects (slow processes), and their associated biogeo- and physico-chemical, energetic, material, and informational parameters within a region of time and space:
- together with portions of the surroundings of these units.

All ecosystems together comprise all nature." (JØRGENSEN et al. 1992, p. 5)

Der darauf folgende Text zielt auf die Diskussion einer allgemeinen Ökosystem-Theorie, der Aufstellung allgemeiner Prinzipien, die für Ökosysteme gelten. Darunter werden Kooperation, Selbstorganisationsprinzipen und Adaptationsfähigkeit diskutiert. So stellen die Autoren unter anderem fest:

„Ecosystems *are* adapted systems" (a.a.O., p. 19, Hervorhebung im Original)

und:

„ecosystems do not have a genome or punched tape program for existence. They possess no brains or known goals. They simply self organize and exist, in cooperative, synergistic modes of organization that extend life, freedom and ultimately experience to its most advanced members." (a.a.O., p. 26)

Wieder aber muß gefragt werden, ob diese zusätzlichen Eigenschaften zur Definition gehören oder ob sie ergänzende Tatsacheninformationen sind. Wenn sie als notwendige Kriterien zur Definition gehören, würde das bedeuten, daß sich der Bereich von Objekten, die als „Ökosystem" zu verstehen sind, sehr stark eingrenzt. Die von den Autoren angestrebte allgemeine Ökosystemtheorie würde sich dann auf sehr spezielle Ausschnitte der lebendigen Welt beschränken, die eben auch die (zu überprüfenden) Anforderungen der Angepaßtheit oder Anpassungsfähigkeit etc. erfüllen. Sie wäre folglich auf viele der Systeme, die von den meisten Autoren heute „Ökosystem" genannt werden, nicht anwendbar. Die Aussage, daß alle Ökosysteme zusammen die gesamte Natur ausmachen, wird dann ebenfalls hinfällig, denn es gibt (belebte) Ausschnitte der Erde, die kein Ökosystem darstellen.

Die Alternative, daß die genannten Eigenschaften von Ökosystemen (Adaptationsfähigkeit, Selbstregulation, Kooperation) Tatsacheninformationen darstellen, die für alle unter die eingangs gegebene Definition fallenden Systeme gelten, ist in höchstem Maße unplausibel. Da nämlich die Definitionskriterien extrem weit gefaßt sind, und die Grenzkriterien z.B. völlig offengelassen werden, wäre damit jeder beliebige raum-zeitliche Ausschnitt der Erde, der nur irgendwelche Lebewesen enthält, die miteinander und mit ihrer abiotischen Umgebung interagieren, ein Ökosystem und damit auch selbstreguliert, adaptiv und kooperativ.

Der Anwendungsbereich des Begriffs „Ökosystem" (seine Extension), und damit auch der Anwendungsbereich der angestrebten Ökosystem*theorie* ist also hier nicht geklärt. Eine solche Klärung wäre aber dringend notwendig.

Die weite allgemeine Ökosystemdefinition von JØRGENSEN et al. – die sich nur wenig von der abhebt, die ich in Kapitel 2.4 als die eines minimalen Konsenses für alle Ökosystemdefinitionen gegeben habe – reicht nicht aus, um darauf eine Ökosystemtheorie aufzubauen, die weitgehende Generalisierungen erlaubt. Der so definierte Begriff ist ein sehr schwacher Begriff im Sinne der Ausführungen von Kapitel 4.1. Erst für spezifischer definierte Einheiten (Unterklassen dieser allgemeinen Definition) scheint es möglich, Ökosystemtheori*en* aufzubauen.

Fazit

Die geschilderten Beispiele belegen, daß die mangelnde Unterscheidung zwischen Definitionskriterien und Tatsacheninformationen zu Problemen bei der Begriffs- und Theoriebildung in der Ökologie führen.

In der Alltagspraxis der Ökologie manifestiert sich die Vermischung von Definitionskriterien und Tatsacheninformationen z.B. bei der in Kapitel 3.3 schon erwähnten ungeprüften Identifizierung einer räumlichen Grenzziehung mit einer funktionalen. Es ist sehr geläufig, daß in der Praxis von einem räumlich abgegrenzten Stück Natur, etwa einem Waldstück oder einem Tümpel als „Ökosystem" gesprochen wird. Das Grenzkriterium in der (oft impliziten) Definition des Ökosystems ist hier ein topographisches. Diese Ansprache des Naturausschnittes als Ökosystem erfolgt generell ohne vorherige Prüfung funktionaler Beziehungen innerhalb des räumlich abgegrenzten Systems aus Lebewesen und ihrer abiotischen Umwelt. Daß *irgendwelche* funktionalen Beziehungen hier existieren, darf als selbstverständlich angenommen werden, bzw. ist gewiß. Problematisch wird es aber dort, wo zur Charakterisierung eines solchen Waldstücks, um bei diesem Beispiel zu bleiben, Merkmale als „Tatsacheninformationen" herangezogen werden wie die, daß ein Ökosystem stets ein selbstreguliertes System ist, das durch mehr oder weniger geschlossene Stoffkreisläufe, ein „ökologisches Gleichgewicht", oder sonstige Eigenschaften gekennzeichnet sei. Diese Aspekte müssen Forschungsfragen sein, da die operationelle Zuordnung des Waldes zum Begriff des Ökosystems ausschließlich aufgrund der räumlichen Diskontinuität einer Ansammlung von Organismen und den mit ihnen in diesem Raumausschnitt verbundenen abiotischen Bedingungen vorgenommen wurde, d.h. genau genommen aufgrund einer lebensweltlich-physiognomischen Abgrenzung. Beinhaltet die zugrundegelegte Definition von Ökosystem notwendig die genannten funktionalen Eigenschaften wie Gleichgewicht etc., so müssen diese erst an dem jeweiligen Wald überprüft werden, bevor von diesem Wald als Ökosystem geredet werden kann.

Welche direkten methodischen und praktischen Konsequenzen die Vernachlässigung dieser Unterscheidung hat, wurde besonders anschaulich von WIENS (1984) gezeigt. Er legte dar, daß die selbstverständliche Annahme, daß (in seinem Falle) Organismengesellschaften immer in einem Gleichgewichtszustand sind (d.h. „Gleichgewicht" wird hier lediglich als Tatsachenin-

4.3 Definitionskriterien und Tatsacheninformationen

formation über ansonsten nach völlig anderen Kriterien definierte Organismengesellschaften angesehen), dazu führt, daß z.B. wesentlich weniger Proben genommen werden, da davon ausgegangen wird (und wenn die Prämisse des Gleichgewichts richtig wäre, auch tatsächlich angenommen werden könnte), daß sich entscheidende Variablen des Systems in der Zeit nicht signifikant ändern. Wenige Proben geben damit „repräsentativ" den „Normalzustand" der Organismengesellschaft an. Damit werden aber mögliche zeitliche Trends von vorneherein übersehen, weil sie entweder aufgrund von Theorie und Methode nicht wahrgenommen oder im Sinne einer vernachlässigbaren Abnormität interpretiert und ausgeblendet werden.

Die Alternative lautet also für das obige Beispiel des Waldes als Ökosystem:

- entweder der Wald wird schon alleine aufgrund einer räumlichen Grenzziehung als Ökosystem bezeichnet: dann ist die genaue Ausprägung der funktionalen Relationen innerhalb des Systems eine Forschungsfrage. Auch wenn das System kein Gleichgewicht, keine Selbstregulation aufweist, ist es ein Ökosystem;
- oder der Wald ist nur dann ein Ökosystem, wenn er auch bestimmte funktional definierte Kriterien erfüllt, deren Vorliegen zu überprüfen ist. Er kann dann nicht allein aufgrund einer räumlichen Grenzziehung als Ökosystem bezeichnet werden.

Fälle wie der geschilderte sind durchaus häufig. Ein Hauptgrund, dafür, daß sie immer wieder auftreten, liegt in einem implizit ontologischen Verständnis ökologischer Einheiten, wie es in Kapitel 3.5 thematisiert wurde. Wenn Ökosysteme „als solche" existieren, so ist es möglich und naheliegend, nur mehr nach ihren „Eigenschaften" zu fragen; ihre eigentliche „Definition" aber ist von Natur aus vorgegeben. Zudem liegen Kurzschlüsse einer Argumentation von Mustern auf Prozesse vor (vgl. Kap. 3.2 und 3.3). Gerade beim Thema „Gleichgewicht" als Tatsacheninformation kommen außerdem Wahrnehmungsprobleme aufgrund der unterschiedlichen Zeitmaßstäbe (d.h. hier: Generationszeiten) von Menschen und langlebigen Naturobjekten wie Bäumen hinzu (vgl. GLEASON 1939 und Kap. 5.3). Ökologische Einheiten wirken auf uns oft „konstant" (eine der häufigsten Bedeutungen von Gleichgewicht) schon allein aufgrund der Tatsache, daß einmal etablierte große und langlebige Organismen meist über – an menschlichen Lebenszeiten gemessen – lange Zeiträume an einem Ort persistieren.

Das Fazit aus all dem ist ebenso einfach wie evident: Eine gute Definition muß klar zwischen Definitionskriterien und Tatsacheninformationen differenzieren. Korrelationen zwischen Definitionskriterien und Tatsacheninformationen – die es natürlich immer wieder gibt und deren Ermittlung sogar in hohem Maße erwünscht ist – müssen sorgfältig auf die Bedingungen ihrer Gültigkeit überprüft werden, d.h. darauf, unter welchen Bedingungen diese Korrelationen in Hinblick auf die intendierte Extension des Begriffs verallgemeinerbar sind.

4.4 Die Operationalisierbarkeit von Begriffen

Begriffe und ihre empirische Anwendung

Definitionen (im Sinne von festsetzenden Definitionen) sind Festsetzungen von Begriffsinhalten und als solche zunächst willkürlich. Diese Willkürlichkeit wird jedoch durch den Zweck eingeschränkt, für welche die definierten Begriffe jeweils gebraucht werden (s. Kap. 4.1). Dieser Zweck kann in der Erstellung eines rein abstrakten kohärenten axiomatischen Systems wie in der Mathematik bestehen, er bezieht sich in den meisten Fällen aber auf die Beschreibung und Erklärung eines Bereichs von Phänomenen, also von empirischen Inhalten. Das heißt, es geht um eine Vermittlung zwischen dem Begriff, wie ihn eine Definition festlegt, und der empirischen Realität. Ein Begriff wird nur dann für naturwissenschaftliche Zwecke von Nutzen und Dauer sein, wenn diese Vermittlung gelingt. Dazu bedarf es bestimmter *Gebrauchsregeln* für die jeweiligen Begriffe, die sich nicht immer automatisch aus der Begriffsdefinition ergeben. Sie *können* zwar schon in der Definition selbst enthalten sein, müssen es aber nicht. Diese Gebrauchsregeln sind ebenso wichtig wie der genaue Wortlaut einer Definition selbst. Sie dienen dem, was als die „Operationalisierung" von Begriffen bezeichnet wird.

Operationalisierbarkeit ist eine sehr häufig an wissenschaftliche Begriffe gestellte Forderung. Insbesondere durch dieses Kriterium sollte es möglich werden, Theorie und Empirie zu verbinden und die Intersubjektivität der Forschung zu verbessern. Unter *Operationalisierbarkeit* verstehe ich dabei im folgenden die Möglichkeit, jeweils intersubjektiv feststellen zu können, ob ein Begriff in der empirischen Realität in einem konkreten Fall zutrifft oder nicht. Das heißt, es sollte möglich sein, bei der Untersuchung eines bestimmten konkreten Stücks Wald aufgrund einer gegebenen Definition feststellen zu können, ob dort ein Ökosystem oder mehrere Ökosysteme *im Sinne der jeweiligen Definition* vorliegen. Es ist ein Hauptgegenstand dieser Arbeit, für Begriffe ökologischer Einheiten zu diskutieren, welche Bedingungen erfüllt sein müssen, damit diese Begriffe operationalisierbar sind. Ich will im folgenden danach fragen, was dies konkret für die Formulierung und Anwendung von Begriffen in der Ökologie bedeutet und wo die Grenzen der Forderung nach Operationalisierbarkeit liegen.

Ich benutze den Begriff der Operationalisierbarkeit damit in einer breiten Bedeutung. Er soll abgegrenzt werden gegen eine engere Fassung des Begriffs, wie sie in der wissenschaftstheoretischen Richtung des sogenannten *Operationalismus* verwendet wird. Operationalismus in diesem engen Sinne ist eine (extreme) Variante des Definierens wissenschaftlicher Begriffe und geht auf P.W. BRIDGMAN zurück. Dabei wird versucht, *alle* Begriffe auf die Operationen und Verfahren zurückzuführen, mit denen das jeweilige Phänomen untersucht wird (FREY & SCHEERER 1984, KLÜVER 1992, BERGMANN 1993). Das heißt, daß z.B. „Länge" allein durch die Methoden ihrer Messung definiert wird, oder „Intelligenz" als das definiert wird, was ein Intelligenztest mißt. Die Verfahren bestimmen in dieser Auffassung daher die *Bedeutung* der Begriffe (vgl. Stichwort „Operationalismus" in MITTELSTRAß 1984). In diesem Sinne muß eine Definition also auch schon sämtliche Regeln zu ihrem Gebrauch beinhalten. Diese Methode der Definition wurde allerdings in ihrer strengen Variante selbst in der Physik – für die sie entwickelt wurde – nur wenig systematisch angewandt. Diese ursprüngliche Version des Operationalismus, die den Versuch darstellte, wissenschaftliche Begriffe „theoriefrei" zu definieren, bringt eine Reihe wissenschaftstheoretischer Probleme mit sich. Auf einige davon will ich im folgenden kurz eingehen (vgl. ausführlicher aber HULL 1968, VAN DER STEEN 1990, BERGMANN 1993).

Die Forderung des strengen Operationalismus, daß alle in einer Definition verwendeten Begriffe direkte Anweisungen für Beobachtungsverfahren sein sollten, versucht eine strikte Tren-

4.4 Die Operationalisierbarkeit von Begriffen

nung von Beobachtung und Theorie. In der Entwicklung der Wissenschaftstheorie wurde der Gedanke, daß eine solche Trennung von „reiner" Beobachtung und Theorie möglich sei, inzwischen aber aufgegeben (vgl. Kap. 2.3). Im Gegenteil, eine Messung wird erst dadurch zu einem „Faktum", daß sie in einem theoretischen Kontext steht. Entsprechendes gilt für Begriffe. Zudem bringt die Fixierung des strengen Operationalismus auf Beobachtungsverfahren das Problem mit sich, daß unterschiedliche Beobachtungsverfahren *per definitionem* auch verschiedene Begriffe hervorbringen, und es schwierig bis unmöglich wird, zu sagen ob und wann zwei leicht voneinander abweichende Meßmethoden genau „gleich" sind und so zum selben Begriff führen (HULL 1968, Stichwort „Operationalismus" in MITTELSTRAß 1984). Die in dieser Studie vertretene weiter gefaßte Forderung nach Operationalisierbarkeit bedeutet deshalb nicht, daß in einer Definition nur direkte empirische Beobachtungsgrößen und Beobachtungsverfahren auftauchen dürfen. Wichtig ist lediglich, daß es möglich ist, die in der Definition benutzten Begriffe mit Observablen zu verbinden und so eine Entscheidung darüber zu ermöglichen, ob ein Begriff in einem konkreten Fall zutrifft. Dabei mag es durchaus verschiedene Wege dieser Vermittlung geben. In dieser weiten Fassung des Begriffs ist die Gewährleistung von Operationalisierbarkeit Bestandteil der gängigen Praxis guter wissenschaftlicher Begriffsbildung (KLÜVER 1980, VAN DER STEEN 1990, 1993).

Eine Kritik an manchen Begriffen ist auch die, daß sie nicht operational seien, weil ihre Definitionskriterien nicht in jedem Falle in der Praxis angewandt werden. So kritisierten EHRLICH & HOLM (1962) den biologischen Artbegriff, d.h. die Definition der Art als *Fortpflanzungsgemeinschaft*, dahingehend, daß dieses maßgebliche Definitionskriterium in der Praxis fast nie geprüft werde und manchmal gar nicht prüfbar sei. Tatsächlich werden *de facto*, wie jeder Biologe und gerade jeder Ökologe weiß, in der Operationalisierung des Artbegriffs, d.h. bei der Unterscheidung verschiedener Arten, morphologische Merkmale herangezogen, und das, obwohl die meisten der Beteiligten den biologischen Artbegriff zugrunde legen. Das Beispiel ist in mehrerer Hinsicht aufschlußreich. Zum einen kann entgegnet werden, daß die davon abweichende Praxis die prinzipielle Gültigkeit des biologischen Artbegriffs noch nicht in Frage stellt. Wie HULL (1968) betont, kommt es nicht darauf an, daß die Überprüfung des Kriteriums in jedem Falle durchgeführt wird, sondern daß sie prinzipiell durchgeführt werden *kann*:

> „...biologists must be able to provide the conditions which, if realized, would transform two potentially interbreeding populations into actually interbreeding populations. Of course, this need not be done in every instance; but it must be possible to do it for a representative sample." (HULL 1968, p. 449)

Die Benutzung morphologischer Kriterien ist hier der einfachere, pragmatischere Weg, der aber nur möglich ist, weil die einzelnen biologischen Arten sehr starke Begriffe sind, bei denen zwar nicht immer, aber doch in sehr hohem Maße die Merkmale, die eine Fortpflanzungsgemeinschaft definieren, empirisch mit morphologischen Merkmalen korreliert sind, wie sie aufgrund des morphologischen Artbegriffs bestimmt werden. Das Argument, unter diesem Umständen am besten ganz auf den biologischen Artbegriff zu verzichten und statt dessen unmittelbar einen rein morphologischen Artbegriff (z.B. im Sinne der numerischen Taxonomie) mit seiner direkten Operationalisierbarkeit zu benutzen, bietet jedoch keine adäquate Lösung des von EHRLICH & HOLM aufgeworfenen Problems. Der biologische Artbegriff hat nämlich im Kontext biologischer, vor allem evolutionärer Theorien eine hohe theoretische Bedeutung und Fruchtbarkeit, die dem rein morphologischen nicht zukommt.

Eine wichtige Lehre daraus ist, daß eine übliche Praxis des empirischen Umgangs mit Begriffen noch nicht die Definition selbst bilden muß, bzw. von der Definition durchaus abweichen kann. Ob eine solche Diskrepanz von Operationalisierungspraxis und Theorie eines Begriffs aber legitim ist, d.h. zu denselben Objekten und Schlüssen darüber führt, muß vorher sorgfältig bedacht werden, wie das Wald-Beispiel aus Kapitel 4.3 deutlich macht.

Selbst im Falle einer guten praktischen Übereinstimmung der Definitionen darf eine gut operationalisierbare Definition nicht eine schwieriger operationalisierbare Definition ersetzen, wenn letztere für die Theorie eines bestimmten Wissenschaftsbereichs fruchtbarer ist.

PETERS (1982, 1991, RIGLER & PETERS 1995) ist innerhalb der Ökologie wahrscheinlich derjenige, der am eindringlichsten eine strikte Operationalisierbarkeit für Begriffe forderte, sofern diese berechtigter Bestandteil von naturwissenschaftlichen Theorien sein sollen. Er ging dabei in seinem Verständnis von Operationalisierbarkeit fast so weit wie die oben genannten Operationalisten:

„[O]perational definition is achieved by relating the concept to a series of defining operations, and then demonstrating that such an entity so defined can play an important role in theory." (PETERS 1991, p. 77)

Dabei muß man sehen, daß PETERS einen speziellen und eingeschränkten Theoriebegriff hat. Für ihn sind Theorien nur dann *wissenschaftliche* Theorien, wenn sie direkt prognostisch sind und damit falsifizierbar (im Sinne der Wissenschaftstheorie Karl POPPERs). In der Konsequenz genügen für ihn nur sehr wenige Begriffe und Theorien innerhalb der Ökologie dem Anspruch der Wissenschaftlichkeit. Innerhalb der neueren Wissenschaftstheorie ist jedoch das Verständnis dessen, was eine wissenschaftliche Theorie ist, inzwischen weit breiter (s. Kap. 2.3). Es zeigt sich nämlich, daß das Idealbild einer wissenschaftlichen Theorie, wie es von POPPER gezeichnet wurde, weder der Praxis naturwissenschaftlichen Arbeitens und Denkens entspricht noch logisch ohne Widersprüche zu denken ist (vgl. HAILA & JÄRVINEN 1982, CHALMERS 1986, PICKETT et al. 1994). Im Kontext eines solchen engen Theorieverständnisses erklären sich die hohen Anforderungen, die PETERS an die Operationalisierbarkeit von Begriffen stellt.

Aus dem Blickwinkel eines breiteren Verständnisses von Theorie heraus und aus der oben dargelegten generellen Kritik am strikten Operationalismus gehen – trotz aller berechtigten Kritik an der Unschärfe und fehlenden Operationalisierbarkeit vieler ökologischer Begriffe – die Ansprüche, die Peters an diese Operationalisierbarkeit stellt, meines Erachtens zu weit und behindern eher eine fruchtbare Entwicklung von Begriffen und damit auch von Theorien.

Ein Platz für nichtoperationalisierbare Begriffe

Jenseits der Frage nach der engen oder weiten Fassung des Operationalisierbarkeitsanspruches von Begriffen ist die Frage zu stellen, ob es Fälle gibt, in denen aus guten Gründen auf die Forderung nach Operationalisierbarkeit weitgehend verzichtet werden kann (oder sogar muß; HULL 1968) und welche Fälle dies ggf. sind.

Die Geschichte der Ökologie gibt einige bemerkenswerte Beispiele für diese Behauptung (vgl. z.B. HAILA & JÄRVINEN 1982). Das markanteste aus dem Bereich der ökologischen Einheiten ist der community-Begriff, wie er von Charles ELTON benutzt wurde. ELTON hat sein gesamtes ökologisches Denken um den Begriff der community herum aufgebaut (vgl. JAX 2001a). Sein Lehrbuch „Animal ecology" (ELTON 1927) unterschied sich von vorherigen Darstellungen der (Tier-)Ökologie vor allem dadurch, daß es eine vereinheitlichende, strukturierende Konzeption zugrundelegte, und zwar auf Grundlage des community-Begriffs. Darauf aufbauend ordnete und fokussierte ELTON die Vielzahl ökologischer Phänomene und bot damit einen Kristallisationspunkt für die Entwicklung ökologischer Theorie und für die empirische ökologische Forschung. Dennoch fällt es schwer, seinen Begriff von „community" zu operationalisieren.

4.4 Die Operationalisierbarkeit von Begriffen

Im Gegenteil, ELTON blieb bewußt vage und faßte seinen Begriff extrem weit, ebenso wie er sich auch bei anderen wichtigen Begriffen (z.B. dem des Gleichgewichts) nicht festlegen ließ. Für ihn war die community:

> „a term that in its practical application may mean any section of the species network chosen for study, whether arbitrarily carved from the general network or chosen for special characters." (ELTON & MILLER 1954, p. 479)

Im Nachhinein hat ihm der Erfolg recht gegeben. „Animal ecology" ist eines der wichtigsten, anregendesten und für die Ökologie wirkmächtigsten Bücher, die je geschrieben wurden, und zwar gerade aufgrund der heuristischen Wirksamkeit des vage formulierten community-Begriffs. Lag dies nur am „Genius" ELTONs, oder läßt sich eine systematische Lehre daraus ziehen, unter welchen Umständen es sinnvoll ist, einen Begriff vage zu halten, und wann er besonders präzise sein muß? Im Falle der „community" kommt, wie aus der vorliegenden Studie hinlänglich klar werden sollte, noch als Pointe hinzu, daß dann das selbe Wort einmal in einer präzisen, einmal in einer vagen Bedeutung benutzt werden sollte.

Für ELTON war letztendlich – auch wenn er dies meines Wissens selbst nicht so formuliert hat – die community mehr eine *Perspektive*, eine Betrachtungsweise, als ein konkreter Gegenstand, den man *nach immer gleichen Kriterien* aus der Natur herausschneiden könnte. Die Perspektive bedeutete hier, Tiere und Pflanzen innerhalb eines wie auch immer gearteten Raumes in ihren *biotischen Interaktionen* zu untersuchen. Ähnlich ist auch heute vielfach die Verwendung des Wortes „community" in der Ökologie.

Diese Art der *Perspektive* aber wird vielfach mit einem *konkreten Gegenstand,* den das Wort „community" meist meint, verwechselt bzw. gleichgesetzt. Für die Beschreibung des Gegenstandes müssen die Definitionen operationalisierbar sein. Die Verwechslungsgefahr ist dort besonders groß, wo (meist implizit) angenommen wird, daß es ökologische Einheiten „als solche" in der Natur „gibt", insofern es dann sozusagen „intuitiv" klar ist, daß das, was man unter der *Perspektive* der community untersucht, auch eine „reale" Einheit ist. Auch bei ELTON schillert die Verwendung des community-Begriffs zwischen der Bedeutung der Perspektive und der konkreten Einheit. Er war sich aber stets des Werkzeugcharakters von Begriffen bewußt, wie das obige Zitat zeigt. Er suchte nicht nach „der" Wirklichkeit oder Wahrheit, sondern versuchte die Phänomene, die er in der Natur beobachtete, zu erklären und war sich dabei bewußt, daß jede Beobachtung schon theoriegeleitet ist, daß bereits die Auswahl von „Fakten" ein theoretisch beinflußter Akt ist (ELTON 1927, p. 163). Die community als Perspektive in der genannten Weise konnte fruchtbares, heuristisch wirksames Mittel sein, um einen anderen Zugang zur Ökologie der Tiere zu erschließen, als dies ohne eine solche Perspektive möglich war. Sie ermöglichte neue Interpretationen von empirischen Daten. Dabei war das Entscheidende ihre funktionale Charakterisierung (im Sinne von Kap. 3.2). Während nämlich z.B. SHELFORD (1937) versuchte, raumzeitliche Muster in der Verteilung von Tieren aufgrund der physiologischen Angepaßtheit der Organismen an die jeweiligen Umweltbedingungen zu erklären, betonte ELTON die Interaktionen der Organismen untereinander und strukturierte unter dem Dach dieser community-Perspektive den untersuchten Phänomenbereich mit Hilfe weiterer „Prinzipien" (nämlich denen der Nahrungsketten und Nahrungsnetze, der relativen Körpergröße von Nahrungsorganismen, der ökologischen Nische und der „Pyramide der Individuenzahlen"; ELTON 1927, p. 55ff. vgl. auch JAX 2001a). Unklar hingegen und „flexibel" blieben bei ELTON die genauen Kriterien für die Grenzziehung von communities, die von Fall zu Fall bestimmt wurden. So schrieb er direkt im Anschluß an das obige Zitat:

> „This empirical use of the word has the advantage of realism. It recognizes that the nature of most communities hitherto described is not fully known, at least, in so far as the boundaries between them and neigh-

bouring parts of the species [network?] are not usually given a quantitative meaning. If they are quantitatively described, it is seldom in dynamic terms. Thus a community may be a convenient bit of nature selected because nature as a whole is too large to study, or it may be the community of a true ecosystem in the sense that it has features of organization, integration, or comparative independence that the ecologist is especially seeking." (ELTON & MILLER 1954 p. 479)

ELTONs Wirkungsgeschichte bestätigt die Aussage von SHRADER-FRECHETTE & MCCOY, wenn diese sagen:

„[J]ust as there are epistemological roles for false models, so also there are epistemological roles for imprecise concepts". (SHRADER-FRECHETTE & MCCOY 1993, p. 55)

Nach ihrer Ansicht können ungenaue Begriffe dabei helfen, genauere Begriffe erst zu finden. Ähnlich argumentieren auch HAILA & JÄRVINEN (1982) (vgl. auch HEMPEL 1974, PICKETT et al. 1994, CHALMERS 1986), wenn sie sagen, daß Begriffe innerhalb einer Wissenschaft zunächst als sehr vage Konstrukte beginnen und sich erst im Laufe der Theorieentwicklung allmählich verfestigen,[12] d.h. ihr Anwendungsbereich und ihre Randbedingungen bzw. Grenzen (constraints) klarer werden. Sie bezeichnen diesen Prozess als „Faktualisierung" (HAILA & JÄRVINEN 1982, p. 262). In diesem Sinne können vage oder sehr weit gefaßte Begriffe auch einer Spekulation über die präzisen Eigenschaften der damit beschriebenen Phänomene (also etwa von Nahrungsbeziehungen und Populationsschwankungen) dienen (vgl. die Erörterungen von HULL 1968 zur Entwicklung des Gen-Begriffs). Genau dies scheint bei ELTON der Fall gewesen zu sein. So schreibt er noch 1966 in seinem letzten Buch, wenn er dort die Motivation seines Lebenswerkes offenlegt, über seinen Traum „of really knowing some day what animal populations are doing behind the curtain of cover" (ELTON 1966, p. 27):

„This dream contains a wish to understand how many kinds of animals there are in each habitat, that is, the scale of communities; how these can be *defined* and classified; how these separate aspects of the whole system are related and interact" (ibd., meine Hervorhebung)

Eine ähnliche Unterscheidung, wie ich sie hier für die Verwendung des community-Begriffs bei ELTON gemacht habe (und wie ich sie in Kap. 4.5 noch näher ausführen werde), treffen HAILA & JÄRVINEN (1982) (s.a. HAILA 1986) im Zusammenhang mit ihrer Analyse von MACARTHUR & WILSONs Theorie der Inselökologie. Sie könne entweder als strenges erklärendes und prognostisches „Modell" angesehen werden, dessen Teilbegriffe dann dem Anspruch der Operationalisierbarkeit ausgesetzt werden müssen, oder aber als „Forschungsprogramm", das meint hier „a set of ideas providing new insights and viewpoints for ecological research" (HAILA & JÄRVINEN 1982, p. 273).

Der heuristische Nutzen unpräziser Begriffe darf aber nicht zu einer Ausrede in den Fällen werden, in welchen eine präzise Definition nötig ist. Der notwendige Grad der Präzision hängt von der jeweiligen spezifischen Fragestellung ab, in deren Kontexte die Begriffe gebraucht werden. Dieses Thema wird in Kapitel 5.4 ausführlicher behandelt. In erster Näherung läßt sich sagen: je präziser die Verallgemeinerungen sein sollen, welche – z.B. für Prognosen der Entwicklungen von Ökosystemen oder Organismengesellschaften – aufgestellt werden, desto höher muß auch der Präzisionsgrad der Definition der jeweiligen ökologischen Einheit sein und desto enger müssen die Begriffe jeweils gefaßt werden. Operationalisierbarkeit alleine ist zudem noch kein Kriterium für die Güte eines wissenschaftlichen Begriffes, wie das Beispiel des Quayers (s. Kap. 4.1) beweist. Diese erschließt sich vielmehr auch aus den übrigen in den vor-

---

[12] Diesen Nutzen von vagen Begriffen konzidiert auch PETERS. Der Platz solcher Begriffe ist dann jedoch für ihn – entsprechend seines Verständnisses von Theorie – „the personal realm which precedes hypothesis" (PETERS 1991, p. 78f.).

angegangenen Kapiteln diskutierten Merkmalen und aus seiner Brauchbarkeit in spezifischen Theorien, d.h. seiner theoretischen Signifikanz (VAN DER STEEN 1990).

4.5 Zwischenfazit: Begriffsbildung bei ökologischen Einheiten

Ich will nun ein Fazit aus den Kapiteln 3 und 4 ziehen und die Begriffe des hier behandelten Begriffsfeldes „ökologische Einheiten" noch einmal in Hinblick auf die eben diskutierten Eigenschaften von Begriffen und die Praxis ihrer Anwendung untersuchen.

Die Feststellung, von der diese Studie ausging, ist, daß viele Wörter, die ökologische Einheiten bezeichnen, mehrdeutig sind. Das gilt in besonderer Weise für die am häufigsten benutzten zentralen Wörter Population, Biozönose, community und Ökosystem. Diesen Wörtern werden sehr unterschiedliche Bedeutungen beigelegt, d.h. es handelt sich genaugenommen um verschiedene Begriffe, die mit dem gleichen Wort bezeichnet werden. Es ist dabei außerdem festzustellen, daß sich im Laufe der Begriffsgeschichte keine klare Weiterentwicklung herauskristallisieren läßt, d.h., daß sich nicht eine allmähliche Einengung der großen Bedeutungsvielfalt auf ein oder wenige präferierte enge Bedeutungen beobachten läßt.

Der gemeinsame inhaltliche Kern dieser Begriffe läßt sich so formulieren, wie ich es in Kapitel 2.4 in Form meiner „Minimaldefinitionen" getan habe. Diese Begriffe sind extrem weit, d.h. es fällt eine extrem große Zahl von Objekten unter sie. Obwohl sie weit sind, sind sie aber grundsätzlich durchaus scharf und operationalisierbar. Ihr wissenschaftlicher Nutzen ist jedoch in dieser weiten Formulierung äußerst gering und entspricht eher dem des in Kapitel 4.1 definierten Quayers. Denn Schärfe und Operationalisierbarkeit müssen immer relativ zu einer Fragestellung gesehen werden. Es läßt sich z.B. aufgrund der allgemeinen Definition von „Ökosystem" als „einer Ansammlung (assemblage) von Organismen verschiedener Typen zusammen mit ihrer abiotischen Umwelt" immer klar sagen, ob ein Ökosystem vorliegt oder nicht, es läßt sich aber nicht sagen, wieviele Ökosysteme in einem bestimmten Raumausschnitt sind. Die Zahl der Ökosysteme in einem Raumausschnitt ist nach dieser Definition zwar *prinzipiell* zählbar, sie ist aber so groß wie die Anzahl der Kombinationsmöglichkeiten der sie bildenden Elemente und führt zu unzähligen möglichen einander überlagernden Ökosystemen. Die so resultierende Antwort (Zahl von Ökosystemen) wird den Fragenden meist nicht befriedigen, denn zum Beispiel läßt sich mit der Definition nicht eindeutig aussagen, zu welchem Ökosystem ein bestimmter Organismus gehört. Er gehört nämlich zu unendlich vielen Ökosystemen, die am selben Ort existieren. Auch lassen sich mit der allgemeinen Definition von „Ökosystem" keine Verallgemeinerungen (empirische Korrelationen; s. Kap. 4.1) darüber verbinden, wie diese aufgebaut sind, noch welche anderen Gesetzmäßigkeiten mit einem solchen Objekt verbunden sind. Die Aussage etwa, es müßten in jedem Falle Nahrungsbeziehungen vorhanden sein, ist eine Aussage über die Bedürfnisse von Organismen und die Beziehungen, die Organismen in diesem Ökosystem eingehen *können*, nicht aber über das Ökosystem. Die Definition schließt z.B. nicht aus, daß es auch ein Ökosystem gibt, in dem es keine Nahrungs-, sondern nur informationelle Beziehungen gibt. Im Gegenteil, die Definition umfaßt so gut wie alles, was man in der Synökologie überhaupt untersuchen kann. Die Eignung (d.h. Qualität) eines Begriffs für eine Theorie hängt aber wesentlich davon ab, daß er viel *ausgrenzt*. Diese Aussagen sind die logischen Konsequenzen der Anwendung des einzig gemeinsamen Kerns aller Ökosystemdefinitionen. Die Minimaldefinitionen von ökologischen Einheiten sind also gleichzeitig zu weit und für viele Fragestellungen zu vage. Sie werden dadurch für die Praxis zu unkonkret.

Was sie abgrenzen, d.h festlegen, ist daher nicht eine konkrete Einheit, sondern ein sehr weiter Bereich von Phänomenen und damit assoziierter Fragestellungen.

Die Konsequenz der Mehrdeutigkeit der Wörter und der daraus resultierenden sehr weiten Fassung der all diesen Bedeutungen gerecht werdenden Minimaldefinitionen sollte daher sein, die Wörter Population, Biozönose, community und Ökosystem nur noch als gröbste Oberbegriffe zu verwenden, und jede spezifische Verwendung der Wörter mit einer expliziten Definition kenntlich zu machen. Die innerwissenschaftliche Einigung auf eine spezifische enge Definition oder deren Festlegung, durch wen auch immer, ist meines Erachtens aussichtslos.

Oberbegriffe dieser Art sind sinnvoll und nötig, denn sie strukturieren ein Forschungsgebiet, in diesem Falle die Ökologie. Das heißt, sie geben eine grobe Einteilung der Forschungsgegenstände und/oder Forschungsfragen und erleichtern, *so* verstanden, die Kommunikation. Wie die Unterteilungen genau aussehen sollen, ist dabei sehr umstritten (vgl. Kap. 3.1). Ich halte es für sinnvoll, die Verwendung der Worte „Ökosystem", „community" und „Population" als Oberbegriffe, die nur vage (z.B. im Sinne der genannten Minimaldefinitionen) bestimmte Klassen von Phänomenen abgrenzen, auch sprachlich kenntlich zu machen, und sie in dieser Wortverwendung, in Absetzung zu spezifischer definierten ökologischen Einheiten, als *Betrachtungsebenen* oder *Beobachtungsebenen* zu bezeichnen (JAX et al. 1998; siehe auch WIEGLEB 1996). Diese Ebenen „enthalten" dabei die genauer spezifizierten ökologischen Einheiten im Sinne einer begrifflichen Hierarchie, d.h. als begriffliche Unterklassen.

Die hier vorgeschlagene Terminologie entspricht weitgehend dem Ansatz, ökologische Einheiten in der weiten Verwendung der jeweiligen Worte als „Beobachtungskriterien" zu verstehen, wie er von ALLEN & HOEKSTRA (1990, 1992; vgl. auch AHL & ALLEN 1996) formuliert wurde. Ähnlich scheinen es BEGON et al. (1990) zu sehen, wenn sie als Folgerung aus der Schwierigkeit, die Grenzen von „communities" festzulegen, zu der Feststellung kommen:

> „Community ecology is the study of the *community level of organization* rather than of a spatially and temporally definable unit." (p. 628).

Meine Fassung der einzelnen Begriffe ist indes nicht ganz identisch mit dem Ansatz von Allen und Mitarbeitern. Dort wird das Wort „Beobachtungsebene" („levels of observation") für eine „empirische Hierarchie" der Einheiten benutzt, während es mir vernünftig und vom intuitiven Wortverständnis her einsichtiger erscheint, es für das zu benutzen, was AHL & ALLEN (1996, Kap. 4 dort) „definitional hierarchy" nennen. Das Wort „Beobachtungsebene" betont bewußt die Rolle des Beobachters und vermeidet daher ontologische Konnotationen, wie sie etwa in dem traditionell oft benutzten Terminus „Organisationsebenen" enthalten sind und welcher leicht die Konnotation einer „natürlichen Ordnung" der Welt suggeriert.

Ich will an dieser Stelle nicht weiter auf die Frage der mit solchen „Ebenen" oft verbundenen Hierarchie-Theorien sowie den Verbindungen zwischen den damit konstituierten Ebenen eingehen, werde dieses Thema jedoch kurz in Kapitel 7.2 behandeln.

Jeder spezifischere Begriff von „Ökosystem", „community", etc., der tatsächlich eine konkrete ökologische Einheit meint, die in Raum und Zeit abgrenzbar ist, und nicht nur den groben Oberbegriff im Sinne einer Betrachtungsebene, muß also jeweils für eine bestimmte Fragestellung oder einen bestimmten Ausschnitt des ökologischen Universums, d.h. für einen bestimmten Bereich ökologischer Fragestellungen, klar definiert werden. Denn um für naturwissenschaftliche Theorien nutzbar zu sein, müssen die Definitionen ökologischer Einheiten spezifischer sein als die obigen – im übrigen häufig benutzten – Minimaldefinitionen. Dies gilt sogar dann, wenn sie nur heuristisches Mittel sein sollen, insbesondere in einer inzwischen nicht mehr völlig am Anfang ihrer Entwicklung stehenden Ökologie. Selbst ELTONs community-Be-

4.5 Zwischenfazit: Begriffsbildung bei ökologischen Einheiten

griff (s. Kap. 4.4) war spezifischer als derjenige, der den allgemeinen Minimalkonsens darstellt. In den Köpfen der Wissenschaftler existieren meist bereits spezifischere Vorstellungen davon, was etwa ein Ökosystem sei. Diese Vorstellungen müssen aber explizit gemacht werden, denn sie sind weder „evidente" Eigenschaften „natürlich gegebener" Entitäten noch intuitiv klar und unumstritten innerhalb der scientific community der Ökologen.

Das Explizieren der jeweiligen Begriffe muß in einer Weise vorgenommen werden, die den Ansprüchen wissenschaftlicher Begriffsbildung standhält. Diese werden jedoch immer wieder verletzt, wie ich in den Kapiteln 3 und 4 dargestellt habe. Dies betrifft als wichtigsten Fehler eine – oft versteckte – Reifizierung ökologischer Einheiten im Sinne der Darstellung, wie ich sie in Kapitel 3.5 für den Begriff des Holocöns gegeben habe. Diese Reifizierung und besonders eine „schauende" Betrachtung ökologischer Einheiten verletzt neben den selbstgesetzten Begrenzungen heutiger naturwissenschaftlicher Erkenntnismodi gleich zwei Anforderungen an wissenschaftliche Begriffe. Dies sind ihre Klarheit, d.h. die Möglichkeit intersubjektiver Kommunikation, und ihre Anwendbarkeit, d.h die Möglichkeit der Operationalisierung der Begriffe in dem Sinne, wie in Kapitel 4.4 diskutiert. Ebenso gilt es, die in Kapitel 4.3 gemachte Unterscheidung von Definition und beschreibenden Tatsachen sorgfältig zu beachten und die Frage, ob die Definition eine ökologische Einheit als Gegenstand konstituiert (der Entifizierung dient) oder lediglich der Klassifikation bereits anders definierter ökologischer Einheiten dient (vgl. Kap. 4.2). Es muß zudem transparent sein, ob es sich um eine Definition selbst handelt oder lediglich um ein Verfahren zu ihrer Operationalisierung (wie etwa der in Kapitel 4.4 beschriebene Unterschied von biologischem Artbegriff und seiner Operationalisierung in der Praxis über den morphologischen Artbegriff). Wird die Unterscheidung überhaupt gemacht, so sind sorgfältig die Zulässigkeit und Grenzen dieser „Ersetzung" von Definitionskriterien in der Praxis zu belegen. Daß dies bisher oft nicht in ausreichender Weise geschah, belegen die Beispiele in Kapitel 3.3 und 4.3. Um wissenschaftlich zu sein müssen Begriffe schließlich eine theoretische Signifikanz besitzen (VAN DER STEEN 1990; vgl. auch Kap. 4.1), d.h. sie müssen innerhalb irgendeiner Theorie des Fachgebiets nutzbar sein oder eine solche begründen; sie dürfen nicht isoliert und ohne weiteren theoretischen Kontext stehen.

Im folgenden Kapitel werde ich ein Modell vorstellen, um klare Definitionen für ökologische Einheiten zu erstellen. Dabei geht es mir nicht darum, einzelne Begriffe in ihrer Bedeutung festzulegen oder eine Anzahl neuer, spezifischerer Begriffe zu prägen bzw. Wörter dafür zu finden. Das hat sich in der Geschichte der Ökologie als wenig fruchtbar erwiesen. Definitionen können (und müssen) sich im Verlauf der theoretischen Entwicklung einer Wissenschaft vielmehr oft ändern. Nur wenn Begriffe ein Minimum an Flexibilität behalten, können sie fruchtbar bleiben (HARVEY 1969 p.305ff, HEMPEL 1974). Dies ist jedoch kein Gegensatz zu der Forderung nach der Intersubjektivität und Genauigkeit von Definitionen und den dadurch festgelegten Begriffen. Daher geht es mir auch nicht um eine rigide Festschreibung ganz bestimmter Bedeutungsinhalte von Begriffen, sondern darum, Regeln zu finden und minimal notwendige Kategorien zu beschreiben, mit denen die Begriffe innerhalb des Begriffsfelds „ökologische Einheiten" jeweils intersubjektiv, konsistent und scharf gefaßt werden können. Ich schließe mich damit der Aussage von HARVEY zu diesem Thema an, wenn dieser schreibt:

„Definition, like all the other observation filters which we use, amounts to a temporary codification of experience according to certain rules. The important thing is to follow the rules in each set of circumstances, and not to be mesmerised by any one particular system of definitions set up with rather special circumstances in mind." (HARVEY 1969, p. 305)

5 Synthese

In Kapitel 3 wurde zunächst dargestellt, wie ökologische Einheiten in der Literatur definiert und verwendet werden, während ich in Kapitel 4 diskutiert habe, welche formalen Bedingungen gegeben sein müssen, um klare Definitionen ökologischer Einheiten zu geben.

Im folgenden Kapitel wird ein konstruktiver Ansatz zur Definition ökologischer Einheiten entwickelt. Dabei werde ich zuerst, aufbauend auf dem oben Erarbeiteten, Regeln für die fragestellungsabhängige Definition beliebiger ökologischer Einheiten entwickeln. Diese Regeln lassen bewußt einen großen Spielraum für eine Vielzahl von verschiedenen Definitionen. Sie zielen auf eine klare wissenschaftliche Sprache ab und auf die wissenschaftliche Nützlichkeit von Begriffen im Zusammenhang mit ökologischen Einheiten. Dazu wird in mehreren Schritten ein graphisches Modell erstellt, das es erlaubt, die verschiedenen Definitionen ökologischer Einheiten in möglichst einfacher Weise intersubjektiv zu beschreiben und zu visualisieren. Das Grundmodell hierfür wird in Kapitel 5.1 entwickelt. In Kapitel 5.2 werden erste Anwendungsmöglichkeiten des Modells demonstriert. Im weiteren (Kap. 5.3) gehe ich dann im Detail auf die einzelnen Modellbestandteile und die Bedingungen ihrer Operationalisierung ein. Das Modell stellt selbst keine Definition dar, sondern gibt vielmehr die Kategorien von Definitionskriterien an, die bei Definitionen ökologischer Einheiten berücksichtigt werden müssen.

Es ist der Anspruch dieses Synthesekapitels und des darin entwickelten Modells, *alle* bisher erstellten naturwissenschaftlich begründbaren ökologischen Einheiten in seiner Systematik abzudecken, nicht aber eine systematische *Verbindung* der unterschiedlichen Einheiten herzustellen. Die verschiedenen Definitionen schließen einander zum Teil aus und stehen vielfach nicht im gleichen theoretischen Kontext. Sie sollen daher – in ihrem jeweils eigenen Recht – *nebeneinander* stehen bleiben. Einen eigenen Ansatz zur Systematisierung und Verknüpfung unterschiedlicher ökologischer Einheiten stelle ich erst in Kapitel 7 in Form eines Ausblicks vor. Der dortige Ansatz baut auf einer organismenzentrierten Sicht der Ökologie auf und verzichtet darauf, alle vorhandenen Definitionen zu integrieren. Ich werde im letzten Teil dieses Synthesekapitels (Kap. 5.4) aber anhand des zunächst entwickelten allgemeinen Modells die Grenzen und Möglichkeiten der verschiedenen existierenden Definitionen diskutieren. Dabei geht es zum einen um die Frage, inwieweit sich aus der Fülle der vorhandenen Definitionen und Definitionsmöglichkeiten grobe Untertypen herausarbeiten lassen, und zum anderen, in welcher Weise bestimmte Arten von ökologischen Fragestellungen mit diesen Typen von Einheiten verbunden sind.

5.1 Der Grundplan

Übersicht

In Kapitel 3 wurden eine Anzahl von Kriterien erarbeitet, die in den Definitionen ökologischer Einheiten vorkommen. Es wurde in Kapitel 3.6 schon angesprochen, daß nicht alle Kriterien von Kapitel 3 brauchbar oder in gleicher Weise brauchbar sind, wenn es um die Konstruktion naturwissenschaftlich brauchbarer Definitionen von ökologischen Einheiten geht. Verwendbar sind die Kriterien der Grenzziehung und der internen Relationen und die Unterscheidung von funktional und statistisch, während vom Elementepaar ontologischer-epistemologischer Zugang nur der letztere Verwendung findet. Auch werden noch zwei neue Kriterien hinzukommen (ausgewählte Variablen und Komponentenauflösung).

5.1 Der Grundplan

Kapitel 4 stellt wichtige Werkzeuge für die Definition ökologischer Einheiten zur Verfügung, indem dort erarbeitet wurde, was einen Begriff zu einem brauchbaren wissenschaftlichen Begriff macht und welche Fallstricke bei der Begriffsbildung zu vermeiden sind. Entscheidend sind dabei Dinge wie Widerspruchsfreiheit, Explizitheit, die Unterscheidung zwischen Definitionskriterien und Tatsacheninformationen, sowie die Forderung danach, daß die als Definitionskriterien benutzten Eigenschaften (die Kriterien, die großenteils aus Kap. 3 stammen) auch hinreichend und notwendig für die Definition der jeweiligen Einheiten sein sollen. Das letztgenannte Postulat gestaltet das Explizitheitsargument noch etwas präziser aus. Schließlich ist da die Forderung nach Operationalisierbarkeit, im dem sehr weiten Sinne einer prinzipiellen empirischen Überprüfbarkeit.

Ökologische Einheiten und ihre Elemente

Die Abgrenzung der Wissenschaft Ökologie (vgl. Kap. 3.1) grenzt auch als erstes den Bereich der Objekte ein, die „ökologische Einheiten" sein können. Sinnvoll als ökologisch zu charakterisierende Fragestellungen müssen es mit Organismen zu tun haben sowie mit den äußeren Relationen dieser Organismen. Dabei werden keineswegs immer die einzelnen Organismen betrachtet, sondern oftmals hochaggregierte Elemente („Kompartimente") wie „Produzenten", „Konsumenten" etc. Bei diesen aggregierten Elementen muß für viele Fragestellungen nicht einmal mehr die Individuenzahl der darin ja nach wie vor enthaltenen Organismen von Bedeutung sein, sondern es kann auch lediglich die „Biomasse" oder ihr „Energiegehalt" entscheidend sein. Das heißt im Umkehrschluß aber nicht, daß nicht doch die Arteigenschaften der darin aggregierten Organismen (z.B. durchschnittliche Lebensdauer) von Bedeutung sein könnten (vgl. JAX 1996 und Kap. 7). Diese aggregierten Elemente selbst lassen sich streng genommen selbst nicht als ökologische Einheiten in der hier diskutierten Form bezeichnen. Sie sind vielmehr, in gleicher Weise wie der individuelle Organismus, nur *Elemente* oder *Komponenten* solcher Einheiten. Die Elemente werden als „black box" behandelt. Nach den inneren Mustern oder den inneren Relationen der Elemente wird *vom Blickpunkt der Definition der betrachteten Einheit* nicht gefragt. Eine eigene Betrachtung der Elemente als ökologische Einheiten im Sinne einer geschachtelten Hierarchie ist zwar in manchen theoretischen Kontexten möglich, sie ist aber für die Definition ökologischer Einheiten nach dem hier vorgestellten Schema ohne Belang, zumal sie schnell zu einer unproduktiven Kaskade von Definitionen im Sinne eines extremen Reduktionismus führt.

Kriterien der Definition ökologischer Einheiten

Das Grundmodell

Die Grundbestandteile einer jeden ökologischen Einheit sind die *Komponenten* (oder *Elemente*), aus denen sie besteht, sowie (in den meisten Fällen) die funktionalen *internen Relationen* (oder *Interaktionen*) zwischen den Komponenten. Komponenten und interne Relationen bezeichne ich als die *Phänomene*, welche die Einheit konstituieren. Außerdem hat jede Einheit eine Grenze im Raum.

Zur Definition einer ökologischen Einheit sind Angaben zu den folgenden Dingen zu machen. Es muß dargelegt werden:

1) ob die Einheit topographisch oder funktional definierte Grenzen hat,

2) welcher Art die minimal zwischen den Komponenten nötigen Relationen sind,

3) welche Phänomene (d.h. Komponenten und interne Relationen) zur Definition der Einheit ausgewählt werden, und

4) wie der Auflösungsgrad der Komponenten der Einheit ist.

Die in Kapitel 3 gemachte Unterscheidung in funktionale und statistische Einheiten findet sich als Spezialfall unter Punkt 2) wieder, wie im folgenden erläutert wird. Die unter 3) und 4) genannten Kriterien treten neu zu den in Kapitel 3 behandelten Kriterien hinzu.

Grenzkriterium: Topographische oder funktionale Grenzen

Während die übrigen, unten folgenden Kriterien als Gradienten gedacht werden können, bilden die zwei Arten von Grenzen, die ökologische Einheiten haben können, eine klare Dichotomie, in der Weise wie sie in Kapitel 3.3 herausgearbeitet wurde. Die Grenzen einer Einheit können topographisch oder funktional sein. Der selbe Sachverhalt kann auch so ausgedrückt werden, daß im ersten Falle die Elemente einer Einheit aufgrund rein räumlicher Relationen (d.h. der Anwesenheit im gleichen Raumausschnitt) Teile der Einheit sind, im zweiten Falle dadurch, daß sie durch Interaktionen miteinander verbunden sind. Ein Beispiel einer Organismengesellschaft, deren Grenze aufgrund räumlicher Relationen definiert ist, ist gegeben, wenn etwa alle Organismen innerhalb eines bestimmten Sees als Organismengesellschaft aufgefaßt werden. Das Gegenstück, eine Organismengesellschaft definiert aufgrund von durch Interaktionen verbundenen Elementen, stellen all die Organismen dar, die in einem See durch einen bestimmten Typ von Interaktionen miteinander verbunden sind, z.B. durch Nahrungsbeziehungen. Obwohl, wie oben erläutert, aufgrund eines rein räumlichen Miteinanders manchmal auf Wechselwirkungen zwischen den Organismen geschlossen wird, können solche Rückschlüsse sehr trügerisch sein. Es muß klar angegeben werden, was nötig ist, damit Elemente Teile einer (ökologischen) Einheit sind. Im ersten Falle, dem der topographischen Grenzen, kann nur eine Einheit eines bestimmten Typs in einem Raumausschnitt existieren, während im Falle der Konstituierung der Grenzen über Interaktionen sich mehrere dieser Einheiten teilweise überlappen können und/oder nicht genau einem spezifischen Ort zuweisbar sind.

Alle unten folgenden Kriterien können in gleicher Weise sowohl auf topographische wie funktional begrenzte Einheiten angewandt werden. Diese Kriterien lassen sich aufgrund ihres graduellen Charakters in Form von Achsen darstellen, welche Informationen über die Charakteristika der zu definierenden ökologischen Einheit wiedergeben.

Der Grad der internen Relationen

Die erste Achse, auf der eine Definition einer ökologischen Einheit angeordnet werden kann, ist die des Grades der erwarteten internen Relationen (Abb. 5.1), d.h. jenes Grades an Relationen zwischen einer Ansammlung von Elementen, der als *notwendig* angesehen wird, damit von einer ökologischen Einheit im definierten Sinne gesprochen werden kann. In gleicher Weise wie die beiden anderen Achsen ist dies kein strikt quantitativer Gradient, der durch eine einzige einfache Variable und Maßzahl ausgedrückt werden könnte. De facto sind alle Achsen in sich komplex. Diese Komplexität wird in Kapitel 5.3 detaillierter erläutert.

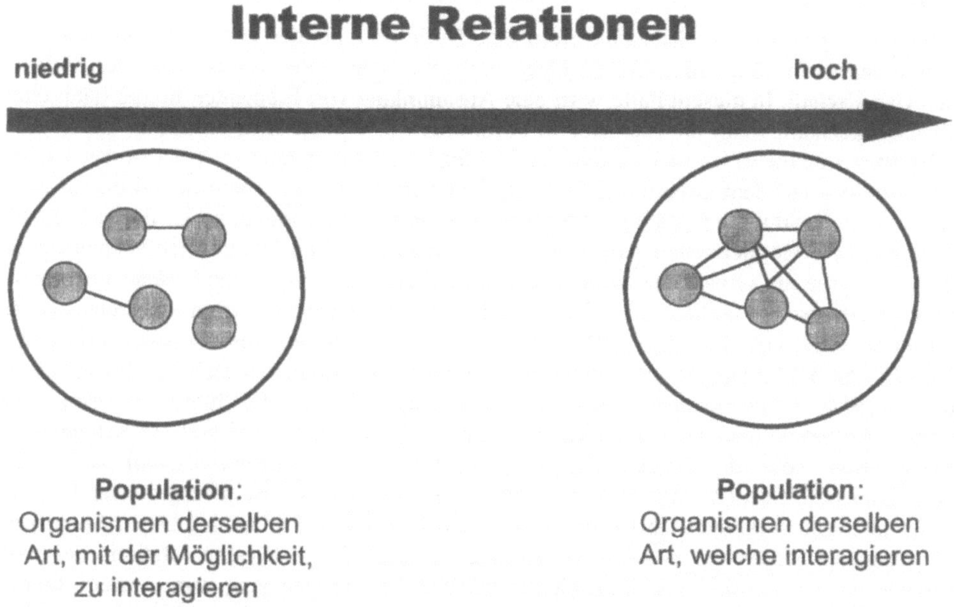

5.1 Der Grundplan

Interne Relationen

niedrig → hoch

Population:
Organismen derselben
Art, mit der Möglichkeit,
zu interagieren

Population:
Organismen derselben
Art, welche interagieren

Abb. 5.1 Die Achse der internen Relationen, dargestellt am Beispiel zweier Definitionen von „Population".

Ökologische Einheiten können schon allein aufgrund der Anwesenheit von mehreren Organismen in einem Raumausschnitt definiert sein, sie können, wie in Kapitel 3.2 eingeführt, auf der Grundlage spezifischer Muster definiert sein, d.h. aufgrund sich wiederholender Kombinationen von einzelnen Elementen (z.B. Artenlisten), oder sie können durch funktionale Beziehungen definiert sein; in letzterem Fall stehen Interaktionen im Mittelpunkt der Definition (z.B. Nahrungsbeziehungen, Konkurrenz). Wie schon erläutert, wird der musterbasierte Ansatz vor allem für klassifikatorische Zwecke benutzt, z.B. für die Kartierung von Assoziationen benthischer Meerestiere oder die Klassifizierung von Ökosystemen (z.B. KLIJN & UDO DE HAES 1994, BAILEY 1996). Für Untersuchungen, die auf die Prognose zeitlicher Veränderungen ökologischer Einheiten abzielen, sind im allgemeinen funktionale Relationen das entscheidende Kriterium der Definition (z.B. ODUM 1983).

Diese Perspektiven schließen einander nicht grundsätzlich aus. Im Gegenteil, Muster und Interaktionen sind meist miteinander verbunden. Es ist jedoch zu beachten, daß zwar die meisten Definitionen von Organismengesellschaften, die auf dem wiederholten Auftreten gleicher Artenkombinationen aufbauen, zumindest *irgendwelche* Interaktionen als gegeben annehmen, daß umgekehrt ein funktional orientierter Ansatz nicht notwendig spezifische, sich wiederholende Artenkombinationen impliziert (siehe auch O'NEILL et al. 1986).

In den unterschiedlichen Definitionen ökologischer Einheiten werden verschiedene Typen und Grade interner funktionaler Relationen zwischen den Komponenten als notwendig vorausgesetzt (Abb. 5.1). Das eine Extrem der Definition einer Einheit, z.B. einer Population, verlangt keinerlei Interaktionen zwischen den Elementen, während entlang der Achse die Anforderungen an die Intensität und Spezifität der Interaktionen, die gefordert sind, um eine Ansammlung von Organismen der gleichen Art als Population zu bezeichnen, wachsen.

Im Falle von Organismengesellschaften führt eine Definition, bei der keine Interaktionen zur Definition derselben nötig sind, z.B. zu einer rein statistischen oder muster-basierten Definition der Gesellschaft. In diesem Falle wird eine Ansammlung von Elementen immer dann eine Gesellschaft genannt, wenn die Elemente in bestimmten Kombinationen auftreten. Ein klassisches Beispiel sind die in Kapitel 3.2 dargestellten PETERSEN-communities (PETERSEN 1913). Bewegt man sich auf dem Gradienten fort von dem Extrem, an dem keine Interaktionen notwendig sind, in Richtung auf stärker funktional orientierte Definitionen, so ist der sich eröffnende Bereich der Möglichkeiten sehr groß. Eine Ansammlung von Organismen verschiedener Arten wird häufig als Organismengesellschaft angesehen, wenn nur *irgendwelche* unspezifischen Interaktionen zwischen den Organismen der verschiedenen Arten existieren (z.B. ABELE et al. 1984; vgl. Kap. 3.4). „Mittlere" Definitionen würden, zum Beispiel, erfordern, daß spezifische Verbindungen zwischen den Elementen der Einheit bestehen, obwohl diese nicht notwendig zu irgendeinem konstanten „Gleichgewichts"muster führen müssen. Die strengsten Anforderungen an den Grad der internen Relationen umfassen Gleichgewicht, Selbstregulation, oder die Autonomie jeder einzelnen Organismengesellschaft (z.B. die „Superorganismen" von CLEMENTS 1916 oder LOVELOCK 1979). Der hier gezeichnete Gradient der internen Relationen entspricht somit dem in Kapitel 3.4 beschriebenen Spektrum von funktionalen Relationen. Die Unterscheidung aus Kapitel 3.2 zwischen statistischer und funktionaler Sichtweise ökologischer Einheiten spiegelt sich im Übergang vom musterdefinierten Extrempunkt der Achse zum übrigen Gradienten. Es sei allerdings darauf hingewiesen, daß die sich wiederholenden Variablen (Artenkombinationen o.a.), wie sie beispielsweise in den statistischen Ansätzen von PETERSEN und in der Vegetationskunde gegeben sind, noch weiterer Spezifizierungen in der Achse der ausgewählten Phänomene (s.u.) bedürfen. Es ist nämlich theoretisch auch denkbar (und wird praktiziert), eine nur ein einziges Mal in dieser Artenzusammensetzung vorkommende Ansammlung von Organismen in einem bestimmten Raumausschnitt als Organismengesellschaft zu bezeichnen, ohne Anforderungen an nachweisbare Interaktionen zwischen den Organismen zu stellen.

Bei dem Gradienten, der in der Achse der internen Beziehungen ausgedrückt wird, liegt die Betonung nicht auf der *Zahl* der Elemente, die hier funktional zusammenhängen (dies ist Teil der Achse der „ausgewählten Phänomene") sondern mehr auf der Konnektivität, Intensität, und besonders Spezifität der Wechselwirkungen (vgl. Kap. 5.3).

Ausgewählte Phänomene

Die zweite Achse, die *Achse der ausgewählten Phänomene* (Abb. 5.2), bezieht sich darauf, welche Art von Elementen oder Interaktionen und wie viele Elemente oder Interaktionen in einer Einheit vorhanden sein müssen, um die Bedingungen ihrer Definition zu erfüllen. Gehören alle Organismen an einem bestimmten Ort zur Organismengesellschaft oder besteht die Gesellschaft nur aus einem Teil davon? So muß eine Gesellschaft nicht so definiert sein, daß damit alle Lebewesen eines Sees gemeint sind, sondern sie kann auch nur alle Fische oder alle Protisten eines Sees umfassen oder kann auf eine bestimmte Größenklasse beschränkt sein, z.B. die Makrozoobenthos-Gesellschaft eines Sees in Entgegensetzung zur Mikrozoobenthos-Gesellschaft. In solchen Fällen können sich *verschiedene* Gesellschaften oder Ökosysteme, die jeweils durch eine geringe Anzahl ausgewählter Elemente (einen Ausschnitt aus einer theoretisch höheren Zahl von potentiellen Elementen) definiert sind, in einem Raumausschnitt überlagern (siehe auch AHL & ALLEN 1996, p. 25f.). Die Phänomene können ausgewählte Ele-

5.1 Der Grundplan

mente sein, wie in den Beispielen der taxonomischen oder größensortierten Gruppen, und Interaktionen, z.B. Nahrungsbeziehungen, Stoffflüsse etc. Zum Beispiel kann ein Ökosystem durch „alle" funktionalen Relationen definiert sein, die zwischen den Elementen auftreten, oder aber nur durch einige wenige von ihnen, wie etwa spezielle Gasaustauschprozesse oder über den Transport von Wasser vermittelte Relationen.

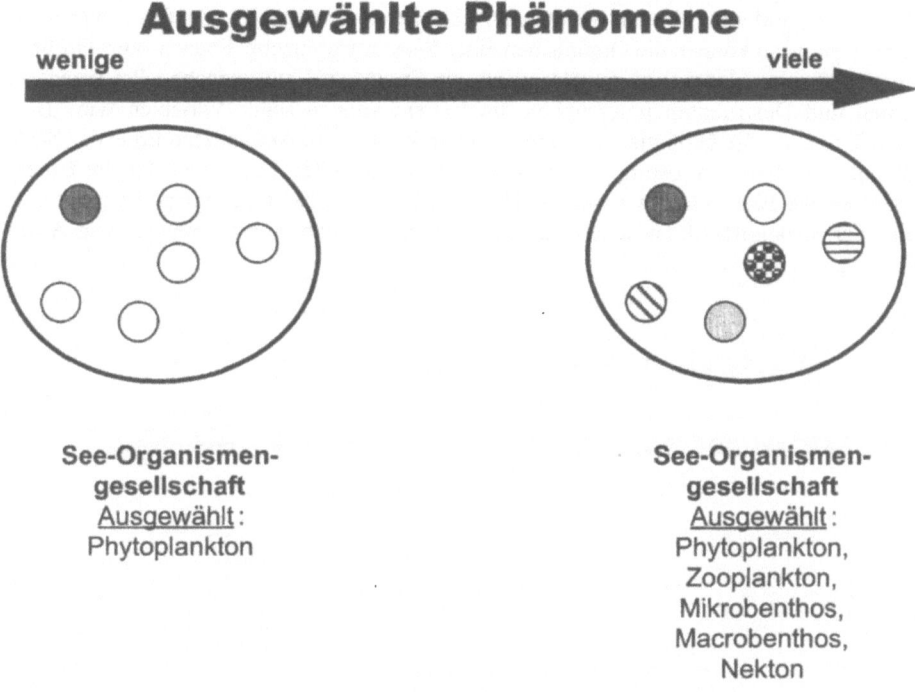

Abb. 5.2 Die Achse der ausgewählten Phänomene. Für die Definition einer See-Organismengesellschaft können unterschiedliche Anzahlen und Gruppen von Organismen ausgewählt werden.

Wie die Achse der internen Relationen ist die Achse der ausgewählten Phänomene in sich komplex. Die Entfernung eines Punkts vom Nullpunkt bezieht sich sowohl auf die Anzahl der Phänomene (wenige bis „alle"[1]), als auch auf eine qualitative Komponente, da verschiedene Typen von Phänomenen ausgewählt werden können. Wenn zum Beispiel nur eine Interaktions-Variable in der Definition benötigt wird, könnte dies entweder der Phosphor-Kreislauf, der Stickstoff-Kreislauf oder irgend ein anderer Typ von Interaktion sein. Ein bestimmtes Phänomen kann verschiedene Ausprägungen haben. Wenn nur Phanerogamen in die Definition einer Organismengesellschaft einbezogen werden, kann man verschiedene Typen von Gesellschaften beschreiben, z.B. einen Eichen-Hainbuchenwald oder einen Fichten-Tannenwald.

---

[1] Dieses Ende der Achse ist ein rein theoretisches „Idealkonstrukt", da man *de facto* nie „alle" Phänomene beschreiben kann (vgl. auch Kap. 5.2).

Wenn man ein See-Ökosystem unter Einschluß der Nährstoff- und Sauerstoff-Dynamik definiert, kann man so die Typen oligotrophes und eutrophes See-Ökosystem unterscheiden.

Der Auflösungsgrad der Komponenten

Der Grad der Komponentenauflösung (oder seine Umkehrung, der Grad der Aggregation) kennzeichnet den Allgemeinheitsgrad, unter dem ein Element wahrgenommen wird (siehe auch FROST et al. 1988), und wird hier auf der dritten Achse angeordnet (Abb. 5.3). Bei einem niedrigen Auflösungsniveau können die Organismen eines Sees in trophische Ebenen oder Größenklassen aggregiert sein. Man kann, zum Beispiel, den Stickstoff-Fluß zwischen Produzenten, Konsumenten und Destruenten untersuchen. Im Extrem können sogar Variablen wie „Biomasse" ausreichen, um die ökologische Einheit zu charakterisieren. Am anderen Ende der Skala beschreibt eine sehr feine Auflösung die speziellen einzelnen Arten (oder noch feinere Untergliederungen) als die Elemente des Systems. Hier würde – um das obige Beispiel wieder aufzunehmen – der Stickstofffluß zwischen einzelnen Arten und nicht nur Aggregaten von Arten gemessen.

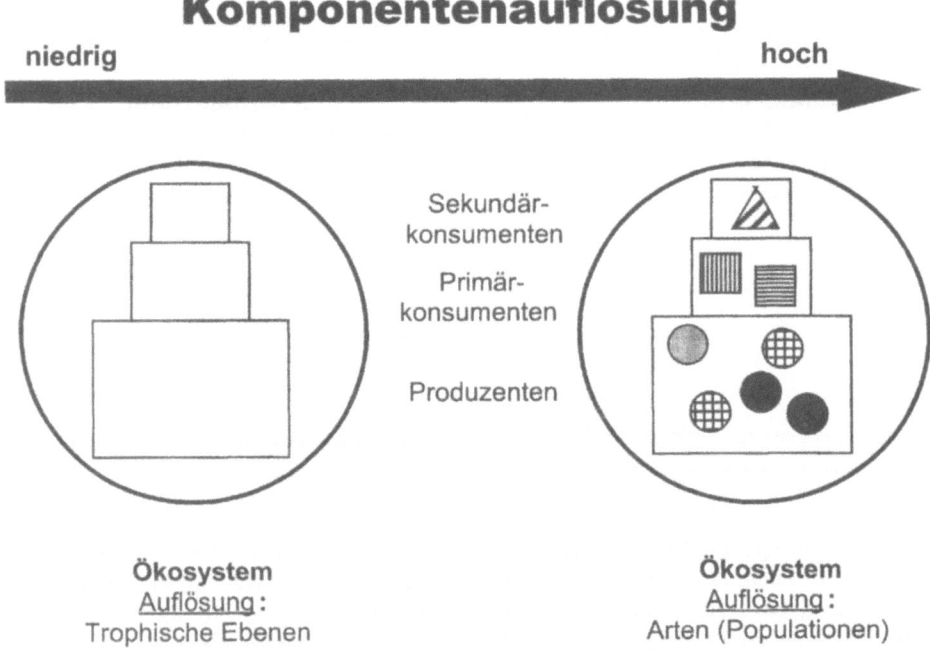

Abb. 5.3 Die Achse der Komponentenauflösung. Trophische Relationen oder Stoffflüsse können auf verschiedenen Ebenen der Komponentenauflösung beschrieben werden, die alle jeweils für bestimmte Definitionen von „Ökosystem" angemessen sein können.

5.1 Der Grundplan

Allgemeinheitsgrad

Wie in Kapitel 4.1 und 4.2 erörtert, stellt jeder Begriff eine Klasse dar, der die Einzeldinge, d.h. konkrete raum-zeitliche Objekte oder andere Begriffe, als Mitglieder angehören. Diese Einzeldinge können auf verschiedenen Allgemeinheits- oder Generalisierungsebenen betrachtet werden, in anderen Worten: als Unterklassen der Begriffe, ähnlich wie in einer taxonomischen Hierarchie. Dabei sind unterschiedliche Stufenfolgen denkbar, abhängig von den jeweiligen Fragestellungen. So kann ein bestimmter See, den man als Ökosystem betrachtet, auf einer sehr hohen Allgemeinheitsstufe als Mitglied der Klasse „Ökosystem" (nach einer bestimmten Definition) betrachtet werden. Die damit verbundene Frage kann z.B. lauten: welche Veränderungen werden den See in einer Weise beeinflussen, daß er aufhört, überhaupt *als Ökosystem* zu existieren? Der selbe See kann in der Reihenfolge zunehmender Konkretheit (d.h. abnehmenden Allgemeinheitsgrads) als ein *See*-Ökosystem betrachtet werden (also als ein besonderer Typus von Ökosystem), als ein bestimmte Art (Typus) eines See-Ökosystems (z.B. oligotrophes See-Ökosystem), oder auf der am wenigsten allgemeinen Ebene, als das See-Ökosystem des Meerfelder Maars im September 2001. Auf dieser untersten Ebene ist die Einheit das einzige Mitglied seiner Klasse. Anders ausgedrückt: es ist ein logisches „Individuum", d.h. ein Mitglied einer Klasse, die ihrerseits keine Klasse mit „Mitgliedern" mehr ist.[2]

Je spezieller die Definition eines Systems, d.h. je kleiner die Extension der jeweiligen Klasse, desto höher ist die erforderliche Komponentenauflösung. Stellt man beispielsweise Fragen über einen See (oder Seen) lediglich in seiner Eigenschaft als „ein Ökosystem", so reicht oft eine Bestimmung des Vorhandenseins bestimmer Kompartimente wie Produzenten, Konsumenten, Destruenten, oder in manchen Definitionen sogar noch allgemeiner, nur die Feststellung, daß Organismen und abiotische Variablen vorhanden sind. In vielen Definitionen ist auch nach einer Verlandung des Sees noch ein (genauer: dasselbe) Ökosystem existent, so wie CLEMENTS (1916) die verschiedenen Sukzessionsstadien der Formation lediglich als Teile (sozusagen Wachstumsstadien) derselben Formation betrachtete. Um Fragen zu behandeln, die den See als einen bestimmten Typ von See-Ökosystem betreffen, z.B. als ein oligotrophes Seen-Ökosystem, muß die Definition zumindest bestimmte Typen von Arten innerhalb jeder der gerade genannten Kategorien beinhalten und/oder spezifische Prozesse wie den Sauerstoffhaushalt des Sees. Das heißt, die Komponentenauflösung muß höher sein, um eine feiner abgestufte Unterscheidung von Systemen zu ermöglichen. Ein anderes Beispiel: während ein Wald-Ökosystem nur eine grobe Auflösung der Typen von Tieren und Pflanzen benötigt, um es als ein solches zu definieren, braucht ein Eichen-Hainbuchen-Wald-Ökosystem eine höhere Komponentenauflösung (die mehr Arten berücksichtigt), um als solches charakterisiert zu werden.

Wichtig ist zu vermerken, daß der Allgemeinheitsgrad nicht einfach mit räumlichen und zeitlichen Maßstäben korreliert ist. Das heißt, die Definition einer Einheit mit einer niedrigen Komponenten-Auflösung (z.B. lediglich auf der Ebene trophischer Kategorien wie Produzen-

---

[2] In einer früheren Publikation (JAX et al. 1998) habe ich im Zusammenhang mit dem Allgemeinheits-grad (dort als „Abstraktionsebene" bezeichnet) ökologischer Einheiten zwischen der Definition und der *Spezifikation* ökologischer Einheiten unterschieden. Dies ist aber lediglich für die Unterscheidung eines Oberbegriffs von einem darunter subsumierten Begriff wichtig. Wenn die Definition von „Ökosystem" als „alle Pflanzen und Tieren und deren abiotische Umwelt in einem Raumausschnitt" gegeben ist, so ist die Angabe der spezielleren Kriterien eines „selbstregulierten Ökosystems" oder eines „See-Ökosystems" eine *Spezifizierung* dieser Definition, ein Spezialfall oder Unterbegriff. Diese Spezialfälle sind aber ihrerseits jeweils wieder durch Definitionen charakterisiert, und was für den einen Autor der Spezialfall eines Ökosystems ist (z.B., daß es selbstreguliert ist), der nur eine Teilmenge aller Ökosysteme betrifft, ist für den anderen notwendiges Definitionskriterium, damit etwa *überhaupt* ein „Ökosystem" genannt werden kann.

ten/Konsumenten) impliziert nicht notwendig einen größeren raum-zeitlichen Maßstab[3] als eine Definition mit einer hohen Auflösung (z.B. auf Artniveau). Die wichtigen Beziehungen, die zwischen Maßstäben und den Kriterien zur Definition ökologischer Einheiten bestehen, werden in Kapitel 5.3 diskutiert.

Ein dreidimensionales graphisches Modell: das SIC-Schema

Wir können nun die oben beschriebenen Achsen zu einem dreidimensionalen graphischen Modell zusammenbauen. Dieses stellt einen abstrakten Raum dar, in dem alle denkbaren ökologischen Einheiten lokalisiert werden können (Abb. 5.4). Wie schon erwähnt, sind alle Achsen in sich komplex. So lassen sich theoretisch weitere Unterteilungen vornehmen oder sogar eine Hierarchie von Achsen erstellen, so daß ein Bearbeiter stärker detaillierte Kriterien anwenden kann (vgl. Kap. 5.3). Diese fallen jedoch stets alle in die breiten Kategorien, die durch die hier vorgestellten drei Achsen gegeben werden. Diese Achsen geben, zusammen mit dem Grenzkriterium, die minimal nötigen Kriterien an, die dargelegt werden müssen, um eine intersubjektiv vermittelbare Definition der jeweils gemeinten ökologischen Einheit durchführen zu können, und insbesondere eine Verbindung empirischer Daten und theoretischer Ideen auf diesem Gebiet zu gewährleisten.

Die zwei grundsätzlichen Arten der Grenzbestimmung von ökologischen Einheiten, nämlich Grenzen aufgrund räumlicher Zuordnung und solche aufgrund funktional-relationaler Zuordnung, müssen strikt auseinandergehalten werden, da sie einander ausschließen (Abb. 5.4a und b). Man kann sagen, daß es sich um zwei unterschiedliche *Eingangstüren* zur Definition ökologischer Einheiten handelt. Einmal im Innenraum des Schemas angekommen, fällt der Unterschied kaum mehr auf. Wenn keine internen Relationen für die Definition der jeweiligen Einheit nötig sind (z.B. bei einer statistischen Definition für klassifikatorische Zwecke) ist die Einheit nur aufgrund räumlicher Zuordnungen definiert. Dieser extreme Fall ist in Abbildung 5.4 ausgeschlossen (angedeutet durch den verschobenen Nullpunkt der Achse der internen Relationen), da hier hinter diesem „Eingang", *per definitionem*, zumindest irgendwelche funktionalen Relationen zwischen den Elementen vorhanden sein müssen, um etwas überhaupt als Einheit in diesem Sinne zu betrachten.

Die vier genannten Kriterien (Grenzkriterium, interne Relationen, ausgewählte Phänomene, Komponentenauflösung) sind das Ergebnis einer Analyse und Systematisierung der vorhandenen Definitionen von ökologischen Einheiten. Trotz dieser „empirischen" Herkunft zeigt sich im nachhinein, daß sich die so erarbeiteten Kriterien auch in eine systemtheoretische Betrachtung ökologischer Einheiten einfügen, indem in ihnen – geerdet durch den Bezug zur konkreten ökologischen Forschung – die wesentlichen allgemeinen Charakteristika von Systemen wiedergegeben werden. Jedes System wird zum einen durch eine Trennung von innen und außen bestimmt (System und Umgebung). Dies geschieht im vorliegenden Fall durch die Grenzkriterien, hier als Dichotomie (2 Zugangstüren) angeordnet.

---

[3] In der Geographie und Kartographie ist ein großer Maßstab einer, der ein kleines Gebiet umfaßt: eine Wanderkarte im Maßstab 1:5000 hat einen großen Maßstab, eine Straßenkarte im Maßstab 1:100000 einen kleineren. In der Ökologie hat sich genau die umgekehrte Bezeichnungsweise eingebürgert: hier wird eine Untersuchung, die ein großes Gebiet umfaßt und nur wenig Details auflöst, als eine mit großem Maßstab bezeichnet, eine hochauflösende, kleinräumige dagegen als eine im kleinen Maßstab (vgl. WIENS 1989 u. s. Kap. 5.3). Ich folge hier dem in der Ökologie üblichen Sprachgebrauch.

5.1 Der Grundplan

a **TOPOGRAPHISCHE GRENZEN**

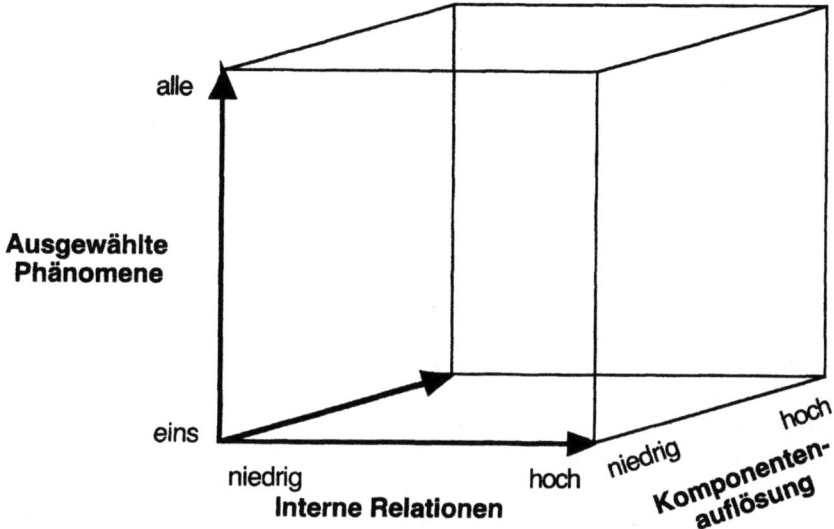

b **FUNKTIONALE GRENZEN**

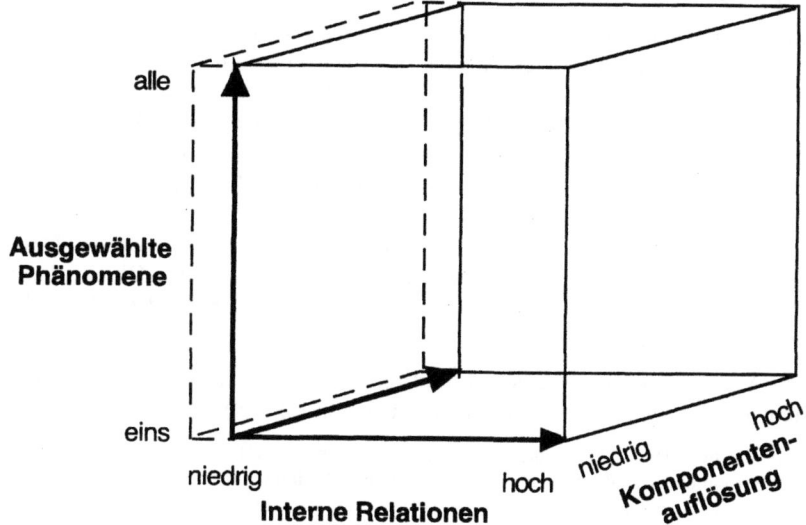

Abb. 5.4 Ein graphisches Modell zur Definition von ökologischen Einheiten (siehe Text).

Die Spezifikation der das System bildenden Elemente und aller im System relevanten Interaktionen geschieht auf der Achse der ausgewählten Phänomene (englisch: „selected phenomena": S-Achse). Die Interaktionen selbst werden über die Achse der internen Relationen näher bestimmt, (I-Achse). Schließlich wird die Auflösung der Elemente in der Achse der Komponentenauflösung noch einmal näher spezifiziert (engl.: component resolution: C-Achse).

Damit stellt das Modell Informationen über vier maßgebliche Systemcharakteristika in einem ökologischen Bedeutungskontext zur Verfügung. Ich werde es im folgenden das „SIC-Modell" nennen, entsprechend den englischen Anfangsbuchstaben der Achsenbezeichnungen.

5.2 Erste Anwendungen des SIC-Modells

Das in Kapitel 5.1 skizzierte Modell hat viele Anwendungsmöglichkeiten, von denen einige im folgenden näher erläutert werden und die auch in Kapitel 6 anhand eines empirischen Fallbeispiels aus dem Naturschutzmanagement in ihrer unmittelbaren Praxisrelevanz dargestellt werden. Für manche Fälle dieser Anwendungen wird es nötig sein, die hier sehr einfach dargestellten Achsen in ihrer Komplexität weiter aufzulösen, d.h. das Modell zu verfeinern. Dazu wird in Kapitel 5.3 einiges gesagt werden. Ich werde aber die möglichen Anwendungen des Modells weitestgehend am oben vorgestellten Basisschema erläutern. Zum einen gibt es viele Fragestellungen, die bereits mit dem graphischen Modell von Abbildung 5.4 mit großem Gewinn bearbeitet werden können. Zum anderen ist das *Prinzip des Vorgehens* auch in den anderen Fällen nicht nur in ausreichender Weise, sondern sogar weit klarer am Grundschema aufzeigbar, indem es nicht in einer verwirrenden Menge von Details untergeht.

Visualisierungen verschiedener Definitionen

Die erläuterten Kriterien (das Grenzkriterium und die durch die drei Achsen gegebenen Kriterien) dienen dazu, die notwendigen Angaben für eine intersubjektiv nachvollziehbare Definition jeglicher ökologischer Einheiten sozusagen in Form einer Checkliste zur Verfügung zu haben. Die graphische Darstellung eröffnet aber darüber hinaus die Möglichkeit schneller Vergleiche verschiedener Definitionen durch deren „Visualisierung". Das vorgestellte Schema ist dadurch ein effizientes Mittel, um explizit über die ökologische Einheit zu kommunizieren, die im Zentrum einer bestimmten Studie oder Anwendung steht. Sie erlaubt sehr schnell und einfach eine erste Orientierung, ob die von verschiedenen Personen benutzten Definitionen der Einheit tatsächlich den selben Begriff meinen und dasselbe konkrete Objekt damit abgrenzen oder nicht. In Abbildung 5.5 sind drei verschiedene Definitionen des Begriffs „Ökosystem" in das Schema eingeordnet.

<u>Definition A</u> stellt eine „klassische" Definition im Sinne einer systemtheoretisch orientierten Ökosystem-Auffassung, dar, wie sie im Lehrbuch von E.P. ODUM gegeben wird:

> "Any unit that includes all of the organisms (i.e., the 'community') in a given area interacting with the physical environment so that a flow of energy leads to clearly defined trophic structure, biotic diversity, and material cycles (i.e. exchange of materials between living and nonliving parts) within the system is an ecological system or *ecosystem*." (E.P. ODUM 1971, p. 8)

5.2 Erste Anwendungen des SIC-Modells

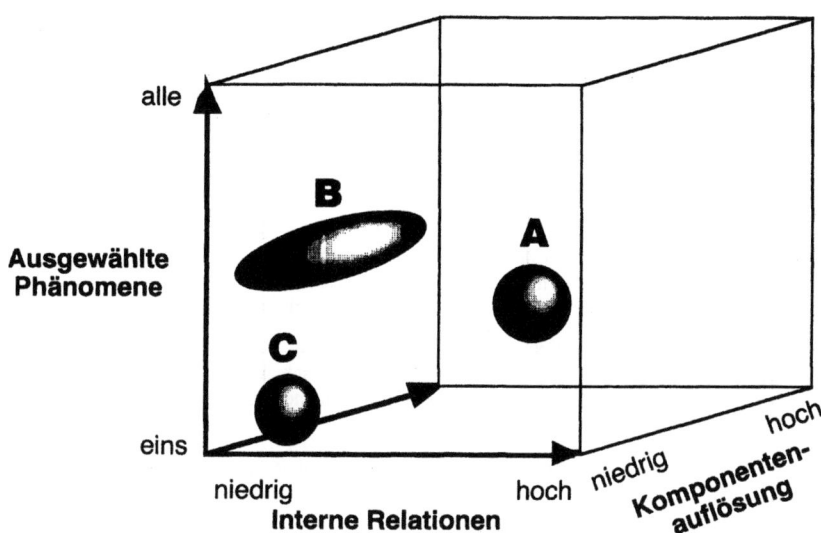

Abb. 5.5 Verschiedene Definitionen von „Ökosystem". A: E.P. ODUM (1971), B: KLIJN & UDO DE HAES (1994), C: STÖCKER (1979). Vergleiche Text.

Es wird eine mittlere Anzahl von *ausgewählten Phänomenen* als notwendig erachtet: Diversität, Stoffflüsse, Energiefluß. Die genannten Komponenten und internen Relationen bleiben wenig spezifisch, d.h. es werden keine speziellen Arten von Stoffflüssen oder Organismentypen genannt.

Die als notwendig erachteten *internen Relationen* sind hoch („klar definierte trophische Struktur und Stoffkreisläufe"), ohne jedoch hier genau spezifiziert zu werden, da die Definition einen allgemeinen Charakter hat und nicht ein spezielles System beschreibt.

Die *Komponenten-Auflösung* hingegen ist niedrig; es ist lediglich von „Organismen" und „trophischen Ebenen" die Rede, ohne, daß bestimmte Arten oder funktionale Typen von Organismen genannt werden.

Definition B ist eine musterbasierte Definition aus dem Bereich der geographisch orientierten Ökologie und stammt von KLIJN & UDO DE HAES:

> "Ecosystems are defined as communities in relation to their environment. (...)
> In most instances, ecosystems are distinguished because they appear relatively homogeneous when compared with its surroundings. They may be considered as homogeneous constellations of abiotic and biotic ecosystem characteristics." (KLIJN & UDO DE HAES 1994, p. 90ff)

Aus dem weiteren Text des Aufsatzes, dem das Zitat entnommen ist, ergibt sich daß die Anzahl der *ausgewählten Phänomene* auch hier im mittleren Bereich liegt (Artenliste, Klimavariablen, geomorphologische Variablen) und man sieht ebensowenig wie bei ODUM „alle" möglichen Variablen eines Raumausschnittes als entscheidend für die Definition eines Ökosystems an.

Die als notwendig erachteten *internen Relationen* sind niedrig, da es um eine geographisch orientierte Fragestellung und daher um eine weitgehend musterbasierte Definition geht, bei der eine Ausprägung von internen Relationen zwar angenommen wird, aber nicht entscheidend dafür ist, ob das (räumlich abgegrenzte) Objekt als Ökosystem angesehen wird oder nicht.

Die *Komponenten-Auflösung* schließlich variiert und ist abhängig von der räumlichen Skala des jeweiligen Systems (Klima bis Art), da die Autoren eine räumlich geschachtelte Hierarchie von Ökosystemen betrachten.

Definition C stellt eine – nach Aussage ihres Autors Gerhard STÖCKER – „maschinentheoretische" Definition eines Ökosystems dar.

"Ein Ökosystem ist ein biologisches System, das aus den Wechselwirkungen aller (oder einer begrenzten Zahl) biotischer und abiotischer Compartments (Elemente) untereinander und mit ihrer abiotischen und biotischen Umgebung (definierte Ausschnitte der Biosphäre) in einer diskreten Zeit gebildet wird.

Die Festlegung einer Minimal-Dimension und des biologischen Inhalts von Ökosystemen bedeutet, daß praktisch mindestens 2 Compartments (A, B) mit ihrer taxonomischen oder ökologisch-funktionellen Zuordnung gegeben sein müssen und eine Koppelung besteht. Wenigstens eines der Compartments muß biologischer Natur sein." (STÖCKER 1979, p. 166f.)

Hier werden sehr wenige *ausgewählte Phänomene* benötigt, ebenso sind die minimal notwendigen *internen Relationen* extrem niedrig (jede funktionale ökologische Beziehung zwischen den Elementen). Auch die *Komponenten-Auflösung* ist gering, da jedes unspezifizierte Compartment ausreicht, sofern mindestens eines davon Organismen enthält.

Es wird deutlich, daß die drei Definitionen weit auseinanderliegen. Ein Objekt, das nach der STÖCKERschen Definition schon ein Ökosystem ist, z.B. ein System aus Frosch und Wasserpfütze, ist es für ODUM ebensowenig wie für KLIJN & UDO DE HAES, und auch viele der Ökosysteme nach den Definitionen von KLIJN & UDO DE HAES dürften die ODUMschen Forderungen nach Stoffkreisläufen und klar definierten trophischen Strukturen nicht erfüllen. Ökosystemtheorien, die auf den unterschiedlichen Definitionen aufbauen, umfassen also ganz verschiedene Objektbereiche (Extensionen) und werden so auch in ihrer Aussagekraft stark variieren.

Als zweites Beispiel für einen Vergleich sind in Abbildung 5.6 einige der in Kapitel 3 eingeführten unterschiedlichen Definitionen von Organismengesellschaft dargestellt. Definition A bezeichnet hier die Biozönose von MÖBIUS (1877). Die Definition geht von vielen Phänomenen aus (Achse der ausgwählten Phänomene: alle Arten, diverse Prozesse), fordert einen hohen Grad an internen Relationen, inklusive Gleichgewichtsbedingungen und Selbstregulation (Achse der internen Relationen), und ist bis zum Artniveau aufgelöst (Achse der Komponentenauflösung), redet also noch nicht in irgendeiner Form von funktionalen Gruppen. Ganz anders die in Definition B dargestellte community PETERSENs (1913), die mit einer begrenzten Anzahl von Indikatorarten auskommt und keine Interaktionsvariablen benötigt (Achse der ausgewählten Phänomene), demgemäß auch am Nullpunkt der Interaktions-Achse steht. Auf der Komponentenauflösung-Achse ist die Auflösung jedoch die gleiche wie bei MÖBIUS, da die Arten nicht in irgendeiner Weise (z.B. taxonomisch oder nach Größenklassen) aggregiert werden. Die Definition der community durch CLEMENTS (1916)(Definition C) liegt der von MÖBIUS näher, ist aber niedriger auf der Phänomen-Achse einzuordnen, da weniger Prozeßvariablen relevant sind als bei Möbius, der z.B. auch Nahrungsbeziehungen berücksichtigt. GLEASONs (1926, 1939) individualistischer community-Begriff (Definition D) differiert davon erwartungsgemäß stark. Zwar sind Interaktionen in seinem community-Verständnis vorhanden oder impliziert, aber in sehr unspezifischer Weise (Interaktions-Achse). Entsprechend etwas geringer sind auch bei ihm die ausgewählten Phänomene (Phänomen-Achse), mehr jedoch als

5.2 Erste Anwendungen des SIC-Modells

bei PETERSEN, da es um alle Arten geht. Das Auflösungsniveau (Achse der Komponentenauflösung) ist auch hier das der Art (auch wenn GLEASON oft vom Individuum redet; dieses wird aber immer als Repräsentant seiner Art aufgefaßt).

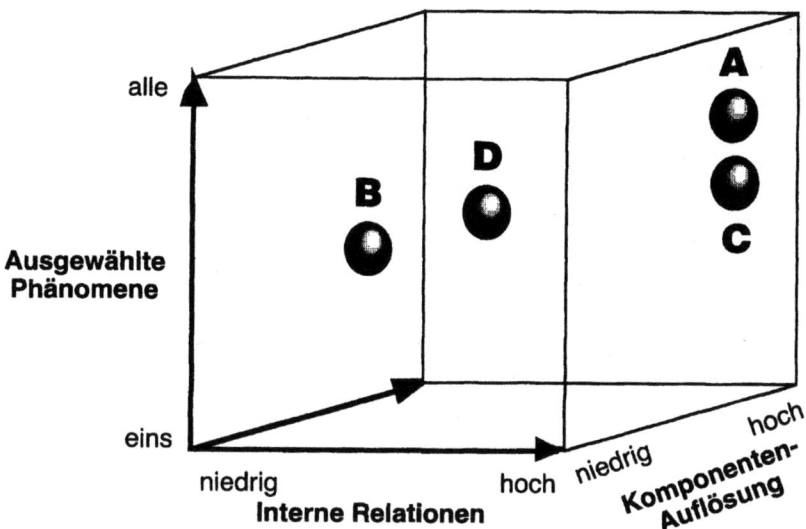

Abb. 5.6 Verschiedene Definitionen von Organismengesellschaft: A: MÖBIUS (1877), B: PETERSEN (1913), C: CLEMENTS (1916), D: GLEASON (1926)

Die vergleichende Darstellung, ebenso wie der Versuch, einzelne Definitionen in das hier gegebene Schema einzuordnen, kann nicht nur dazu verhelfen, Unterschiede und Ähnlichkeiten in den Definitionen besser zu erkennen, sondern auch dazu, Defizite innerhalb der Formulierung einzelner Definitionen aufzudecken. So kann deutlich werden, an welchen Stellen ein erhöhter Konkretisierungsbedarf bei den Angaben zu einzelnen der Kriterien nötig ist, um die Definitionen in der jeweils angestrebten Schärfe zu konstruieren.

Die Selbstidentität ökologischer Einheiten

Eine wichtige Anwendung des Schemas ist seine Benutzung zur Beantwortung von Fragen nach dem, was ich in einer früheren Veröffentlichung (JAX et al. 1998) bereits als die „Selbstidentität" ökologischer Einheiten bezeichnet habe. Damit ist gemeint, ob eine Einheit sich über die Zeit selbst gleich (mit sich selbst „identisch") geblieben ist, oder ob sie zerstört bzw. eine andere geworden ist.[4]

---

[4] Ich bin von philosophischer Seite wegen der Verwendung des Wortes „Selbstidentität" kritisiert worden, da sich „selbst" in der Philosophie im allgemeinen auf die Identität menschlicher Individuen bezieht. Dieser Vergleich ist von mir *nicht* beabsichtigt. Ich habe bislang aber noch kein besseres Wort gefunden, um das, was ich hier mit „Selbstidentität" meine, zu bezeichnen. Am ehesten trifft es der ziemlich sperrige Aus-

Problemstellung

Ausgangspunkt der Frage ist die alltägliche Beobachtung, daß die belebte Natur sich, schon aufgrund von Stoffwechselprozessen der Organismen, in ständiger Veränderung befindet. Trotz dieser ständigen Veränderung nehmen wir auch gleichzeitig eine Art von Konstanz in der Natur wahr und erst diese (scheinbare) Konstanz ermöglicht es uns, *ein und dasselbe* Objekt zu zwei verschiedenen Zeitpunkten zu untersuchen. Ein Wald verändert sich über die Jahre, indem neue Schößlinge auftauchen, alte Bäume zusammenbrechen, junge Bäume wachsen etc., aber wir sprechen immer noch vom „selben" Wald. Eine Wiese bleibt trotz (oder gerade wegen) des ständigen Gemähtwerdens eine Wiese. Aber wäre der Wald, den wir kennen, noch derselbe, wenn er abgebrannt und neu gewachsen wäre? Handelt es sich immer noch um den „selben" Wald, das selbe Ökosystem oder die selbe Organismengesellschaft? Oder: wenn langsam neue Pflanzenarten in eine Wiese oder einen Wald einwandern und allmählich die Artenzusammensetzung verändern: wann würden wir sagen, daß es ein anderer Wald, eine andere Wiese geworden ist als die, welche vorher da war?

Diese Fragen sind alles andere als akademisch. Es ist eine gängige Ausdrucksweise, von der Zerstörung eines Waldes oder eines Ökosystems zu reden. Ökologen werden häufig nach den Belastungsgrenzen von Ökosystemen oder Populationen gegenüber menschlichen Einflüssen, wie Schadstoffeinträgen oder dem Verschwinden von Arten, gefragt. Die Antworten sind meist vage, weil nicht klar ist, was eine „totale" Veränderung einer ökologischen Einheit darstellt, in Abgrenzung zu einer trivialen oder geringfügigen Änderung. Die Frage nach der Identität einer ökologischen Einheit ist also in vielerlei Hinsicht von Bedeutung.

Das Thema wird selten explizit angesprochen, ist aber implizit Gegenstand vieler ökologischer Arbeiten. Die Frage, ob ökologische Einheiten über geologische Zeiträume die selben geblieben sind, ist eine zentrale Frage, die von Paläoökologen gestellt wird (z.B. BEHRENSMEYER et al. 1992). Ökologen, die sich mit heutigen Systemen beschäftigen, stehen oft vor der Frage der Selbst-Identität ökologischer Einheiten in Hinblick auf die Abschätzung menschlicher Einflüsse auf diese Einheiten. So fragte WOODWELL (1975), ob es Schwellenwerte für die Toleranz gegenüber menschlichen Einwirkungen auf der Ebene ganzer Ökosysteme gebe oder nur für bestimmte Arten als Teile dieser Ökosysteme. Während er die Frage im letzteren Sinne beantwortet, gibt es nach wie vor Versuche, mit der Identität größerer Systeme umzugehen. Dies findet seinen Niederschlag bei der Formulierung von Zielen der „Restaurierungsökologie" („restoration ecology"), wo Forderungen nach ökologischen Referenzsystemen gestellt werden (siehe ARONSON et al. 1993, 1995) bzw. nach der Bestimmung der Minimaleigenschaften, die ein System erfüllen sollte (z.B. JORDAN et al. 1987, HOBBS & NORTON 1996). Wenn Restaurierungs-Ökologen sich darum bemühen, „zerstörte" oder „degradierte" ökologische Einheiten wieder (neu) herzustellen, so müssen sie Ziele für ihre Aktivitäten formulieren. Die Wiederherstellung ökologischer Einheiten wird manchmal mit der Restaurierung eines alten Bildes verglichen, das zwar „degradiert" ist, aber dessen Grundlinien immer noch sichtbar sind (ARONSON et al. 1993). Ein entsprechendes Ziel wird oft für ökologische Einheiten gesucht: die grundlegenden Linienmuster werden als Ziel für Erhaltung oder Restaurierung anvisiert. Es bestehen jedoch beträchtliche Meinungsunterschiede darüber, was diese Grundlinien sind. Während einige Wissenschaftler Ökosysteme auf einem sehr allgemeinen Niveau, basierend auf Konzepten wie Stoff- und Energieflüssen (z.B. BROWN & LUGO 1994), restaurieren wollen,

---

druck „Selbstähnlichkeit in der Zeit" (s.u.), aber auch dieser hinkt, da es nicht um *irgendeine* Ähnlichkeit geht, sondern um eine, die ausreicht, um immer noch von *dieser* Einheit (oder diesem Typus von Einheit) reden zu können.

5.2 Erste Anwendungen des SIC-Modells

sehen andere es nicht als ausreichend an, nur diese Interaktionen wieder herzustellen, sondern halten die Wiederherstellung eines bestimmten Arteninventars oder gar lokaler Genotypen für notwendig, um die „Essenz" des Ökosystems zu erfassen (ASHBY 1987). Die Entwicklung von Leitbildern im deutschen Naturschutz (z.B. WIEGLEB 1994) ist ein Ansatz, die erwünschten Zustände für den Schutz oder die Restaurierung ökologischer Einheiten zu formulieren. Die Erstellung von Leitbildern bezieht dabei explizit historische Bedingungen und gesellschaftliche Interessen in die Formulierung von Restaurierungszielen mit ein (JAX & BRÖRING 1994). In diesen und anderen Versuchen, ökologische Einheiten zu restaurieren, ist die Frage danach, was die Identität der (zerstörten) Einheiten ausmacht(e), implizit enthalten. Andere theoretische Ansätze, in denen die Frage der Selbst-Identität implizit mitspielt, sind Versuche, „Ökosystem-Gesundheit" zu definieren (RAPPORT 1989, KOLASA & PICKETT 1992, COSTANZA et al. 1992), und essentielle Kriterien für die Erhaltung ganzer Organismengesellschaften und Ökosysteme zu ermitteln (z.B. MCNAUGHTON 1989).

Identität kann, um eine formale Definition zu geben, in diesem Sinne, in Anlehnung an SCHENK (1990), als Konstanz aller invarianten Eigenschaften einer Einheit verstanden werden, d.h. jener Eigenschaften, welche die Einheit definieren. Aussagen über die Identität einer ökologischen Einheit mit sich selbst über die Zeit sind daher nur möglich, wenn eine genaue Definition der jeweiligen Einheit gegeben ist. Dies kann mit Hilfe des oben vorgestellten Modells gewährleistet werden.

Anwendung des SIC-Modells

Die Anwendung des Modells auf die Frage der „Selbstidentität" bezieht sich immer auf konkrete Objekte und die Betrachtung (und oft Beurteilung) ihrer zeitlichen Entwicklung. Dazu wird das SIC-Schema in einem Dreischrittverfahren benutzt.

Schritt 1: Zunächst muß eine Definition der interessierenden ökologischen Einheit gegeben werden. Diese ist der Referenzzustand (baseline) des Systems. Wenn eine bestimmte Studie verschiedenen Zielen dient, Kombinationen von Grundlagenforschung und der Erhaltung bestimmter Teile der Natur (d.h. Naturschutzfragen) etwa, kann die Definition eine intensive Diskussion erfordern, bevor Übereinstimmung erreicht wird. Das Initiieren dieses Prozesses ist für sich selbst schon ein sehr wichtiger Nutzen des Verfahrens. Ist einmal Übereinstimmung erreicht, so kann die resultierende Definition visualisiert und als Koordinate im Modellraum fixiert werden.

Schritt 2: Die Definition aus Schritt 1 wird nun auf das jeweilige Objekt der Untersuchung angewendet. Das bedeutet, es ist notwendig zu testen, ob das Untersuchungsobjekt die Bedingungen der Definition erfüllt. Wenn es dies tut, wird das Objekt durch dieselbe Koordinate im Modellraum repräsentiert. In einigen Fällen jedoch kann sich herausstellen, daß das Objekt keine ökologische Einheit im Sinne der in Schritt 1 gegebenen Definition darstellt. Wenn eine Biozönose z.B. durch einen hohen Grad selbstregulatorischer interner Beziehungen definiert ist, würde die untersuchte Ansammlung von Organismen keine Biozönose darstellen, falls die Interaktionen zwischen den Organismen locker und ständig veränderlich wären, oder wenn es gar keine Interaktionen zwischen ihnen gäbe. In diesem Falle wird die Frage nach der Identität dieses Objektes als Biozönose – *im Sinne dieser spezifischen Definition* – bedeutungslos. Sie kann jedoch unter einer neuen, anderen Definition erneut und sinnvoll gestellt werden.

Schritt 3: Wenn die Definition auf das Untersuchungsobjekt angewandt werden kann und die Systemeigenschaften präzise beschrieben werden, dienen diese als Referenzgrößen für den Vergleich mit Zuständen des Systems zu einem späteren Zeitpunkt. Um die Identität des Objekts in der Zeit zu bestimmen, muß dieses wieder unter exakt der gleichen Systemdefinition untersucht werden, wie sie durch seine Ausgangsposition innerhalb des abstrakten SIC-Raums charakterisiert wurde. Ein Vergleich der aktuellen Eigenschaften des Systems mit seinen früheren kann dann Informationen darüber geben, ob das Objekt seine Identität als eine ökologische Einheit von der zuvor spezifizierten Art bewahrt hat oder nicht.

Eine Verlust der Identität wird dadurch angezeigt, daß das Objekt nicht mehr die Bedingungen der Ausgangsdefinition erfüllt. Das heißt, entweder die Ausprägung der ausgewählten Phänomene hat sich verändert, oder der Grad der internen Relationen. Der erste Fall tritt als ein Übergang zwischen verschiedenen Werten (Typen) einer Variable, z.B. als Übergang von einer pflanzensoziologischen Assoziation zu einer anderen auf. Er resultiert in einem Verlust der ursprünglichen (d.h. früheren) Identität des Objekts, wenn diese in Schritt 1 als die interessierende ökologische Einheit festgelegt wurde. Auch wenn das Objekt nicht mehr am selben Punkt innerhalb des abstrakten Raumes gefunden werden kann, z.B. wenn die ursprünglich ausgewählten Phänomene ganz oder teilweise fehlen, oder wenn sich der Grad der internen Relationen verändert hat, ist das System zerstört und hat auch seine Identität verloren.

Veränderungen in den Koordinaten zwischen den beiden Untersuchungszeitpunkten können auch dadurch verursacht werden, daß der Beobachter die Systemdefinition verändert. Diese Möglichkeit muß sorgfältig überprüft werden, um Artefakte zu vermeiden. Eine der wichtigsten Anwendungen des vorgestellten Schemas ist es, solche „zufälligen" Verschiebungen während einer Untersuchung zu vermeiden. Insoweit kann das genannte Verfahren auch unabhängig von Fragen des Naturschutzes innerhalb der Grundlagenforschung helfen, eine konstante, klar definierte Beobachtungsperspektive einzuhalten.

Bei der Anwendung des Schemas in der gerade beschriebenen Weise muß als ein weiterer methodologischer Aspekt noch die Frage des zeitlichen Maßstabes berücksichtigt werden, auf den ich schon hier hinweisen will, der aber im Verlauf von Kapitel 5.3 noch eingehender behandelt wird. Wenn die ausgewählten Phänomene einer Einheit ausgeprägte saisonale Periodizitäten zeigen, so müssen diese dadurch berücksichtigt werden, daß entweder über diese Perioden integriert („gemittelt") wird oder indem klar Bezugspunkte innerhalb der jeweiligen Zyklen festgelegt werden, so daß, um ein triviales Beispiel zu nennen, bei einem See-Ökosystem in gemäßigten Breiten immer ein Sommerzustand mit einem Sommerzustand verglichen wird.

Es muß darauf hingewiesen werden, daß der Begriff der Selbst-Identität, so wie er im vorliegenden Text verwendet wird, in erster Linie einer der *Selbst-Ähnlichkeit* ist. Das heißt, das untersuchte Objekt ist zu beiden Beobachtungszeitpunkten Element der selben, durch die Definition der Einheit charakterisierten Klasse. Man kann aber vernünftigerweise zwischen einer engen und einer weiten Bedeutung von Selbst-Identität unterscheiden. In der engen Bedeutung meint Selbst-Identität nicht nur die Zugehörigkeit eines Objekts zur gleichen Klasse, sondern auch die raumzeitliche Kontinuität desselben. In dieser engen Bedeutung des Begriffs wäre ein Wald, der nach einem Kahlschlag neu angepflanzt würde, nicht mehr „derselbe", auch wenn alle hier aufgeführten Kriterien der Selbstähnlichkeit im obigen Sinne erfüllt wären. Das Gegebensein einer solchen raumzeitlichen Kontinuität ist jedoch in den meisten ökologischen Systemen schwer abschätzbar. Daher muß in den meisten Fällen die hier eingeführte weite Bedeutung des Begriffs der Selbst-Identität als erste Näherung angewandt werden.

Selbstidentität und die Vielfalt der Definitionen

Im Vorgriff auf Kapitel 5.4 bietet es sich an, die unterschiedlichen Bereiche des durch das SIC-Schema aufgespannten Raumes auszuleuchten und nach den Konsequenzen zu fragen, die

5.2 Erste Anwendungen des SIC-Modells

diese verschiedenen Bereiche für die Frage nach der Selbstidentität der darin definierten ökologischen Einheiten haben. Es gibt bestimmte Teilräume, in denen die Identität ökologischer Einheiten undefiniert ist bzw. für die meisten möglichen Fragestellungen nicht brauchbar ist. Ökologische Einheiten die an den beiden extremen Enden der Achse der Komponentenauflösung und der Achse der ausgewählten Phänomene liegen, erweisen sich als problematisch. Einheiten am unteren Ende der Achse der Komponentenauflösung werden ihre Identität unter fast allen Umständen bewahren. Ein Ökosystem auf der Auflösungsebene der zwei Kompartimente Organismen und „abiotische Faktoren" wird nur dann zerstört sein, wenn alle Organismen zerstört sind. Solange dies nicht passiert, bleibt es „dasselbe", ungeachtet jeglicher Veränderung seiner Bestandteile. Auf diesem Extrem wird die Idee der Identität fast unter jeder Perspektive bedeutungslos. Am anderen Ende der Achse wird das Objekt so fein aufgelöst, daß *jede* Veränderung die Identität des Systems beeinträchtigen würde. Dasselbe kann für die ausgewählten Phänomene gesagt werden. Auch gilt, daß bei einer sehr hohen Anzahl an ausgewählten Phänomenen, die Chance, daß zumindest ein Element nach einer Veränderung verschwunden ist, sehr hoch ist und so die Zerstörung des Systems auf dieser höchsten Ebene sehr wahrscheinlich wird. Am anderen Ende der Achse, mit sehr wenig ausgewählten Phänomenen, wird die Wahrscheinlichkeit eines Identitätsverlusts je nach der Art der ausgewählten Variable entweder sehr hoch oder sehr niedrig sein.

Neben diesen methodologischen Erwägungen existieren am oberen Ende der Phänomen-Achse grundlegende Operationalisierungsprobleme. Je höher man nämlich auf dieser Achse fortschreitet, desto unpraktikabler wird es, die zahllosen Variablen zu beschreiben und zu messen. Wenn „alle" Phänomene berücksichtigt werden, wird es unmöglich, das System zu beschreiben. Im Prinzip gibt es nämlich eine unendlich große Zahl von Variablen (Phänomenen) die genutzt werden können, um eine ökologische Einheit wie ein Ökosystem zu beschreiben. Um jedoch naturwissenschaftlich zu arbeiten, ist eine Fokussierung nötig. Daher ist der obere Bereich der Phänomen-Achse vom praktischen Standpunkt her ohne Nutzen.

Auf der Interaktions-Achse wird die Gefahr, daß eine Einheit ihre Identität verliert, deutlich mit einem höheren Grad an internen Relationen wachsen, da dies mit einem höheren Grad an Ordnung oder Organisation einhergeht.

Während so die Bereiche an den Enden der Achsen entweder bedeutungslos oder zumindest hochproblematisch für die Abschätzung der Identität ökologischer Einheiten in der Zeit sind, erlauben Systeme im mittleren Bereich der Achsen die breiteste Anwendung und größte Präzision von solchen Aussagen für viele verschiedene Zwecke.

Die verschiedenen Definitionen der Abbildungen 5.5 und 5.6 umfassen verschiedene Ausschnitte des abstrakten Raumes und schränken die Menge der möglichen Objekte ein, deren Selbstidentität in der Zeit durch sie beurteilt werden kann.

Fazit: Theorien und Objekte

Die beiden Anwendungsbeispiele zeigen, daß das SIC-Modell in sehr unterschiedlichen Bereichen genutzt werden kann. Es ist sowohl für allgemeine theoretische Überlegungen nutzbar als auch für angewandte Fragestellungen, wie sie z.B. im Umwelt- und Naturschutz auf der Tagesordnung stehen (vgl. Kap. 6). Das Modell entwickelt seine größte Kraft und Präzision in der Anwendung von Definitionen auf konkrete Objekte von empirischen Studien. Es kann aber auch nützlich sein, um die Reichweite und Grenzen verschiedener theoretischer Ansätze innerhalb der Ökologie zu untersuchen. Darauf wird in Kapitel 5.4 noch näher zurückzukommen sein. Zunächst soll jedoch darauf eingegangen werden, wie das Schema für eine konkrete Anwendung weiter verfeinert und parametrisiert werden kann, d.h., wie Definitionen für ökologische Einheiten in möglichst intersubjektiver und klarer Form konstruiert werden können.

5.3 Die Feinstruktur des SIC-Modells

In diesem Kapitel geht es um eine Verfeinerung der Kriterien, die in Kapitel 5.1 als die entscheidenden zur Definition von ökologischen Einheiten beschrieben wurden.

In Kapitel 5.1 wurde mehrfach darauf hingewiesen, daß alle Achsen in sich komplex seien und möglicherweise sogar in eine Hierarchie von Achsen aufgelöst werden könnten. Bei der nun folgenden genaueren Bestimmung der Kriterien wird bewußt auf den Versuch verzichtet, diese zusätzliche Komplexität erneut in Form eines graphischen Gesamtmodells darzustellen. Ein solches Modell würde in seiner Detailvielfalt wichtige Vorteile des bisherigen einfachen Modells, nämlich seine Anschaulichkeit, und damit seinen didaktischen und seinen heuristischen Nutzen, wieder zunichte machen.

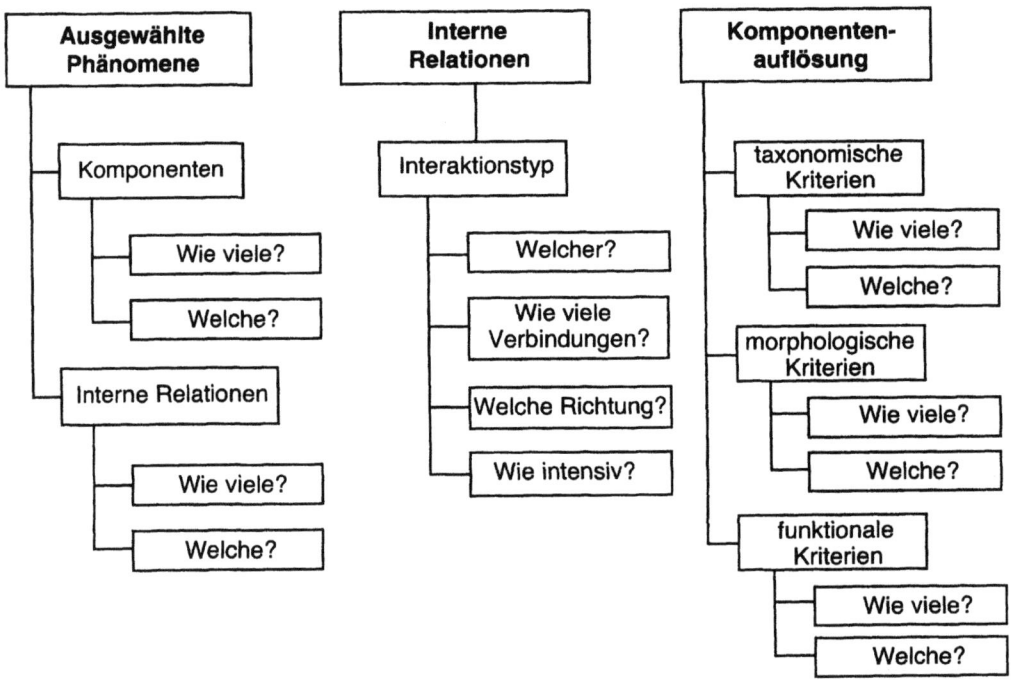

Abb. 5.7   Die Feinstruktur des SIC-Modells. Siehe Text

Die weitere Analyse der einzelnen Achsen folgt statt dessen dem Schema eines Aufklappmenüs, wie es in Abbildung 5.7 dargestellt ist. Dieses Schema läßt sich als eine Art von „Abfragebaum" benutzen, indem man nach und nach die für die Definition notwendigen Parameter einsetzt. Bei diesem Schema sind nur die drei Achsen, nicht aber das Grenzkriterium berücksichtigt, welches ich gesondert behandele. Mit dem Grenzkriterium beginne ich auch die Ausführungen zur Verfeinerung des Modells. Am Ende des Kapitels werde ich zudem ausführlich auf die wichtige Bedeutung von räumlichen und zeitlichen Maßstäben für die Definition von ökologischen Einheiten eingehen.

Grenzkriterium

Wenn ich bei der Definition ökologischer Einheiten im folgenden von Grenzen spreche, so meine ich immer Grenzen, welche *im Raum* realisiert werden, und nicht Grenzen, wie sie zwischen den Klasseneinteilungen z.B. von verschiedenen Assoziationen (d.h. Assoziationstypen) oder Typen von Ökosystemen (z.B. oligotrophe vs. eutrophe See-Ökosysteme) bestehen. Es ist wichtig, diese beiden Arten von Grenzen nicht zu verwechseln. Grenzen im Raum können beschrieben werden, ohne daß je eine Typisierung der durch die Grenzen getrennten Objekte nötig ist, d.h. selbst wenn jedes Objekt einzigartig ist – so wie man jedes Sandkorn an einem Strand gegen andere bzw. seine Umgebung abgrenzt, ohne deshalb Grenzen zwischen Sandkorn*typen* beschreiben bzw. definieren zu müssen.

Grenzen sind deshalb so wichtig für die Definition ökologischer Einheiten, weil, im Gegensatz zum Organismus oder vielen Gegenständen des täglichen Lebens, das konkrete Objekt, das den „Fall" des Begriffes Ökosystem oder Organismengesellschaft bildet (der Bestand der Vegetationskundler beispielsweise), für uns nicht offensichtlich ist (vgl. Kap. 4.2). Die Grenzen eines Objekts sind maßgeblich, um es im Raum überhaupt *als Objekt* erfassen zu können. Bei ökologischen Einheiten wird jedoch, aufgrund der Vielfalt der möglichen Verständnisse der Begriffe und des Fehlens einer allgemein akzeptierten Praxis, das Objekt in viel stärkerem Maße als bei den uns vertrauten Gegenständen des Alltags erst durch die explizite Definition konstituiert.

Topographische und funktionale Grenzen im Vergleich

Die Wahl eines Grenzkriteriums hängt von der jeweiligen Fragestellung ab und besonders davon, in welchem theoretischen Kontext die zu definierende Einheit steht. Es muß zunächst noch einmal betont werden, daß die Vorentscheidung über funktionale *oder* topographische Grenzen eine prinzipielle und einander ausschließende ist. Wie ich in Kapitel 3.3 erläutert habe, ist diese Dichotomie der Grenzziehung dabei in der Praxis im Sinne eines eindeutig festzulegenden *Eingangskriteriums* zu verstehen. Man kann in beiden Fällen *nach* der Festlegung dieser Grenzen danach suchen, wie die jeweils anderen Grenzen im Raum ausgeprägt sind. Dennoch muß immer die Eingangstür deutlich gemacht werden, denn mit ihrer Wahl sind unterschiedliche Methoden der Auswahl der Elemente und der praktischen Bestimmung der Grenzen verbunden. *Die Vorentscheidung selbst ist weitaus wichtiger als die Details ihrer konkreten Ausfüllung.*

Die hier gemachte Unterscheidung von topographischen und funktionalen Grenzen ist, um es noch einmal zu wiederholen, eine zwischen einer „Verbundenheit" von Elementen rein aufgrund ihrer gemeinsamen *Anwesenheit* in einem Raumausschnitt einerseits und einer *Verbundenheit* von Elementen aufgrund *funktionaler Beziehungen* im Raum andererseits. Im letzteren Fall bringt dies automatisch den Ausschluß aller übrigen potentiellen Elemente mit sich, auch wenn sie sich innerhalb des gleichen Raumausschnitts befinden. Nicht alle Menschen, welche auf einem Fußballfeld sind, gehören zur funktional begrenzten Einheit „Fußballmannschaft", sondern nur diejenigen, die durch entsprechende Interaktionen (im Spiel oder durch die Interaktion des Vertragsabschlusses) als Mannschaft miteinander verbunden sind, nicht aber die Spieler der Gegenmannschaft oder der Schiedsrichter.

Bei einer topographischen Grenzziehung geht es – sofern die Grenzen nicht nach rein praktischen Vorgaben (Probenahmeraster, Verwaltungsgrenzen) gezogen werden – um ein oder mehrere *Homogenitätskriterien*, mit Hilfe derer eine Fläche von einer benachbarten unterscheidbar gemacht wird. Die Grenze stellt eine Unterbrechung dieser Homogenität dar. Homogenität wird dabei nicht immer bewußt thematisiert, sie ist aber das, was *de facto* eine topographische Grenzziehung meist ausmacht, auch wenn diese nach lebensweltlichen Gesichtspunkten vollzogen wird. Wird z.B. eine Grenze zwischen See und Land gezogen, so ist es die Homogenität der vorherrschenden Medien (Wasser vs. Luft), die diese Grenze zu einer topographischen werden läßt, bei der Grenze zwischen Wald und Wiese ist es die Homogenität der vorherrschenden Wuchsformen, bei einer Schutzgebietsgrenze ist es die Homogenität des gesetzlichen Status, den die Flächen innerhalb und außerhalb der Grenze haben, usw.

Topographische Grenzen im obigen Sinne sind „berührbar" (tangibel), bzw. „abgehbar" auf einer Fläche. Demgegenüber sind funktionale Grenzen nicht berührbar; sie haben zwar wie alle empirischen Grenzen, einen Raumbezug – indem auch Interaktionen in Raum und Zeit stattfinden –, sind aber nicht so klar im Raum „fixiert" wie topographische Grenzen. Bei funktionalen Grenzen ist die Grenz"fläche" vielmehr dadurch gegeben, daß die Interaktionen zwischen den Elementen der Einheit in Hinblick auf eine bestimmte Definition signifikant stärker sind als die Interaktionen dieser Elemente mit solchen Elementen, die zu ihrem „Außen" gehören (PLATT 1969, ALLEN & STARR 1982, AHL & ALLEN 1996). Als Beispiel läßt sich das Postsystem eines Staates angegeben, bei dem zwar Verbindungen nach außen, zu anderen Staaten, bestehen, bei dem aber sehr deutlich die innerhalb des Systems zu beobachtenden Interaktionen weit zahlreicher und intensiver sind (AHL & ALLEN 1996, p. 139ff.).

Die Grenzen können bei der topographischen Grenzziehung von Eigenschaften der Elemente der Einheit selbst bestimmt sein, also sozusagen von innen, oder aber durch Phänomene, die nicht selbst Teile der Einheit sind. Beispiel für ersteres ist eine Organismengesellschaft, deren Grenzen aufgrund der Homogenität der sie konstituierenden Elemente (der Pflanzen) bestimmt ist, ein Beispiel für letzteres die Abgrenzung einer Organismengesellschaft aufgrund der Land-Wasser-Grenze (See-Organismengesellschaft) oder ein Ökosystem, das aufgrund von Schutzgebietsgrenzen definiert wird („das Ökosystem des Yellowstone-Nationalparks"; vgl. Kap. 6). Funktionale Grenzen sind immer von innen her bestimmt, d.h. sie sind direkt an die konstituierenden Elemente und Interaktionen der Einheit gebunden.

In beiden Fällen – auch bei der funktionalen Einheit – bleiben die Grenzen jedoch durch den Beobachter bestimmt. Dieser wählt bei der topographisch begrenzten Einheit das oder die Homogenitätskriterien aus oder zieht eine Grenze nach rein praktischen Erwägungen. Im Falle der funktional begrenzten Einheit muß er die relevanten funktionalen Variablen benennen sowie Schwellenwerte, mit denen bestimmt wird, wann ein Gradient in der Intensität der Interaktionen steil genug ist, um eine Grenze zu bilden. Anders gesagt: Wie stark muß eine Interaktion mindestens sein, damit ein potentielles Element noch dadurch als funktional mit der Einheit verbunden angesehen wird? Auch Grizzlybären fressen im Yellowstone-Nationalpark regelmäßig Fische aus dem Yellowstone-See. Sind sie deshalb Teil einer durch Nahrungsbeziehungen definierten See-Organismengesellschaft? Die Antwort auf diese Frage ist keinesfalls offensichtlich.

5.3 Die Feinstruktur des SIC-Modells

Starke und schwache Grenzen

Je weitgehender die allgemeinen theoretischen Aussagen über die definierten Einheiten sein sollen, desto präziser müssen die Grenzkriterien formuliert werden. Diese (und jede andere) Präzisierung der Kriterien geht im allgemeinen einher mit einer zunehmenden Einschränkung des Objektbereiches (der Extension) der Definition. Als allgemeine Regel, die sowohl für topographische als auch für funktionale Grenzen gilt, kann gesagt werden, daß die „Güte" der Grenze und der damit verbundenen Einheiten (ihre „Natürlichkeit", wie es auch oft ausgedrückt wird) wächst, wenn viele Grenzkriterien zu übereinstimmenden Ergebnissen führen, d.h. empirisch korreliert sind (PLATT 1969). Das schließt an die in Kapitel 4.1 gemachte Beschreibung „starker" Begriffe an. ALLEN & HOEKSTRA (1992, p. 26ff.) reden im Falle solch starker Grenzen auch davon, daß daraus eine „robuste" Einheit resultiert, die unter verschiedenen Perspektiven (d.h. verschiedenen Fragestellungen) betrachtet die gleichen räumlichen Grenzen zeigt.

Paradigmatisch für eine starke Grenze ist die des lebenden Organismus, bei dem – obwohl auch hier die Grenzen nicht absolut, d.h. geschlossen sind (es gibt z.B. einen Gasaustausch auch über die Grenze der Haut) – doch viele „topographische" und funktionale Grenzen übereinstimmen: Grenzen der Wärmeleitung, des Stoffaustausches, der Blutzirkulation, der Nervenleitung, etc. Nicht mit einem Organismus zu vergleichen, aber dennoch durch relativ robuste Grenzen ausgezeichnet, sind auch Gesellschaften von Nationalstaaten. Dort fallen ebenfalls eine große Anzahl funktionaler Grenzen relativ gut zusammen: nicht nur das schon erwähnte Postwesen, auch die Ortsbewegungen der dort lebenden Menschen, die Gültigkeit von Gesetzen u.v.a. Das Beispiel des Staates ist allerdings insofern ein besonderer Fall, als daß hier die Grenzen zunächst topographisch (im Extremfall auf der Landkarte, etwa in Kolonialstaaten oder nach Kriegen) gesetzt wurden, an denen sich dann die Entwicklung funktionaler Grenzen, wie der des Postwesens orientiert. Ein besseres Beispiel für robuste funktionale Grenzen stellen in dieser Hinsicht ethnische oder religiöse Gruppen dar, die oft die künstlich gesetzten topographischen Staatsgrenzen ignorieren. Man denke an afrikanische Kolonialgrenzen und die damit zerschnittenen oder zwanghaft zusammengefügten Stammesareale oder an ethnische Gruppierungen wie Kurden, Basken, und viele andere. Auch bei solchen Gruppierungen fallen oft verschiedene funktionale Grenzen übereinander: Sprache, Religion, genetische Beziehungen. Die Mitglieder dieser Gruppen gehören eben nicht deshalb zur selben „Einheit", weil sie in einem bestimmten geographisch klar umgrenzten Gebiet leben, sondern weil sie durch genealogische und kulturelle Interaktionen miteinander verbunden sind. „Völkerwanderungen" der Vergangenheit zeigen diesen Unterschied sehr schön auf. Menschliche Gruppen zeigen aber auch die Relativität von Grenzen. Dasselbe Individuum kann aufgrund unterschiedlicher Beziehungen Mitglied unterschiedlicher funktional begrenzter Gruppen sein und z.B. einer politischen Partei, einer Religion, einem Sportverein angehören. Diese funktionalen Gruppengrenzen decken sich meist nicht.

Die Schwierigkeiten, solche „starken" oder robusten Grenzen innerhalb des ökologischen Objektbereichs zu finden, sind hinlänglich bekannt. Die Kritik am Superorganismus-Konzept von CLEMENTS (vgl. Kap. 3.4), aber auch an der Pflanzensoziologie berührte nicht zuletzt diesen Punkt. Besonders aufgrund der Anwendung von Methoden der Gradientenanalyse kamen viele Wissenschaftler zu dem Schluß, daß sich in der Vegetation überhaupt keine robusten Grenzen finden ließen (vgl. MCINTOSH 1967, WHITTAKER 1967). So erklären Begon et al.:

> „The safest statement that we can make about community boundaries is probably that they do not exist, but that some communities are more sharply defined than others." (BEGON et al. 1996, p. 691)

und folgern daraus:

"Many ecologists have been preoccupied with the idea of community boundaries. Indeed, there has been much debate and concern over whether community ecology can legitimately be studied at all if communities do not exist as definable units. This problem has perhaps arisen because of a psychological need to be dealing with a readily defined entity. Whether or not communities have more or less clear boundaries is an important question, but it is not the fundamental consideration." (a.a.O., p. 692)

Dem möchte ich insoweit widersprechen, als es für sehr viele Fragestellungen – nicht nur aus psychologischen Gründen – nötig ist, die Grenzen des behandelten Objektes zu kennen, selbst wenn diese nicht „natürlich" und „universell" (d.h. einmal für alle denkbaren Fragestellungen) definiert werden können. Jede Kartierung, jede Schutzgebietsausweisung benötigt Grenzziehungen, und die Grenzen bestimmen umgekehrt wiederum, was überhaupt in einem Raumausschnitt beobachtbar ist, zumal wenn es sich um maßstabsabhängige Muster und Prozesse handelt (s.u.). Auch Aussagen darüber, ob ein Ökosystem „vollständig ist", ob und wie es sich verändert hat, erfordern Aussagen darüber, was (funktional oder topographisch begrenzt) dazugehört und was nicht (s.a. Kap. 6).

Die Frage der Adäquatheit und Strenge der Grenzdefinition bleibt in jedem Falle schwierig. Wenn sich nach mehr als einem Jahrhundert ökologischer Forschung eine Aussage zu Grenzen ökologischer Einheiten machen läßt, so ist es – und insofern stimme ich mit dem obigen Zitat von BEGON et al. (1996) überein –, daß es robuste Allzweckgrenzen, die denen gleichen, die wir z.B. von individuellen Organismen kennen, hierbei nicht gibt. Die Bestimmung von Grenzen kann nur fragestellungsabhängig erfolgen. Aber auch und gerade solche Grenzen müssen sich am Kriterium der theoretischen Nützlichkeit messen lassen. Natürlich lassen sich beliebige Grenzen für ökologische Einheiten definieren, lassen sich solche Grenzen willkürlich setzen, aber die jeweilige theoretische Relevanz solcher Grenzen in einem ökologischen Kontext ist nicht beliebig (s.a. Kap. 5.4). Man kann sehr strenge Kriterien an die Grenzziehung anlegen und nur solchen Objekten z.B. das Etikett „Ökosystem" zubilligen, bei denen eine ganze Anzahl von Grenzkriterien zusammenfallen. Es muß dann aber geprüft werden: a) wie viele Objekte überhaupt unter diese Definition fallen; ist die Extension sehr klein, so schränkt dies möglicherweise den wissenschaftlichen Nutzen dieses Begriffes unerwünscht stark ein, und b) wie gut das Vorliegen dieser Einheit in der Natur festgestellt werden kann, was ebenfalls seine Nutzbarkeit beeinflußt.[5] Auch hier gilt, daß die notwendig vorhandene „Künstlichkeit" von Definitionen sich an der Realität bewähren muß. Die Qualität von Grenzkriterien kann manchmal auch in einem Prozeß von Versuch und Irrtum allmählich in Richtung auf robuste Grenzen hin verbessert werden. Das heißt, man beginnt mit einer pragmatischen topographischen Grenzziehung und prüft davon ausgehend, ob diese Grenzen für bestimmte Fragestellungen adäquat sind und wie sie ggf. anders zu ziehen sind. Die speziellen Kriterien, die dabei jeweils zur Anwendung kommen, müssen aber, um den Ansprüchen wissenschaftlicher Kommunizierbarkeit und Reproduzierbarkeit zu genügen, explizit gemacht werden.[6]

Die Regeln der Operationalisierbarkeit der Definitionen sind nicht immer direkt aus diesen ablesbar. Bei komplexeren Kriterien für die Grenzen ökologischer Einheiten sind die sich aus den Definitionen ergebenden Grenzen alles andere als intuitiv klar und auf den ersten Blick sozusagen lebensweltlich erfaßbar. Das heißt, bei der Anwendung einer Definition auf einen konkreten empirischen Gegenstand muß man oftmals die Grenze mittels komplexer Datenanalysen ermitteln. Dieser Unterschied zwischen der Definition einer Grenze und den Methoden, sie dann auch aufzufinden, sowie die Schwierigkeiten, die damit verbunden sein können,

---

5 Vgl. die in Kapitel 3.3 zitierte Kritik von HUTCHINSON (1967) an funktionalen Grenzkriterien.
6 Ein Anspruch, dem z.B. oftmals in der Literatur der Pflanzensoziologie nicht nachgekommen wird (s. Kap. 4.2)

5.3 Die Feinstruktur des SIC-Modells

wurde in Kapitel 3.3 ausführlich am Beispiel der Arbeit von RENKONEN (1938) dargestellt. Im folgenden geht es jedoch in erster Linie um die unterschiedlichen Möglichkeiten einer *Definition* von Grenzen. Ich werde daher auf die Methoden, die mit der Operationalisierung der verschiedenen Definitionen verbunden sind, auch nur am Rande eingehen und statt dessen auf die entsprechende Literatur zu diesem Thema verweisen.

Topographische Grenzen: Homogenitätskriterien

Topographische Grenzen werden vielfach aufgrund technischer oder politischer Interessen gezogen, d.h. nach Kriterien, die nicht über direkt ökologisch relevante empirische Merkmale des Gegenstands bestimmt sind. Die Grenzen des Raumausschnittes, der z.B. zur Probenahmefläche erklärt wird, oder aufgrund gesetzlicher Bestimmungen ein Naturschutzgebiet enthält, werden zu den topographischen Grenzen der ökologischen Einheit. In alle anderen Fällen beinhalten topographische Grenzziehungen eine Homogenitätsannahme. Homogenität wird dabei aufgrund unterschiedlichster Variablen und mit z.T. sehr komplexen (mathematischen) Methoden bestimmt. Besonders in der Vegetationskunde bestehen dabei große Unterschiede in der Auswahl der maßgeblichen Variablen. Trotz der großen Vielfalt der theoretisch möglichen Variablen wurden *de facto* nur einige wenige Typen von Variablen ernsthaft diskutiert (s.u.). Ich sehe die Frage nach der Bestimmung von Homogenität nicht als ein eigenes, unabhängiges Kriterium an, das allgemein für die Definition ökologischer Einheiten von Interesse wäre. Deshalb findet das Thema in dieser Studie auch lediglich als Teil des Grenzkriteriums Platz.

Homogenität (und ihr Gegenstück Heterogenität) sind wesentlich maßstabsabhängig, d.h. auch sie existieren nicht „an sich" als Eigenschaften der Natur. Die Wirkung des Maßstabs läßt sich hierbei aus der Alltagserfahrung klar machen. Blickt man aus der normalen Leseentfernung auf ein Photo in einer Tageszeitung, so lassen sich darauf z.B. graue Flächen erkennen, die uns „homogen" erscheinen. Blickt man genauer hin, etwa mit einer Lupe, so stellt man fest, daß die scheinbar homogene Fläche in sich ein feines Muster (Raster) aufweist und aus vielen kleinen Einzelflächen besteht. Je nach Maßstab lassen sich also schwarze bzw. graue Flächen in ganz unterschiedlicher Weise abgrenzen. Ähnliche, weitaus kompliziertere Beispiele finden sich auch in der Natur (vgl. z.B. KOTLIAR & WIENS 1990), und es ist oftmals möglich, geradezu eine geschachtelte Hierarchie von Mustern auf verschiedenen Maßstabsebenen abzugrenzen. D.h., jede Fläche kann in sich wieder als homogen oder heterogen (d.h. fleckenhaft) beschrieben werden.

Homogen kann daher so definiert werden, daß eine Fläche dann homogen ist, wenn alle Proben, die unter dem gewählten Maßstab entnommen werden, nach den vorgegebenen qualitativen oder quantitativen Kriterien ähnlich sind (WESTHOFF 1974, JAX et al. 1993).

In der Vegetationskunde beinhaltet die Diskussion über die korrekte Definition der Begriffe Assoziation und Formation (und anderer, weniger prominenter Termini) als Homogenitätskriterien im wesentlichen drei Variablen. Es sind dies: die floristische Zusammensetzung, die Physiognomie bzw. Wuchsform, sowie die abiotischen Variablen des Habitats[7], wobei unter letzterem natürlich wiederum sehr unterschiedliche Merkmale ausgewählt werden können. Während über das Habitat die Grenzen durch Variablen gesetzt werden, welche den Einheiten äußerlich sind, werden über die floristische Zusammensetzung und die Wuchsform diese mittels der Elemente der Einheiten selbst gesetzt.

---

[7] im Deutschen seit den Arbeiten von DAHL (s. Kap. 3.3): Biotop.

Viele Homogenitätskriterien setzen ihrerseits bereits wieder eine Typisierung und Klassifizierung der relevanten Variablen voraus, besonders bei den Elementen der Einheit selbst, z.B. in Form von Organismenarten oder Wuchsformtypen (siehe auch die unten folgenden Erläuterungen zur Achse der Komponentenauflösung).

Die Forderung nach Homogenität bedeutet keinesfalls, daß in der weiteren Behandlung einer ökologischen Einheit diese insgesamt als homogen angesehen wird. Innerhalb eines als homogen abgegrenzten Raumes können aufgrund anderer Kriterien und/oder Maßstäbe durchaus Heterogenitäten beschrieben werden. Sie sind sogar extrem wichtig für die theoretische Behandlung ökologischer Phänomene (vgl. KOLASA & PICKETT 1991, JAX 1994b). *Die Homogenitätsforderung betrifft hier ausschließlich das Grenzkriterium.*

Funktionale Grenzen: Interaktionsoberflächen

Die Interaktionen, welche eine funktional definierte Grenze bestimmen, müssen immer auch als Variablen der Phänomen-Achse auftauchen, d.h. selbst Bestandteil der Einheit sein. Dies ist, wie erwähnt, bei topographischen Kriterien nicht notwendig der Fall, da hier die Grenzen auch über Phänomene gesetzt werden können, die der Einheit selbst äußerlich sind.

In einer bestimmten Bedeutung des Wortes sind auch topographische Grenzen oft „funktional", indem auch hier meist bestimmte Interaktionen ihre Grenzen finden. Die topographisch begrenzte Einheit „Wald" beispielsweise hat für eine Reihe von biotischen und abiotischen Wechselwirkungen ähnliche Grenzen wie ein Staat. Viele an dieses Kleinklima gebundene Insekten werden z.B. die Grenze zur benachbarten Wiese selten oder nie überschreiten und auch ihre Nahrungsbeziehungen weitgehend innerhalb dieser topographischen Grenzen realisieren. Für Rehe, Greifvögel oder über hydrologische Prozesse vermittelte Interaktionen jedoch gilt diese Grenze nicht in dieser Form. Der nochmals zu betonende wichtige Unterschied ist, daß funktionale Grenzen immer nur von den Interaktionen der Elemente der Einheit selbst gebildet werden, und diese zugleich eben auch das Mitgliedskriterium für die Einheit darstellen. Diese Grenze wird dann nur auf die Fläche übertragen und kann auch – gerade bei beweglichen Organismen – manchmal schnell im Raum wandern (die Grenze der Einheit „Fußballmannschaft" etwa ist nicht auf ein bestimmtes, heimisches, Stadion fixiert). Funktionale Grenzen in dem hier verstanden Sinne sind nicht berührbar („tangibel"), auch wenn sie sich innerhalb eines topographisch abgrenzbaren Raums befinden. Die funktional definierten Grenzen von Lebensgemeinschaften innerhalb der topographischen, tangiblen Umgrenzung eines Seebeckens bleiben dennoch unberührbar, weil *de facto* das Seebecken nur der Behälter für diese Einheiten ist, und ihre räumliche Ausprägung – über einen bestimmten Zeitraum beobachtet – mit diesen topographischen Grenzen zusammenfallen mag – aber nicht muß. Die Grenzen können über das Seebecken hinausgehen (z.B. falls Wasservögel oder fischfressende Bären zur Lebensgemeinschaft gezählt werden) oder nur einen Teil des Seebeckens als „Aktivitätsradius" haben.

Für die Auswahl einer funktionalen Grenze sind die Spezifikationen der Phänomen-Achse entscheidende Vorgaben. Aus diesen ergeben sich einerseits die Elemente, deren funktionale Zusammengehörigkeit die Einheit konstituiert. Zum zweiten müssen aus dem Repertoire der auf der Phänomen-Achse spezifizierten Interaktionen auch jene stammen, welche für die Grenzziehung entscheidend sind. Das heißt, nicht *alle* Interaktionen, die auf der Phänomen-Achse spezifiziert werden, müssen für die Grenzziehung relevant sein, wohl aber mindestens eine davon. Darüberhinaus muß aber angegeben werden, wie stark eine Interaktion sein muß, um ein Element tatsächlich mit der Einheit zu verbinden. Im Prinzip ist in der Natur angesichts unzähliger indirekter Wechselwirkungen tatsächlich „alles mit allem" funktional verbun-

5.3 Die Feinstruktur des SIC-Modells

den. Dies ist jedoch eine für die Praxis irrelevante Aussage, da es nie möglich ist, „alles" zu beschreiben, und man, wenn man bei der Feststellung der allgemeinen Verbundenheit aller Dinge stehenbliebe, unfähig wäre, überhaupt irgendeine funktionale Einheit außer dem gesamten Universum abzugrenzen. Es ist deshalb nötig, zu charakterisieren, welche Interaktionsstärke jeweils noch als relevant erachtet werden soll, um die Zugehörigkeit eines Elements zur Einheit zu begründen und welche nicht mehr. Sonst wird man im Falle des Ökosystems leicht nur ein einziges, erdumspannendes als „echtes" funktionales Ökosystem ansehen können, oder etwa im Falle der Austernbank nur das gesamte Wattenmeer oder gar noch größere Einheiten, bis hin zum gesamten Meer, als *eine* Biozönose abgrenzen müssen.

Konsequent funktionale Grenzziehungen sind in der Ökologie sehr selten propagiert und theoretisch explizit konzeptualisiert worden. Dies mag nicht zuletzt daran liegen, daß ihre praktische Bestimmung extrem schwierig ist und sie sich schlecht für ein schnelles Erfassen von ökologischen Einheiten eignet. Auf die „Wasserscheiden-Ökosysteme" von BORMANN & LIKENS wurde bereits in Kapitel 3.3 hingewiesen. In jüngerer Zeit wurde die Idee von RAVERA (1984) und besonders COUSINS (1990) vertreten. Auch für ALLEN & HOEKSTRA (1992) sind die Grenzen sowohl von Ökosystemen als auch von Organismengesellschaften („communities") nicht tangibel, sondern als Grenzen von Interaktionsmustern zu verstehen.

Eingangstüren und Kippfiguren

Besonders topographische Grenzen ökologischer Einheiten werden oft rein pragmatisch für eine Untersuchung festgelegt, z.B. aufgrund der Grenzen eines geschützten Gebietes oder eines vorgegebenen Forschungsareals. Solche topographische Grenzen sind sogar die Regel, allein schon aus dem Grund, daß sie von der Seite der Operationalisierbarkeit meist einfacher zu handhaben sind als funktionale (s.o.). Dem kann dann die Frage folgen, ob und inwieweit diese topographischen Grenzen auch funktionale Bedeutung für eine bestimme Einheit haben. In dieser Weise sind die topographischen Grenzen manchmal lediglich provisorisch. Die beiden Eingangstüren in das SIC-Schema können sich nämlich innerhalb einer konkreten Untersuchung manchmal als zwei Türen desselben Würfels erweisen. Das meint, man geht durch eine Tür hinein und geht durch die andere wieder hinaus. Ein Beispiel dafür ist erneut die Austernbank, die MÖBIUS als Ausgangspunkt für seine Prägung des Begriffs Biozönose diente. Sie war zunächst durch eine topographische Grenze als Biozönose bestimmt, nämlich aufgrund der Diskontinuitäten der Besiedlung des Wattenbodens (s. Kap. 3.2). Wie wir wissen, gehen aber die funktionalen Beziehungen der auf der Austernbank lebenden Organismen weit über diese topographisch gesetzten Grenzen hinaus (Kap. 3.3). Versteht man somit die Biozönose – wie es die Formulierungen von MÖBIUS nahelegen – gleichzeitig als ein sich selbst erhaltendes System und sucht aufgrund dieses Kriteriums dessen funktional bestimmte Grenzen, so befindet man sich nicht mehr, wie ursprünglich, im Raum, der durch die „topographische Tür" betreten wurde, sondern unversehens im „funktionalen Paralelluniversum". Was zunächst als zwei Würfel erscheint, welche aufgrund des Grenzkriteriums isoliert sind, erweist sich hier gewissermaßen als Kippfigur. Dieser Fall ist keineswegs selten. So mag dies tatsächlich dazu führen, daß man für bestimmte Fragestellungen, die Grenzkriterien der ökologischen Einheit im Verlauf einer Untersuchung wechseln muß. Dies wird in Kapitel 6.3 auch noch an einem Beispiel aus der Naturschutzpraxis deutlich werden, nämlich an den Definitionen des „Yellowstone-Ökosystems".

Ausgewählte Phänomene (Phänomen-Achse)

Die Phänomen-Achse enthält Angaben zu den Grundbestandteilen der Einheit, d.h. den für die Definition der Einheit als notwendig angesehenen Elementen und Interaktionen. Man kann diese Achse weiter aufgliedern in der Weise, wie ich dies in Abbildung 5.7 vorgeschlagen habe. Zunächst ist zu unterscheiden zwischen Elementen und Interaktionen. Es liegen für diese, wenn mal so will, zwei komplementäre oder parallele Achsen vor. Dazu kommen als feinere Untergliederungen eine quantitative und eine qualitative Dimension. Die quantitative Dimension bezieht sich auf die Menge, d.h. Anzahl der jeweils ausgewählten Variablen. Die qualitative Dimension gibt an, welche Variablen gemeint sind. Die Auflösungsebene, auf der die Elemente betrachtet werden, wird durch die Achse der Komponentenauflösung bestimmt, ebenso wie die Achse der internen Relationen den Detaillierungsgrad der Interaktionen (incl. ihrer Relation zu den hier definierten Elementen) bestimmt, die hier vorgegeben werden. Die Achsen sind somit eng miteinander verknüpft, aber keine von ihnen ist substituierbar, systematisch nicht, und ebenfalls nicht wegen der Klarheit der Kommunikation.

Im Interaktionen-Teil der Achse mögen z.B. für ein Ökosystem ganz allgemein Stoff- und Energieflüsse als definitorisch notwendige Interaktionen angesehen werden. Die Zahl der Interaktionen ist dann zwei, wobei deren genaue Ausgestaltung (ob also etwa die Stoffflüsse geschlossene Kreisläufe darstellen) in der Achse der internen Relationen bestimmt wird. Werden die Stoffflüsse weiter differenziert (etwa in Wasser, Kohlenstoff, Stickstoff) so kann dementsprechend ihre Zahl wachsen und der Allgemeinheitsgrad der Einheit gleichzeitig sinken. Auch anders beschriebene Interaktionen wie Räuber-Beute-Beziehungen, genetischer Austausch oder informationelle Interaktionen sind als Definitionskriterien denkbar. Es wird hierbei zunächst keine Angabe über die Elemente gemacht, zwischen denen die Interaktionen stattfinden. Diese werden im Komponententeil der Phänomen-Achse angegeben und in der Achse der Komponentenauflösung näher in Hinsicht auf ihren Auflösungsgrad hin spezifiziert. Nur in irgendeiner Form spezifizierte Interaktionen werden einzeln gezählt. Die alleinige Angabe, daß „Interaktionen" vorhanden sein müssen (vgl. die Definition von STÖCKER 1979 in Kap. 5.2) führt zu der Angabe von 1 für die Zahl der Interaktionen, auch wenn sich im speziellen Fall eine ganze Anzahl verschiedener Interaktionen dahinter verbergen mögen. Diese sind aber in der Definition nicht benannt und dadurch nicht trennscharf gemacht. Analoges gilt für die Komponenten.

Mit der Anzahl der Komponenten im Komponententeil der Phänomen-Achse ist natürlich nicht die Anzahl physisch vorhandener „Dinge" (etwas die Anzahl von Individuen einer Population) gemeint, sondern die Anzahl von Element*typen*, welche in einer Definition als notwendig für die jeweilige Einheit angesehen werden. Wird zum Beispiel eine Organismengesellschaft so definiert, daß sie über eine spezifische Artenausstattung charakterisiert ist, so entspricht die Zahl der Elemente derjenigen der Arten (nicht der Individuen!) und der qualitative Aspekt besteht in der Benennung eben dieser Arten, sofern das Auflösungsniveau in der Achse der Komponentenauflösung das der Art ist. Bei der gleichen Zahl von Elementen kann bei einem anderen Auflösungsniveau jedoch diese qualitative Dimension durch bestimmte Organismen*typen* (etwa durch bestimmte „funktionale Typen"; s.u.) gegeben sein, in dem die genaue taxonomische Identität der Organismen dann keine Rolle mehr spielt. Es können auch nur bestimmte Arten aus der Gesamtheit in einem Lebensraum als relevant für die Definition der Organismengesellschaft angesehen werden, etwa im Sinne von Indikatorarten (vgl. die PETERSEN-community, Kap. 3.2) oder Schlüsselarten („keystone-species").

Vielfach werden Organismengesellschaften und Ökosysteme auch nur über taxonomisch abgegrenzte Teile der in einem Lebensraum vorkommenden Organismenarten definiert: nicht nur

Pflanzengesellschaften oder Tiergesellschaften, sondern enger eingegrenzt etwa die Vogelgesellschaften, Ciliatengesellschaften etc. Diese Definition von taxonomisch eingegrenzten Gesellschaften (auch Taxozonösen genannt, vgl. Kap. 3.2) geschieht vor allem deshalb, weil es – speziell bei Tieren – meist unmöglich ist, alle Tierarten eines Areals zu bestimmen und zu untersuchen. Die Eingrenzung ergibt aber auch aus funktionaler Perspektive Sinn, soweit es z.B. um die Frage nach der Nutzung gemeinsamer Ressourcen geht. Hier haben taxonomisch eng beieinanderstehende Organismen meist engere Interaktionen untereinander (z.B. Konkurrenz) als mit Organismen anderer taxonomischer Gruppen.

Interne Relationen (Interaktions-Achse)[8]

Das weite Spektrum möglicher Interaktionsgrade innerhalb einer ökologischen Einheit wurde in Kapitel 3.4 dargestellt. Es gibt unterschiedliche Versuche, dies durch einige wenige konkrete Variablen auszudrücken. Deutlich ist zunächst, daß der Grad der Integriertheit der Interaktionen wächst, wenn man von der Forderung nach irgendwelchen Interaktionen zwischen den Elementen einer ökologischen Einheit zu solchen wie Gleichgewicht oder Selbstregulationsfähigkeit übergeht. Es kommt nicht nur auf die Anzahl und Intensität der Interaktionen an, sondern vor allem auf deren Anordnung und darauf wie systematisch (d.h. organisiert) damit die Elemente einer Einheit verbunden werden. Ein Ansatz, dies zu quantifizieren, stammt aus der Informationstheorie und findet z.B. in der Analyse von Nahrungsnetzen breite Anwendung (PAINE 1980, PIMM 1982, LAWTON 1989, HALL & RAFFAELLI 1993). Dabei werden vor allem summarische Variablen angegeben. Die dort verwendeten Variablen werden für die allgemeinere Beschreibung ökologischer Systeme auch von ALLEN & STARR (1982, p. 185f.) benutzt. Sie unterscheiden zwischen der mittleren Konnektivität (mean connectivity) als der mittleren Anzahl direkter Interaktionsverbindungen zwischen einem Element und dem Rest des Systems sowie der Konnektanz (connectance) als dem prozentualen Anteil der Interaktionen, die von den formal maximal möglichen Interaktionen tatsächlich realisiert sind. Als dritte Größe nennen sie die mittlere Interaktions-Intensität. Es zeigt sich jedoch, daß diese Größen für die Beschreibung mancher höherer Interaktionsgrade, welche in Definitionen ökologischer Einheiten genannt werden, also bei Einheiten, die allgemein als „hochintegriert" bezeichnet werden, nicht ausreichen, da sie z.B. nicht die Ausprägung von Rückkoppelungen berücksichtigen oder Angaben dazu, ob die Interaktionen sehr spezialisiert sind, also *ganz bestimmte* Komponenten miteinander verknüpfen.

Die Abbildungen 5.7 und 5.8 stellen daher, in lockerer Anlehnung an Ideen von C.G. JONES und Mitarbeitern (z.B. JONES et al. 1994, 1997, SHACHAK & JONES 1995) den Versuch einer darüber hinausgehenden Formalisierung der verschiedenen durch die Interaktions-Achse ausgedrückten Möglichkeiten in Form einer Rückführung auf wenige konkrete Variablen dar. Die Interaktionen müssen mit den in der Phänomen-Achse spezifizierten Interaktionen übereinstimmen, werden aber erst hier im Detail spezifiziert. Interaktionen können dabei durch mehrere Aspekte charakterisiert werden. Die *Anzahl* der Verbindungen (Abb. 5.7) meint hier nicht, wie im Interaktions-Teil der Phänomen-Achse, die Anzahl der *Typen* von Interaktionen, sondern die der Einzelverbindungen, und wird deshalb für jeden einzelnen Typ von Interaktion angegeben. Die Frage „welche?" spezifiziert die jeweilige „Währung" (d.h. Art) einer einzelnen Interaktion, d.h. z.B. Nahrungsbeziehung oder Stickstofffluß. Innerhalb des genannten Sche-

---

[8] Die in diesem Abschnitt dargestellten Gedanken sind Teil eines noch fortdauernden Diskussionsprozesses mit meinen Kollegen Clive JONES und Steward PICKETT; eine daraus resultierende Veröffentlichung ist in Vorbereitung.

mas können dabei durchaus Interaktionen mit verschiedenen „Währungen" gekoppelt sein (was nicht „verrechnet" meint), indem etwa Nahrungsbeziehungen eine Wirkung auf Stoffflüsse oder informationelle Interaktionen haben können (vgl. auch SHACHAK & JONES 1995). Weitere wichtige Angaben betreffen die Intensität und die Wirkrichtung der Interaktionen, über die z.B. erst Aussagen möglich werden, ob beispielsweise Rückkoppelungen oder geschlossene Kreisläufe vorliegen.

Nicht alle der in Abbildung 5.7 aufgeführten Variablen (Kästchen) müssen bei einer Definition immer spezifiziert sein. Die Interaktions-Achse stellt vielmehr einen Gradienten in der Detailliertheit dieser Beschreibung dar (vgl. Abb. 5.8). Am unteren Ende der Achse sind keine Informationen über die Beziehungen zwischen den auf der Phänomen-Achse definierten Elementen bekannt. Das heißt nicht, daß in der konkreten Realität keine existieren (könnten), sondern daß diese Informationen nicht *notwendig* für die Definition der Einheit sind. Auf der nächsten Stufe reicht es, daß *irgendwelche* Interaktionen existieren, ohne daß deren genaue Art, Stärke oder ihre genaue Richtung und Persistenz bekannt sein müßte. Je weiter man die Achse entlangfährt, desto höher wird der Detaillierungsgrad dessen, was über die Interaktionen bekannt sein muß, bzw. was für die Interaktionen zwischen den Elementen eines Objekts erfüllt sein muß, damit es ein Ökosystem, eine community o.a. genannt werden kann. Diese Detaillierung betrifft sowohl die Art, die Anzahl, Lage und Richtung (Pfeile in Abb. 5.8) der Verbindungen, als auch ihre Intensität (Dicke der Linien in Abb. 5.8).

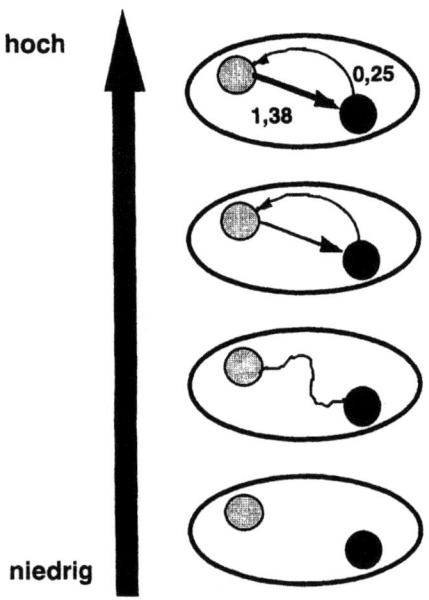

Interne Relationen

hoch

niedrig

Abb. 5.8 Ausprägungsgrade der internen Relationen

Beispiel: STÖCKERs (1979) Ökosystem-Definition (s. Kap. 5.2) beinhaltet lediglich die Forderung, *daß* Interaktionen zwischen den Kompartimenten des Ökosystems stattfinden. In dieser allgemeinen Form ist die Zahl der Interaktionstypen und Verbindungen also 1, alle weiteren Angaben bleiben offen. In einer rein musterdefinierten Definition bliebe sogar die Zahl der Interaktionstypen offen. Eine Ökosystem-Definition aber, in der verlangt wird, daß die Stoffkreisläufe innerhalb des Systems geschlossen sind, wird nicht nur irgendwelche Stoffflüsse annehmen müssen, sondern auch bestimmte Richtungen derselben, welche die Elemente des Ökosystems in einer spezifischen Weise miteinander verbinden. Je weniger allgemein die Definition sein soll, desto genauer müssen auch Fragen nach dem Typ und – bei einem vorgegebenen Gleichgewichtszustand – nach der Intensität und der Art der Verbindungsrichtung beantwortet werden. Soll z.B. der Kohlenstoffkreislauf geschlossen und in einem Gleichgewichtszustand sein, so muß angegeben werden, zwischen welchen Kompartimenten dieser Schluß stattfindet und welche Varianz noch als „normale" Schwankung innerhalb des Gleichgewichtszustandes gilt. In einer Definition, die einen geschlossenen Kohlenstoffkreislauf als Definitionskriterium für Ökosysteme beinhaltet, könnte es etwa in einer Höhle, in der der Kohlenstoff mangels autotropher Organismen nur von außen zugeführt wird, kein Ökosystem geben; gleiches gilt für viele Fließgewässer.

Komponenten-Auflösung (Achse der Komponentenauflösung)

Für die Detailbehandlung dieser Achse ist es anschaulicher, statt von der Auflösungshöhe von der *Aggregationshöhe* von Elementen zu reden, was einer Umkehrung der Achsenrichtung entspricht. Im SIC-Modell wurde die Richtung der Achse bewußt so gewählt, damit alle drei Achsen am Nullpunkt des Schemas auch das Minimum der Detailliertheit haben (der Grad der Allgemeinheit also am höchsten ist), während sie in der Entfernung davon jeweils in ihrem Informationsgehalt höher werden, d.h. weniger allgemein.

Es ist sehr üblich, ökologische Einheiten mit Hilfe aggregierter Elemente zu definieren. In einem Großteil der Definitionen ist die Aggregation sogar extrem hoch und es ist z.B. lediglich von „Organismen" die Rede. Dies meint gerade nicht die Auflösungsstufe des individuellen Einzelorganismus, d.h. daß man angeben müßte welche speziellen Arten oder gar Individuen zur Definition einer ökologischen Einheit gehören, sondern einen hohen Allgemeinheitsgrad der Elemente, der von jeglichen spezifischen Eigenschaften der Organismen absieht. Statt von Organismen könnte man also ebenso gut von „lebendiger Materie" reden. Im Kontext ökologischer Untersuchungen bleibt daher die allgemeinste denkbare Auflösung die von lebendiger und toter Materie.[9] Unterhalb dieser Auflösungsstufe gibt es keine ökologischen Einheiten mehr, da dann die Forderung nach der Anwesenheit von Leben, das in Relation zu seiner Umwelt steht, als der Grundbestimmung der Ökologie, aufgegeben würde. Mit abnehmender Aggregationshöhe trifft man auf geläufige Arten der Definition von Ökosystemen und Organismengesellschaften wie jene, bei der diese durch 2 oder 3 Kompartimente und deren Interaktionen definiert werden, nämlich die Kompartimente „Produzenten", „Konsumenten" (manchmal als fakultativ angesehen) und „Destruenten" (so z.B. WALTER & BOX 1976, PALKA SANTINI & PALKA 1997). Mit zunehmender Einengung der Extension der Begriffe von ökologischen Einheiten oder aber mit einer Spezialisierung von Typen dieser Systeme für konkrete Fälle (nicht mehr nur „Ökosystem", sondern „Waldökosystem") werden auch feinere Unterteilungen im Sinne funktionaler Kompartimentierungen zur Definition der Einheiten vorgenommen. Ein Beispiel dafür ist die mittlerweile geläufige Beschreibung von Fließgewässerökosystemen durch funktionale Kompartimente (Ernährungstypen) wie Weidegänger, Zerkleinerer etc. (so CUMMINS 1974). Die Definition von ökologischen Einheiten auf der feinen Auflösungsebene der einzelnen spezifischen Arten findet vor allem im Zusammenhang mit klassifikatorischen Bemühungen und konkreten Naturschutzbemühungen statt (s. Kap. 6.).

Die Frage ist, was die unterste Aggregationsstufe bzw. die höchste Auflösung im Falle ökologischer Einheiten sein kann. In der Definition, die ich selbst eingangs (Kap. 2.2) für ökologische Einheiten gegeben habe, ist der individuelle Einzelorganismus diese höchste Auflösungsstufe, der dann, in einer ökologischen Einheit zuunterst in Arten klassifiziert (Populationen in ihrer räumlich-konkreten Ausprägung), als Element von Populationen, Organismengesellschaften etc. erscheint. Dies scheint jedoch noch nicht das Extrem zu sein. Aufgrund der komplexen Lebenszyklen mancher Organismen ist es für manche Untersuchungen angebracht, das Individuum wieder in verschiedene zeitliche oder auch räumliche Abschnitte zu unterteilen, etwa in die ökologisch völlig unterschiedlich zu bewertende aquatische Larvalphase mancher Insekten

---

[9] Das gilt auch für paläoökologische Untersuchungen, denn auch dort interessieren ökologische Einheiten ja nur insofern, als sie Rückschlüsse auf – wenn auch vergangene – Lebenstätigkeiten ermöglichen.

und ihre terrestrische Adultphase oder in energiespeichernde Teile einer Pflanze und produzierende Teile. Entsprechende Versuche, Begriffe für solche funktionalen Kompartimente jenseits der räumlichen und zeitlichen Kontinuität von Einzelorganismen zu schaffen sind die des „Semaphoronten" von SZELÉNYI (1955) oder des „econe" von HEATWOLE (1989). Wie ich unten noch begründen werde, bleibt in Hinblick auf die Einordnung auf der Achse der Komponentenauflösung dennoch das Individuum die feinste Auflösung.

Für Definitionen, die auch abiotische Komponenten beinhalten, existieren ebenfalls verschiedene Stufen, auf denen diese Komponenten aufgelöst werden können. Die geringste Auflösung besteht, wie gesagt, schlicht in „unbelebter" Materie, feinere Auflösungen können diese entweder räumlich (z.B. Boden, Luft, Wasser), nach Elementen oder Stoffen zusammengefaßt (z.B. Stickstoff-Pool) oder nach funktionalen Gesichtspunkten (verfügbarer/nichtverfügbarer Stickstoff, Energie/Stoff-Quellen oder -Senken, etc.) ordnen, wobei sich diese verschiedenen Ordnungsprinzipien nicht ausschließen. Dabei interessieren stets nur *die* abiotischen Phänomene, die in direkter oder indirekter Weise signifikant (im Sinne der jeweiligen Definition) mit Lebewesen interagieren, bzw. von diesen als Medium der Interaktion benutzt werden (z.B. Wasser als Transportmedium des Stoffaustausches).

Die Möglichkeiten der Aggregation von Elementen einer ökologischen Einheit sind vielfältig und es fällt schwer, sie zu systematisieren. Dennoch können einige wichtige allgemeine Aussagen gemacht werden. Aggregation (in dem hier benutzten Wortsinn) ist immer eine Klassenbildung. Das heißt, Phänomene, die zunächst als einzelne (hier: Einzeldinge) wahrgenommen werden können, werden aufgrund von gemeinsamen Eigenschaften zu Gruppen zusammengefaßt (vgl. Kap. 4.1). Ich werde mich dabei im folgenden weitgehend auf die Möglichkeiten einer Aggregation der Haupt"akteure" ökologischer Einheiten, der Organismen, beschränken. Es gibt drei Möglichkeiten einer Klassifizierung, die bei ökologischen Einheiten als sinnvoll erachtet werden. Dies sind (vgl. Abb. 5.7):

- taxonomische Klassifizierung
- morphologische Klassifizierung
- funktionale Klassifizierung

Diese drei Typisierungsweisen sind nicht ausschließend. Einerseits kann der Objektbereich der Elemente nach mehreren dieser Kriterien zugleich klassifiziert werden (und wird es auch meistens). Taxonomisch klassifizierte Individuen werden beispielsweise noch einmal zusätzlich nach funktionalen Kriterien klassifiziert (s.u.). Zum anderen existieren manchmal Korrelationen zwischen den Klassifizierungskriterien, auch wenn diese oft nicht explizit gemacht werden bzw. in den Details ihrer genauen Ausprägung auch gar nicht bekannt sind.

Eine taxonomische Klassifizierung liegt vor, wenn, im allgemeinsten und häufigsten Fall, die Zugehörigkeit zu einer biologischen Art (als Klassenbegriff verstanden) das entscheidende Aggregationskriterium für Individuen ist. Häufig sind auch Aggregationen nach höheren Taxa (etwa in Vögel, Fische, Säuger, oder nach Insektenordnungen) welche oft aus pragmatischen, manchmal aber auch funktionalen Gründen vorgenommen werden. Die taxonomische Klassifizierung ist die traditionelle Art und Weise, mittels derer Individuen in der Ökologie aggregiert werden. Zunehmend werden jedoch Versuche gemacht, diese durch morphologische und/oder funktionale Klassifizierungen zu ersetzen (so SPRULES & HOLTBY 1979, BRIAND & COHEN 1984, HEATWOLE 1989, TURNER & ROFF 1993, aber siehe schon KOEPCKE 1956, 1971-73). Vgl. dazu auch Kapitel 7.

5.3 Die Feinstruktur des SIC-Modells

Wollte man eine Parallele auf der Seite der abiotischen Komponenten ziehen, so würde eine ähnliche Einteilung in der Einteilung der abiotischen Anteile einer Einheit nach Stoffgruppen bestehen.

Eine morphologische Klassifizierung liegt vor, wenn Organismen aufgrund von Merkmalen wie Körpergröße oder Wuchsform zu Gruppen zusammengefaßt werden. Der Sinn einer solchen Klassifizierung für die Ökologie ist aber so gut wie immer ein funktionaler.[10] Daher sind morphologische und funktionale Klassifizierungen bei genauerem Nachfragen schwer zu trennen. Nicht immer aber ist sofort klar, was genau der funktionale Grund für eine morphologische Typisierung ist. Bei den Lebensformtypen von RAUNKIAER (1934) ist dies sehr explizit und methodologisch vorbildlich belegt, indem Raunkiaer nach denjenigen morphologischen Eigenschaften fragte, die bei Pflanzen entscheidend für das Überleben ungünstiger Bedingungen wie Kälte und Trockenheit sind. Bei anderen Einteilungen, besonders nach Größe, dürften vielerlei funktionale Variablen eine Rolle spielen. Hier sind oft pragmatische Gründe (im Sinne der Arbeitsmethoden) und die etablierten Gewohnheiten wissenschaftlicher Praxis maßgebend, etwa bei der klassischen Unterteilung in Mikrofauna, Mesofauna, Makrofauna (aber s.u.). Auch die Körpergröße ist mit diversen funktionalen Variablen verbunden (Zusammenfassungen bei PETERS 1983, CALDER 1984) und man kann davon ausgehen, daß aufgrund solcher Korrelationen Organismen verschiedener Größenordnungen (das organismische Größenspektrum umfaßt mehr als 8 Zehnerpotenzen in Bezug auf die Körperlänge der Lebewesen) mit ihrer Umgebung auf völlig verschiedenen räumlichen und zeitlichen Maßstabsebenen interagieren, d.h. in gewisser Weise in unterschiedlichen „Welten" leben (im Sinne von UEXKÜLL 1928). Die Unterteilung nach der Körpergröße scheint in einigen Lebensräumen viel weniger künstlich zu sein, als man zunächst annehmen möchte. So fand SCHWINGHAMMER (1981) unter Benutzung des sogenannten „SHELDON-Spektrums" in den von ihm betrachteten benthischen Organismengesellschaften mariner Weichböden tatsächlich eine dreigipfelige Verteilung der Größenklassen hinsichtlich der Biomasse. Das heißt, es gibt bestimmte Größenklassen, in denen deutlich mehr Tiere vorkommen, andere, in die nur wenige Organismen fallen. Die Grenzen, d.h. die Größenintervalle, in die nur wenige Organismen fallen, liegen in dieser Untersuchung bei ca. 10 µm und bei 500 µm. SCHWINGHAMMER interpretierte die drei so erhaltenen Größenklassen als 1) Mikroskopische Oberflächenbewohner (< 10µm), 2) Interstitialfauna (10-500 µm) und 3) Makroskopische Oberflächenbewohner (> 500 µm). Diese Gruppen leben entsprechend der Einteilbarkeit in unterschiedliche Größenklassen in verschiedenen Lebensräumen oder „Umwelten", obgleich der Ort, an dem sie vorkommen, derselbe ist. Sie leben aber auch von ihren räumlich/zeitlichen Maßstäben her gesehen in verschiedenen Umwelten, was zur Folge hat, daß die Prozesse, die diese verschiedenen Gruppen beeinflussen, ebenso wie ihre räumliche Verteilung, mit unterschiedlichen Ansätzen untersucht werden müssen (vgl. auch BURKOVSKY et al. 1994). Die verschiedenen Größenklassen können entweder als Kompartimente (Elemente) ein und derselben ökologischen Einheit beschrieben werden oder – in anderen Definitionen – als je eigenständige ökologische Einheiten behandelt werden, in denen die Elemente anders (z.B. taxonomisch) aggregiert sind.

---

[10] Das gilt genaugenommen auch für die taxonomische Einteilung, denn es wird implizit davon ausgegangen, daß die in eine Gruppe (Art, Gattung etc.) eingeordneten Individuen auch in ähnlicher Weise mit ihrer Umwelt in Wechselwirkung treten. Würde sich jedes Individuum völlig unterschiedlich verhalten, wäre eine Klassifizierung nach Arten in einem ökologischen Kontext uninteressant. Vgl. aber in diesem Zusammenhang die Kritik von HARPER (1982) an der Dominanz des Artbegriffs in der Ökologie. Siehe dazu auch Kapitel 7.

Wollte man einen Vergleich zur Komponentenaggregation auf der abiotischen Seite ziehen, so bieten sich hier am ehesten Kompartimente an, die an bestimmte materiale Konfigurationen gebunden sind (Luft, Boden, Wasser).

Eine <u>funktionale Klassifizierung</u> aggregiert Dinge aufgrund gemeinsamer, für bestimmte Fragestellungen relevanter, interaktionsbezogener Charakteristika, z.B. Organismen nach der Ernährungsweise oder den Mechanismen, mit bestimmten Umweltfaktoren umzugehen. Kompartimente, die aufgrund von Interaktionseigenschaften bestimmt werden, können zudem auch aus toten oder abiotischen Phänomenen bestehen. Die Zusammenfassung mehrerer abiotischer Stoffe unter der Rubrik „Nährstoffe" ist z.B. eine funktional begründete Zuordnung der betreffenden Stoffe zu dieser Komponente. Darüberhinaus gibt es auch Komponenten, die als Mischformen von biotischen und abiotischen Bestandteilen beschrieben werden (so wenn Pflanzenteile zusammen mit bestimmten Mineralien als Wasserspeicher oder als Kohlenstoffsenke typisiert werden).

Es würde zu weit führen, hier im Detail auf die vielfältigen Möglichkeiten einer funktionalen Typisierung von Komponenten einzugehen, aber es sollen zumindest für Organismen einige wichtige Varianten und deren theoretisch relevante Unterschiede genannt werden.

Frühe Ansätze einer funktionalen Typisierung von Organismen sind die Entwicklung sehr grober funktionaler Gruppen im Zusammenhang mit Nahrungsbeziehungen von Organismen, und zwar in Form der trophischen Ebenen (THIENEMANN 1926). Feinere Unterteilungen, die auch über reine Nahrungsgewohnheiten herausgingen, sind die ökologischen Nischen in der Definition Charles ELTONs (1927). Wichtig ist für die beiden letztgenannten Ansätze, daß sie sich auf „Rollen" innerhalb einer Organismengesellschaft beziehen und somit explizit nicht allein als Typisierungen von Organismen verstanden wurden, sondern als *Elemente von ökologischen Einheiten*. Bei beiden Ansätzen wird die Organismengesellschaft als aus diesen Elementen aufgebaut gedacht. Bei ELTON äußert sich das nicht nur darin, daß es für ihn, der die Nische mit dem „Beruf" eines Menschen vergleicht, leere Nischen geben kann, sondern auch darin, daß dieselbe Nische auf verschiedenen Kontinenten mit unterschiedlichen Arten besetzt sein kann.[11] Auch die Idee der Gilde (ROOT 1967; vgl. auch TERBORGH & ROBINSON 1986, SIMBERLOFF & DAYAN 1991) baut auf dem Kriterium gleichartiger Ressourcennutzungstypen auf. Anders konstituiert hingegen sind die Lebensformtypenraster von REMANE (1943) und vor allem KOEPCKE (1956, 1971-73), die noch weitere Eigenschaften von Organismen zur Typisierung von Tierarten heranzogen, darunter Fortbewegungsart und Schutzmechanismen gegen äußere Bedrohungen. Dies wurde besonders von KOEPCKE (1971-1973) sehr ausführlich ausgearbeitet und als Versuch angesehen, Organismengesellschaften auf der Auflösungsebene funktionaler Typen zu beschreiben. Seine Schriften blieben jedoch weitgehend unbeachtet.

Bei den Ansätzen einer funktionalen Typisierung lassen sich zwei grundsätzliche Arten von funktionalen Typen unterscheiden. Zum einen solche, die in der gerade beschriebenen Tradition von THIENEMANNs trophischen Ebenen und ELTONs Nischen stehen, d.h., die Organismen in funktionale Typen in Hinblick auf ihre Rolle in einer übergeordneten ökologischen Einheit sehen, zum anderen ein Typ, der die funktionale Typisierung zwar auf den Umgang der Organismen mit ihrer Umwelt, nicht aber auf ihre *Rolle* in einer größeren Einheit bezieht. Dieser Unterschied ist m.E. wenig bewußt. Sie entspricht der von CATOVSKY (1998) vorgeschla-

---

11 Im Gegensatz dazu ist der jüngere Nischenbegriff HUTCHINSONs (1957) auf den Organismus selbst bezogen und beschreibt nicht dessen Rolle in einer Organismengesellschaft; dort kann es daher auch keine leeren Nischen geben. Vgl. SCHOENER (1989).

5.3 Die Feinstruktur des SIC-Modells

genen Differenzierung in „functional effect groups" und „functional response groups". Zur ersten Gruppe sind Ansätze wie die von CUMMINS (1974), FABER (1991), STENECK & DETHIER (1994), JONES et al. (1994) zu rechnen. Eine ganze Anzahl von recht hoch aggregierten funktionalen Typen wurden auch im Zusammenhang mit systemtheoretischen, vor allem energieflußbezogen definierten ökologischen Einheiten aufgestellt (s. ODUM 1983). „Functional effect groups" sind vor allem dort von Interesse, wo höher integrierte ökologische Einheiten definiert werden.

Demgegenüber ist die zweite Art von Typisierungen („functional response groups" in der Terminologie von CATOVSKY 1998) nicht auf die *Rolle* der Elemente innerhalb von ökologischen Einheiten sondern auf einzelne Interaktionen und Arten bezogen und steht eher in der Tradition der auch als funktionale Typen auffaßbaren Lebensformtypen von Raunkiaer. Dazu gehören viele der heute als funktionale Pflanzentypen diskutierten Typisierungen, angefangen von den Typisierungen von GRIME (1979), NOBLE & SLATYER (1981) sowie VAN DER VALK (1980), aber auch modifizierte Übertragungen des Ansatzes auf andere Artengruppen (z.B. JAX 1992, 1997). Diese Typisierungen sind vor allem im Zusammenhang mit solchen Definitionen von Organismengesellschaften brauchbar, bei denen keine hohe Integriertheit der Elemente der Einheit vorausgesetzt wird.

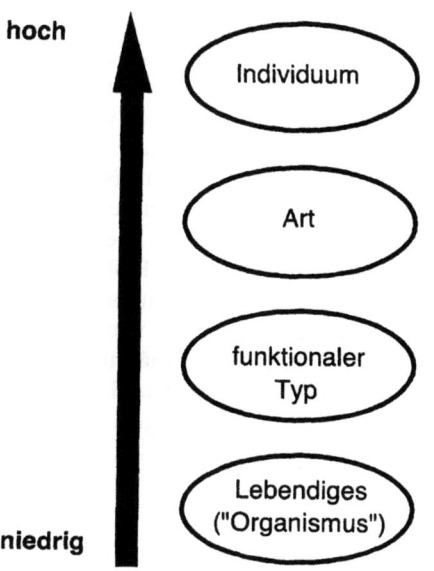

Abb. 5.9   Verschiedene Auflösungsebenen ökologischer Einheiten. Siehe Text

In der Anwendung des Schemas von Abbildung 5.7 können ebenso wie bei der Interaktions-Achse einzelne Kategorien unbesetzt bleiben, indem etwa für eine bestimmte Definition die morphologische oder die taxonomische Spezifizierung der Elemente irrelevant ist. Die Lage der Einheit in Bezug zur Achse der Komponentenauflösung läßt sich danach bestimmen, wie viele individuelle Objekte jeweils in eine der mittels der Aggregationskriterien gebildeten Klassen fallen (Abb. 5.9). Wie ich oben schon kurz sagte bleibt dabei, trotz der Möglichkeit, Kompartimente zu bilden, in denen nur zeitliche oder räumliche Teilstadien eines Lebewesens eingeordnet werden, die feinste Auflösung organismischer Komponenten dennoch die des Individuums. Denn nur das Individuum ist per definitionem „einzig" in seiner jeweiligen Klasse.[12] Es geht also hier nicht darum, wie viele Objekte *empirisch* in einem Kompartiment sind – dies entscheidet sich ja

---

[12]   Vgl. Kapitel 4.1. In philosophischer Terminologie ist traditionell auch von „Individualbegriffen" die Rede, unter die jeweils nur ein Individuum fällt (THIEL 1992, p. 12).

immer erst in einem konkreten Fall – sondern darum, wieviele Objekte in der *Klasse* sind. Denn auch, wenn ein Individuum physisch in mehrere funktionale Kompartimente aufgeteilt werden kann, so bleibt es in seiner Klasse einzig. Jede Einteilung in funktionale Kompartimente setzt, um theoretisch nutzbar zu sein voraus, daß es mehr als ein Objekt gibt, das in die so konstituierte Klasse eingeordnet werden kann. Sonst würde es keinen Sinn für ökologische Fragestellungen ergeben, überhaupt den jeweiligen Begriff zu prägen. Es bedeutet daher daß auf der Auflösungsebene „Individuum" jedes Individuum für sich steht. Auf der Aggregationsebene der Art finden sich alle Individuen, die dieser taxonomischen Einheit zugerechnet werden können, auf der Ebene der trophischen Ebene Individuen sehr vieler Arten und auf der Ebene der lebendigen Materie („Organismen") alle Individuen aller Arten. Der Allgemeinheitsgrad und die Begriffsextensionen nehmen in der skizzierten Reihenfolge zu. Die beschriebenen und in Abbildung 5.9 dargestellten oberen „Ebenen" sind dabei lediglich als Beispiele zu nehmen und nicht als die einzig möglichen Unterteilungen des Gradienten.

Es spielt dabei keine Rolle, daß in einem *konkreten empirischen Fall* z.B. höhere Auflösungsebenen nicht mehr Individuen enthalten müssen als niedere, daß z.B. eine trophische Ebene in manchen Fällen nur von einer einzigen Art gebildet werden kann. Der *Begriff* der trophischen Ebene – und um den geht es hier im Kontext der Definition von ökologischen Einheiten – enthält die *Möglichkeit*, daß Individuen mehrerer Arten in einer trophischen Ebene vereint sind, der Begriff des jeweiligen Individuums nicht.

Aggregation ist innerhalb der ökologischen Theoriebildung nötig, weil es auf der Ebene der individuellen Organismen meist nicht möglich ist, Theorien mit prognostischem Anspruch für die in der Ökologie behandelten Fragen zu erstellen. Die Kunst besteht darin, die für spezielle Einzelfragen – und mehr noch für aussagekräftige ökologische Theorien adäquaten Grade und Ausprägungen von Aggregationen zu finden (siehe z.B. FROST et al. 1988). Denn ebenso wie eine zu geringe Aggregation nur partikulare Erklärungen oder gar Erklärungen im Nachhinein erlaubt, führen zu hohe Aggregationsgrade dazu, daß die Elemente und mit ihnen die ökologischen Einheiten zu allgemein werden, ihre Extension zu groß wird, um noch den Spezifika des komplexen ökologischen Gegenstandsbereiches gerecht zu werden. Ein wichtiges Problem, welches vor allem bei funktionalen Klassifizierungen besteht, ist, daß die Einordnung von Individuen oder Arten in die gebildeten Klassen nicht immer so eindeutig möglich ist, wie das wünschenswert wäre. Bekannt ist dies seit langem z.B. für die Einordnung von Ernährungstypen, bei denen sich viele Arten nicht sauber einer bestimmten trophischen Ebene zuordnen lassen (COUSINS 1987, TURNER & ROFF 1993). Gleiches gilt für andere Klassifizierungen.

Ökologische Einheiten und Maßstäbe

Die Definition ökologischer Einheiten bedarf einer bewußten Berücksichtigung von räumlichen und zeitlichen *Maßstäben* (Skalen). Dies wird vor allem bei der Anwendung der Definitionen auf konkrete empirische Fälle wichtig. Maßstäbe bilden kein eigenes unabhängiges Definitionskriterium für ökologische Einheiten, das sozusagen als vierte Achse in das Modell aufgenommen werden müßte, sie können aber – wiederum je nach Fragestellung – in alle der oben ausgeführten vier Kriterien (Grenzkriterium und die drei Achsen) eingehen. Es gibt keine strengen Korrelationen zwischen den obigen Definitionskriterien für ökologische Einheiten und bestimmten Maßstäben, wohl aber eine Einschränkung des jeweiligen Maßstabsbereichs (*domain of scale* im Sinne von WIENS 1989) für bestimmte Ausprägungen dieser Kriterien. Nachdem Maßstäbe früher in der Ökologie wenig thematisiert wurden (vgl. JAX & ZAUKE 1992) ist ihre Bedeutung mittlerweile weithin anerkannt und schlägt sich in einer großen Zahl von Publikationen nieder. Übersichten finden sich bei WIENS (1989), LEVIN (1992) BISSONETTE (1997), PETERSON & PARKER (1999).

Was sind Maßstäbe?

In der englischsprachigen Fachliteratur wird das Wort „scale" in verschiedenen Bedeutungen gebraucht. Gelegentlich wird damit die untersuchte „Organisationsebene" (d.h. Individuum, Population, Ökosystem, etc. im Sinne der Minimaldefinitionen; vgl. Kap. 2.4. und 4.4) bezeichnet. In weiteren Bedeutungen bezeichnet das Wort den taxonomischen Umfang der Untersuchung (taxonomic scale) sowie verschiedene Skalierungstypen im statistischen Sinne (Nominal-, Ordinalskala etc.). Schließlich meint es, und dies ist die häufigste Bedeutung des Worts, die räumlichen und zeitlichen Maßstäbe einer Untersuchung, z.B. die Rastergröße einer Flächenkartierung oder die Probenahmeintervalle bei einer Zeitreihenuntersuchung. Ich verwende den Terminus ausschließlich in der letztgenannten Bedeutung.

Maßstäbe können vor allem durch zwei Kenngrößen charakterisiert werden: durch ihre Körnung (grain) und ihre Ausdehnung (extent) (vgl. WIENS 1989, JAX & ZAUKE 1992). Mit „Körnung" ist im Falle räumlicher Maßstäbe die kleinste noch aufgelöste Raumeinheit gemeint, z.B. die Probenahmegröße einer Untersuchung, während „extent" die maximale Ausdehnung der Untersuchung meint, oder die Fläche, für die die Untersuchung repräsentativ ist. Bei zeitlichen Maßstäben gibt die Körnung den Abstand zwischen den einzelnen Probenahmen an, oder allgemein jenen zeitlichen Bereich, über den eine einzelne Beobachtung den zeitlichen Verlauf integriert. Die Ausdehnung entspricht hier der Gesamtdauer der Untersuchung. Ausdehnung und Körnung einer Untersuchung setzen Grenzen für deren Aussagemöglichkeiten. Es ist nicht möglich, Aussagen ohne weiteres über die Ausdehnung der Untersuchung zu extrapolieren, wenn man nicht die sehr zweifelhafte Annahme von maßstabsunabhängigen Mustern und Prozessen macht, und es ist nicht möglich, Muster unterhalb der Körnungsgröße zu entdecken bzw. zu beschreiben. Maßstäbe schränken dadurch den Bereich von Phänomenen ein, den man beobachten und beschreiben kann.

Dies wird in Abbildung 5.10 an dem idealisierten zeitlichen Verlauf einer Variablen veranschaulicht. Nimmt man die dort gezeichnete durchgezogene Kurve (Abb. 5.10a) zum Beispiel als den „tatsächlichen" Verlauf in der Abundanzentwicklung einer beliebigen Population, so stellt sich die Frage, unter welchem zeitlichen Maßstab diese adäquat erfaßt wird, bzw. wie sich mit veränderlichen Maßstäben die Aussagen darüber ändern.

Betrachtet man zunächst die Ausdehnung (extent), d.h. die Dauer der Untersuchung (Abb. 5.10b), so zeigt sich, daß man bei einer zu geringen Ausdehnung oft nur Teile einer zeitlichen Dynamik (hier einer Periodik) erfaßt. Darüber hinaus wird in einem solchen Fall auch noch der Anfangszeitpunkt wichtig (vgl. ex1 und ex3 in Abb. 5.10b) und kann zu völlig unterschiedlichen Aussagen über den Verlauf einer Entwicklung führen.

Je nach Größe des Probenahmeintervalls (grain, Körnung) kommt man in der Analyse ebenfalls zu völlig unterschiedlichen Aussagen über den Verlauf der Populationsentwicklung (Abb. 5.10c). Bei der oberen Reihe von Graphen in c) beginnt die Untersuchung jeweils an den Pfeilen, bei der unteren Reihe immer zum Zeitpunkt t=0. Die Körnung Gr2 vermittelt den Eindruck einer über die Zeit konstanten Populationsgröße, die in Gr3 den einer allmählich zu einem Maximalwert ansteigenden Population, während Gr1 in etwa den Kurvenlauf von 5.10a wiedergibt. Je nach der Lage des Startpunkts der Untersuchung erhält man dabei außerdem unterschiedliche Absolutwerte der „konstanten" Populationsgröße (Gr2). Ein empirisches

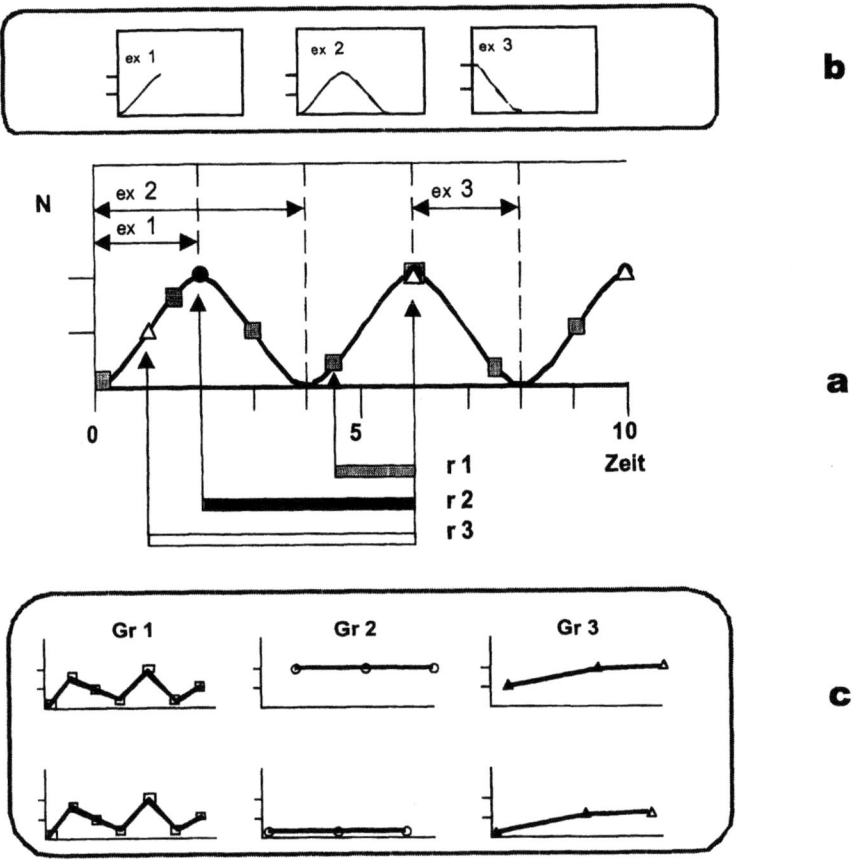

Abb. 5.10 Körnung (grain) und Ausdehnung (extent) bei zeitlichen Maßstäben. Vgl. Text.

Beispiel für die geschilderten Auswirkungen unterschiedlicher Körnungen findet sich bei CARPENTER & KITCHELL (1987).

Die Wichtigkeit von Maßstäben für ökologische Einheiten ist höchst unterschiedlich, je nachdem welchem Zweck die Begriffe ökologischer Einheiten dienen. Es ist in diesem Zusammenhang nötig hervorzuheben, daß Maßstäbe nicht mit Betrachtungsebenen (oder den klassischen „Organisationsebenen"; vgl. Kap. 4.5) einhergehen. Dies wurde besonders von ALLEN & HOEKSTRA (1990, 1992) ausführlich dargelegt. Es gibt im Sinne der Minimaldefinitionen (aber auch im Sinne vieler spezifischerer Definitionen) „Ökosysteme" und „Organismengesellschaften", die kleiner als Individuen sind, z.B. das mikrobielle „Ökosystem" im Pansen einer Kuh oder in einem sich zersetzenden Baumstamm (s. auch GRAHAM 1925). Ob etwas unter dem Gesichtspunkt eines Ökosystems oder einer Organismengesellschaft betrachtet wird, ist auf der Ebene der Minimaldefinitionen (Kap. 2.4) keine Frage des Maßstabs (vgl. ALLEN & HOEKSTRA 1990, 1992). Betrachtungsebenen als solche sind maßstabsinvariant. Gleiches gilt für eine rein theoretische Betrachtung von ökologischen Einheiten ohne einen konkreten raum-

5.3 Die Feinstruktur des SIC-Modells

zeitlichen Bezug. Die einzelnen, speziellen Begriffe ökologischer Einheiten enthalten aber stark maßstabsabhängige Kriterien, die im Verlaufe ihrer *Operationalisierung* spezifiziert werden müssen. So ist die Aussage, daß die Grenze eines Ökosystems eine topographische sein soll, und aufgrund von Homogenitäten bestimmt werden soll, zunächst skaleninvariant. Erst in der Parametrisierung kommen Maßstäbe ins Spiel (s.u.).

Maßstäbe lassen sich bei wenig spezifischen Definitionen nur als grobe Größenordnungen angeben, werden aber zu immer engeren Maßstabsbereichen, wenn der Allgemeinheitsgrad der Einheit geringer wird. Mit der Einschränkung des Maßstabsbereichs meine ich dabei seine zunehmende Präzisierung, nicht ein Kleiner-Werden in einem absoluten, d.h. metrischen Sinne, denn dies hängt von den jeweils betrachteten Objekten und Prozessen ab (s.u.).

Maßstäbe werden daher vor allem bei der *Anwendung* von Definitionen ökologischer Einheiten wichtig. Werden sie nicht thematisiert, so kann aufgrund der ansonsten gleichen Definition ein konkretes empirisches Objekt einmal unter die Definition fallen, einmal nicht – je nachdem, welche Maßstäbe die verschiedenen Beobachter anwenden. Umgekehrt können bei Verwendung unterschiedlicher Maßstäbe die Grenzen einer zu findenden ökologischen Einheit bei ansonsten gleicher Definition völlig unterschiedlich gezogen werden. Zwei Beispiele aus der Diskussion um die Existenz bzw. die „Natur" von Organismengesellschaften mögen dies verdeutlichen.

Zwei historische Fallbeispiele

Im Streit zwischen der CLEMENTSschen Auffassung von Organismengesellschaften und der von GLEASON spielt u.a. die Frage des Gleichgewichts bzw. der Konstanz der Organismengesellschaft eine Rolle (s. Kap. 3.4). Sie ist für CLEMENTS ein notwendiges und in der Natur realisiertes Kriterium für die Definition der Organismengesellschaft.[13] Demgegenüber bestreitet GLEASON das Vorhandensein einer solchen Konstanz und lehnt u.a. aus diesem Grunde die Definition der „community" durch CLEMENTS ab; es gebe so aufgefaßte Einheiten nicht. Er wirft CLEMENTS hierbei einen Wahrnehmungsfehler vor, der – in heutiger Diktion – darauf hinausläuft, daß CLEMENTS einen inadäquaten, d.h. zu kleinen Zeitmaßstab (extent) anlegt. GLEASON zieht dabei die unterschiedlichen Generationszeiten von Bäumen, Menschen und der kurzlebigen Blume *Galinsoga* als Vergleichsmaßstäbe für Aussagen über die Konstanz der Umwelt und der community heran. In seinen Worten:

> „During the same summer, the Galinsoga which infests our gardens in this vicinity may produce several generations. If our lifes were measured by days instead of years, we can imagine an ecologist saying: 'I have seen three generations of Galinsoga on this one spot of ground. Evidently we are dealing with a stable environment and Galinsoga will live here forever'. He would be wrong. With our knowledge of vegetational conditions actually extending over about three centuries, we now say, 'Oaks have occupied this spot for three hundred years. Evidently we here have a stable environment and the oak will live here forever.' If our lifes were seventy centuries instead of seventy years, would we not see that we were again wrong? Like the shortlived Galinsoga, which utilizes the time period which we call summer, the long-lived oak is utilizing a longer time period, and the time has been and in the future will be again, when the race of oaks can no longer live on this particular spot." (GLEASON 1939, p. 97)

Je nach Zeitskala wird so eine ökologische Einheit entweder als im Gleichgewicht oder als in ständiger Veränderung wahrgenommen. Hier wird der Maßstab also, auf das SIC-Modell bezugnehmend, bei der Angabe der internen Relationen (Interaktions-Achse) bedeutsam. Gerade bei Angaben zu „Stabilitäts-" oder Gleichgewichtszuständen sind empirisch eindeutig ver-

---

[13] Oder doch nur eine Tatsacheninformation (vgl. Kap. 4.3)? Wie so oft, bleibt dies letztlich unklar.

gleich- und überprüfbare Aussagen nur mittels von Angaben von zeitlichen Maßstäben möglich (s. GIGON 1983, CONNELL & SOUSA 1993, GRIMM & WISSEL 1997).

Das zweite Beispiel betrifft ein anderes Kriterium, nämlich das der Grenzziehungen. Wie oben erläutert, wird die topographische Grenzziehung bei ökologischen Einheiten oft mittels eines Homogenitätskriteriums ermittelt. Homogenität und Heterogenität sind aber immer maßstabsabhängig (s.o. und KOTLIAR & WIENS 1990, LEVIN 1992). Die Vernachlässigung dieser Tatsache hat in der Diskussion um die Charakteristik oder gar Existenz von ökologischen Einheiten in der Vergangenheit zu Scheinwidersprüchen geführt (JAX & ZAUKE 1992), wie sich z.B. an der Diskussion um die in Kapitel 3.2 beschriebenen PETERSEN-communities zeigen läßt. Die Grenzen dieser communities wurden aufgrund topographischer Kriterien ermittelt, und da es sich hier um eine statistisch definierte Organismengesellschaft handelt, aufgrund der Ausdehnung homogener Organismenbesiedlungen des Meeresbodens in den dänischen Gewässern. Schon relativ früh jedoch kam es zu Kritik an PETERSENs community-Begriff. Untersuchungen anderer Autoren innerhalb eines schwedischen Fjords, in denen ebenfalls versucht wurde, homogene benthische communities abzugrenzen, gerieten in Widersprüche zu PETERSEN. Sie fanden entweder eine andere Anzahl von community-Typen oder konnten, wie LINDROTH (1935), überhaupt keine abgrenzbaren Einheiten im Sinne statistischer communities finden.

Betrachtet man die Originaldaten, so wird schnell sichtbar, daß fundamentale Probleme einen Vergleich der Daten geradezu unmöglich machen und unterschiedliche Ergebnisse schon vom Ansatz her nahelegen, so daß die von LINDROTH auf dieser Grundlage geübte Kritik an PETERSEN unbegründet wäre. PETERSEN (1913) gab in seiner Studie, in der er das Modell der statistischen communities entwickelte, keinen einheitlichen Maßstab vor, auch wenn dies durch die einheitliche Größe des von ihm verwendeten Bodengreifers und den einheitlichen Bezug aller Ergebnisse auf je einen m² so scheinen mag. Sein Maßstab ergab sich vielmehr aus seiner *Suche* nach homogenen Flächen unter der Vorgabe bestimmter Artengruppen, die er (mehr oder weniger intuitiv) als charakteristisch erachtete, in erster Linie Mollusken und Echinodermen. Und selbst unter dieser Vorauswahl benutzte er unterschiedliche Körnungs-Größen bei der Bestimmung der Gesellschaften. Wie seinen sorgfältig dokumentierten Daten zu entnehmen ist, schwankten seine Probengrößen, auf deren Basis er die Organismengesellschaften (communities) quantitativ charakterisierte, zwischen 10 und 50 Greiferproben. Die Körnung ist gerade durch diese Größe gegeben, die Flächengröße nämlich, über die die Proben gemittelt wurden. Der „grain" liegt also zwischen 1 und 5 m²; alle Muster unterhalb dieser Körnung wurden nicht mehr aufgelöst.

Dies ist an sich nicht problematisch; für PETERSENs Zweck sind seine Methode und die verwendeten Maßstäbe brauchbar. Die Muster in Form von „statistischen communities" sind für seine Untersuchungen „real" und keine methodischen Artefakte. Problematisch wird es allerdings, wenn spätere Wissenschaftler, wie LINDROTH, versuchten, die gleichen oder ähnliche Organismengesellschaften nachzuweisen (dies war der Ausgangspunkt LINDROTHs) und dabei schon im Ansatz einen wesentlich kleineren Maßstab benutzten. LINDROTH etwa nahm nur je zwei Proben mit dem PETERSEN-Greifer, d.h. mit 0,2 m² blieb seine Körnung im günstigsten Fall um den Faktor 5 unter den ursprünglich von PETERSEN benutzen, im ungünstigsten Fall gar um den Faktor 25. Die implizite Vorannahme einer *maßstabsunabhängigen* Homogenität von communities prägt hier also die Methode und die Interpretation der Ergebnisse. Unter einem kleineren Maßstab (grain) wächst aber die Heterogenität, die in der Fläche noch aufgelöst wird, und die Wahrscheinlichkeit, klare großräumige Grenzen aufgrund dessen zu finden sinkt.

5.3 Die Feinstruktur des SIC-Modells

Maßstäbe und das SIC-Schema

Die beiden Beispiele zeigen exemplarisch, wie räumliche und zeitliche Maßstäbe in der Definition von ökologischen Einheiten von Bedeutung sein können. Sie können *de facto* in allen der im SIC-Modell genannten Kriterien zum Ausdruck kommen. Die Wahl bestimmter Variablen innerhalb der Kriterien schränkt den sinnvollen Bereich räumlicher und zeitlicher Maßstäbe, unter denen eine Einheit zu betrachten ist, ein, gibt aber im allgemeinen keinen zahlenmäßig exakten „richtigen" Maßstab vor, sondern lediglich Größenordnungen desselben. Da kein „Automatismus", keine strenge Korrelation zwischen den einzelnen Definitionskriterien und raum-zeitlichen Maßstäben besteht, müssen letztere im Einzelfall in ihrer möglichen Auswirkung bedacht und explizit gemacht werden.

Im Falle des Grenzkriteriums ist der Einfluß von Maßstäben dort evident, wo diese mittels eines Homogenitätskriteriums bestimmt werden, denn (s.o.) Homogenität und Heterogenität sind immer maßstabsabhängig. Im Falle funktionaler Grenzen gehen Maßstäbe indirekt über die gewählten Interaktionen ein, werden also auf der Phänomen- und Interaktions-Achse thematisiert.

Wir haben es hier generell mit einer wechselseitigen Relation zu tun, insofern einerseits der betrachtete Maßstab der konkreten interessierenden Fläche die möglichen Phänomene beeinflußt, die darauf überhaupt wahrgenommen werden können (vgl. JAX & ZAUKE 1992), zum anderen aber die Auswahl des Maßstabs innerhalb der Definition einer Einheit auch die Ausdehnung, d.h. die Grenzen der Fläche bestimmt, die eine unter dieser Maßstabsvorgabe gesuchte Einheit haben wird; ein Vorgang, der vor allem bei der Bestimmung von Flächengrößen für Schutzgebiete äußerst wichtig ist (s. Kap. 6).

Die Phänomen-Achse ist hochgradig maßstabssensitiv. Elemente und Interaktionen bringen sozusagen ihre eigenen Maßstäbe mit sich, wobei nur beide zusammen genauere Eingrenzungen der adäquaten Maßstäbe erlauben. Ist ein Ökosystem z.B. lediglich dadurch charakterisiert, daß Organismen untereinander und mit ihrer unbelebten Umwelt interagieren, so ist die minimale Flächengröße, auf der dies passieren kann und auf der ein System schon als „Ökosystem" zu bezeichnen ist, sehr klein. Werden die Angaben spezifischer, so kann der adäquate Maßstab wachsen, muß es aber nicht. Ein mikrobielles Ökosystem kann nach wie vor sehr klein sein, ein Ökosystem, in dem Wale leben, muß aber eine bestimmte Mindestgröße haben, die für das Überleben und Agieren dieser großen Tiere ausreicht, zumindest also so, daß ein Wal darin Platz findet. Das spezifische Objekt bringt also alleine durch seine Körpergröße (und seine Lebensdauer bei zeitlichen Maßstäben) bestimmte Größenordnungen von Maßstäben mit. Das selbe Objekt kann aber, je nachdem welcher Prozeß betrachtet wird, in völlig unterschiedlichen Maßstabsdimensionen betrachtet werden, was ADDICOTT et al. (1987) in ihrem Begriff der „ecological neighborhoods" methodisch entwickelt haben (vgl. ausführlich auch JAX et al. 1993, p. 87ff.).

Damit wird auch die Bedeutung der Interaktions-Achse in diesen Fragen deutlich, d.h. die Spezifität der Ausprägung der Interaktionen. Hier kommt insbesondere eine zeitliche Dimension zum Tragen, wie im obigen Beispiel von Gleason schon deutlich wurde. Dort wird gut veranschaulicht, daß es trivial ist, wenn das funktionale Kriterium der Stabilität (als Spezifizierung der I-Achse) daran gemessen wird, daß ein Wald nach einem Jahr immer noch aus denselben Baumarten besteht. Vielmehr – darauf haben CONNELL & SOUSA (1983) eindringlich hingewiesen – ist es erst sinnvoll, von der Konstanz eines solchen Systems zu reden, wenn die betreffende Variable über einen längeren Zeitraum als die Lebensdauer des langlebigsten Organismus im System noch konstant bleibt (die Bäume sich also sozusagen selbst ersetzen). Der räumliche Maßstab kommt hier insofern ins Spiel, als bei einem kleinen Maßstab (relativ zur

Größe oder zum Aktionsradius der Elemente der Einheit) die Chance einer solchen Konstanz gering ist, bei einem großen aber schnell wächst, weil sich Heterogenität sozusagen wegmittelt (s. JAX 1994b).

Es liegt auf den ersten Blick zwar nahe, die Achse der Komponentenauflösung als besonders stark mit Maßstäben korreliert anzusehen und sie so aufzufassen, daß eine hohe Auflösung einem kleinen raum-zeitlichen Maßstab entspricht, eine geringe Auflösung einem großen. Dies ist jedoch nicht so. Der wichtigste Grund ist der, daß die Achse der Komponentenauflösung keine eigene raum-zeitliche Dimension hat, sondern nur Klassen wiedergibt (vgl. FROST et al. 1988) und somit genaugenommen den geringsten Einfluß auf die Bestimmung von adäquaten Maßstäben hat. Die raum-zeitliche Dimension kommt erst mit der Konkretisierung durch die speziellen raum-zeitlich konkreten Objekte ins Spiel, wie sie über die Phänomen-Achse geleistet wird. Die Angabe beispielsweise, daß ein Ökosystem durch mehrere trophische Ebenen konstituiert wird, wird erst maßstabsrelevant, wenn deutlich wird, was diese trophischen Ebenen beinhalten. Dann erst wird eine ökologische Einheit, die aus Algen und Zooplankton als Elementen besteht, unter einem anderen Maßstab zu betrachten sein, als eine, die aus Bäumen und blattfressenden Rüsselkäfern besteht, obwohl die genannten Organismen jeweils zwei vergleichbaren trophischen Ebenen zuzuordnen sind.

Das Fazit dieser Darlegungen ist, daß Maßstäbe in sehr komplexer Weise mit der Definition von ökologischen Einheiten und ihrer Anwendung auf konkrete empirische Gegenstände verwoben sind. Einen simplen schematischen Weg zur ihrer adäquaten Bestimmung gibt es nicht. Dennoch sollte es möglich sein, bei einer bewußten Berücksichtigung dieses Aspekts die für die jeweilige Fragestellung nötige Präzision zu erreichen und Fallen wie die in den obigen Beispielen (und in Kap. 6.2) geschilderten zu vermeiden.

Maßstäbe werden vielfach direkt zielbezogen im Sinne menschlicher Interessen gewählt, wenn es etwa bei der Anwendung von Definitionen ökologischer Einheiten um Gebietsgrößen oder Planungszeiträume geht. Sie dürfen aber nie von den eigentlichen materiellen Objekten entkoppelt sein, so sie nicht in die Gefahr geraten wollen, die propagierten Ziele (z.B. die Erhaltung eines bestimmten Ökosystems) zu verfehlen. Dazu gehört vor allem, daß sie sich an organismenbezogenen Vorgaben wie Generationszeiten oder Aktionsradien orientieren müssen. Es ist nötig, diese Aspekte stärker als bisher bewußt zu berücksichtigen.

Wenn oben gesagt wurde, daß Maßstäbe erst in der Anwendung von ökologischen Einheiten relevant werden, so ist dies keineswegs auf „praktische" Anwendungen wie solche in der Landschaftsplanung oder im Umwelt- und Naturschutz beschränkt. Auch theoretisch vergleichende Arbeiten, die nach den Ähnlichkeiten, den Grundmustern von Organismengesellschaften oder Ökosystemen fragen, müssen diese Aspekte berücksichtigen. Ein Vergleich etwa der Konstanz von unterschiedlichen Gesellschaften (unter einer ansonsten identischen Definition) wird wenig sinnvoll, wenn absolute metrische Maße zur Beurteilung von Konstanz gewählt werden – sonst dürfte eine mikrobielle Gesellschaft von vornherein immer als weniger konstant („stabil") bewertet werden als eine Gesellschaft aus langlebigen Bäumen. Erst eine Skalierung der Definition anhand der Generationszeiten der vorkommenden Organismen macht einen Vergleich sinnvoll.

5.4 Die Relation zwischen der Auswahl von Forschungsfragen und der Definition ökologischer Einheiten

Zum Abschluß dieses Kapitels will ich danach fragen, wie aus der Vielzahl der möglichen Definitionen ökologischer Einheiten jeweils fragestellungsbezogen adäquate und aussagekräftige ausgewählt werden können.

Die Definition ökologischer Einheiten ist eingebettet in bzw. ist das Resultat eines komplexeren Verfahrens, in dem überhaupt erst entschieden wird, welche Fragen und welche Arten von ökologischen Einheiten als relevant in Forschung und Anwendung angesehen werden. Zumindest zwei Bereiche spielen hier mit, die nicht naturwissenschaftlich sind, aber dennoch entscheidend für die ökologische Forschung sind und Einfluß auf die Auswahlkriterien haben.

Die Auswahl jeder Forschungsfrage hängt zunächst von der spezifischen Interessenperspektive der beteiligten Personen ab. Dies können Wissenschaftler sein, aber ebenso Politiker, Naturschützer, Personen mit spezifischen ökonomischen Interessen etc. Ob eine bestimmte Frage oder die Abgrenzung einer bestimmten ökologischen Einheit sinnvoll ist, liegt daher außerhalb der Naturwissenschaften. Die Perspektiven können sich auf spezifische wissenschaftliche Interessen beziehen, z.B. darauf, mehr über bestimmte Phänomene in der Natur zu wissen. Was von wissenschaftlichem Interesse ist, wird auch von den individuellen Voreinstellungen der Forscher sowie durch deren Interaktionen innerhalb der scientific community bestimmt. Diese bestimmt, welche Themen als wichtig angesehen werden, bzw. was überhaupt ein Thema der Wissenschaft ist.[14] Außerdem bestehen sozial konstituierte Interessen außerhalb der Wissenschaftlergemeinde aufgrund bestimmter Anforderungen an „die Natur", angefangen von der einfachen Nutzung natürlicher Ressourcen, über Naturschutzbemühungen aus Gründen der Erhaltung guter und nachhaltiger Lebensbedingungen für die Menschen, bis hin zum Schutz nichtmenschlicher Lebewesen oder sogar „Landschaften" ohne auf einen Nutzen für die Menschen abzuzielen. So kann alles in der Natur unter einer unendlichen Vielfalt von Perspektiven beschrieben werden, deren jede das Universum der „sinnvollen" Fragen ebenso wie das der angemessenen Forschungsobjekte, d.h. hier der ökologischen Einheiten, jeweils einschränkt.

Darüber hinaus hängt die Auswahl von Forschungsfragen und ökologischen Einheiten vom spezifischen theoretischen Unterbau ab, auf dem die ökologische Forschung jeweils aufbaut (s.u.). So schränken sowohl die Interessenperspektiven als auch der theoretische Unterbau den Teil des SIC-Schemas (Abb. 5.4) ein, der nutzbar ist. In der Tat wird nie der ganze durch die drei Achsen des Schemas aufgespannte Raum für die Definition einer zu betrachtenden ökologischen Einheit verfügbar sein, sondern immer nur ein Ausschnitt, innerhalb dessen die System-Definitionen unter den gegebenen Randbedingungen ausgewählt werden können.

Schließlich wird der jeweils nutzbare Bereich des SIC-Schemas durch die spezifischen Eigenheiten des jeweiligen Lebensraumes und der ausgewählten Organismengruppen eingeschränkt und durch die in Kapitel 4 geschilderten Anforderungen an die Stärke von Begriffen, d.h. ihre Nützlichkeit für die jeweiligen Fragestellungen.

---

[14] Dies ist in der Ökologie am Wechsel bestimmter Forschungsschwerpunkte sehr gut zu beobachten. Während in den 1960er und frühen 1970er Jahren die Themen Konkurrenz und Inselökologie dominierend waren, folgten in den 1980er Jahren Themen wie Maßstäbe und Störungen, während in den 1990er Jahren Biodiversität und „biologische Invasionen" die ökologische Grundlagenforschung dominieren.

Interessenperspektiven und ökologische Einheiten

Ökologische Einheiten werden in drei Kontexten thematisiert, nämlich im Kontext von

a) ökologischer Theorie,

b) empirischer ökologischer Forschung und

c) der Anwendung ökologischen Fachwissens in der außerwissenschaftlichen Praxis, insbesondere in Umwelt- und Naturschutz sowie Landschaftsplanung und Ressourcenmanagement.

Alle drei Perspektiven hängen in der Praxis oft eng zusammen.

Es liegt die Situation vor, daß von a) nach c) der adäquate Grad der Verallgemeinerung abnimmt. Das heißt, daß es auf der theoretischen Ebene für viele Fragestellungen möglich oder sogar nötig ist, mit sehr allgemeinen, weit gefaßten Begriffen zu arbeiten (vgl. Kap. 4.5). In Bereich der Theorie spielen Definitionen für die Formulierung der Theorien selbst eine große Rolle und werden deshalb hier eher explizit gemacht, als in den direkt empirischen und angewandten Bereichen. Um ein Ökosystem beispielsweise mathematisch zu modellieren, müssen die Elemente und Interaktionen, die das System konstituieren, sehr klar dargelegt werden. Das heißt nicht, daß die Definitionen deshalb immer präzise und widerspruchsfrei im hier geforderten Sinne wären, noch, daß sie immer nützlich im Sinne eines adäquaten Realitäts- (d.h. Objekt-)bezugs wären, wohl aber, daß ein Modellierer seine Systeme alleine aus programmiertechnischen Gründen explizit definieren muß. Dadurch gewinnen mathematische Modelle aber einen wichtigen heuristischen Wert. Im Dialog mit dem Modellierer sind die potentiellen Anwender eines Modells gezwungen, ihre oft nur impliziten oder zunächst vage formulierten Annahmen davon, was ein Ökosystem, eine Organismengesellschaft etc. ist, konkret zu formulieren. Dies gilt in ähnlicher Weise für die Anwendung des einfachen graphischen SIC-Modells (vgl. Kap. 5.2 und 6.2).

Empirisch arbeitende Ökologen müssen ihr System weniger allgemein fassen als Modellierer, denn sie arbeiten mit konkreten Gegenständen, die ihnen entsprechend „Widerstand" leisten. Das Nachdenken über die Begriffe ist hier jedoch meist geringer ausgeprägt und die Definitionen werden seltener explizit gegeben, weil die betrachteten Systeme oft „intuitiv", aufgrund von wissenschaftlichen Konventionen, die sozusagen zum Alltagswissen und zur Alltagspraxis einer Disziplin gehören, oder aufgrund pragmatischer Überlegungen abgegrenzt werden. Die Qualität der verwendeten Definitionen muß sich hier an der Fähigkeit erweisen, die als interessant betrachteten Phänomene erklären oder prognostizieren zu können. Der Empiriker kann sich seinen materiellen Gegenstand jedoch meist aussuchen oder wird oft auch vergleichend arbeiten und so von vielen Details stark abstrahieren können.

In der angewandten Beschäftigung mit ökologischen Einheiten ist der materielle Gegenstand, auf den die Begriffe angewendet werden (z.B. ein Naturschutzgebiet) meist vorgegeben, und es fragt sich, welche Definitionen im Rahmen der jeweiligen Zielsetzung geeignet für den Umgang damit sind. Dabei geht es um sehr konkrete Ziele, die in starker Weise einen „Test" für die Güte von Definitionen und den damit zusammenhängenden Theorien darstellen, so etwa, ob die eingesetzten Managementmaßnahmen die formulierten Ziele erreichen oder nicht. Denn dies ist, wie in Kapitel 6.2 exemplarisch aufgezeigt wird, nicht alleine eine Frage der richtigen Methoden, sondern in starkem Maße eine der – hier meist nur impliziten – ökologischen Theorie, inklusive der Begriffsbildung. Eine Erfolgskontrolle wird jedoch oftmals gar nicht oder nur in ungenügender Weise durchgeführt. Sie scheitert vielfach auch daran, daß sich die Beteiligten mit ihren unterschiedlichen Interessen und impliziten theoretischen Vorstellungen

5.4 Forschungsfragen und die Definition ökologischer Einheiten

gar nicht über das konkrete angestrebte Ziel einig sind.[15] Hier kann das oben eingeführte Schema eine wichtige Hilfestellung sein (vgl. Kap. 5.2 und 6.2).

Ich werde mich nun im weiteren Verlauf dieses Kapitels auf die innerwissenschaftlichen Fragestellungen konzentrieren, während die Diskussion der Anwendung ökologischer Einheiten im Naturschutz Kapitel 6 vorbehalten bleibt.

Ökologische Fragestellungskategorien

In Kapitel 3.1 wurden die Grundfragen derjenigen Disziplinen aufgezählt, die ökologische Einheiten zu ihrem Gegenstandsbereich zählen. Die dort aufgeführten Perspektiven, unter denen ökologische Einheiten betrachtet werden, sind:

1) ihre internen Muster,

2) ihre Klassifizierung,

3) ihre topographische und geographische Verteilung,

4) ihre internen Wechselwirkungen,

5) ihre Wechselwirkung mit der Umwelt,

6) ihre zeitliche Entwicklung.

Die ersten drei dieser Fragestellungen beziehen sich vor allem auf räumliche Heterogenität, die übrigen drei auch auf Prozesse, d.h. die Veränderungen von Mustern in der Zeit. Die entscheidenden Fragestellungen für die Ökologie als „Gesetzeswissenschaft" (nomothetische Wissenschaft; vgl. Trepl 1987) sind die nach den Mustern (Punkt 1) und den sie erzeugenden Wechselwirkungen (Punkt 4, 5) von ökologischen Einheiten. Sie bilden die Basis für möglichst weitgehende Generalisierungen und prognostische Aussagen über die Einheiten. Beide, Muster und Wechselwirkungen, können aber auch zu Klassifizierungen herangezogen werden. Diese wiederum sind häufig die Basis für geographisch orientierte Fragestellungen nach der räumlichen Verbreitung, können aber auch – als allgemeines Mittel der Begriffsbildung – dazu eingesetzt werden, den Gegenstandsbereich der ökologischen Einheiten in speziellere Unterbereiche einzuteilen, mit deren Hilfe dann im günstigen Falle detailliertere und für den Einzelfall präzisere Prognosen über diese Einheiten möglich sind, so wie man über „*Cervus elaphus*" (Wapitihirsch) präzisere und detailliertere Aussagen machen kann als nur über „Säugetiere" und wiederum über diesen präzisere als nur über „Organismen".

Wenn das SIC-Schema nun wieder als Ordnungsmittel herangezogen wird, so lassen sich für bestimmte Bereiche desselben Aussagen über die Qualität der darin definierten Einheiten für unterschiedliche Fragestellungen machen (vgl. auch Kap. 5.2). Zunächst ist zu sagen, daß Definitionen, die im Bereich um den Nullpunkt der Interaktions- und Komponentenauflösung-Achsen angesiedelt sind, wenig geeignet sind für die Entwicklung prognostischer Theorien. Hier ist der Objektbereich unüberschaubar groß, weil wenig Differenzierung durch spezifische Informationen vorliegt. Die hier definierten Einheiten sind also als Begriffe extrem weit gefaßt. Umgekehrt ist zu sagen, daß an den anderen Enden der Achsen nur mehr wenig Verallgemeinerungen möglich sind, weil hier die Objekte sehr spezifisch werden und die Extension der Begriffe immer kleiner wird, d.h. immer weniger Objekte unter die Definition fallen. Die beiden

---

[15] Erschwert werden Erfolgskontrollen auch zusätzlich durch die oft (nach menschlichen Maßstäben) langen Zeiträume, unter denen viele ökologische Prozesse ablaufen, erst recht in Kombination mit den kurzen Förder- und Projektzeiträumen des normalen Politik- und Wissenschaftsbetriebs.

Achsen stellen somit auch Gradienten dar in deren Verlauf der Generalisierungsgrad jeweils abnimmt und der Präzisionsgrad zunimmt (s. Kap. 5.1). Die Aussagen/Prognosen, die man macht, werden zwar sehr präzise sein (so wie man über einen individuellen Wolf, den man gut studiert hat, bessere Aussagen machen kann als allgemein über „Wölfe"), aber diese präzisen Angaben lassen sich nicht einfach verallgemeinern. Es gilt somit, den bekannten „trade-off" zwischen Präzision und Verallgemeinerbarkeit (z.B. HARPER 1982) in einer Weise vorzunehmen, die der jeweiligen spezifischen Fragestellung am besten entspricht. Der mittlere Bereich des Schemas ist daher am stärksten für Theorien geeignet, die sowohl über spezielle Einzelfälle hinaus verallgemeinerbar sind, als auch präzisere Prognosen erlauben, d.h. für den Kern solcher Theorien brauchbar sind, die möglichst viele Phänomene des ökologischen Gegenstandsbereich erklären und in Form prognostischer Theorien verknüpfen.

Für eine „Schnellansprache" ökologischer Einheiten in der empirischen Praxis, eignen sich vor allem solche Einheiten, die im unteren Bereich der Interaktionsachse definiert sind (vgl. Kap. 3.3), da sie keine Prüfung funktionaler Zusammenhänge erfordern. Gleiches gilt für Fragen der Klassifizierung, weil funktionale Klassifizierungen ökologischer Einheiten in der Regel weit schwieriger sind als vorwiegend musterorientierte und auch dementsprechend seltener genutzt werden.

Je mehr Variablen auf der Phänomen-Achse zu finden sind, desto größer wird die zu erwartende Anzahl der Klassen sein, es sei denn es handelt sich bei den ausgewählten Phänomenen um streng korrelierte Variablen. Hier eignet sich im Prinzip das ganze Feld der Auflösungen, allerdings macht auch hier das obere Extremende wieder Probleme, weil dort die Individualität der Elemente so hoch ist, daß die Zahl der zu erwartenden Klassen ins Unendliche wächst und die Operationalisierung zudem sehr schwierig wird.

Entscheidend für die nötige Schärfe des Begriffs sind aber auch die Anforderungen an die Genauigkeit der Aussagen, die damit gemacht werden sollen. Es ist offensichtlich, daß nicht jede Prognose die gleiche Genauigkeit erfordert und etwa in vielen Fällen eine Auflösung der Komponenten eines Ökosystems bis zur Artebene eine unnötige und schwierig zu handhabende Detailliertheit darstellen würde (was nicht heißt, daß damit die Eigenschaften involvierter Organismen von vornherein irrelevant sein müßten; vgl. Kap. 7.2).

Zwei weitere Aspekte sollen hier nur kurz angeschnitten werden, da sie im Rahmen dieser Studie nicht im Detailausgearbeitet werden können. Es sind dies die Einschränkung des Spektrums nutzbarer ökologischer Einheiten aufgrund verschiedener Theorierichtungen und aufgrund verschiedener Objektbereiche (Lebensräume und Organismengruppen).

Theorierichtungen und ökologische Einheiten

In der gleichen Weise, wie spezifische Definitionen und konkrete ökologische Objekte innerhalb des SIC-Modellraums lokalisiert werden können, kann dies mit komplexen Theorien gemacht werden. Eine Verortung letzterer kann dabei helfen, zu verstehen, wie die Anwendungsbereiche dieser Theorien sind, etwa in Hinblick auf die Bewertung von Veränderungen innerhalb ökologischer Einheiten oder wie – umgekehrt – die benutzten theoretischen Grundgerüste das Universum erfaßbarer ökologischer Einheiten einschränken.

Mit theoretischen Ansätzen, die von einem strikt funktionalen Gesichtspunkt operieren, wird es nicht möglich sein, Aussagen über die „Selbstidentität" von Einheiten (vgl. Kap. 5.2) zu machen, die ausschließlich auf der Basis sich wiederholender Artenkombinationen definiert sind, da letztere vollständig irrelevant sind für die Identität von ökologischen Einheiten unter dieser Perspektive. Ganz ähnlich gilt, daß eine individualistische Theorie das Segment des abstrakten Modellraumes ausschließen wird, das sich am unteren Ende der Achse der Komponentenauflösung befindet, und ebenso jenes am oberen Teil der Interaktions-Achse. Während Gleichgewichtstheorien den untersten Teil der Interaktions-Achse ausschließen müssen, sind Nicht-Gleichgewichtstheorien in der Lage, die ganze Achse abzudecken. Für die hierin formulierten Einheiten werden sparsamere Annahmen gemacht, wodurch ihr Anwendungsbereich größer wird.

Objektbereiche und ökologische Einheiten

Man kann sich fragen, ob ein bestimmter Begriff von Ökosystem oder Organismengesellschaft für alle Lebensraumtypen, also etwa Fließgewässer, Wälder, große Seen oder das Meer in gleicher Weise anwendbar ist.

So wird z.B. gelegentlich argumentiert (s.a. Kap. 3.3), daß die Anwendung „des" Biozönose- oder Ökosystembegriffs im Meer wenig sinnvoll sei, weil keine klaren Grenzen gegeben seien und die Interaktionen zwischen den Organismen sich hier theoretisch über das ganze Weltmeer verfolgen ließen. Diese Argumentation impliziert allerdings schon eine bestimmte Definition von Biozönose oder Ökosystem und hat letztlich nichts direkt mit dem Lebensraum Meer und seiner biologischen Ausstattung zu tun, sondern mit bestimmten allgemeinen Charakteristika, die sich auch auf dem Land oder im Süßwasser finden lassen. Haben also bestimmte nichtbiologische Eigenschaften der Erdoberfläche einen Einfluß darauf, wann bestimmte Definitionen ökologischer Einheiten sinnvoll anwendbar sind und wann nicht?

Als Eigenschaften dieser Art lassen sich vor allem augenfällige Grenzen nennen, welche die Interaktionen zwischen Organismen be- oder verhindern, also etwa Barrieren zwischen „Medien" (Land/Wasser). Offenbar wird das Fehlen solcher Grenzen ab einer bestimmten Flächengröße des Lebensraumes zum Problem, weil es als unwahrscheinlich erscheint, daß alles darin enthaltene *eine* funktional zusammenhängende Einheit sein soll, und umgekehrt, falls es sich um mehrere Einheiten handelt, nicht klar ist, wo nun die Grenzen dieser Einheiten zu ziehen sind. Unter dieser Perspektive scheinen ein isolierter See oder ein isoliertes Waldstück sich als einfache und geschlossene Einheit erkennen zu lassen, in der die Interaktionen relativ homogen zu verlaufen scheinen. Dies trügt jedoch, denn auch in einem See oder einem Fließgewässer ist ebensowenig wie im Meer oder einer endlos erscheinenden Graslandschaft weder alles mit allem verbunden, so, wenn man sich die Interaktionsradien kleiner Organismen ansieht, noch ist eine klare Grenze durch die augenfällig sichtbaren Diskontinuitäten gegeben, denkt man einmal an Wasservögel und große wandernde Landsäugetiere oder gar an Zugvögel und Wale.

Diese Schwierigkeiten einer Anwendung von Begriffen ökologischer Einheiten sind aber mittels expliziter Angaben der Grenzkriterien (s.o.) lösbar. An dem genannten Beispiel wird auch deutlich, daß nicht der Lebensraum oder das Medium als solches hier den entscheidenden Unterschied macht, sondern die beteiligten Organismen und deren relative Maßstäbe, Aktionsradien und ihre jeweilige Wahrnehmung des Lebensraums als homogen oder heterogen (s. Kap. 7).

Etwas anders liegt der Fall bei bestimmten Ökosystemdefinitionen, die eine funktionale „Abgeschlossenheit" fordern,[16] also tatsächliche Kreisläufe von Materie und Energie bzw. eine autochtone Primärproduktion. Bei letzteren entfallen z.B. Systeme in Höhlen und eventuell auch viele kleine Fließgewässer (LAMPERT & SOMMER 1993; vgl. Kap. 2), die in solchen Definitionen – trotz ihrer scheinbar scharfen Grenzen – nur Teile von Ökosystemen darstellen. Je nach der Detaillierung der angelegten Interaktionskriterien und dem betrachteten Raum- und Zeitmaß wird dies allerdings auch für sehr viele andere Systeme zutreffen, ohne daß diese nicht unter die Definition fallenden Fälle einfach anhand einer Klassifizierung der abiotischen Umgebung (der Biotope in deutscher Terminologie) im vorab bestimmbar wären.

Es gibt also auch in Hinblick auf die Zuordnung von bestimmten Definitionen ökologischer Einheiten zu bestimmten Lebensräumen bislang kaum gute Verallgemeinerungen.

---

16   Dabei meint hier niemand eine Abgeschlossenheit im Sinne eines *thermodynamisch* abgeschlossenen Systems. Energie- (und meist auch Stoff)austausch mit der Umwelt werden immer als gegeben angenommen.

6 Ökologische Einheiten im Naturschutz : Eine Fallstudie

6.1 Einleitung: Das Ökosystem als Schutzgegenstand des Naturschutzes

Auch der Natur- und Umweltschutz beschäftigt sich mit ökologischen Einheiten. Es sind längst nicht mehr, wie in den Anfängen dieser Disziplinen, vor allem Arten- und Ressourcenschutz, die im Vordergrund stehen. Gerade in neuerer Zeit wird vor allem das Ökosystem als Gegenstand von Schutzbemühungen thematisiert. Dies geschieht etwa im Zusammenhang mit unterschiedlichen Ansätzen des sogenannten „Ökosystemmanagements" in den USA und Kanada (s. GRUMBINE 1994, CHRISTENSEN et al. 1996, JAX 2001b)[1], dem Management ganzer Flußeinzugsgebiete, wie er im Rahmen der neuen EU-Wasserrahmenrichtlinie[2] gefordert wird, und manchen Formen des „Prozeßschutzes" (SCHERZINGER 1990, PLACHTER 1996, s.a. POTTHAST 2000). Auch die Richtlinien der International Union for Conservation of Nature and Natural Resources für das Management von Nationalparken (IUCN 1994, p. 19) postulieren den Schutz „vollständiger Ökosysteme". Schließlich wurde im Rahmen der Biodiversitätskonvention (Konvention über die biologische Vielfalt vom 5. Juni 1992) der sogenannte „Ökosystemansatz" als eine bedeutende Querschnittsaufgabe zur Umsetzung der Konvention formuliert. Diese Ansatz, der in den nächsten Jahren von den Vertragsstaaten der Konvention, darunter Deutschland, juridisch und praktisch implementiert werden muß, lehnt sich stark an die amerikanischen Ideen des „Ökosystemmanagements" an.[3]

Das Bewußtsein für die Mehrdeutigkeit von Worten wie „Biozönose" oder „Ökosystem" ist innerhalb von Natur- und Umweltschutz noch geringer entwickelt ist als in der ökologischen Grundlagenforschung. Das Spektrum der Bedeutungen wird zudem durch die Stellung des Naturschutzes im politischen Raum noch ausgeweitet. Die nicht-naturwissenschaftlichen Anteile bei der Bestimmung der relevanten ökologischen Einheiten kommen hier somit in noch weit stärkerer Weise und expliziter zum Tragen als in der theoretischen oder empirischen ökologischen Forschung (vgl. Kap. 5.4).

Dies ist insofern völlig folgerichtig, als Naturschutz (heute) zwar auf Grundlagen der wissenschaftlichen Ökologie basiert, sich aber nicht darin erschöpft. PLACHTER (1991, p. 9) vergleicht z.B. den Naturschutz mit der Technik oder der Medizin (ähnlich ERZ 1986, NORTON 1992). Das heißt, ökologisches Fachwissen wird im Naturschutz *handlungsorientiert* angewendet. Dadurch ist Naturschutz in Hinblick auf seine Zielbestimmung eingebunden in gesellschaftliche und politische Entscheidungsprozesse sowie in normative Fragestellungen. Durch das Eindringen der ökologischen Terminologie in den politisch-administrativen Bereich kommt es zudem zu einer weiteren Ausweitung (insbesondere) des Ökosystem-Begriffs. Er wird hier nicht nur in einer (der vielen möglichen) naturwissenschaftlichen Bedeutungen benutzt, sondern zusätzlich in einem handlungsorientiert-politischen Sinne. „Ökosystem" verwandelt sich hier, besonders in der nordamerikanischen Diskussion um das Ökosystemmanagement, unter der Hand in eine Chiffre für einen „ganzheitlichen Ansatz", womit ein medienübergreifendes und institutionenübergreifendes Management von „Ökosystemen" gemeint ist (s. GRUMBINE 1994, JAX 2001b). Gerade das „Ökosystem" und dessen Management er-

---

[1] vgl. auch das Sonderheft der Zeitschrift Landscape & Urban Planning (Vol. 40, 1-3, 1998), das diesem Thema gewidmet ist.

[2] Richtlinie 2000/60/EG des Europäischen Parlaments und des Rates vom 23. Oktober 2000 zur Schaffung eines Ordnungsrahmens für Maßnahmen der Gemeinschaft im Bereich der Wasserpolitik

[3] vgl. Beschluß V/6 der Vertragsstaatenkonferenz der Konvention (siehe bei http://www.biodiv.org).

scheint vielen als *der* Schlüssel zur Lösung von Umwelt- und Naturschutzproblemen (HUFF 1995). Innerhalb der Debatte um die Sinnhaftigkeit und Ausgestaltung eines „Ökosystemmanagements" existieren aber verschiedene Auffassungen über dessen präzisen Ziele. Diese gehen auf unterschiedliche Werteinstellungen zurück, und beziehen sich außerdem, aufgrund der in der vorliegenden Arbeit aufgezeigten mangelhaften Klarheit bei der Definition ökologischer Einheiten, auf unterschiedliche Zielobjekte. Die vermeintliche Einigkeit über die Naturschutzziele beruht so auf einer durch Äquivokation hergestellten Illusion, die im Verlauf der praktischen Umsetzung schnell ans Licht drängt, ohne daß die Ursachen dafür immer wirklich sichtbar werden. Es hat sogar den Anschein, daß viele Begriffe und Termini, innerhalb der Naturschutzdiskussion vor allem deshalb so populär sind, *weil* sie so unscharf und mehrdeutig sind. Aufgrund ihrer Mehrdeutigkeit entsteht der Eindruck von Konsens über Schutzziele und Schutzobjekte (sowohl innerhalb der Naturschützergemeinde als auch gesamtgesellschaftlich), obwohl dieser *de facto* nicht besteht.[4]. Die Vieldeutigkeit des Ökosystembegriffs wurde im Verlauf dieser Studie bereits ausführlich dargelegt. Schon TAYLOR (1988) zeigte auf, daß gerade diese Vieldeutigkeit die Akzeptanz des Begriffs eher erhöht hat, ist er so doch sowohl für Technokraten als auch für „Holisten" mit einem organizistischen Naturverständnis als Leitidee attraktiv (s.a. JAX 1996). Folgerichtig reicht die Bedeutung von „Ökosystemmanagement" heute von der gegen früher kaum veränderten Fortführung traditionellen Ressourcenmanagements (z.B. in der Forstwirtschaft) unter neuem Namen[5] über den Versuch, Naturschutz und Ressourcennutzung durch ein komplexeres Verständnis ökologischer Zusammenhänge zu vereinbaren (CHRISTENSEN et al. 1996), bis hin zu einem Naturschutzkonzept, das darunter vor allem die Erhaltung „natürlicher" und ursprünglicher Systeme jenseits einer instrumentellen Nutzung des Systems versteht (GRUMBINE 1994, HUFF 1995 und siehe s.u.)

Die verschiedenen Ökosystembegriffe, die hier – meist implizit – benutzt werden, haben Konsequenzen für die unterschiedlichen potentiell relevanten Objekte des Naturschutzes, d.h. dafür, was überhaupt als Gegenstand des Naturschutzes thematisiert werden kann (s.a. JAX & ROZZI 2002). Dies wird im folgenden anhand einer markanten Fallstudie dargestellt, nämlich an der Anwendung des Ökosystembegriffs im Management des Yellowstone-Nationalparks in den USA. Dieses Beispiel ist auch deshalb von Bedeutung, weil es eine wichtige Rolle bei der Entstehung der heutigen Ideen des Ökosystemmanagements in den USA gespielt hat (s. JAX 2001b). Die Fallstudie soll zum einen veranschaulichen, wie ökologische Theorie und speziell unterschiedliche Begriffe von ökologischen Einheiten den Naturschutz beeinflussen, und wie diese umgekehrt mit unterschiedlichsten gesellschaftlichen Einflüssen verbunden sind. Zum anderen ist sie auch ein weiteres Beispiel für die Anwendung des in Kapitel 5 vorgestellten Schemas zur Definition ökologischer Einheiten und bezieht sich so wieder direkt auf die naturwissenschaftliche Grundfrage dieser Studie.

---

[4] Dies gilt z.B. auch für Begriff der „Biodiversität". Daß dies – sowohl beim Ökosystembegriff wie bei „Biodiversität" – von einer (naturschutz-)*politischen* Perspektive aus nicht zwangsläufig nur negativ sein muß, kann hier erwähnt werden. Ausführlicher siehe ESER (2001), JAX (2001b).

[5] Es findet hierbei, besonders durch staatliche Behörden, eine Assimilierung und „Entschärfung" des von manchen als bedrohlich empfundenen Begriffs statt (LACKEY 1998).

6.2 Fallstudie: Ökosystemmanagement im Yellowstone-Nationalpark

Yellowstone hat als der älteste Nationalpark der Welt eine lange Geschichte wechselnder Managementstrategien, und zwar über einen Zeitraum von mehr als 125 Jahren, also ungefähr genauso lange wie es die Ökologie als eine eigene Wissenschaftsdisziplin gibt. Der Übergang von einem auf einzelne Objekte und Erscheinungen fokussierten Naturschutz zum Schutz von „Ökosystemen" und „natürlichen Prozessen", der sich dort bereits Ende der 1960er Jahre vollzog, war von Anfang an umstritten und führte zu zahlreichen Diskussionen sowohl über die politischen, ökologischen als auch philosophischen Aspekte des Naturschutzes in Yellowstone (z.B. CHASE 1987, CHRISTENSEN et al. 1989, ROLSTON 1990, KEITER & BOYCE 1991). Im folgenden werde ich aufzeigen, in welcher Weise verschiedene Auffassungen von ökologischen Einheiten die Kontroversen über das Naturschutz-Management im Yellowstone-Park beeinflußt haben. Es wird dabei wenig überraschen, daß der Einfluß der ökologischen Theorie nur einer von vielen Faktoren in dieser Kontroverse ist, und es wird sichtbar werden, in welch komplizierter Weise er mit politischen, juristischen und philosophischen Einflüssen verwoben ist.

Ich werde dazu als erstes einen kurzen Überblick über den Nationalpark und seine Geschichte geben. Danach analysiere ich die Entwicklung der Idee des Ökosystemmanagements innerhalb des US-National Park Service im allgemeinen und im Yellowstone-Park im speziellen. Erst vor diesem Hintergrund kann die darauf folgende Analyse der aktuellen Probleme des Ökosystemmanagements in Yellowstone, insbesondere der Konflikt um die sogenannte „Northern Range", verständlich werden.

Hintergrund: Der Yellowstone-Nationalpark und seine Geschichte

Der Yellowstone-Nationalpark liegt in den nördlichen Rocky Mountains, in der Nordwestecke des US-Staates Wyoming, sowie mit geringen Flächenanteilen in den Staaten Montana und Idaho. Der Park erstreckt sich über fast 9000 km². Seine Fläche ist zum größten Teil (80%) von Wald bedeckt (hauptsächlich Lodgepolekiefer, *Pinus contorta*), aber es gibt auch beträchtliche Graslandgebiete, welche etwa 15% des Parks ausmachen, und unterschiedliche Gewässer, darunter den Yellowstone-See (136 km²), mehrere Flüsse und eine große Anzahl (ca. 10.000) geothermischer Erscheinungen, besonders Geysire und heiße Quellen. Die geothermischen Erscheinungen waren auch der Hauptgrund dafür, das Gebiet als Nationalpark auszuweisen. Obwohl das Gebiet größtenteils mehr als 2200 m hoch liegt, sind große Teile des Parks mehr ein Hochplateau als eine zerklüftete Berglandschaft. Der Park beherbergt mehr als 50 Säugetierarten darunter große Herden an Wiederkäuern, besonders Wapitihirsche (engl.: elk) und Bisons, außerdem mehrere große Raubtierarten wie Bären und – 1995 wieder neu angesiedelt – Grauwölfe. Yellowstone ist von großen Flächen anderer im Staatsbesitz befindlicher Ländereien umgeben, darunter ein weiterer Nationalpark (Grand Teton-Nationalpark) sowie mehrere „National Forests" and „Wilderness Areas"[6], alles zusammen eine Fläche von rund 44500 km². Dieses Gebiet wird üblicherweise als „Greater Yellowstone Area" oder „Greater Yellowstone Ecosystem" bezeichnet.

---

[6] In den USA ist „Wilderness Area" eine eigene Kategorie geschützer Gebiete.

Das Yellowstone-Gebiet wurde 1872 als der erster Nationalpark der Welt ausgewiesen.[7] Den Empfehlungen des Geologen Ferdinand HAYDEN folgend, die dieser nach einer von ihm geleiteten Expedition des U.S. National Geological Survey abgab, stellte der Kongreß der Vereinigten Staaten Yellowstone unter Schutz, und zwar „for the benefit and enjoyment of the people." (U.S. CONGRESS, Gesetz vom 1. März 1872, 16 USC § 21)[8]. Der Hauptgrund für diese Entscheidung waren die geologischen „Wunder" des Gebiets und – aber nicht in erster Linie – die vielfältige und reichhaltige Tierwelt der Region, besonders die großen Säugetiere. Während der ersten Jahre seines Bestehens existierte kein Personal zum Management des Parks. Aufgrund wachsender Probleme mit Wilderern wurden 1886 jedoch Truppen der U.S. Kavallerie zum Schutz des Parks abgeordnet. Die Armee blieb während drei Jahrzehnten für das Management verantwortlich. Im Jahr 1916 wurde der National Park Service als eine Behörde des amerikanischen Innenministeriums gegründet, welcher mit seinen neuen Rangern die Armee ablöste. Das Management von Yellowstone hat eine sehr wechselvolle Geschichte, besonders in Hinblick auf den Naturschutz. Von Anfang an bestand eine Spannung zwischen den beiden Hauptzielen des Parks, wie sie in den Gründungsgesetzen des Parks und des National Park Service ausgedrückt waren: zum einen den Park „unbeeinträchtigt" (unimpaired) für künftige Generationen zu bewahren und zur gleichen Zeit den Besuchern „Vergnügen" (enjoyment) zu ermöglichen.[9] Die Naturwissenschaften spielten für das Management anfangs eine vernachlässigbare Rolle (SUMNER 1983, SCHULLERY 1997, PRITCHARD 1999). Das Management war hauptsächlich daraufhin orientiert, den Besuchern eine Infrastruktur zur Verfügung zu stellen, ihre Sicherheit zu gewährleisten und die Populationsgröße bestimmter großer Tierarten zu kontrollieren. Die Tiere wurden in gute und böse eingeteilt und auch entsprechend behandelt. Während Wapitis, Weißwedelhirsche und Bisons als „gute" Tiere geschätzt und gehegt wurden, galten Raubtiere als „böse" Tiere, die den Bestand der „guten" Tiere gefährdeten, und deshalb intensiv bejagt wurden. Die Politik der „Raubtierkontrolle" (predator control), die während der ersten Jahrzehnte des 20. Jahrhunderts üblich war (und nicht nur im Yellowstone-Park), führte praktisch zur völligen Ausrottung des Grauwolfs im Yellowstone-Gebiet. Ähnlich erging es Koyoten und Berglöwen, deren Populationen zwar nicht ausgelöscht, aber stark dezimiert wurden. Es gab jedoch auch damals bereits einige Stimmen, die gegen eine Ausrottung der Raubtiere und für eine Politik des Nichteingreifens im Nationalpark argumentierten, z.B. der Tierökologe C.C. ADAMS und der Wildbiologe Adolph MURIE. Besonders aufgrund der Ergebnisse der wissenschaftlichen Untersuchungen über das Großwild des Parks durch MURIE (1940) und G. WRIGHT (WRIGHT et al. 1933) wurde die Raubtier-Kontrolle in den 1940er Jahren beendet. Die Managementkonzepte dieser Zeit können hier nicht weiter im Detail beschrieben werden. Es sei nur soviel gesagt, daß es praktisch vom Zeitpunkt der Gründung des Parks an zwei gegensätzliche Tendenzen gab: eine die auf ein aktives Management und die Kontrolle der Natur im Park drängte, eine andere, die eine Maximum an Nichteingreifen befürwortete (PRITCHARD 1999)[10]. Konflikte über spezielle Managemententscheidungen des National Park Service wur-

---

7 Die Geschichte des Parks ist sehr gut dokumentiert. Siehe besonders HAINES (1996 a, b), CHASE (1987) und SCHULLERY (1997). Für eine allgemeine Geschichte der Nationalparkidee siehe RUNTE (1997) und SELLARS (1997).
8 Der vollständige Text des Gründungsgesetzes für den Yellowstone-Park ist u.a. abgedruckt in HAINES (1996b, p. 471f.)
9 Im Gesetz von 1872 ist wörtlich von Yellowstone als einem „pleasureing ground", d.h. Vergnügungspark, die Rede.
10 Siehe auch CHASE (1987) und SCHULLERY (1997) für zwei ausführliche Darstellungen der Managementgeschichte Yellowstones. Die beiden Autoren kommen zu sehr unterschiedlichen Bewertungen der Mana-

6.2 Fallstudie: Ökosystemmanagement im Yellowstone-Nationalpark

den so schon sehr früh ausgetragen. Sie bezogen sich meist auf die großen, „charismatischen" Arten des Parks, besonders Bären, Wapitis, Trompeterschwäne, und außerdem auf die Fische der Gewässer des Yellowstone-Parks. Insbesondere das Schicksal der Wapitiherden und ihr Einfluß auf die Vegetation ist bis heute ein Hauptkonflikt (s.u.). Ein anderer Konfliktbereich, auf den ich im folgenden nicht weiter eingehen werde, ist das Feuermanagement in Yellowstone. Die Kontroverse hierüber fand ihren Höhepunkt während und nach den großen Feuern von 1988, die 40% der Fläche des Nationalparks betrafen (siehe CHRISTENSEN et al. 1989, ELFRING 1989, SCHULLERY 1989, KNIGHT 1991, GREENLEE 1996).

Die Rolle der Naturwissenschaften im Management von US-Nationalparken allgemein und von Yellowstone im speziellen war bereits Gegenstand mehrerer Publikationen (SUMNER 1983, RISSER et al. 1992, WAGNER et al. 1995, SELLARS 1997, PRITCHARD 1999). Meine spezielle Fragestellung hier ist, in welcher Weise ökologische Begriffe, insbesondere der des Ökosystems, das Management von Yellowstone beeinflußten. Obwohl einige der Ideen, die von den meisten Leuten mit dem „Ökosystem" verbunden werden (z.B. anstelle einzelner Arten ganze Organismengesellschaften und ihre Umwelt zu managen), schon Teil der Diskussion um das Management im Naturschutz waren, bevor TANSLEY (1935) das Wort „Ökosystem" prägte, erscheinen die ersten expliziten Bezugnahmen auf den Begriff als Managementwerkzeug erst in den 1960er Jahren. Von da an wurde Ökosystem schnell zu einem dominanten Begriff in der Managementstrategie des Parks. Um jedoch die Entwicklung des Ökosystemmanagements in Yellowstone zu verstehen, ist es zunächst nötig, einen Blick auf den weiteren Kontext zu werfen, in welchen das Management des Parks eingebettet ist.

Ökosystemmanagement in US-Nationalparken: Geschichte und allgemeiner Kontext des Naturschutzmanagements in Nationalparken

Die Managementziele des Yellowstone-Nationalparks werden von einer Hierarchie von Einflüssen bestimmt, welche die Optionen des Managements einschränken. Das fängt bei dem für den Park relevanten gesetzlichen Bestimmungen an. Die wichtigsten sind dabei das Gründungsgesetz des Parks von 1872 und das Gesetz aufgrund dessen 1916 der National Park Service (NPS) eingerichtet wurde. Im letztgenannten Gesetz werden die Ziele der Nationalparke spezifiziert, indem als Zweck derselben angegeben wird:

> „to conserve the scenery and the natural and historic objects and the wild life therein and to provide for the enjoyment of the same in such manner and by such means as will leave them unimpaired for the enjoyment of future generations." (U.S. CONGRESS, Gesetz vom 25. August 1916, 16 USC § 1)[11]

Dies ist ein sehr allgemein gehaltenes Ziel und es bedarf der Interpretation, um in spezifische Managementziele umgesetzt zu werden. Auf der Basis der gesetzlichen Grundlagen hat der National Park Service allgemeine Managementrichtlinien entwickelt, die für das gesamte Nationalparksystem gültig sind. Innerhalb des Rahmens, der durch diese Richtlinien gegeben ist, entwickelt jeder Nationalpark spezielle Managementpläne für verschiedene Planungszeiträume, vom langfristigen „Master Plan" bis hin zu „Statements of Management", die sich jeweils auf ein Jahr beziehen, und welche die speziellen Managementmaßnahmen im Detail ausführen.

---

gementpolitik des National Park Service. Einen kurzen mehr allgemeinen Überblick über die Geschichte des Wildtiermanagements in den USA gibt WRIGHT (1992).

[11] Nachzulesen u.a. in: http://www.nps.gov/legacy/organic-act.htm.

Bis zur Mitte des 20. Jahrhunderts war das Management von US-Nationalparken hauptsächlich auf einzelne Arten oder Objekte konzentriert. In den 1960er Jahren jedoch vollzog sich eine starke Veränderung in den Managementstrategien. Diese Veränderung war eng mit dem Aufstieg des Ökosystembegriffs als Managementwerkzeug für „natürliche Ressourcen" verbunden. Ende der 1960er und Anfang der 1970er Jahre erschienen mehrere Aufsätze und zwei Examensarbeiten, die sich mit der Anwendung des Ökosystembegriffs auf das Management von Nationalparken beschäftigten, und diese einforderten (SCHULTZ 1967, BARBEE 1968[12]; MCCLELLAND 1968; REID 1968; HOUSTON 1971). Ein Grund für diese neue Wahrnehmung des Ökosystemgedankens im Naturschutz muß in der allgemeinen Entwicklung der wissenschaftlichen Ökologie in dieser Zeit gesehen werden, besonders im Aufstieg der Ökosystemforschung in den USA zum Rang eines weithin akzeptierten und institutionalisierten Forschungsgebietes (HAGEN 1992, GOLLEY 1993, s.a. Kap. 3.5).

Der LEOPOLD-Report und das „Grüne Buch"

Der zweite entscheidende Auslöser für die Hinwendung zum Management von „Ganzheiten" oder Ökosystemen war eine vom amerikanischen Innenminister Stewart UDALL in Auftrag gegebene Studie. Aufgrund wachsender Kritik am Management der Wapitipopulationen im Rocky Mountain- und im Yellowstone-Nationalpark setzte UDALL ein Komitee von Naturwissenschaftlern und Naturschutzexperten ein, dessen Vorsitzender der Zoologe Aldo Starker LEOPOLD wurde. Das Komitee sollte die Wildtiermanagementpolitik des National Park Service begutachten. Der Bericht dieser Kommission wurde 1963 unter dem Titel „Wildlife management in the national parks" (LEOPOLD et al. 1963) veröffentlicht und ist heute weithin als „LEOPOLD-Report" bekannt. Es gibt wohl keinen Aufsatz innerhalb der nordamerikanischen Naturschutzliteratur, der öfter und derart Wort für Wort interpretiert wurde – und das in sehr unterschiedlicher Weise – als dieser Bericht, vielleicht mit Ausnahme der „Land Ethic" von Starker LEOPOLDs Vater Aldo LEOPOLD (1949). Obwohl das Wort „Ökosystem" an keiner Stelle des LEOPOLD-Reports auftaucht, wird dieser Aufsatz von den meisten Leuten als der Anfang der Idee des Ökosystemmanagements im Nationalparksystem gesehen. Diese Interpretation bezieht sich meist auf den Teil des Aufsatzes, in dem die Autoren sich für einen Schutz von Lebensräumen in ihrer Dynamik aussprechen (als Mittel zum Schutz der Wildtiere), und besonders auf ihre Forderung, daß das Ziel von Nationalparken nicht der Schutz einzelner Wildtierarten sein solle, sondern der „ganzer Assoziationen". Dies wird in dem meistzitierten Absatz des Aufsatzes ausgedrückt:

> „As a primary goal, we would recommend that the biotic associations within each park be maintained, or where necessary recreated, as nearly as possible in the condition that prevailed when the area was first visited by the white man. A national park should represent a vignette of primitive America." (LEOPOLD et al. 1963, p. 32)

Gleichzeitig stellen die Autoren fest:

> „Above all other policies, the maintenance of naturalness should prevail." (a.a.O., p. 35)

Tatsächlich wird in allen oben genannten Publikationen, welche die Anwendung des Ökosystembegriffs auf das Management von Nationalparken fordern, auf den LEOPOLD-Report als Begründung Bezug genommen.

---

[12] Robert BARBEE war später Leiter des Yellowstone-Nationalparks, und zwar von 1983 bis 1994. Er war so auch der Verantwortliche für das Management des Parks während der großen Feuer von 1988.

6.2 Fallstudie: Ökosystemmanagement im Yellowstone-Nationalpark

In den beiden zitierten Stellen aus dem LEOPOLD-Report, die später immer wieder zur weiteren Ausdeutung der Zielbestimmung von Nationalparken herangezogen wurden, deuten sich jedoch schon mögliche Zielkonflikte an, wenn nämlich hier gleichzeitig (offenbar in Gleich*setzung*) die Erhaltung eines bestimmten *historischen* Zustandes *und* die des *natürlichen* Zustandes der in den Nationalparken liegenden Gebiete gefordert wird. Darauf wird später noch zurückzukommen sein.

Der LEOPOLD-Report war die explizite Grundlage für die ersten umfassenden Managementrichtlinien des National Park Service in Hinblick auf die „natürlichen Ressourcen". Diese wurden 1968 als sogenanntes „Grünes Buch" („Green Book") (NATIONAL PARK SERVICE 1968) veröffentlicht, und übernahmen weitestgehend die Empfehlungen des Leopold-Reports. Die endgültige Version des Grünen Buchs mit dem Titel „Administrative policies for natural areas of the National Park System" enthält den vollständigen Text des LEOPOLD-Reports als Anhang. In mehreren Passagen folgt auch der eigentliche Text des Grünen Buchs fast wörtlich dem des Reports. Hier wurde nun eine verfeinerte und ausführliche Interpretation der Ziele von Nationalparken gegeben, wie sie durch die Gesetze von 1872 und 1916 vorgegeben waren. Im Grünen Buch wird der Ökosystembegriff in die offizielle Managementpolitik des National Park Service eingeführt. Während das „Ökosystem" 1968 nur gelegentlich erwähnt wird, wird die Benutzung und Spezifizierung des Begriffs in den stark erweiterten Neuauflagen der Managementrichtlinien von 1978 und 1988 häufiger und Bestandteil des normalen Sprachgebrauchs. Die Neuauflagen der Managementrichtlinien enthielten zudem jeweils zusätzliche Zielbestimmungen für Nationalparke. 1978 wurde, in der Folge des 1973 erlassenen amerikanischen Artenschutzgesetzes (Endangered Species Act) der Schutz bedrohter Arten hinzugefügt, während die Richtlinien von 1988 auch erstmals den Schutz der Biodiversität nennen.

Es ist aufschlußreich für das Verständnis der Diskussion um das Ökosystemmanagement im Yellowstone-Park, sich die Richtlinien des National Park Service und ihre Entwicklung über die Jahrzehnte etwas mehr im Detail anzusehen. In dem Teil des Grünen Buchs, der sich mit der Politik des Ressourcenmanagements beschäftigt, wird die Verbindung zwischen den beiden grundlegenden Zielen von Nationalparken dargelegt:

> „The *preservation* of natural areas is a fundamental requirement for their continued use and enjoyment as unimpaired natural areas. Park management, therefore looks first to the care and management of natural resources of a park." (NATIONAL PARK SERVICE 1968, p. 16)

In Abgrenzung von vielen früheren Managementpraktiken macht sich der Einfluß des LEOPOLD-Reports dann durch die Betonung des Managements von größeren Einheiten anstelle von Einzelteilen bemerkbar:.

> „The concept of preservation of a *total environment*, as compared with the protection of an individual feature or species, is a distinguishing feature of national park management." (ibd., meine Hervorhebung)

So sind die zwei Hauptcharakteristika des Ressourcenmanagements in Nationalparken auf der einen Seite die Erhaltung des „Ganzen" und auf der anderen, daß dieses Ganze in einem unbeeinträchtigten und *natürlichen* Zustand erhalten werden soll. Weder das Wort „natürlich" noch was mit der Erhaltung einer „total environment" gemeint ist, werden genauer spezifiziert. Indirekt werden jedoch einige Details im Abschnitt über das Management spezieller Ressourcen oder Phänomene gegeben. In Hinblick auf „Plant and Animal Resources" werden die folgenden Richtlinien aufgestellt:

> „Natural areas shall be managed as to conserve, perpetuate, and portray as a composite whole the indigenous aquatic and terrestrial fauna and flora and scenic landscape." (a.a.O., p. 17)

Das heißt, der „natürliche" Zustand ist nicht (nur) durch die Abwesenheit des (weißen) Menschen gekennzeichnet, sondern (auch) durch die Anwesenheit von spezifischen *einheimischen* Arten – LEOPOLDs „vignette of primitive America". Die Richtlinien vertreten jedoch kein statisches Bild von Natur. Feuer und auch das manchmal zerstörerische Massenauftreten von (einheimischen) Insektenplagen und Krankheiten gelten als natürliche Prozesse, die innerhalb bestimmter Grenzen zugelassen werden sollten.

> „The presence or absence of natural fire within a given habitat is recognized as one of the ecological factors contributing to the perpetuation of plants and animals native to that habitat.
>
> Fires in vegetation resulting from natural causes are recognized as natural phenomena and may be allowed to run their course when such burning can be contained within predetermined fire management units and when such burning will contribute to the accomplishment of approved vegetation and/or wildlife management objectives." (ibd.)

und:

> „Control operations of native insects and diseases will be limited to (1) outbreaks threatening to eliminate the host from the ecosystem or posing a direct threat to resources outside the area; (2) preservation of scenic values; (3) preservation of rare or scientifically valuable specimens [sic! wahrscheinlich: species] or communities; (4) maintenance of shade trees in developed areas; and (5) preservation of historic scenes. Where non-native insects or diseases have become established or threaten invasion of a natural area, an appropriate management plan should be developed to control or eradicate them where feasible." (a.a.O., p. 20f.)

Dies ist eine der wenigen Stellen wo der Ausdruck „Ökosystem" im Grünen Buch benutzt wird. Der Kontext impliziert, daß das Ökosystem nicht nur ein System von Energie- und Stoffflüssen ist, sondern daß jede einzelne (einheimische) Art wichtig ist und erhalten werden sollte. Die Themen Insekten und Krankheiten werden noch einmal im Kapitel „Wilderness Use and Management Policy" behandelt:

> „The measure of control will depend on a determination of whether the insects or diseases are causing the complete alteration of an environment which is expected to be preserved, but controls will generally be limited to disaster conditions which threaten whole ecosystems. Any controls instituted will be those which will be most direct for the target insect or diseases and which will have minimal effects upon other components of the ecosystems of which the wilderness is composed." (a.a.O., p. 56)

Es wird jedoch nicht weiter spezifiziert, welche „Katastrophenzustände" kritisch für ein Ökosystem und seine Existenz sind, und was die „Existenz" eines Ökosystems (oder seine Zerstörung) ausmacht. Ich konnte nur noch einen weiteren Verweis auf das Ökosystem in diesem Text finden, der aber zumindest zeigt, daß Ökosysteme als Systeme angesehen werden, die sich in einem Gleichgewichtszustand befinden oder darauf zustreben:

> „The features of a park are to be preserved 'from injury and spoliation ... for the benefit and enjoyment of the people' of this and future generations.
>
> 'Benefit and enjoyment' connote more than recreation. The use of national parks for the advancement of scientific knowledge is also explicit in basic legislation. National parks, preserved as natural, comparatively self-contained ecosystems, have immense and increasing value to civilization as laboratories for serious basic research. Few areas remain in the world today where the process of nature may be studied in a comparatively pure natural situation. Such use of national parks and monuments is to be encouraged to the degree that in the process, the natural integrity is not itself impaired." (a.a.O., p. 43)

Zusammenfassend kann man sagen, daß der Ökosystembegriff aufgrund des LEOPOLD-Reports in die Managementpolitik des National Park Service eingeführt wurde. Trotz der im Grünen Buch gemachten Betonung einer Erhaltung der „ganzen Umwelt" („total environment") als Kontrast zur Erhaltung von Einzelobjekten, wird der Ökosystembegriff in einer Weise benutzt, die das Ökosystem als eine Einheit ansieht, die aus hochaufgelösten Elementen besteht, welche durch die spezifischen einheimischen Arten der Parke gegeben sind. In

6.2 Fallstudie: Ökosystemmanagement im Yellowstone-Nationalpark

Übereinstimmung mit der dominierenden ökologisch-theoretischen Hauptströmung der Zeit betrachten die Managementrichtlinien außerdem Ökosysteme als in sich abgeschlossene („self contained") Einheiten, die sich – wenn sie nicht durch den Menschen beeinträchtigt werden – in einem Zustand des natürlichen Gleichgewichts oder der „Integrität" befinden. Es bleibt jedoch unklar, ob die Parke noch als in einem solchen Zustand der „natürlichen Integrität" befindlich angesehen werden, oder ob dieser Zustand durch aktives Management wiederhergestellt werden sollte. In jedem Fall wurde die „Integrität" von Nationalparken als durch menschliche Aktivitäten *gefährdet* angesehen, und die Optionen eines aktiven Managements wurde nicht ausgeschlossen (vgl. auch das obige Zitat aus LEOPOLD et al. 1963, p. 63):

> „In earlier times, the establishment of a park and the protection of its forests and wildlife from careless disturbance were sufficient to insure its preservation as a natural area. The impact of man on the natural scene was negligible since the parks were surrounded by vast undeveloped lands, and there were comparatively few visitors. This condition prevails no more, for the parks are becoming *islands* of primitive America, increasingly influenced by resource use practices around their borders, and by the impact of increasing millions of visitors.
>
> Passive protection is not enough. Active management of the natural environment, plus a sensitive application of discipline in park planning, use, and development, are requirements for today." (NATIONAL PARK SERVICE 1968, p. 16)

Die Fortschreibung der Managementrichtlinien

Die Managementrichtlinien des National Park Service wurden in den Jahren 1978 und 1988 neu aufgelegt. Ein Vergleich dieser revidierten und erweiterten Richtlinien, nun einfach „Management policies" genannt, mit jenen von 1968 zeigt die graduelle Veränderung sowohl in der Wahrnehmung des Ökosystembegriffs wie in einer Zunahme der Anzahl von Managementzielen, die aus neuen Umwelt- und Naturschutzproblemen und neuen Forschungsschwerpunkten in der Ökologie erwachsen.

Die Richtlinien von 1968 betonten das Ziel, Nationalparke als zusammengesetzte Ganzheiten („composite wholes") in möglichst unberührtem (d.h. „natürlichem") Zustand zu bewahren. In jeder der beiden Revisionen der Richtlinien wurde ein neues Ziel für das Management der „natürlichen Ressourcen" hinzugefügt, Ziele die nicht einfach aus den früheren Zielen ableitbar waren und die teilweise sogar in Konflikt mit diesen stehen können, wenn sie gleichzeitig in einem bestimmten Gebiet verwirklicht werden sollen. Im Jahr 1978 besteht die Ergänzung in der Erhaltung von bedrohten und gefährdeten Arten. Die Hinzufügung dieses Ziels folgte dem Erlaß des Endangered Species Act (ESA) im Jahr 1973. Die Textstelle lautet wie folgt:

> „The Service will identify all threatened and endangered species within park boundaries and their critical habitat requirements. [...] Active management programs, where necessary, may be carried out to perpetuate the natural distribution and abundance of threatened or endangered species and the ecosystem on which they depend, in accordance with existing Federal laws." (NATIONAL PARK SERVICE 1978, p. IV-11)

In der Fassung der „Management policies" von 1988 wird zusätzlich der Schutz der Biodiversität als Ziel für das Management von Nationalparken genannt.

Die Betonung einer Erhaltung von größeren Ganzheiten und des Schutzes oder der Wiederherstellung von „Natürlichkeit" wurde in den beiden Revisionen ausgeweitet und detaillierter erläutert. Der oben zitierte Satz (NATIONAL PARK SERVICE 1968 p. 16), in welchem die „preservation of the total environment" als entscheidendes Ziel von Nationalparken genannt wurde, wurde 1978 in folgender Weise ausgeweitet:

> „Management of park land possessing significant natural features and values is concerned with ecological processes and impact of people upon these processes and resources. The concept of perpetuation of a total

natural environment or ecosystem, as compared with the protection of individual features or species, is a distinguishing feature of the Services' management of natural lands." (a.a.O., p. IV -1)

Zum einen wurde die „vollständige Umwelt" nun explizit mit dem „Ökosystem" gleichgesetzt, und zugleich wird die „vollständige Umwelt" mit dem Adjektiv „natürlich" spezifiziert und damit noch einmal ausdrücklich von anderen möglichen Ökosystemen unterschieden. Außerdem ist eine Veränderung in der Auffassung von „Natur" und „Ökosystem" zu beobachten, welche schon in den Aussagen der 1968er Richtlinien zur Rolle von Feuern, Insekten und Krankheiten ihren Ausdruck fand, und die nun ausgeweitet wird. Schon dort wurde die Bedeutung von Prozessen und Dynamik[13] in den Blick genommen. Die 1978er Version ersetzt nun in konsequenter Erweiterung dieser Perspektive den eher statischen Ausdruck „protection" gegen den mehr dynamischen „perpetuation", der eher Veränderung und Entwicklung der betroffenen Objekte (Ökosysteme) erlaubt. Auch der Begriff „einheimische Arten" wird nun über die Prozesse definiert, welche zu ihrem Vorkommen im Gebiet führten:

> „Native species are those that occur, or occured due to natural processes on those lands designated as the park." (a.a.O., p. IV-6)

Die Managementrichtlinien von 1978 sind von einer Sprache durchdrungen, die das „Ökosystem" als grundlegenden Begriff zur Beschreibung „natürlicher Gebiete" benutzt und sich besonders stark auf „das Ganze" konzentriert. In Bezug auf das „Management von Tierpopulationen" scheinen die speziellen Populationen sogar als sekundär für das Ökosystem gesehen zu werden, so wenn sie nicht allein als Teile von Ökosystemen behandelt werden, sondern in Hinblick auf ihre *Rolle* in diesen:

> „The Service will perpetuate the native animal life of the parks for their essential role in the natural ecosystems. Such management, conformable with general and specific provisions of law and consistent with the following provisions, will strive to maintain the natural abundance, behavior, diversity, and ecological integrity of native animals in natural portions of parks as part of the park ecosystem." (ibd.)

Wie 1968 werden die Rollen von Feuer, Insekten und Krankheiten zwar als notwendige Bestandteile von natürlichen Gebieten betrachtet, aber im Gegensatz zur früheren Fassung in eine Sprache der Ökosysteme transformiert:

> „Native insects and diseases existing under natural conditions are natural elements of the ecosystem." (a.a.O., p. IV-12)

und:

> „The presence or absence of natural fires within a given ecosystem is recognized as a potent factor stimulating, retarding or eliminating various components of the ecosystem. Most natural fires are lightning-caused and are recognized as natural phenomena which must be permitted to continue to influence the ecosystem if truly natural systems are to be perpetuated." (a.a.O., p. IV-13)

Es scheint, daß 1978 die Betonung von Prozessen und des „Ganzen" von Ökosystemen, in Gegenüberstellung zu ihren Teilen, ihren Zenit erreichte. In den „Management Policies" des National Park Service von 1988 nämlich sind viele Äußerungen hinsichtlich der Relation zwischen dem Ganzen und den Teilen und in Hinblick auf das besondere Ziel eines Schutzes von Prozessen vorsichtiger als 1978. Einige dieser Einschränkungen gehen wahrscheinlich auf die großen Feuer im Yellowstone-Park während des Sommers 1988 zurück (die Veröffentlichung

---

13   „Prozeß" wird in den Richtlinien des National Park Service, wie so oft, sowohl für Interaktionen, als auch allgemeiner für Veränderungen benutzt. Ähnliches gilt für „Dynamik", das meist die Interaktionen meint, die gerade *durch* ihr Vorhandensein eine ökologische Einheit so erhalten, wie sie ist, manchmal aber auch ein „anders werden", „sich verändern" dieser Einheit meint (s. Kap. 3.3). Beide Bedeutungen verwischen sich oft. Nur gelegentlich ist explizit von „change" die Rede.

der Richtlinien geschah kurz nach den Feuern, im Dezember 1988), wie an der einschränkenden Bemerkung zu ersehen ist, daß die Feuer-Politik des National Park Service gegenwärtig überdacht werde. Zumindest 1988 wurde die Rolle von Feuer sehr ambivalent gesehen:

> „Fire is a powerful phenomenon with the potential to drastically alter the vegetative cover of any park. Fire may contribute or hinder the achievement of park objectives." (NATIONAL PARK SERVICE 1988, p. 4:14)

Das Ziel einer Perpetuierung nicht alleine von Objekten, sondern auch von Prozessen wird insgesamt nicht in Frage gestellt:

> „The natural resource policies of the National Park Service are aimed at providing the American people with the opportunity to enjoy and benefit from natural environments evolving through natural processes minimally influenced by human action." (p. 4:1)

Jedoch wird die Priorität des Ganzen nun modifiziert, und die Einzelphänomene rücken wieder mehr in den Vordergrund:

> „The primary objective in natural zones will be the protection of natural resources and values for appropriate types of enjoyment while ensuring their availability to future generations. Natural resources will be managed with concern for fundamental ecological processes *as well as* for individual species and features. Managers and resource specialists will not attempt *solely* to preserve individual species (except threatened and endangered species) or individual natural processes; rather, they will try to maintain all the components and processes of naturally evolving park ecosystems, including the natural abundance, diversity, and ecological integrity of the plants and animals." (a.a.O. p. 4:1; meine Hervorhebungen)

Der früher benutzte, sehr abstrakte Ausdruck „total environment" wird ersetzt durch „all the components and processes", während dies zur gleichen Zeit nicht mehr in scharfen Gegensatz zur Perpetuierung individueller Arten gesetzt wird, wie der wichtige Zusatz „not (...) solely" belegt. Prozesse werden immer noch als notwendig angesehen „[to] provide natural environments" aber sie sind nun zumindest auf der gleichen Ebene der Wichtigkeit wie die Einzelobjekte.

Konsequenterweise findet sich die Rede davon, daß Tiere unter der Perspektive ihrer „Rolle" in Ökosystemen betrachtet werden, nicht mehr; das Wort „role" wird durch den weniger funktionalen Ausdruck „part" ersetzt:

> „Protection of Native Animals. The National Park Service will seek to perpetuate the native animal life (mammals, birds, reptiles, fish, insects, worms, crustaceans etc.) as part of the natural ecosystems of parks." (a.a.O., p. 4:5)

Gleichzeitig wird auch die Rolle von *Veränderungen* (change) hervorgehoben:

> „Just as all components of a natural system will be recognized as important, so will change be recognized as an integral part of the functioning of natural systems. The National Park Service does not seek to preserve natural systems in natural zones as though frozen in a given point in time." (a.a.O., p. 4:1)

Insgesamt erscheint es, daß sich sowohl 1978 als auch 1988 das Verständnis von Ökosystemen in der Perspektive des National Park Service veränderte. Während das Ökosystem 1968 noch sehr hoch aufgelöst ist in Hinsicht auf seine Komponenten (Arten) und kaum Anspielungen auf die *Rolle* dieser Komponenten für das Ganze existieren, gibt es 1978 eine Tendenz zu einer stärker funktionalen Auffassung, welche das Ganze und Prozesse betont, während 1988 diese Aspekte von Ökosystemen weit stärker ausgewogen sind und das „Ökosystem" so wieder viel konkreter wird. Auch ist eine verstärkte Betonung der Bedeutung (natürlicher) Veränderungen zu beobachten, und es ist daher wenig überraschend, daß während 1968 noch Anspielungen auf die „in sich selbst geschlossene" („self contained") Natur von Ökosystemen vorhanden sind, welche auf eine Gleichgewichtsauffassung von Ökosystemen verweisen, diese in den Richtlinien von 1978 und 1988 vollkommen fehlen. Die Auffassung davon, was ein Ökosystem ist, und wie viel und welche Art von Management diese Ökosysteme in Nationalparken erfordern, ist eng verknüpft mit dem Begriff davon, was „natürlich" ist. Ich habe diesen Punkt im vorhergehenden Text nur gestreift, werde aber darauf noch zurückkommen.[14]

Ökosystemansätze in Yellowstone - von Wapitis zum Greater Yellowstone Ecosystem

Der Ökosystembegriff wurde, wie in der allgemeinen Managementpolitik des National Park Service, erstmals Ende der 1960er Jahre explizit im Zusammenhang mit dem Management des Yellowstone-Nationalparks benutzt. Er wurde dort von Glen COLE (1968, 1969) eingeführt, der 1968 der neue leitende Forschungsbiologe des Parks wurde, und der einen großen Einfluß auf die Gestaltung der Managementstrategien in Yellowstone hatte. Er stellte in Hinblick auf die Zweckbestimmung des Parks fest:

„The primary purpose of Yellowstone National Park is to preserve natural ecosystems and the opportunity for visitors to see and appreciate natural scenery and native plant and animal life as it occurred in primitive America." (COLE 1968, p. 1)

COLEs Schriften waren auf das Management der Wapitipopulationen des Parks konzentriert, mit dem er befaßt war. Dieses Thema war bereits seit Jahrzehnten eines der kritischen und kontrovers diskutierten Probleme von Yellowstone und ist es bis heute (s.u.). COLE benutzt „Ökosystem" innerhalb der selben Publikation in mindestens zwei unterschiedlichen Bedeutungen. Einmal spricht er vom „park ecosystem" und seiner „Integrität" und impliziert damit die Bedeutung einer topographisch begrenzten Einheit, die durch die biotischen und abiotischen Elemente gegeben ist, welche in dem Gebiet existieren, das durch die Parkgrenzen gegeben ist. Im selben Absatz jedoch bezweifelt er, ob der Yellowstone-Park für die Wapitipopulationen von Yellowstone ein „vollständiges Ökosystem" sei, und daß so das Ökosystem als eine Einheit, die auf eine spezielle Art bzw. lokale Population bezogen ist, erscheint:

„Yellowstone National Park's 3,471 square miles do not represent a complete ecosystem for certain elk groups which need to migrate to historical winter ranges outside park boundaries. These elk may be hunted on land outside Yellowstone without detracting from the integrity of the park ecosystem." (a.a.O., p. 2)

Viele Biologen hätten das Wort „Ökosystem" für eine solche Einheit nicht benutzt, sondern vom *Habitat* der Wapiti-Population geredet. In jedem Falle implizierte die Verwendung von „Ökosystem" für COLE zu dieser Zeit den Gedanken eines natürlichen Gleichgewichts und einer „natürlichen Regulierung", sowohl für das räumlich-konkrete „Park-Ökosystem" („Recognition that native predators assisted in maintaining natural balances in the park ecosystem came too late..." a.a.O., p. 3f.) und für das funktional begrenzte „Wapiti-Ökosystem", wie man es nennen könnte („Accumulated knowledge on natural ecosystems tells us that the Northern Yellowstone elk herd and other native wildlife would have had to be in some dynamic balance with each other, their food sources and the environment several thousand years before modern man first visited the region." a.a.O., p. 3). Solche Annahmen eines natürlichen Gleichgewichts und enger Interaktionen der Wapiti-Population mit ihrem Lebensraum wiederum sind normalerweise kein Teil des Habitat-Begriffs. Indem er sich hauptsächlich auf die Nahrungsrelationen des Ökosystems konzentrierte, gleicht die graphische Darstellung, die COLE (1968) vom Yellowstone-Ökosystem gibt, eher den klassischen Nahrungsnetz-Repräsentationen von SHELFORD (1937) oder THIENEMANN (1926).

---

14   Es sollte hier angemerkt werden, daß die Veränderung der Betonung von Gleichgewichts- und Nicht-Gleichgewichtsansätzen parallel lief mit – wenn nicht gar bedingt wurde durch – Entwicklungen in der ökologischen Theorie, die sich Ende 1970er und in den 1980er Jahren von einer Perspektive des „Gleichgewichts der Natur" zu einem des „Flusses der Natur" bewegte (PICKETT et al. 1992, PICKETT & OSTFELD 1995).

6.2 Fallstudie: Ökosystemmanagement im Yellowstone-Nationalpark

Douglas HOUSTON, seit 1971 ebenfalls Biologe im Park, äußerte ähnliche Ideen wie COLE und erblickte ebenfalls im Ökosystem einen zentralen Begriff für das Management von Nationalparken (HOUSTON 1971) – mit Bezugnahme auf die Richtlinien des National Park Service von 1968. Er interpretiert diese Richtlinien jedoch nicht so sehr auf die Elemente des Ökosystems hin, sondern auf die Prozesse:

„The primary purpose of the National Park Service in administering natural areas is to maintain an area's ecosystem in as nearly as pristine condition as possible. This means that ecological processes, including plant succession and the natural regulation of animal numbers, should be permitted to proceed as they did under pristine conditions." (HOUSTON 1971, p. 648)

Seine Definition konzentriert sich weit mehr als die des National Park Services und die von COLE auf Energie- und Stoffflüsse:

„Much of the research in parks is directed toward documenting pristine conditions and processes, determining the completeness of park ecosystems, and developing management procedures to maintain or restore the ecosystem. A complete ecosystem, as the term is used here, would have both cycling of materials and energy pathways comparable to those in pristine conditions." (a.a.O., p. 649)

Auf der Grundlage der Empfehlungen des Grünen Buchs, entwickelten die Manager von Yellowstone einen „Master Plan" für das Management des Parks, der 1973 verabschiedet wurde.[15] Der Plan benutzt den Ökosystembegriff, aber in einer Weise, die auf die speziellen Arten und abiotischen Phänomene im Park konzentriert ist – welche in einiger Detaillierung aufgezählt werden – während in keiner Weise auf die Erhaltung von Stoff- und Energieflüssen Bezug genommen wird. Die Bedeutung von natürlichen Prozessen („the natural regime") z.B. Feuer, wird anerkannt und natürliche Veränderungen werden als „unvermeidlich" („inevitable") und „an important aspect of a natural regime" (YELLOWSTONE NATIONAL PARK 1973, p. 24) angesehen. Das „Ökosystem" wird für den Park (als topographisch begrenzte Einheit) benutzt, und nicht auf spezielle Tiere bezogen wie in COLEs frühen Schriften über Yellowstone. In Übereinstimmung sowohl mit den Darstellungen von COLE und HOUSTON, als auch mit denen des Grünen Buchs werden Ökosysteme als in einem selbstregulierten Gleichgewicht befindlich angesehen:

„While the faunal ecosystem within the park is still relatively intact, man's sometimes well-intentioned efforts caused serious alterations. Larger predators have been depleted in number, migration patterns have been disrupted, and the distribution of some large ungulates has been changed. Feeding habits have been seriously altered by the presence of unnatural food sources, and one community, the aquatic, has been completely changed by the introduction of exotic fish that now completely dominate many portions of the park's rivers. Thus, management efforts in future years must be twofold: to restore the basic balances that have been upset by the activities of modern man, and to encourage the maintenance of natural, environmentally regulated ecosystems." (YELLOWSTONE NATIONAL PARK 1973, p. 11)

Während der folgenden Jahre, bis zur Mitte der 1980er Jahre, scheint es keine größeren Änderungen der Managementpolitik und im Verständnis von Ökosystem und Ökosystemmanagement gegeben zu haben. Die „statements of management" von 1980, 1982, und 1983 sind immer noch in enger Übereinstimmung mit der Politik, die Ende der 1960er Jahre begann. Das Ökosystem (oder die Ökosysteme) werden räumlich durch den Park selbst begrenzt. Sie bestehen aus den speziellen Arten und ihren Interaktionen und gelten als in einem natürlichen Gleichgewicht befindlich oder als darauf zustrebend:

---

[15] Die sogenannten „Master plans" fixieren langfristige Managementziele und sind so notwendig von eher allgemeinem Charakter. Ein mittelfristiger Managementhorizont (5 Jahre) wird durch die sogeannnten „Resource Management Plans" beschrieben, während „Statement of Management"-Berichte für nur jeweils ein Jahr entwickelt werden, und die am stärksten detaillierten Planungsdokumente darstellen.

„Yellowstone National Park has experienced a number of resource impacts during its existence of more than a hundred years. In most cases the ecosystems of the park have recovered or established a new natural equilibrium." (YELLOWSTONE NATIONAL PARK 1982, p. 10)

Coles und Houstons spezieller Einfluß manifestiert sich jedoch deutlich in einer der Konsequenzen dieser Gleichgewichts- und Selbstregulationsperspektive. Diese Perspektive wurde von ihnen sowohl auf das Yellowstone-Ökosystem als auch auf die Populationen darin angewandt, indem sie eine Politik der „natural regulation" favorisierten und einführten, eine Politik, die bis heute in hohem Maße umstritten ist (s.u.). Die Anwendung der „natürlichen Regulation" war besonders auf die Wapitipopulationen von Yellowstone fokussiert. Kurz gesagt, bestand diese Politik darin, daß sich die Populationen innerhalb der Grenzen des Nationalparks ungehindert entfalten durften, statt sie, wie vor 1969, innerhalb und außerhalb des Parks zu bejagen, um die erwünschte „normale" Bestandsdichte zu erhalten. Die zunächst dahinter stehende Annahme war die, daß die Populationen sich dabei von selbst auf einem „natürlichen" Gleichgewichtsniveau der Individuenzahlen einpendeln würden.

Zu Beginn der 1980er Jahre begann jedoch die Wahrnehmung des Ökosystems als Gleichgewichtssystem schwächer zu werden und wurde allmählich durch eine Auffassung von Ökosystemen als Nicht-Gleichgewichtssysteme ersetzt, mit einer Betonung von „Dynamik", aber nicht von Gleichgewicht.

So schrieb, ebenfalls 1982, Douglas HOUSTON in seinem Buch über die nördliche Wapiti-herde von Yellowstone:

„Appropriate management criteria for natural areas are often the most difficult to develop, because these require considerable ecological and historical information. Ecosystems are dynamic, and some component populations may shift from one natural stable state to another (Holling 1973, 1978, May 1977, Peterman et al. 1978). Thus, 'one must resist the temptation to manage [natural ecosystems] with a view toward maintaining some arbitrary status quo' (Sinclair 1979:25)." (HOUSTON 1982, p. 196, alle Klammern im Original)

Obwohl die Idee eines Gleichgewichts oder eines „stabilen Zustandes" nicht völlig aufgegeben war, wurde nun von einer Vielzahl (*multitude*) von solchen Zuständen gesprochen, und nicht mehr nur von einem einzigen.

Die Gründe für diese Veränderungen können sowohl in den theoretischen Entwicklungen innerhalb der Ökologie gesucht werden, die bereits in den allgemeinen Managementrichtlinien des National Park Service sichtbar wurden, aber auch in der Erfahrung des „experimental management" (HOUSTON 1981) der natürlichen Regulation im Yellowstone-Park. Die Gleichgewichtsgrößen der Population, wie COLE und HOUSTON sie zu Beginn postuliert hatten, wurden nämlich immer wieder überschritten (YELLOWSTONE NATIONAL PARK 1997, p. 69), obwohl sie ihre Schätzungen derselben über die Jahre erhöhten. So kamen die theoretischen Entwicklungen innerhalb der Ökologie zumindest zu einem sehr günstigen Zeitpunkt.

In jedem Falle verschwanden Bezugnahmen auf ein „Gleichgewicht der Natur" sowohl in den Schriften der Wissenschaftler des Yellowstone-Parks und auch in den offiziellen Dokumenten der Nationalparkverwaltung ab der zweiten Hälfte der 1980er Jahre. Kommentare zur Integrität, Intaktheit oder Gesundheit des Yellowstone-Ökosystem blieben, aber sie waren offensichtlich nicht mehr abhängig von der Idee eines natürlichen Gleichgewichts. Ein signifikanter Hinweis darauf ist auch der Titel eines Buches (DESPAIN et al. 1986), welches von den Forschungsbiologen des Yellowstone-Parks über das umstrittene Thema des Zustandes des „Northern Range" genannten Gebiets und seiner Wapitiherde (ausführlich s.u.) verfaßt wurde. Der Titel des Buchs lautete „Wildlife in Transition" und die Autoren sprachen sich deutlich für eine Sichtweise von Ökosystemen als sich *verändernden* Einheiten aus:

6.2 Fallstudie: Ökosystemmanagement im Yellowstone-Nationalpark

„A second dilemma involves the very character of a natural ecosystem. It is, most of all, a *changing* ecosystem. For thousands of years before the park was created, animals came and went, climates changed, vegetation varied, and human foragers and hunters roamed here and there. All of them contributed to the dynamic character of the wilderness. What this means for managers is this: not only do we not know exactly what Yellowstone was like before it became a park, it was not in a constant state to begin with." (DESPAIN et al. 1986, p. 8)

Zur gleichen Zeit, in der diese neue Perspektive die Gedanken der Yellowstone-Biologen beeinflußt (und in diesem Falle in Bezug auf das spezielle Yellowstone-Ökosystem als ein Ökosystem, das durch die Parkgrenzen abgegrenzt, aber nicht notwendig selbstregulierend und im Gleichgewicht ist), entwickelt sich die Idee von dem, was heute das „Greater Yellowstone Ecosystem" genannt wird.

Die Idee, daß der Yellowstone-Park keine „Insel" ist, sondern enge funktionale Verbindungen zu seiner Umgebung hat, ist nicht neu und geht mindestens zurück bis vor 1920 (PRITCHARD 1999). Sie war ebenfalls in COLEs Sorge enthalten, daß Yellowstone möglicherweise kein „vollständiges" Ökosystem für einige der Wapitiherden des Parks darstellen könnte, z.B. für die nördliche Wapitiherde. Die Wahrnehmung der Verzahnung des Nationalparks mit seinem Umland führte dazu, daß schon in den 1960er Jahren Treffen zwischen den Behörden begannen, die für die großen Gebiete von Staatsland im Umfeld von Yellowstone verantwortlich waren, also den Grand-Teton-Nationalpark, mehrere National Forests u.a. Das Komitee, heute bekannt unter dem Namen Greater Yellowstone Coordinating Committee (GYCC), diskutierte und koordinierte auf den zwei bis drei mal im Jahr stattfindenden Treffen Fragen, die für dieses große Gebiet, auch Greater Yellowstone Area genannt, relevant waren. Das Komitee traf keine offiziellen „Beschlüsse", nicht zuletzt deshalb, weil die beteiligten Institutionen (der National Park Service und der National Forest Service) verschiedene Ziele für ihr Management natürlicher Ressourcen verfolgten. Trotz der Existenz des GYCC blieb so die Koordination der Aktivitäten in mancherlei Hinsicht unbefriedigend.

Die gegenwärtige Idee des „Greater Yellowstone Ecosystem" entwickelte sich jedoch nicht aus dieser Verwaltungseinheit, sondern von einem anderen Ausgangspunkt her. Wie bei COLEs „Wapiti-Ökosystem" wurden die Grenzen des Greater Yellowstone Ecosystem nicht durch die Verwaltungspolitik, sondern durch die Aktionsradien (home ranges) eines anderen wichtigen (und „charismatischen") großen Tieres von Yellowstone bestimmt, nämlich die des Grizzlybären. Über fast zwei Jahrzehnte – seit 1959 – hatten Frank und John CRAIGHEAD die Grizzlies des Yellowstone-Parks studiert. Mit Hilfe einer Besenderung von Tieren waren sie auch in der Lage, die Ortsbewegungen derselben zu verfolgen. Ihr Ergebnis war, daß das Gebiet, welches von den Grizzlies von Yellowstone als ihr Lebensraum genutzt wurde, viel größer war als der eigentliche Nationalpark. Frank CRAIGHEADs Buch „Track of the Grizzly" von 1979 gilt als eine der ersten Veröffentlichungen, in denen der Ausdruck „greater Yellowstone ecosystem" benutzt wurde:

„In 1959, my brother John and I and a number of colleagues began a long-range study of the grizzly bear in Yellowstone National Park and parts of four adjacent national forests. This area comprises some 5 million acres, and in terms of its natural character and the life forms (specifically, the grizzly) it supports can be considered the greater Yellowstone ecosystem (see Map 1)." (CRAIGHEAD 1979, p. 4)

In der Bildunterschrift zur beigefügten Karte erklärt CRAIGHEAD den Ursprung der Grenzen, die für dieses Ökosystem gezogen wurden, als die des Aktivitätsradius der Grizzlybären, bestimmt aufgrund einer Vielzahl von Beobachtungen.

Die neue Bezeichnung „Greater Yellowstone Ecosystem", obwohl zunächst von den CRAIGHEADs nur als eine adjektivische Bezeichnung und nicht als ein Eigenname benutzt, wurde von verschiedenen Leuten und Organisationen aufgenommen und wurde bald zu einer stehenden Wendung. Schon 1981 wurde der Ausdruck auch vom damaligen Nationalparkleiter Yellowstones, John TOWNSLEY, in einem privaten Gespräch verwendet (REESE 1991, p. 7f.). 1983 wurde die Greater Yellowstone Coalition (GYC) gegründet, als Naturschutzdachverband, der gerade auf diesem, die Managementeinheit „Yellowstone" weit über die Nationalparkgrenzen hinaus ausdehnenden Ansatz, aufbaute. Von dieser Zeit an faßte die Idee schnell Fuß, besonders unter Naturschutzgruppen. Die Veröffentlichung des nicht zuletzt wegen seiner wundervollen Bilder weit verbreiteten Buchs „The Greater Yellowstone Ecosystem" von Rick REESE (1984, 2. Auflage 1991) brachte ebenfalls den Begriff vom „Greater Yellowstone" in das Bewußtsein einer breiteren Öffentlichkeit.

Der unbefriedigende Zustand der Koordination der Management-Strategien in Yellowstone und den umgebenden Staatslandgebieten erregte so viel öffentliche Aufmerksamkeit, daß 1985 eine Anhörung vor dem US-Kongreß zu diesem Thema stattfand. Im daraus hervorgegangenen Bericht (CONGRESSIONAL RESEARCH SERVICE 1986; auch hier ist from Greater Yellowstone *Ecosystem* die Rede), wurden die für die Greater Yellowstone Area verantwortlichen Institutionen zu einer besseren Koordination ihres Managements aufgefordert.

Zwei nacheinander entwickelte Dokumente illustrieren, wie dies von den Mitgliedern des GYCC angegangen wurde. Im Jahr 1987 erschien eine erste Veröffentlichung mit dem Titel „An aggregation of national park and national forest management plans". Es war die erste Zusammenstellung der verschiedenen Management-Pläne, aber wie der Name korrekt wiedergibt, noch ohne eine Integration dieser. Genau diese Integration der Managementstrategien war das Ziel eines Dokuments, welches als „Entwurf" (draft) 1990 veröffentlicht und verbreitet wurde. Das Dokument, mit dem Titel „Vision for the future. A framework for coordination in the Greater Yellowstone area" wurde zu diesem Zeitpunkt von seinen Autoren als eine Darstellung dessen angesehen, was zu dieser Zeit bereits ohnehin als Ergebnis der Aktivitäten des GYCCs praktiziert wurde (John VARLEY, mündliche Mitteilung, 30.7.98). Das Ziel des „Vision"-Dokuments war „to describe desired future condition of the G[reater]Y[ellowstone]A[rea] through coordinated management goals and how they can be achieved." (GYCC 1990, p. 1.6). Um Mißverständnisse über den Charakter des Dokuments zu vermeiden, wurde außerdem betont, daß es nicht den Status eines Regionalplans habe, sondern als ein „statement of principles" (a.a.O., p. 1.6) anzusehen sei. Das Dokument ist nicht nur wegen seiner Bemühung bemerkenswert, die verschiedenen Managementansätze zu integrieren, sondern auch weil es versucht, die zentralen Begriffe „natürlich" und „Ökosystem" zu klären, weit mehr als andere Dokumente über das Thema Ökosystemmanagement in Nationalparken zu dieser Zeit. Die Öffentlichkeit wurde ermutigt das „Vision"-Dokument zu kommentieren. Dies geschah in einer von den Autoren nicht erwarteten Weise. Viele Gruppierungen, die bis dahin nie irgendein Interesse am Management der Yellowstone-Region gezeigt hatten, gaben ihre Kommentare zu dem Entwurf ab. Die meisten Kommentare waren strikt negativ, meistens weil dabei ein Ökosystemmanagement der Yellowstone-Region als eine Art und Weise angesehen wurde, mit der Nutzungseinschränkungen für die Nutzung des den Nationalpark umgebenden Landes auferlegt werden sollten. Aber auch die Naturschutzgruppierungen zögerten, das „Vision"-Dokument zu unterstützen, weil es ihnen nicht weit genug ging. Die Angelegenheit wurde zu einem derartigen Politikum, daß das Schicksal des „Vision"-Entwurfs dem GYCC völlig aus den Händen genommen wurde und das Dokument nach einer Intervention des Weißen Hauses im amerikanischen Innenministerium komplett umgeschrieben wurde (siehe BARKER 1993, FREEMUTH & CAWLEY 1993 für weitere Details). Das endgültige Ergebnis, das 1991 veröffentlicht wurde (GYCC 1991), war nur noch ein Schatten des ambitionierten Entwurfs, sowohl von seinem Umfang her, wie in seinem Inhalt, und es wurde sogar (aber durchaus konsequent) das Wort „Vision" aus dem Titel entfernt.

Dennoch wurde die Idee des Greater Yellowstone Ecosystems als Managementeinheit nicht aufgegeben (siehe auch BARBEE et al. 1991). Sie wurde und wird weiterhin von den Mitgliedern des GYCC vertreten. Im „Statement of Management" des Yellowstone-Nationalparks von 1991 z.B. findet sich ein eigenes Kapitel mit der Überschrift „Greater Yellowstone Ecosystem Management Issues", und im Ressource Management Plan von 1995, wird die Notwendigkeit, diese Fragen in das Management einzubeziehen, als selbstverständlich angesehen.

Die Idee des Greater Yellowstone Ecosystem wird besonders von den Naturschutzgruppierungen verteidigt, besonders durch die Greater Yellowstone Coalition, welche 1991 ein ausführliches „Profile of the Greater Yellowstone Ecosystem" (GLICK et al. 1991) veröffentlichte, um das weitere Verständnis des damit verbundenen Managementkonzepts und dessen Akzeptanz zu fördern.

Nach diesem Überblick über die Geschichte des Ökosystembegriffs in seiner Anwendung auf den Yellowstone-Nationalpark werde ich mich nun auf zwei spezifische Punkte konzentrieren, an denen sich zeigen läßt, wie unterschiedliche Auffassungen des Ökosystembegriffs die Optionen und Kontroversen des Management von Yellowstone beeinflussen. Zunächst werde ich kurz darstellen, wie sich verschiedene Definitionen des Ökosystems auf die Größe und den Inhalt der Managementeinheit des Yellowstone-Nationalparks auswirken. Dann wird anhand des komplexen und kontroversen Themas des Wildtiermanagements auf Yellowstones „Northern Range" aufgezeigt, daß die heftigen Konflikte, die über dieses Thema ausgetragen werden, zu einem beträchtlichen Teil auch mit dem unterschiedlichen Verständnis dessen zu tun haben, was ein Ökosystem ist und was dessen Identität in der Zeit ausmacht.

Die Grenzen des Greater Yellowstone Ecosystem

Wie in Kapitel 5 beschrieben, können die Grenzen von Ökosystemen auf zwei Weisen bestimmt werden. Zum einen können sie als durch räumliche Diskontinuitäten gegeben angesehen werden, welche aufgrund von Eigenschaften der Naturdinge selbst oder durch künstliche Kriterien gesetzt werden (topographische Grenzen). Zum anderen können die Grenzen aufgrund der Reichweite von Interaktionen zwischen den Elementen bestimmt werden (funktionale Grenzen). Die Rede vom Yellowstone-Park-Ökosystem ist ein Beispiel für die erste Art der Abgrenzung von Ökosystemen. In diesem Falle sind die Grenzen einfach durch die administrativen Grenzen des Parks gegeben und das Ökosystem besteht aus allem, was innerhalb dieser Grenzen ist. Dies war auch der Modus mit dem das GYCC die Greater Yellowstone Area definierte, für die das Gremium anfangs nur widerstrebend den Ausdruck „Greater Yellowstone *Ecosystem*" benutzte. Die Art, in der das Greater Yellowstone Ecosystem von den meisten Autoren abgegrenzt wird, scheint auf den ersten Blick ein Beispiel für den zweiten Ansatz zu sein. In diesem Falle werden die räumlichen Grenzen als die Grenzen gesucht, die das Ergebnis verschiedener Prozesse und Interaktionen sind. Ich habe dies oben bereits für die Definition des Greater Yellowstone Ecosystem durch Frank CRAIGHEAD (1979) ausgeführt. De facto ist dies aber keine funktionale Abgrenzung des Yellowstone-*Ökosystems*, denn die Kriterien beziehen sich nicht auf das Gebiet, das z.B. durch das gesamte Nahrungsnetz des Systems abgedeckt wird, sondern auf den Aktivitätsradius einer einzigen Population. Es kann daher als eine funktionale Grenze in Hinblick auf eine (Grizzly-) *Population* angesehen werden, nicht aber in Hinblick auf das, was man als Yellowstone-*Ökosystem* bezeichnen könnte.

Was hier also vorgelegt wird, ist gewissermaßen ein homogenes Gebiet in Hinsicht auf die Aktivitätsradien einzelner und auffallender Tierpopulationen. Obwohl es ein stärker „natürlicher", aber zumindest ökologisch begründeter Zugang zur Abgrenzung von Ökosystemen im Raum zu sein scheint, kann dieser in einer Vielzahl unterschiedlicher Weisen durchgeführt werden, die zu signifikant unterschiedlich großen Flächen führen. Auf der Grundlage seiner Grizzly-Untersuchungen schätzte CRAIGHEAD (1979) die Größe eines „greater Yellowstone ecosystem" auf ca. 20.000 km². Nimmt man jedoch andere Tiere mit weiten Aktionsradien zum Maßstab, so ergeben sich davon abweichende Größenangaben (CLARK & ZAUNBRECHER 1987, REESE 1991). REESE 1984 nannte einen Schätzwert von 32.000-40.000 km² für das Greater Yellowstone Ecosystem, unter Heranziehung einer Vielzahl von Kriterien. Das „Vision"-Dokument, welches das Greater Yellowstone Ecosystem einfach räumlich definiert, als „the contiguous mountainous region in and around Yellowstone Park" (p. 1.1), nennt eine Zahl von 47.000 km², während der höchste Wert, den ich finden konnte, von der Greater Yellowstone Coalition (GLICK et al. 1991, siehe auch REESE 1991) mit 73.000 km² angegeben wird. Nach SCHULLERY (1995) wurde 1994 sogar von der Organisation eine Flächengröße von 80.000 km² gefordert. Wie das folgende Zitat zeigt, ist die Unstimmigkeit in der Größe des Greater Yellowstone Ecosystem aufgrund der Anwendung verschiedener Grenzkriterien eine wohlbekannte Tatsache:

> „One of the fundamental ideas underlying discussions in this book is the notion of the Greater Yellowstone Area as an ecosystem. There are no universally accepted criteria for establishing boundaries to an ecosystem. An ecosystem can be defined as 'any part of the universe chosen as an area of interest, with the line around that area being the ecosystem boundary' (Johnson and Agee 1988). Ecosystem boundaries are usually identified in the context of ecological processes or the spatial distribution of a species, although there will always be some movement of organisms, nutrients, and energy across these boundaries (MgNaughton 1989). For example we may identify the GYE in the context of (1) distribution of selected species, such as the grizzly bear (Craighead, Sumner, and Scaggs 1982), (2) the ranges occupied by all the elk herds that summer in Yellowstone National Park (Clark & Zaunbrecher 1987), or (3) its vegetation characteristics (Reese 1984). For my purposes, any of these criteria for establishing ecosystem boundaries will do nicely." (BOYCE 1991, p. 184f)

Die Leichtigkeit jedoch, mit der diese Beobachtung hier zur Seite geschoben wird, ist irreführend. Wenn genaue Angaben über die „Natur" von Yellowstone als Ökosystem und über Managementfragen gemacht werden sollen, die genau *dieses spezielle System* betreffen, ist die Frage nach der Grenzziehung keinesfalls unwichtig (siehe auch unten). Die unterschiedlichen Größen der Gebiete (*extent* im Sinne der in Kap. 5.3 erläuterten Maßstäbe), die zum Greater Yellowstone Ecosystem gerechnet werden, führen in der Tat gegenwärtig nicht zu bedeutsamen Konflikten im Management des Yellowstone-Parks und der Greater Yellowstone Area, obwohl, wie ich unten darstellen werde, andere Aspekte von räumlichen Maßstäben in einigen Konflikten versteckt vorhanden sind, z.B. in dem über die Intaktheit der Northern Range. Die gegenwärtigen Konflikte in der Region beziehen sich mehr auf speziellere Fragen als auf die der Grenzen des Greater Yellowstone Ecosystem. Dies wäre anders, wenn heute neue Grenzen für diesen oder einen anderen Nationalpark auf der Basis funktionaler Kriterien gesucht werden sollten.

Eine Möglichkeit, ausgehend vom Yellowstone-Park-Ökosystem nach funktionalen Grenzen zu suchen, wäre die folgende. Geht man davon aus, daß das topographisch begrenzte Park-Ökosystem *innerhalb der Nationalparkgrenzen* aus allen dort lebenden Organismenarten (in Form von Populationen) und ihren Interaktionen untereinander und mit ihrer unbelebten Umwelt besteht, so lassen sich die funktionalen Grenzen des Systems in erster Näherung als die Summe der Aktivitätsradien sämtlicher Populationen des Parks (über einen festzulegenden Zeitraum als zeitlichem Maßstab) verstehen. Dies wird dadurch erleichtert, daß auch alle

6.2 Fallstudie: Ökosystemmanagement im Yellowstone-Nationalpark

Flüsse des Parks innerhalb des Gebietes entspringen und somit auch ein „Wasserscheiden-Ökosystem" vorliegt, und das Gebiet auch groß genug ist, um selbst bei großräumigen natürlichen Störungen (wie die nur im Abstand von ca. 200-300 Jahren auftretenden großen Feuerereignisse) Wiederbesiedlungspotentiale vorzuhalten[16]. Wie die Interaktionen im einzelnen ausgeprägt sind, ist dabei zunächst offen, aber es kann davon ausgegangen werden, daß, von Zugvögeln abgesehen, alle biotischen Interaktionen innerhalb des so begrenzten Gebiets stattfinden. Es ist mein Eindruck, daß, nach den bisherigen Kenntnissen des Gebiets, das Greater Yellowstone Ecosystem (in der Ausdehnung der Verwaltungseinheit oder der vom GYC genannten Grenzen; s.o.) von seiner Größe und Lage her diese Bedingungen von funktionalen Grenzen für das topographisch bestimmte Park-Ökosystem erfüllen kann. Ich werde darauf und auf die Konsequenzen, die sich daraus für das Naturschutzmanagement ergeben, am Ende meiner Ausführungen zum Konflikt über die Northern Range noch kurz zurückkommen.

Die Intaktheit des Ökosystems: Großwildmanagement auf Yellowstones „Northern Range"

Es scheint sich eine allgemeine Übereinstimmung darüber abzuzeichnen, daß das Hauptziel des Managements von US-Nationalparken darin besteht, „gesunde" oder „intakte" Ökosysteme zu erhalten.[17] Im „Vision"-Dokument von 1990 wurde dies für das Greater Yellowstone Ecosystem so ausgedrückt:

> „The overarching goal is to conserve the sense of naturalness and maintain ecosystem integrity in the G[reater] Y[ellowstone] A[rea] through respect for ecological and geological processes and features that cross administrative boundaries." (GYCC 1990, p. 3.7)

In der gleichen Weise wird dieses Ziel auch von jenen Wissenschaftlern anerkannt, die der gegenwärtigen Praxis des Ökosystemmanagements in Yellowstone ablehnend gegenüberstehen. So stellen z.B. WAGNER et al. (1995) in ihrer Beurteilung des Wildtiermanagements in US-Nationalparken in affirmativer Weise fest:

> „Hence, this goal of preserving intact ecosystems appears well established, and is, in fact, the central goal of natural-resources management in the [National Park] System." (WAGNER et al. 1995, p. 16)

Starke Meinungsverschiedenheiten existieren jedoch in Hinblick auf die Frage nach der Beurteilung des gegenwärtigen Zustand des (oder der) Yellowstone-Ökosystem(e) und der Richtigkeit der gegenwärtigen Managementstrategie. Diese Strategie wurde von den Managern von Yellowstone selbst charakterisiert als:

> „to preserve the natural and cultural resources of Yellowstone and to allow natural processes and interactions between resources to occur with a minimum of human influence." (YELLOWSTONE NATIONAL PARK 1995, p. 2)

Diese Auffassung basiert auf der Politik der „natürlichen Regulation" („natural regulation"; einige, wie z.B. BOYCE 1991 ziehen es vor, von „Prozess-Management" zu reden), wie sie in

---

[16] Dies trifft nur auf einen Typ von natürlicher Störung nicht zu, nämlich den, der zur Ausweisung des Parks führte: den Vulkanismus. Der Vulkanismus hat in dieser Region das Potential, den Park und das Greater Yellowstone Ecosystem völlig zu zerstören. Vgl. zum Begriff der natürlichen Störungen und seiner Anwendung im Naturschutz auch JAX (1999).

[17] Ich unterscheide im folgenden Text nicht zwischen der „Intaktheit", der „Gesundheit", oder der „Integrität" von Ökosystemen, da zumindest in der Diskussion um Yellowstone diese Ausdrücke austauschbar verwendet werden. Einen Versuch, hier und bei weiteren im Naturschutz verwendeten normativ aufgeladenen Begriffen eine terminologische Trennung und einheitliche Wortverwendung vorzunehmen machen CALLICOTT et al. (1999).

den späten 1960er und frühen 1970er Jahren eingeführt wurde (s.o.), und die auch von ihren Befürwortern als eine Form von „experimentellem Management" angesehen wird (HOUSTON 1981).

Während der National Park Service, zahlreiche Wissenschaftler und insbesondere die Naturschutzgruppen argumentieren, daß das Yellowstone-Ökosystem trotz vieler Bedrohungen und menschlicher Einflüsse immer noch „one of the largest, relatively intact temperate zone ecosystems left on earth" (GLICK et al. 1991, p. 9) sei, sehen die Kritiker den Park und sein Ökosystem durch die gegenwärtige Managementpolitik des National Park Service als bedroht, zerfallend oder sogar zerstört an (CHASE 1987, WAGNER & KAY 1993, WAGNER et al. 1995, KAY 1995, 1997a). Diese Diskussion über die Intaktheit von Yellowstones Ökosystem(en) konzentriert sich insbesondere auf das Schicksal der sogenannten „Northern Range" des Yellowstone-Parks.[18]

Die Northern Range ist ein großes Graslandgebiet im nördlichen Teil des Nationalparks. Yellowstone ist ein Hochplateau, das im Winter mit tiefem Schnee bedeckt ist. In dieser Zeit wandern die Huftierpopulationen des Parks, besonders Wapitis und Bisons, in niedriger gelegene Gebiete. Das wichtigste dieser Gebiete ist die Northern Range (manchmal daher auch als Northern Winter Range bezeichnet), auf welcher große Herden von Wapitis, Bisons und Gabelbock-Antilopen (engl.: pronghorn) den Winter verbringen, und dort ihre Nahrung suchen. Die Northern Range erstreckt sich z.T. auch in ein Gebiet außerhalb der Parkgrenzen nach Montana hinein; d.h. die nördliche Wapitiherde nutzt Teile des Paradies-Tals des Yellowstone-Flusses als ihren Winterlebensraum. Dieses Gebiet ist für die Tiere heute nur zum Teil verfügbar, weil es auch für menschliche Siedlungen und Rinderzucht genutzt wird.

Anfang des 20. Jahrhunderts befürchtete man, die Wapitis in Yellowstone seien vom Aussterben bedroht, so daß sie besonders geschützt wurden, u.a. mittels der schon erwähnten starken Bejagung von Raubtieren. Die Wapitipopulation wuchs so stark an, daß die Angst, die Art könne im Park aussterben, der Besorgnis wich, daß zu viele Wapitis die Northern Range bevölkern und das Gebiet überweiden und derangieren könnten. Statt weiterer Reduzierungen von Räubern wurde nun ein Programm zur Reduzierung der Wapitis gestartet, das sowohl aus dem Lebendfang und Abtransport als auch aus dem Abschuß von Tieren bestand. 1967 war die Zahl der Wapitis auf der Northern Range auf weniger als 4000 Individuen reduziert. In den folgenden Jahren wurde der Abschuß und der Fang von Wapitis im Park jedoch aufgrund wachsender öffentlicher Proteste gegen den Abschuß der Tiere und aufgrund der oben schon erwähnten neuen Managementpolitik des Ökosystemmanagements und der „natürlichen Regulierung" beendet. Seither gibt es keine Kontrolle der großen Huftiere im Park mehr, obwohl die Wapitis immer noch bejagt werden dürfen, sobald sie den Park verlassen. Die nördliche Wapitiherde wuchs zwischenzeitlich bis auf fast 19.000 Tiere an.[19] Die Entscheidung, die Populationen der großen Säugetiere des Parks sich ohne weitere Regulierung durch den Menschen entwickeln zu lassen, war immer umstritten und einige Kritiker behaupten sogar, daß der Park als Konsequenz dieser Managementpolitik „zerstört" wird, z.B. CHASE (1987). Die Kritiker

---

18 Die Managementgeschichte der Northern Range wurde in mehreren Publikationen aus unterschiedlichen Perspektiven ausführlich dargestellt. Siehe insbesondere HOUSTON (1982), DESPAIN et al. (1986), CHASE (1987), YELLOWSTONE NATIONAL PARK (1997), SCHULLERY (1997), PRITCHARD (1999).

19 Dieses bisherige Maximum wurde Mitte der 1990er Jahre gezählt (vgl. YELLOWSTONE NATIONAL PARK 1997). Eine Zählung durch den National Park Service und andere Institutionen vom Winter 1999/2000 ergab eine Zahl von 14.500 Wapitis für die nördliche Herde (Presseerklärung des NATIONAL PARK SERVICE vom 6. Januar 2000: http://www.nps.gov/yell/press/archive/2000/0003.htm).

des gegenwärtigen Managements sehen die Northern Range als überweidet und zerfallend an – als Folge der Weigerung des National Park Service die Wapitipopulation zu kontrollieren.

Aber was ist nun tatsächlich ein „intaktes" oder „gesundes" Ökosystem und an welchem Punkt ist die „Integrität" des Ökosystems zerstört? Welche Objekte sollen eigentlich „perpetuiert" werden? Gesundheit, Integriertheit und Intaktheit sind evaluative Begriffe mit evaluativen Prämissen und Konsequenzen. Es verwundert daher nicht, daß unterschiedliche Arten von Argumenten in der Diskussion um die Intaktheit des Ökosystems verwendet werden, einige davon von mehr wert- und naturphilosophisch oder sozial bestimmter Art, einige auf spezifischen ökologisch-theoretischen Wahrnehmungen des Ökosystembegriffs basierend. Obwohl sie oft miteinander verbunden sind, ist es wichtig, diese verschiedenen Kriterien zu unterscheiden und besonders zwischen darin enthaltenen moralischen Werturteilen und wertneutralen Faktenaussagen zu unterscheiden, welche aber beide für die Zielbestimmung des Naturschutzes unverzichtbar sind.

Natürlichkeit

Eine Antwort auf die Frage, was ein intaktes Ökosystem sei, besteht darin, die Intaktheit von Ökosystemen mit ihrer Natürlichkeit gleichzusetzen. Dies ist ein Kriterium für das Management von Nationalparken, das in der Tradition des LEOPOLD-Reports (s.o.) auch ein wohletabliertes und explizites Ziel der Managementstrategien des National Park Service darstellt. Es verschiebt jedoch die Frage einer Definition von „Intaktheit" lediglich zu der Aufgabe, „Natürlichkeit" zu definieren und – bei Anwendung auf konkrete Gebiete – den „natürlichen" Zustand des Ökosystems zu bestimmen. Obwohl fast alle Publikationen, die sich mit dem Management von Nationalparken im allgemeinen und dem von Yellowstone im speziellen beschäftigen über deren Natürlichkeit diskutieren, definieren nur sehr wenige, was „Natürlichkeit" bedeutet und wie sie festgestellt werden kann (Ausnahmen: ROLSTON 1990, das „Vision"-Dokument, d.h. GYCC 1990, WAGNER & KAY 1993, und – bis zu einem gewissen Grade – WAGNER et al. 1995). Für die meisten Leute, besonders jene von der Naturschutzseite, ist Natürlichkeit dann gegeben, wenn keine – oder ein Minimum – von menschlichen Einwirkungen in einem Gebiet vorhanden sind. Aus dieser Perspektive kann Natürlichkeit durch eine „hands-off"-Politik des Naturschutzes, wie die der „natural regulation" erreicht werden. Für andere, unter ihnen die Kritiker einer solchen Politik, ist Natürlichkeit durch die Abwesenheit des „modernen Menschen" definiert. Diese Autoren argumentieren, das Yellowstone-Ökosystem befinde sich nicht in einem natürlichen Zustand, weil zumindest eine wichtige ehemals einflußreiche Komponente fehle: die amerikanischen Ureinwohner (CHASE 1987, WAGNER & KAY 1993, KAY 1995). Andererseits läßt sich argumentieren, daß aufgrund der früheren langen Anwesenheit der Indianer im Yellowstone-Gebiet dieses überhaupt nicht mehr in einem natürlichen Zustand war, als es 1872 als Nationalpark ausgewiesen wurde. Das Argument kann theoretisch je nach dem Verständnis davon, was „natürlich" ist, und zu welchem Zeitpunkt sich „der Mensch" von der Natur trennte, gewendet werden. Es kann genutzt werden, um für eine Politik des Nichteingreifens zu argumentieren, die sogar große Veränderungen des Ökosystems zuläßt, weil der natürliche Zustand gerade nicht der sei, der 1872 angetroffen wurde, und vielmehr erst jetzt, dadurch daß der Natur ihr Lauf gelassen werde, wiederhergestellt wird. Die heutige Abwesenheit der Indianer kann aber umgekehrt auch als Argument dafür benutzt werden, eine Strategie des Eingreifens zu legitimieren, in welcher die „natürlichen" Aktivitäten der Indianer durch Management-Aktivitäten des Park-Service ersetzt werden, insbesondere in Form von gelegten Feuern und der Bejagung großer Huftiere.

Der zugrundegelegte Begriff von Natürlichkeit – was eine philosophische und nicht eine naturwissenschaftliche Frage ist – hat auf diese Weise großen Einfluß auf die Ausrichtung des Managements in Nationalparken (s.a. PRITCHARD 1999).

Historische Bedingungen: „A vignette of primitive America"

Eine andere Art, zu definieren, was „gesunde" oder „intakte" Ökosysteme in Nationalparken sind, ist, diese Zustände mit den Bedingungen gleichzusetzen, die vorhanden waren, als die ersten Europäer in die jeweiligen Gebiete kamen. Dies entspricht dem, was im LEOPOLD-Report eine „vignette of primitive America" genannt wird. Manchmal wird dies zudem mit „natürlich" gleichgesetzt (wie oben diskutiert), manchmal wird es entkoppelt, um die Probleme zu vermeiden, die für jede Definition von „Natürlichkeit" existieren (z.B. WAGNER et al. 1995). WAGNER und Mitarbeiter, stellen in ihrer Analyse der Politik des Wildtiermanagements in US-Nationalparken fest:

> „Thus there is a lingering and pervasive assumption that the pre-Columbian condition, imperfectly as it is known, was a desirable one that land management, including that of national parks, should try to emulate in some degree. That condition is commonly presumed to have been in some significant degree what today we call healthy or intact. We have in previous chapters implied that same synonymy." (WAGNER et al. 1995, p. 172)

Es ist jedoch problematisch, einen bestimmten historischen Zustand eines Gebietes mit dessen „Gesundheit" und „Intaktheit" gleichzusetzen. Es können sehr verschiedene theoretische Annahmen bezüglich des Ökosystembegriffs vorhanden sein, wenn die prä-kolumbianische Natur als aus „intakten" Ökosystemen bestehend angesehen wird, Annahmen, die spezifiziert und expliziert werden müssen (s.u.). Außerdem kann die Konzentration auf irgendeinen historischen Zustand der Natur die Wertdimensionen, die in die Begriffe Ökosystem-Gesundheit oder -Intaktheit eingehen, sogar verstecken, ohne daß wirklich die Werte diskutiert werden, die darüber entscheiden, warum gerade dieser spezielle Zustand erhalten werden soll. Die Diskussion dieser Werte ist jedoch unentbehrlich. Die Bestimmung dessen, wie ein Ökosystem zu irgendeinem Zeitpunkt in der Vergangenheit war, sagt uns noch nichts darüber, wie es sein *soll*. In Abhängigkeit sowohl von der Definition eines Ökosystems als auch von der umstrittenen Frage, wie groß der Einfluß der Indianer in jedem speziellen Gebiet tatsächlich war, kann das Ziel, ein Gebiet in jenem Zustand zu erhalten, in dem es sich befand, bevor die Europäer es erstmals „besuchten", stark kollidieren mit dem Anspruch

> „[to provide] the American people with the opportunity to enjoy and benefit from natural environments evolving through natural processes minimally influenced by human action." (NATIONAL PARK SERVICE 1988, p. 4:1)

Folglich ersetzt die Suche nach einem bestimmten historischen Zustand als Bezugspunkt für „intakte" oder „gesunde" Ökosysteme weder die Diskussion über konfligierende Werte im Naturschutz noch die Diskussion der Kriterien, die benutzt werden, um das Ökosystem im allgemeinen und das einzelner Parks im speziellen zu definieren.

In dieser Hinsicht stimme ich voll und ganz mit den Forderungen von WAGNER et al. überein:

> „If then, a policy emerges (...) that park management should preserve healthy ecosystems that are as nearly as possible like those of pre-Columbian times, what are the specific characteristics of such systems that management can emulate? Is it possible to compile a firm list of quantitative system parameters that managers can strive to attain? Or are these, as the critics claim, unknowable and therefore unattainable?" (WAGNER et al. 1995, p. 173)

Die Definition des Ökosystems

Ein Problem dabei ist, daß viele Definitionen von „Ökosystem" nicht explizit sind, oder zumindest nicht in einer zufriedenstellenden Weise. Auch in der Yellowstone-Diskussion gilt, daß, wenn explizite Definitionen überhaupt gegeben werden, diese meist von der folgenden Art sind:

> „*Ecosystem* - Living organisms (biotic) together with their nonliving environment (abiotic) forming an interactive system inhabiting a defined area of interest. There is no obvious boundary to separate an individual ecosystem from its surroundings. Scientists have used the term to refer to systems as small as an individual pond, and as large as the planet." (GYCC 1990, p. G.2)

Das kommt dem sehr nahe, was ich in Kapitel 2.4 als die Minimal-Definition eines Ökosystems charakterisiert habe. Obwohl Definitionen dieser Art es zumindest erlauben, bis zu einem gewissen Punkt zu sagen, was *nicht* in der Wahrnehmung des Ökosystems impliziert ist (z.B. die Anforderung, daß das Ökosystem sich in einem Gleichgewichtszustand befinde), sind sie zu vage, um darauf aufbauend abzuschätzen, wann ein Ökosystem noch „intakt" ist oder wann es zerstört ist. So ist es auch hier nötig, eine interpretierende, hermeneutische Methode bei der Analyse von Aussagen über das Ökosystemmanagement anzuwenden, um zu genaueren Informationen zu kommen.

Im folgenden analysiere ich die Auffassungen sowohl der Befürworter als auch der Gegner der gegenwärtigen Managementpolitik im Yellowstone-Nationalpark in Hinblick darauf, was für die verschiedenen Seiten ein „intaktes Ökosystem" darstellt. Dazu greife ich wieder auf das in Kapitel 5.1 als SIC-Schema eingeführte graphische Modell zurück.

Interne Relationen

Für die meisten Kritiker und auch für viele der Naturschutzgruppen, welche die gegenwärtige Managementpolitik befürworten, ist ein intaktes Ökosystem ein System, das hochintegriert ist, und welches sich in einer Art von (meist nicht näher bestimmten) Gleichgewicht befindet oder darauf zuläuft, entweder von „Natur" aus oder durch aktives Management gelenkt. Aber sogar einer der heftigsten Kritiker des Ökosystemmanagements und der Politik der „natürlichen Regulierung" in Yellowstone, Alston CHASE, der zunächst versucht, den Ökosystembegriff und den des ökologischen Gleichgewichts als unwissenschaftliche Begriffe ad absurdum zu führen, kommt zum Schluß seines Buches zu der Aussage:

> „The eviction of the Indians, elimination of predators, introduction of exotic species of plants and animals, and a century of fire control have thrown even the 'wildest' parks into ecological disequilibrium.
>
> And once an ecosystem has been truncated and thrown out of balance, it no longer has the capacity to cure itself. Like a seriously ill person whose vital organs are no longer functioning, these places, if left alone, will die." (CHASE 1987, p. 382)

Andere, wie WAGNER et al. (1995) bleiben eher vage in Hinblick auf diese Fragen. Hinweise darauf, daß ein gesundes Ökosystem durch Gleichgewicht gekennzeichnet sei, finden sich nur in Sätzen wie:

> „The reasoning voiced repeatedly by Brussard and other authors who similarly urge intervention is that park ecosystems are not self-contained and intact and hence cannot continue functioning as healthy or intact systems, or in some reasonable semblance of pre-Columbian form." (WAGNER et al. 1995, p. 169)

Andere Kritiker, wie Charles KAY betrachten – in Übereinstimmung mit vielen Theoretikern der Ökologie – ein ökologisches Gleichgewicht als Mythos und Veränderungen als „the only ecosystem constants" (KAY 1995, p. 107). Sie argumentieren aber dennoch für eine Wiederherstellung eines ökologischen Systems in einem bestimmten konstanten Zustand, nämlich als den Zustand des „ursprünglichen" Ökosystems des Yellowstone-Nationalparks, welcher allerdings die gestaltenden Aktivitäten der Indianer einschließt. KAY beschuldigt die Manager von Yellowstone, „Garden-of-Eden assumptions" (KAY 1995, a.a.O.) von Ökosystemen anzuhängen, wie beispielsweise dem eines natürlichen Gleichgewichtes von Ökosystemen. Es scheint jedoch, daß sogar für ihn „normalerweise", d.h. unter Einschluß der Ureinwohner, das Ökosystem im Gleichgewicht war, und nur in diesem Zustand ein „intaktes" Ökosystem ist.

Ein genauerer Blick auf die Dokumente des National Park Service und der Yellowstone-Manager (s.o.) zeigt, daß sich die Ansichten über diesen Punkt über die Zeit veränderten. Wie bereits dargelegt waren die Schriften in den späten 1960er und frühen 1970er Jahren von der Annahme von Ökosystemen als Gleichgewichtssysteme durchdrungen, während schon Ende der 1970er Jahre die Hinweise darauf verschwinden. Schon 1982 sprach HOUSTON von multiplen stabilen Zuständen von Populationen statt von einem einzigen Gleichgewichtszustand und die beiden Bücher, die in den letzten 15 Jahren von Yellowstones Park-Biologen über die Northern Range veröffentlicht wurden – „Wildlife in transition" (DESPAIN et al. 1986) und „Yellowstone's northern range: complexity and change in a wildland ecosystem" (YELLOWSTONE NATIONAL PARK 1997) – zeigen bereits in ihren Titeln diese neue Betonung von Nicht-Gleichgewichtssystemen. In „Wildlife in transition" kommentieren DESPAIN et al.:

> „Changes in weather, natural invasions of the range by new species of plants that may be favored by one animal or may harm another, appearance of a disease or parasite that only affects one species of animal, and many other factors all work to keep things in flux. The term 'natural balance' is often a misnomer for 'natural variation.' A natural system as large and complex as the northern range (...) is hardly going to be the same year after year, much less decade after decade. (...)" (DESPAIN et al. 1986, p. 15f.)

Das allgemeine Gleichgewicht von Ökosystemen verlor also seine Wichtigkeit für die Yellowstone-Biologen.

Ein großes Problem der ganzen Debatte über den Gleichgewichts- oder Nicht-Gleichgewichts-Status von Ökosystemen ist, daß diesbezügliche Entscheidungen davon abhängen, *was* eigentlich im Gleichgewicht ist, und was mit Gleichgewicht genau gemeint ist. Beispielsweise mag in den meisten Systemen eine Variable über die Zeit konstant bleiben (was eine der häufigsten Bedeutungen von Gleichgewicht ist), obwohl Veränderungen im System ablaufen, während andere Variablen nicht konstant bleiben. So kann etwa die Primärproduktion oder das Verhältnis von Primärproduktion, Konsumption und Dekomposition konstant sein, während die beteiligten Arten vollständig ausgetauscht werden. Sogar im Fall einer Konstanz der Artenzusammensetzung und der Verhältnisse zwischen den Abundanzen der Arten können sich die Abundanzen selbst zur gleichen Zeit stark verändern (s. z.B. JAX 1990). Es scheint, daß einige dieser Unterschiede an den Unstimmigkeiten über die Intaktheit von Yellowstones Northern Range teilhaben, wie noch gezeigt werden soll.

Zusammenfassend gilt also, daß der National Park Service und die Manager von Yellowstone nicht eine Integriertheit von der Höhe fordern, wie ihre Kritiker oder die Naturschutzgruppen, die sich für Yellowstone einsetzen. Alle Parteien wünschen sich irgendeine Konstanz des Systems, aber sie unterscheiden sich darin, welcher Grad an internen Relationen dafür als notwendig erachtet wird, und welche Variablen konstant bleiben müssen.

Komponentenauflösung und ausgewählte Phänomene

Eine der Kritiken an dem Konzept des Ökosystemmanagements in Yellowstone (und anderen Nationalparken) besteht in dem Vorwurf, seine Anwendung schließe die Erhaltung einzelner

6.2 Fallstudie: Ökosystemmanagement im Yellowstone-Nationalpark

Arten aus und fixiere sich nur auf Prozesse anstatt auf spezifische Objekte, z.B. Arten. So argumentieren WAGNER et al.:

> „It is our impression that a further rationale for this concept [of conserving processes] is to account for some of the consequences of natural-regulation management. A result of the burgeoning ungulate populations could be, and in some cases has been, the suppression and even elimination of both plant and animal species. If management is focused on processes rather than entities, there need be no concern for significant changes in the states of the systems, including loss of species from our park ecosystems." (WAGNER et al. 1995, p. 150)

und ähnlich CHASE:

> „Underlying the commitment to ecosystems management, therefore, lay a fundamental shift in what was believed to be the purpose of the parks. Indeed, however reasonable, to speak of preserving an ecosystem was not just a new, more scientific way of expressing the original purpose of the parks. Rather, these biologists had quietly redefined the mission of the Park Service. They were giving a blank check to nature. And how would nature spend it? Where they, in turning over the future of wildlife in Yellowstone to the 'natural ecosystem,' implicitly deciding what animals – or even species – would live or die?" (CHASE 1987, p. 41)

Die Definition des Ökosystems, auf die hier angespielt wird, ist innerhalb der Ökosystem-Ökologie, besonders unter Systemtheoretikern, verbreitet, nämlich Ökosysteme als lediglich durch Prozesse (Interaktionen), d.h. Energie- und Stoffflüsse, konstituiert zu betrachten. Die verschiedenen Individuen sind dann in funktional definierte Komponenten aggregiert und werden – als einzelne Arten – praktisch unsichtbar. Die Frage ist, ob diese Auffassung von Ökosystemmanagement tatsächlich vom National Park Service und den Managern von Yellowstone vertreten wird.

Wie ich oben gezeigt habe, lassen die Aussagen dieser Institutionen, besonders die des National Park Service, einigen Raum für eine Interpretation im Sinne dieser Behauptung. Besonders die Managementrichtlinien von 1978 sind stark auf die Erhaltung von Prozessen und „Ganzheiten" fokussiert – in Kontrastierung zur Erhaltung einzelner Arten. Die Perspektive auf die speziellen (einheimischen) Arten ging jedoch nie verloren und wurde sogar in der 1988er Ausgabe der Managementrichtlinien wieder verstärkt betont, während die Bedeutung des Ganzen zugunsten der Teile zurückgenommen wurde. Die Aussagen und Veröffentlichungen der Biologen und Manager von Yellowstone stehen im Einklang damit. DESPAIN et al. schrieben in ihrem Buch über die Northern Range:

> „One such concern is that if managers do not keep control of an ecosystem, one species of animal may outcompete others and cause the elimination of other animals or even plants. (...) Considering that the elk, bison, deer, sheep, and pronghorn managed to coexist here for many years before European man arrived, this concern seems unjustified. Indeed considering the differences in the habits of those animals, complete elimination of any species is unlikely. Each species has its own ecological 'niche' to which it has become adapted. The size of each niche may vary over the years – changes in climate could significantly alter a niche – but none of them is likely to disappear completely." (DESPAIN et al. 1986, p. 17)

Das Anliegen im Management des Yellowstone-Ökosystems betraf also nicht nur die Erhaltung von Prozessen wie die Primärproduktion, den Stickstoffzyklus oder Feuer, sondern bezog sich darauf, *alle Teile* zu erhalten. Dies ist die Interpretation, welche die Manager des Yellowstone-Nationalparks den Forderungen des Gesetzes geben, den Park „unimpaired for future generations" zu erhalten (John VARLEY, mündliche Mitteilung, 30.7.1998). Ein weiterer Beleg für diese Behauptung ist die starke Betonung der Bedeutung des Einheimischen der Arten innerhalb des Parkmanagements. Das läßt sich an der Tatsache illustrieren, daß der Park-Service mit großer Erleichterung zur Kenntnis nahm, daß der Krankheitserreger, der Brucellose bei Bisons erzeugt, eine nicht-einheimische Art ist und deshalb nicht gegen die zornigen Farmer von Montana verteidigt werden muß, die befürchten, daß die Krankheit durch Bisons, die den Park verlassen, auf ihr Vieh übertragen werden kann (VARLEY, mündliche Mitteilung, 30.7.1998).[20] Würde das Park-Ökosystem auf einer allgemeineren Ebene nur auf Prozesse und nach funktionalen Kriterien aggregierte Komponenten bezogen, dann würde nicht mehr zwischen einheimischen und fremden Arten unterschieden, solange sie nur dieselbe „Rolle" im Ökosystem ausüben würden.

Aber auch wenn man sich einig darüber wäre, daß das Ökosystemmanagement in Yellowstone (auch) auf bestimmte (einheimische) Arten und nicht nur auf Prozesse ausgerichtet ist, gäbe es noch beträchtliche Differenzen in der Wahrnehmung des Ökosystems durch Kritiker und Befürworter der gegenwärtigen Managementpolitik in Yellowstone.

Für die Manager des Parks ist die Intaktheit verwirklicht, wenn alle Arten, die bei der Gründung des Parks 1872 vorhanden waren, erhalten bleiben. Im Gegensatz dazu nehmen viele Kritiker des Parks das Ökosystem und die Indikatoren seiner Intaktheit auf einer noch feineren Auflösungsebene wahr. Für sie gehört nicht nur die Existenz aller Arten der präkolumbianischen Zeiten dazu, sondern auch deren Erhaltung an ihren spezifischen Orten und in den ungefähren Zahlen ihres damaligen Vorkommens:

> Preserving the species of an ecosystem, and *in the approximate densities of what contemporary ecology considers to be reasonably intact ecosystems,* is tantamount to process management. It is also conceptually and operationally more workable for park management." (WAGNER et al. 1995, p. 152, meine Hervorhebung).

Diese Form der Argumentation zielt darauf, bestimmte Zustände des Ökosystems in Form eindeutiger Zahlen für einzelne Arten zu fixieren, wie dies z.B., bis vor kurzem, im Management des Krüger-Nationalparks in Süd-Afrika geschah[21]. Dies manifestiert sich in den Argumenten betreffs der Frage der Überweidung der Northern Range. Veränderungen in den Abundanzen und der Vitalität von Espen und Weiden auf der Northern Range werden als Beleg für die „Verschlechterung" des Gebiets und eines Verlusts der Intaktheit des Ökosystems gesehen. Dabei wird u.a. der Vergleich von historischen und aktuellen Photographien benutzt. Der Bezugspunkt ist erneut der historische Zustand des Parks wie er im Jahre 1872 war. Interessanterweise benutzen beide Parteien in dieser Kontoverse den Vergleich alter und neuer Photos zur Unterstützung ihrer Argumente (HUSTON 1982, KAY 1990, MEAGHER & HOUSTON 1998, KAY 1997b).

Wir können nun die Definitionen des National Park Service, seiner Kritiker und deren Auffassungen davon, was die Ökosystem-Definition des National Park Service sei, zusammenfassen. Dabei nutze ich das oben eingeführte Schema (Abb. 6.1). In den Augen der Kritiker zielt die Politik des National Park Service in Yellowstone auf ein System (A), welches durch eine niedrige Komponentenauflösung (einzelne Arten von geringerer Bedeutung), eine mittlere Anzahl ausgewählter Phänomene (vor allem Interaktionen) und hohe interne Relationen charakterisiert ist. Dies akzeptieren die Kritiker jedoch nicht als Beschreibung eines intakten Ökosystems. Sie favorisieren vielmehr die Definition (B), nach der ein intaktes Ökosystem durch eine sehr hohe Komponentenauflösung, eine relativ hohe Zahl von ausgewählten Phänomenen (alle Objekte die ursprünglich vorhanden waren, aber spezifische Prozesse von geringerer Bedeutung) und hohe interne Relationen charakterisiert ist. Tatsächlich geht nach meiner Analyse die

---

20 Brucellose führt bei Hausrindern zu Fehlgeburten, während sie bei Bisons harmlos ist.
21 Dies klingt allerdings auch in den oben zitierten Aussagen des National Park Service an und so kann es sein, daß die Politik des Yellowstone-Nationalparks in diesem Punkt tatsächlich, wie es WAGNER et al. (1995) als allgemeiner gehaltenen Vorwurf formulieren, von den allgemeinen Richtlinien abweicht.

6.2 Fallstudie: Ökosystemmanagement im Yellowstone-Nationalpark

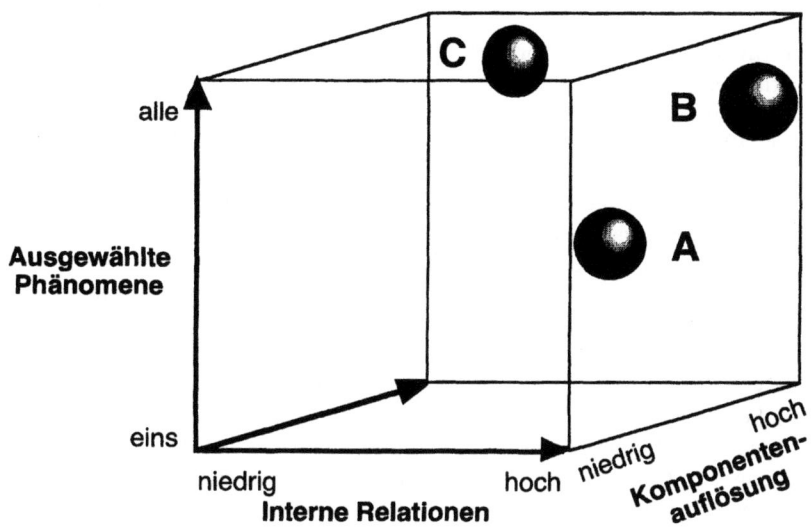

Abb. 6.1 Unterschiedliche Wahrnehmungen des Ökosystems in der Debatte um Yellowstones Northern Range. Siehe Text.

gegenwärtige Strategie des National Park Service von einer Definition (C) aus, in welcher das Ökosystem, um intakt zu sein, hoch aufgelöst sein muß (Artebene), aber nicht so hoch wie bei (B). Die ausgewählten Variablen sind sehr viele, weil alle Objekte und Prozesse einbezogen sind, während die Definition einen niedrigeren Grad interner Relationen erfordert als (A) und (B).

Maßstab und absolute Größe

Bei der Frage nach der Intaktheit des Yellowstone-Ökosystems bzw. des Ökosystems der Northern Range gibt es noch ein anderes, offenbar vernachlässigtes Problem, und zwar die Frage nach der Größe des Ökosystems. Dies wurde oben schon im Zusammenhang mit den Grenzen des Greater Yellowstone Ecosystem diskutiert, aber es gibt noch einen anderen Aspekt, den ich abschließend noch behandeln will. Diese Frage bezieht sich auf die kleineren Einheiten innerhalb des Parks. Sollte man den ganzen Park (oder sogar das komplette Greater Yellowstone Ecosystem) als *ein* Ökosystem auffassen, oder gibt es viele Ökosysteme im Park? Ist die Northern Range ein eigenes Ökosystem? Und wenn es mehr als ein Ökosystem im Yellowstone-Nationalpark gibt, wie viele sind dann dort vorhanden und wie sind sie abzugrenzen?

Aus einer relativistischen Perspektive könnte diese Frage zunächst irrelevant erscheinen. Angesichts der Vielzahl möglicher Definitionen, läßt sich eine unendliche Zahl verschiedener Ökosysteme in jedem Gebiet beschreiben. Besonders mit einer sehr allgemeinen Definition, wie der oben aus dem „Vision"-Dokument zitierten, lautet das Ergebnis, das Ökosystem sei „as small as an individual pond, and as large as the planet" (GYCC 1990, p. G.2), und man kann sich daher auch ein Schachtelung verschieden großer Ökosysteme vorstellen. Für Fragen des Managements und speziell über die „Intaktheit" des Ökosystems muß jedoch der räumliche Bezug explizit und eindeutig werden.

In vielen Diskussionen über die Northern Range bleibt unklar, ob diese ein eigenes „Ökosystem" innerhalb des Greater Yellowstone-Gebiets oder nur Teil eines größeren Ökosystems ist. Es ist recht verbreitet, die Northern Range als ein (eigenes) Ökosystem zu bezeichnen (so DESPAIN et al. 1986, BARNOSKY 1994, YELLOWSTONE NATIONAL PARK 1997). Wenn das Ökosystem über das Vorhandensein der speziellen Arten definiert ist, kann von seiner Zerstörung oder seinem Übergang in ein anderes Ökosystem immer dann geredet werden, wenn Arten auf der Northern Range aussterben (siehe BARNOSKY 1994). Wenn andererseits die Northern Range nur als Teil eines größeren Ökosystems aufgefaßt wird, kann dies als ein lokales Phänomen im Kontext einer *patch-dynamics* angesehen werden, das die „Intaktheit" des ganzen Ökosystems solange nicht beeinträchtigen wird, solange die Art noch in diesem Ökosystem vorhanden ist. Die gleiche Argumentation läßt sich in Bezug auf andere ausgewählte Phänomene anstelle von Arten machen. Dies berührt wieder die unterschiedlichen Perspektiven des National Park Service und seiner Kritiker, wie sie oben beschrieben wurden. Man kann sagen, daß beide Aspekte von Maßstäben (Kap. 5.3) mitbestimmt werden. In Hinblick auf die räumliche Anordnung der Erscheinungen auf der Northern Range geht es um unterschiedliche räumliche Körnungen (*grain sensu* WIENS 1989), während es bei der Frage der absoluten Größe des Ökosystems um den Aspekt der Ausdehnung (*extent*) geht.

Fazit

Sowohl die Manager des Yellowstone-Nationalparks als auch ihre Kritiker bleiben letztendlich zu vage in ihren Definitionen des Ökosystembegriffs, um eine Abschätzung der „Intaktheit" des Yellowstone-Ökosystems oder des Ökosystems der Northern Range mit Hilfe empirischer Daten zu erlauben. WAGNER et al. (1995) fordern zu Recht die präzise Formulierung von Zielen für das Management von Nationalparken und der Variablen, die ausdrücken, was unter einem „gesunden" Ökosystem (das sie mit dem prä-kolumbianischen Ökosystem gleichsetzen; s.o.) zu verstehen sei. Die eigene Antwort der Autoren ist jedoch nicht sehr ermutigend als Leitlinie auf dem Weg zu einer intersubjektiven Definition der Eigenschaften eines „intakten" Ökosystems und hinterläßt eher den Eindruck von Intuition und Erfahrung als von einer Festlegung intersubjektiv nachvollziehbarer Kriterien:

> „Judging when the desirable state has been reached is purely a judgment call and can only be made by persons with intimate knowledge of ecosystem structure in the areas involved. The knowledge will come from long-standing personal research on the vegetation, which will include understanding the sensitivity of different plant species to grazing or browsing, or familiarity with the findings of others who have developed that understanding. It will come from exhaustive review of historical sources and photographic archives. And it will come from familiarity with vegetation in relatively undisturbed areas. Given this knowledge and that of current ecological theory and literature, it should be possible for park management to achieve and preserve intact ecosystems that bear some semblance of presettlement conditions." (WAGNER et al. 1995, p. 174)

Die von den Managern des Yellowstone-Nationalparks gegebene Antwort ist einfacher und klarer, aber noch nicht von der Genauigkeit, die für die gegebene Fragestellung nötig wäre. Ihr Ziel, so wie ich es verstehe, ist es, „alle" Arten und Prozesse im Park mit einem Minimum an menschlichem Eingreifen zu erhalten, ohne daß das Management auf bestimmte fixierte Individuenzahlen, Mengenverhältnisse oder räumliche Relationen ausgerichtet wäre. Dies ist eine sehr konkrete Definition des Yellowstone-Ökosystems als ein räumlich begrenzter Raum mit allen Elementen und Interaktionen, die darin vorkommen, ohne zugleich einen „Gleichgewichtszustand" zu unterstellen. Angesichts der Tatsache, daß viele Prozesse und besonders Aktivitätsradien der Pflanzen- und Tierpopulationen innerhalb des Parks sich über die Parkgrenzen hinweg ausdehnen, ist das Greater Yellowstone Ecosystem jenes Gebiet, das mit einiger Wahrscheinlichkeit das langfristige Überleben aller Arten im Yellowstone-(Park-)Ökosystem erlaubt, ohne daß menschliche Eingriffe *im Park* erforderlich sind. Das Greater Yellowstone Ecosystem wird insofern als die relevante Managementeinheit des Nationalparks vorausgesetzt. Dieses Gebiet ist nicht nur groß genug, um saisonale Wanderungen der Tierpopulationen des Yellowstone-Parks zu erlauben, sondern auch großräumige Störungen, wie die Feuer von 1988, unter Erhaltung ausreichender Potentiale für die Wiederbesiedlung gestörter Flächen.

Es gibt jedoch unbewiesene Prämissen und einige ungelöste Probleme im gegenwärtigen Managementkonzept des Yellowstone-Nationalparks. Es ist eine Annahme, basierend auf einer Menge an ökologischem und historischen Wissen, aber in keiner Weise sicher, daß die „natürlichen" Veränderungen, welche sich im Gebiet ereignen, dennoch das Fortbestehen aller Arten des Yellowstone-Parks erlauben. Das Zulassen ungelenkter („natürlicher") Dynamik, wie es gegenwärtig in hohem Ausmaß geschieht, kann aber tatsächlich zum Verlust der einen oder anderen Art führen. Das Park-Management räumt diese Möglichkeit ein und würde sie zulassen, falls das Aussterben aufgrund *natürlicher* Prozesse stattfindet (VARLEY, mündliche Mitteilung, 26.8.1998). Dies wirft mehrere Fragen auf: was ist „natürlich"? Wo ist der Interventionspunkt für Yellowstone? Wie viele Arten dürfen aussterben, ohne die „Intaktheit" des Ökosystem zu gefährden, wenn dieses über die speziellen Arten und das Beziehungsgefüge, in dem sie eingebunden sind, definiert ist? An welchem Punkt müßte das „experimentelle Management" der Northern Range als gescheitert betrachtet werden? Ist Klimaveränderung ein natürlicher oder ein „künstlicher" Prozeß? Wie sollte der Park-Service jeweils darauf reagieren?

Wie ich oben gezeigt habe, ist die Frage, was ein intaktes Ökosystem sei, von vielen verschiedenen Kriterien abhängig, welche diverse Werturteile beinhalten. Es wäre besser Worte wie „intakt" oder „gesund" im Zusammenhang mit Ökosystemen und anderen ökologischen Einheiten ganz zu vermeiden. Diese Worte tragen starke evaluative Konnotationen aus ihrer Verwendung in Technologie und Medizin mit sich und implizieren einen allgemeinen „normalen" Zustand der Natur oder von „natürlichen Ökosystemen". Es wäre angemessener, lediglich von dem Referenzzustand eines Ökosystems zu reden. Es gibt keine Möglichkeit, auf einer rein naturwissenschaftlichen Basis zu bestimmen, was ein „intaktes" Ökosystem ist. Je nachdem ob das Hauptziel des Ökosystemmanagements in der Erhaltung von „Ökosystem-Leistungen" wie Primärproduktion oder in der Erhaltung spezieller Arten oder der Erhaltung der Biodiversität in Form möglichst hoher Artenzahlen oder im Schutz natürlicher Prozesse als einer „Ressource" für menschliche Erfahrungsdimensionen bestehen soll, werden sich die jeweils resultierenden Vorstellungen von einem „intakten Ökosystem" beträchtlich unterscheiden. Zwar werden diese Ziele gesellschaftlich bestimmt, das heißt aber nicht, daß die Naturwissenschaften keine Bedeutung für diese Fragen hätten. Die Aufgabe der Naturwissenschaften besteht darin, die Wege darzulegen, auf denen diese Ziele erreicht werden können, jedoch erst *nachdem* die Ziele selbst geklärt sind. Die im Fall von Yellowstone und generell im Naturschutzmanagement involvierten moralischen Werte existieren nicht als Privatsache der Wissenschaftler, Manager und anderer beteiligter Personen, sondern sind, sofern sie die Naturschutzziele mitbestimmen, Teil und Resultat einer gesellschaftspolitischen Auseinandersetzung, einer Wertfindungsdiskussion. Auch wenn man kaum explizite Äußerungen zu moralischen Werturteilen und Zielbestimmungen in offiziellen Texten zum Management des Yellowstone-Nationalparks findet, sind moralische Werturteile dort wie auch in Gesetzen und Richtlinien implizit enthalten. Da aber Gesetze und Richtlinien keine konsistente Naturschutzethik beinhalten, sondern Kompromißpapiere darstellen, die die heterogenen Ansprüche und Wertkonflikte einer Gesellschaft spiegeln, ist es für den Naturschutz als einer gesellschaftspolitischen Kraft neben anderen unverzichtbar, die eigenen politischen und moralischen Wert- und Zielkonflikte zu klären, sowohl für die eigene Ziel- und Schutzbestimmung als auch um der Stärkung der eigenen Rolle im gesellschaftspolitischen Konzert willen. Dies wurde schon im Zusammenhang mit den verschiedenen Zielen des Nationalparkmanagements erwähnt.

Im Falle von Yellowstone scheint mir der gegenwärtig von den Wissenschaftlern und Managern des Yellowstone-Parks favorisierte Ansatz eine vernünftige Strategie zu sein, wenn man die Ziele und Werte, wie sie in den Richtlinien des National Park Service dargelegt sind (siehe auch WAGNER et al. 1995 zu diesem Thema), sowie die gegenwärtigen naturwissenschaftlichen Kenntnisse und technisch begrenzten Handlungsmöglichkeiten zugrunde legt. Trotz der oben genannten Probleme gibt es mehrere gute Gründe dafür. Auf der technischen Seite bringt eine Fokussierung auf die Erhaltung von detailliert festgelegten Individuenzahlen und Landschaftsbildern (im Sinne einer bestimmten Vegetationsdichte und -Anordnung, wie sie letztlich von WAGNER oder KAY gefordert wird), enorme praktische Probleme mit sich, denn sie erfordert einen hohen Grad an Wissen, besonders über die historischen, präkolumbianischen Zustände des Gebiets des heutigen Yellowstone-Nationalparks, und außerdem ein hohes Ausmaß an aktivem Management. Wichtiger aber ist, daß die verschiedenen Ziele, die durch den gesetzgeberischen Rahmen und die Richtlinien des National Park Service vorgegeben sind – obwohl sie immer noch in einem Spannungsverhältnis zueinander stehen mögen –, mit dem gegenwärtig in Yellowstone praktizierten Ansatz leichter miteinander in Einklang gebracht werden können, als mit dem von den Kritikern favorisierten. Dies betrifft vor allem das Ziel, daß es möglich sein soll, die Erfahrung natürlicher Prozesse zu machen, die *mit einem Minimum an menschlichem Einfluß* ablaufen, und jenes, einen Eindruck des Gebiets von der Zeit vor der Besiedlung Amerikas durch die Europäer zu bewahren.

In jedem Falle werden die Diskussionen über Yellowstone und seine Northern Range von einer Klärung der Begriffe „Natürlichkeit" und „Ökosystem" profitieren. Obwohl es schwierig ist, scharfe Definitionen dieser Begriffe zu geben, ist es möglich, größere Klarheit sowie eine Trennung von Werten, politischen Randbedingungen, Daten und theoretischen Positionen zu erreichen, wodurch es wiederum möglich wird, all diese Aspekte in der ihnen jeweils gemäßen Weise zu diskutieren, ohne sie zu vermischen. Besonders die Frage, was eine wesentliche Veränderung des Ökosystems im Gegensatz zu einer vernachlässigbaren darstellt (s. Kap. 5.2), sollte klar gemacht werden.

7 Fazit und Ausblick

7.1 Fazit der Studie

In dieser Studie wurde zunächst dargestellt, auf welch unterschiedliche Weise ökologische Einheiten in der Ökologie definiert werden. Die grundlegenden Unterschiede in den verschiedenen Ansätzen wurden herausgearbeitet (Kap. 3) und die Grundlagen wissenschaftlichen Definierens ökologischer Einheiten diskutiert (Kap. 4). Das Fazit aus dieser Analyse ist, daß es in der Ökologie weder eine einheitliche Definition der verschiedenen Grundeinheiten gibt, noch geben kann, zumindest, wenn damit der Anspruch verbunden ist, daß solche Begriffe die Basis für eine starke, „universell" anwendbare prognostische Theorie darstellen sollen.

Dennoch ist es nötig, Begriffe für die grundlegenden Einheiten ökologischer Forschung zu haben und über sie in einer eindeutigen und klaren Weise reden zu können. Erst recht gilt dies für die *Anwendung* solcher Begriffe wie „Ökosystem" und „community", wie in Kapitel 5.2 und 6 aufgezeigt. Kapitel 5 stellte deshalb in Form des dort entwickelten SIC-Schemas einen Ansatz dar, mit Hilfe dessen eine solche Eindeutigkeit und Klarheit der jeweils verwendeten Definitionen gefördert werden kann. Das Schema dient in erster Linie der wissenschaftlichen Kommunikation und begrifflichen Klarheit und nicht der Beantwortung der Frage, wie ökologische Einheiten nun „wirklich" sind. Solche Definitionen sind immer fragestellungsbezogen und nicht jede in dem Schema mögliche Definition hat einen weiten Anwendungsbereich (vgl. Kap. 5.4.). Allein schon dadurch, daß Definitionen immer auf konkrete Fragestellungen bezogen sind und sich daran „bewähren" müssen, entgehen sie dem Vorwurf der Beliebigkeit. Wie in Kapitel 4 erörtert, ist der Vorgang der Begriffsbildung und -ausdeutung ein ständiges Wechselspiel zwischen einer Konstruktion des Beobachters und der – nie vollständig erfaßbaren – „Realität".

Bevor ich nach dem Forschungsbedarf im Zusammenhang mit dem hier behandelten Begriffsfeld frage und einen forschungsstrukturierenden Ansatz in Form eines Ausblicks vorstelle, will ich noch einmal die wichtigsten aus dieser Studie resultierenden Einsichten zusammenfassen, die dazu verhelfen, grundlegende Probleme der gegenwärtigen Praxis der Ökologie und ihrer Anwendung zu vermeiden.

- Eine Klärung von Begriffen innerhalb der Ökologie ist kein „Streit um Worte", sondern verhindert folgenschwere Mißverständnisse.

- Daher sind die Wörter, mit denen ökologische Einheiten beschrieben werden, in ihrer Bedeutung explizit zu machen.

- In Definitionen müssen Definitionskriterien von Sachbeschreibungen, im Sinne von Eigenschaften der vorher definierten Einheiten, welche *empirisch* mit den Definitionskriterien korreliert sind, unterschieden werden (Kap. 4.3). Dies verhindert unzulässige Annahmen über konkrete ökologische Einheiten, die im Anwendungsbereich zu problematischen bzw. den intendierten Zielen konträr laufenden Handlungen führen können.

- Die erkenntnistheoretische Position eines sogenannten „naiven Realismus" geht davon aus, daß es ökologische Einheiten als solche in der Natur unabhängig vom Beobachter „gibt" und man sie daher nicht definieren, sondern nur identifizieren muß (s. Kap. 3.5 und 4.1), oder wenn definieren, dann nur in Form einer klassischen Realdefinition (Kap. 4.1). Die Schwierigkeiten, die sich aus einer solchen erkenntnistheoretischen Position ergeben, wurden an verschiedenen Stellen des Textes dargelegt (vor allem Kap. 3.5, 4.2 und 4.3).

- Die Beachtung der bisher genannten Punkte verhindert eine Verschleierung des möglichen Spektrums an Definitionen und ermöglicht eine intersubjektive Formulierung von Begriffen ökologischer Einheiten, die den jeweiligen Fragestellungen angemessen sind und weder zu eng noch zu weit sind oder gar inhärente Widersprüche enthalten.

- Schließlich verhilft die genaue Definition einer ökologischen Einheit dazu, persönliche und gesellschaftliche Werte besser von der innerwissenschaftlichen Beschreibung zu trennen und unfruchtbare Auseinandersetzungen zu verhindern (Kap. 6). Das (oft unbewußte) Verstecken von Werten in naturwissenschaftlichen Fachbegriffen kann auch dazu führen, daß die Konflikte selbst unsichtbar werden, wo es gerade darauf ankäme, sie deutlich sichtbar und damit verhandelbar zu machen.

7.2 Ausblick: Das ökologische Universum und die Ordnung der Natur

Die in Kapitel 5.4 angesprochene Aufgabe, die Vielfalt der möglichen Definitionen von ökologischen Einheiten systematisch in überschaubare – an ihren Rändern notwendig unscharfe – Gruppen einzuteilen, ist letztlich noch zu leisten, nachdem frühere Unternehmungen dieser Art offensichtlich nur zu einer großen Vermehrung des ökologischen Wortschatzes geführt haben, nicht aber zur Bildung der Grundlage einer übergreifenden Theorie. Der Sinn einer solchen Unterteilung ist es, Gruppen von ähnlichen Definitionen zusammenzufassen, aufgrund derer über die damit konstituierten Objekte möglichst aussagekräftige Theorien für die Ökologie und ihre Anwendungsgebiete entwickelt werden können, bzw. die bisherige Pluralität der Theorien (MCINTOSH 1987) reduziert werden kann. Die altbekannte Schwierigkeit eines solchen Unternehmens besteht darin, auf der einen Seite nicht einer Beliebigkeit in der Weise zu verfallen, daß man es bei den „Minimaldefinitionen" von ökologischen Einheiten als den kleinsten gemeinsamen Nennern beläßt und ansonsten jede ökologische Einheit als ein Unikat betrachtet – dann wären Verallgemeinerungen kaum möglich. Auf der anderen Seite lauert die Gefahr, in einer Unmenge von theoretisch unfruchtbaren neuen (oder alten) Begriffen zu ersticken.

Ob somit der gelegentlich geäußerte Wunsch nach einer „großen vereinheitlichenden Theorie" der Ökologie obsolet wird bzw. unerfüllbar bleibt, wage ich nicht zu beantworten. Diese Diskussion ist in neuerer Zeit vor allem über die Systemtheorie und darin speziell die Hierarchietheorie wieder aufgegriffen worden (ALLEN & STARR 1982, ODUM 1983, O'NEILL et al. 1986, ALLEN & HOEKSTRA 1992, JØRGENSEN 1992, WIEGLEB 1996, MÜLLER 1997). Ich möchte zum Schluß dieser Studie versuchen, mit einem etwas anderen Ansatz zu beschreiben, was aus meiner Sicht die Voraussetzungen und Kristallisationspunkte für eine vereinheitlichende Theorie sein könnten und wie – in der Folge der alten und neuen Diskussion über die Strukturierung des ökologischen Gegenstandsbereiches – die systematische Beziehung der verschiedenen ökologischen Einheiten und der mit ihnen verbundenen Perspektiven gedacht werden könnte. Diese vereinheitlichende Systematik kann im Rahmen dieser Arbeit jedoch lediglich die Form eines Ausblicks annehmen.

Der Aufbau des ökologischen Gegenstandsbereichs: Objekte und Perspektiven

Alle Phänomene, die in der Ökologie untersucht werden, gehen entweder von Organismen aus oder wirken auf sie ein. Es liegt somit eigentlich nahe, die gesamte Wissenschaft Ökologie von den einzelnen Organismen her zu verstehen und zu strukturieren. Mein Ansatz baut deshalb auf einer organismenzentrierten Sicht der Ökologie auf. Er hat nicht mehr den Anspruch, unter

7.2 Ausblick: Das ökologische Universum und die Ordnung der Natur

dem diese Studie sonst steht, den gesamten Bereich der tatsächlich vorhandenen Definitionen abzudecken. Als unten weiter zu begründende Setzung gehe ich vom individuellen[1] Organismus als dem verbindenden und integrierenden Element des ökologischen Gegenstandsbereichs und damit auch der ökologischen Einheiten aus. Diese Setzung hat vor allem – wenn auch nicht nur (s.u.) – methodologische Gründe, d.h. ich wähle sie, weil ich dieses Vorgehen für eine aussagekräftige und möglichst viele Phänomene des Gegenstandsbereich integrierende ökologische Theorie als besonders brauchbar ansehe. Ich impliziere damit, gemäß meiner oben (Kap. 2.3 und Kap. 4.1) geäußerten erkenntnistheoretischen Vorentscheidung, nicht, daß Natur so *ist* und *nur so* gesehen werden könnte.

Ich möchte zunächst trennen zwischen den eigentlichen physischen (empirischen) Objekten ökologischer Forschung (wobei ich hier – im Gegensatz zu meinem bisherigen Vorgehen – den individuellen Organismus in die Reihe der betrachteten Objekte mit einbeziehe[2]) und den Perspektiven (Fragestellungen), unter denen man diese Objekte betrachtet (Abb. 7.1).

Akzeptiert man die Sonderstellung des Organismus, so sind ökologische Objekte im Sinne eines organismenzentrierten Ansatzes nur das Individuum, die Population und die Organismengesellschaft im Sinne der o.g. Minimaldefinitionen (Kap. 2.4), d.h. allesamt Objekte, die sich als Einzelorganismus und als Aggregationen von abzählbaren Einzelorganismen verstehen lassen. Sie unterscheiden sich nur dahingehend, ob es sich um einen Einzelorganismus, mehrere Organismen der gleichen Art oder um Organismen verschiedener Typen (Arten, Wuchsformen etc.) handelt. Das Ökosystem als eigenes Objekt entfällt, da von organismischer Seite nichts Neues auf dieser „Ebene" hinzukommt. *De facto* tragen alle drei genannten Objekte ihre „Umwelt" mit sich herum, d.h., es gibt keinen Organismus ohne Umwelt (vgl. BEGON et al. 1996, p. 679). Die genannten Objekte können jedoch unter verschiedenen Perspektiven betrachtet werden. Die Rede vom „Ökosystem" betont die Beziehungen des Organismus (bzw. der Population oder der Organismengesellschaft) zu dieser abiotischen Umwelt, während „Landschaft" (im Sinne der amerikanischen Landscape Ecology, nicht im Sinne der „idiographischen" Landschaftsökologie der zentraleuropäischen Tradition) die topologische Dimension dieser Umwelt betont. „Assoziation" betont *bei der Organismengesellschaft* die klassifikatorische Perspektive und „Biozönose" die interspezifischen biotischen Interaktionen. Es handelt sich also hier aus einer organismenzentrierten Sicht nicht um Einheiten mit neuen, andersartigen Elementen, sondern lediglich um spezielle Perspektiven, unter denen die drei genannten Objekte betrachtet werden, wobei diese Perspektiven auch kombiniert werden können. Die Perspektive des „Ökosystems" und der „Landschaft" sind auch auf den Einzelorganismus und die Population anwendbar, so wenn WIENS & MILNE (1989) eine „Landschaftsökologie aus der Käferperspektive" betreiben, indem sie die Auswirkungen der räumlichen Heterogenität auf die Bewegungsmuster von Insekten untersuchen. Die möglichen Fragestellungen und Perspektiven, die an die jeweiligen Objekte herangetragen werden, erweitern sich vom Individuum über die Population zur Organismengesellschaft.

Die speziellen ökologischen Einheiten werden aus der Kombination von Objekt und Perspektive gebildet. Denn da ich nur die Minimaldefinitionen zugrundelege, bleiben die allein durch die Objekte gegebenen Einheiten zunächst noch sehr unspezifisch. Ihre genaue Definition und feinere Detaillierung erhalten die Einheiten erst aufgrund der speziellen Fragen, die an sie

---

[1] Zur Frage des Individuum-Begriffs bei modularen Organismen siehe unten.
[2] Der individuelle Organismus ist ohnehin Gegenstand der ökologischen Forschung, nämlich in der Autökologie. Er ist (anders als die bisher behandelten ökologischen Einheiten) aber kein charakteristischer Gegenstand speziell *ökologischer* Forschung, da er auch Gegenstand von Physiologie, Morphologie etc. ist.

Objekte		**Perspektiven**
Organismengesellschaft: Individuen verschiedener Typen		**"Ökosystem":** Stoff- und Energiefluß
		"Landschaft": räumliche Anordnung
Individuum		**"Biozönose":** biotische Interaktionen
Population: Individuen einer Art		**"Assoziation":** Klassifikation

Abb. 7.1 Eine organismenzentrierte Strukturierung des ökologischen Gegenstandsbereichs.

herangetragen werden (s.u.). Die genaue Definition kann z.B. mit Hilfe des SIC-Schemas erfolgen. Mir ist klar, daß die von mir hier gebrauchte Terminologie sich von der üblichen Verwendung unterscheidet. Mir geht es hier aber vor allem um eine systematische Gliederung der verschiedenen Einheiten auf der Basis eines organismenzentrierten Ansatzes. Wichtiger als eine Einigung über – in diesem Fall tatsächlich nur – bestimmte Worte, ist, daß im Einzelfall klar ausgedrückt wird, was jeweils gemeint ist.

Weder die Anordnung der grundlegenden Objekte ist in diesem Ansatz neu, noch die Betonung der Sonderstellung des Organismus. Alle Elemente dieser Systematik liegen bereits als zum Teil recht alte Ideen vor (s.u.). Doch das Potential dieses Ansatzes für eine weitgreifende ökologische Theorie ist bei weitem nicht ausgeschöpft.

Gerade die traditionellen Einteilungen der Ökologie gliederten den Gegenstandsbereich und die Theoreme dieser Wissenschaft im allgemeinen danach, ob die Beziehungen einzelner Organismen (oder Arten; s.u.) zu ihren Umweltbedingungen (Ressourcen und Bedingungen *sensu* HARPER) betrachtet wurden: Gegenstand der Autökologie; ob die demographischen Aspekte monospezifischer Organismengruppen (Populationen) und die Wechselwirkung der Population mit ihrer Umwelt untersucht wurden: Gegenstand der Demökologie; oder ob die Interaktionen von Organismengruppen unterschiedlicher Arten untersucht wurden: Gegenstand der Synökologie (vgl. Kap. 3.1). Diesen verschiedenen Gegenstandsbereichen werden traditionell auch spezifische Einheiten zugeordnet: der Autökologie das Individuum, der Demökologie die Population, und der Synökologie die Organismengesellschaft (Biozönose, community). Dieselbe Einteilung nehmen auch BEGON et al. (1990, 1996) in ihrem Lehrbuch vor, in welchem diese Einteilung schon im Untertitel („Individuals, populations and communities") deutlich wird. Wichtig ist zunächst die Feststellung, daß die traditionellen Einheiten der Ökologie allesamt unterschiedlich ausgeprägte Ansammlungen von Einzelorganismen darstellen. Diese Einheiten werden gewöhnlich in einer geschachtelten Hierarchie von „Organisationsebenen" dargestellt. Die hier gewählte Anordnung stellt eine der vielen diskutierten Möglichkeiten für eine solche Hierarchie dar (ausführlich z.B. diskutiert bei MACMAHON et al. 1978, ELDREDGE 1985, COUSINS 1990, WIEGLEB 1996). Wie oben erläutert rede ich hier, um ontologische Konnotationen zu vermeiden, statt von „Organisationsebenen" von „Betrachtungsebenen" (vgl. Kap. 4.5; ALLEN & HOEKSTRA 1992 gebrauchen in ähnlicher Bedeutung das Wort Beobachtungskriterien). In der hier vorgestellten organismenzentrierten Terminologie gibt es so *neben* den drei Betrachtungsebenen Individuum, Population und Organismengesellschaft die Perspektiven „Ökosystem", „Landschaft" etc.

Der individuelle Organismus als Zentrum ökologischer Theorie

Ökologie ist eine biologische Wissenschaft, die eine Vielzahl von sehr unterschiedlichen und in Subdisziplinen behandelten Fragen über die Beziehungen zwischen Organismen und Umwelt stellt. Das gilt auch für Stoff- und Energieflußbetrachtungen, die ohne Organismen als „Akteure" nicht Gegenstand der Ökologie wären. Trotz einer mehr als 100-jährigen Geschichte hat sich die Ökologie damit nicht weit von der Definition HAECKELs (1866) entfernt, wie die demgegenüber nur leicht veränderte und in Hinblick auf diese neueren Fragestellungen erweiterte Definition der Ökologie von LIKENS zeigt, die ich hier noch einmal wiederholen will:

> „Ecology is the scientific study of the processes influencing the distribution and abundance of organisms, the interactions among organisms, and the interaction between organisms and the transformation and flux of energy and matter." (LIKENS 1992, p. 8)

Der dargestellte allgemeine Bezug der Ökologie auf den einzelnen Organismus entspricht indes bekanntermaßen nicht der allgemeinen Praxis der Wissenschaft und erst recht nicht ihrer öffentlichen Wahrnehmung. Spätestens seit dem Aufkommen systemtheoretischer Methoden in den 1940er Jahren wurde versucht, die Ökologie aus dem „Käfig" ihrer Fixierung auf das Lebendige zu befreien und Natur stärker von den großen Ganzheiten her zu verstehen, in denen Lebendiges und Nichtlebendiges gleichrangig zu behandeln sei. Eine wichtige Basis dafür hat sicherlich die Prägung des Ökosystembegriffes durch TANSLEY (1935) gelegt, indem er dabei belebte und unbelebte Natur auf eine Stufe zu stellen versuchte (s. Kap. 3.5). Obwohl bei TANSLEY selbst, auch in späteren Arbeiten, die Organismen absolut im Vordergrund standen und er keine Untersuchungen über Stoff- und Energieflüsse in ökologischen Einheiten durchführte, gab sein Artikel, zusammen mit verschiedenen anderen Ideen (der Biogeochemie und den unterschiedlichen Systemwissenschaften), den Startschuß dazu, ökologische Einheiten als Systeme im Sinne der Physik zu behandeln. Im Extrem wurde die Behandlung ökologischer Systeme damit lediglich zu einem Spezialfall für die Systemwissenschaften, bei denen die Organismen mehr zufällig Teile des Systems waren und teilweise nicht einmal mehr als Organismen kenntlich wurden, weil sie nur noch in hochaggregierten funktionalen Gruppen auftraten (z.B. als „Biokatalysatoren"). So heißt es in der Einführung zu H.T. ODUMs umfangreichem Buch „Systems Ecology":

> „Systems of the environment, sometimes called *ecosystems,* have been much studied by students of systems ecology. Systems ecology is the study of whole ecosystems and includes measurements of overall performance as well as a study of the details of systems design by which the overall behavior is produced from separate parts and mechanisms. (...)
>
> This book introduces ecological systems, while summarizing general principles of all systems, and uses ecosystem examples most frequently to illustrate generalization of systems design and functions." (ODUM 1983, p. ix)

Man würde dennoch ein verzerrtes Bild wiedergeben, wollte man die Ökologie unserer Tage auf eine systemtheoretische Beschreibung ökologischer Zusammenhänge reduzieren. Der weitaus größte Teil ökologischer Forschung befaßt sich de facto mit den verschiedenen Fragenkomplexen, die ich oben nannte, und somit auch mit den Organismen in ihren Umweltbeziehungen. Dies widerspricht nicht der Beobachtung, daß in breiten Teilen der Öffentlichkeit und in anderen Wissenschaften (bis hin zur Philosophie und Theologie; vgl. die Analyse von

BARANZKE 1996) Ökologie als manchmal nahezu synonym mit Systemtheorie und ihren diversen Ausprägungen gesehen wird.

Es ist gleichzeitig auch eine innerwissenschaftlich vielbeklagte Tatsache, daß die wissenschaftliche Ökologie in verschiedene „Lager" gespalten ist, deren eines die Organismen betont, deren anderes vor allem auf Ökosysteme, d.h. in diesem Falle Stoff- und Energieflüsse in bestimmten Raumausschnitten, konzentriert ist und tatsächlich oft regen Gebrauch von systemtheoretischen Methoden macht[3]. In neuester Zeit gibt es unterschiedliche Versuche, diese verschiedenen Traditionen wieder unter dem Dach vereinheitlichender Theoreme zusammenzuführen (ALLEN & HOEKSTRA 1992, PICKETT et al. 1994, JONES & LAWTON 1995).

Der Ansatz von ALLEN & HOEKSTRA (1992) stellt Maßstäbe und Hierarchietheorien in den Vordergrund und ist stark beobachterorientiert. Diese Autoren beantworten die Frage TANSLEYs, ob es nicht wirklich nur ein menschliches Vorurteil sei, die Organismen als etwas Besonderes innerhalb der Welt im allgemeinen und in der Ökologie im speziellen zu sehen, affirmativ. Ist also der individuelle Organismus genausowenig real und zentral für die Ökologie und ihre Anwendungen; ein Vorurteil, weil – wie manchmal gesagt wird – wir selbst Organismen sind und unsere Sinneswahrnehmung darauf ausgerichtet sind, gerade Organismen als etwas besonders Diskretes in der Welt wahrzunehmen? Ich möchte mich entschieden gegen diese Ansicht aussprechen und im folgenden darlegen, daß es gute Gründe gibt, die eine Sonderstellung des Organismus für die Biologie im allgemeinen und die Ökologie im speziellen rechtfertigen. Ich plädiere vielmehr für eine zentrale Rolle des Organismus in der Ökologie, die über die historisch gewachsene Definition der Teilbereiche der Ökologie hinausgeht bzw. sie verbindet, gleichzeitig aber auch nicht einem simplen Reduktionismus das Wort redet, im Sinne einer Beschreibung und Erklärung sämtlicher Phänomene des ökologischen Gegenstandsbereich allein aus den Einzelorganismen und ihren Aktionen heraus.

Gründe für die Sonderstellung des Organismus

Es gibt eine Reihe von guten Gründen dafür, im individuellen Organismus tatsächlich eine zentrale Schnittstelle für die gesamte ökologische Theorie zu sehen. Der Organismus kann, wie besonders MACMAHON et al. (1978) aufzeigten, die Basis verschiedener biologisch/ ökologischer Hierarchien bilden, die dort z.B. nach den Kriterien phylogenetische Verwandtschaft, koevolutionäre Beziehungen und Materie-Energie-Austausch konstituiert sind, und aufgrund derer vom Beobachter biologische/ökologische Einheiten beschrieben werden. Allein der Organismus bildet diese Schnittstelle und ist damit auch prädestiniertes Bindeglied zwischen Ökologie und Evolutionsforschung (vgl. ausführlicher POTTHAST 1999, p. 219ff.).

Die Fähigkeit der Organismen, innerhalb tangibler und selbstreferentieller Grenzen ihren Innenzustand über ihre Lebenszeit aufrechtzuerhalten, diese innere Ordnung und die sie begründenden und erhaltenen Prozesse über die Zeit ihrer individuellen materiellen Existenz hinaus genetisch weiterzugeben und in aktive Wechselwirkung mit ihrer Umgebung treten zu können, hebt den individuellen Organismus gegenüber allen anderen Einheiten hervor. Wenn auch manche der beschreibbaren überorganismischen (und suborganismischen) Einheiten *einige* dieser Eigenschaften aufweisen – was nicht zuletzt Anlaß zu den mannigfachen Analogien zwischen individuellem Organismus und „höheren" Einheiten in der Ökologie und in anderen Wissenschaften war (Kap. 3.4) – so bleiben diese Einheiten doch allesamt vage und hinsichtlich ihrer

---

[3] Systemtheoretische Methoden können auch von denjenigen Ökologen benutzt werden, die sich stärker auf die Organismen konzentrieren; dies geschieht jedoch recht selten.

7.2 Ausblick: Das ökologische Universum und die Ordnung der Natur

Beschreibung oder „Identifizierung" aus der Vielheit der Naturphänomene durchweg umstritten. Während die Frage nach dem „Wesen" des individuellen Organismus keineswegs simpel und klar ist, ist doch die Identifizierung und Abgrenzung von Organismus und Nicht-Organismus nur in wenigen Grenzfällen (Viren etc.) ein Problem. Schwieriger wird es indes schon bei der Frage danach, was ein Individuum sei (z.B. bei klonalen Organismen). Hier wird, ähnlich wie bei ökologischen Einheiten im engeren Sinne, die Definition des Individuums fragestellungsabhängig, wie HARPERs (1977, p. 24ff.) Unterscheidung zwischen genetischem Individuum (genet) und Strukturindividuum (ramet) zeigt. Der Bereich der Möglichkeiten, nach denen ein Individuum definiert werden kann, bleibt allerdings im Rahmen ökologischer Fragestellungen sehr überschaubar und steht in keinem Verhältnis zu der Bedeutungsvielfalt, welche die Begriffe community oder Ökosystem haben können. Der Organismus ist in jedem Falle im Gegensatz zu den letztgenannten Begriffen ein sehr „starker" Begriff im Sinne dessen, was in Kapitel 4 erläutert wurde.

Insofern ist der Organismus nicht nur dazu prädestiniert, das Schlüsselelement zur Bildung verschiedener Hierarchien von ökologischen und anderen Einheiten darzustellen, sondern vermag sogar die Basis für ein ökologisches Forschungsprogramm zu bilden. Die Richtung, in der ein solches Forschungsprogramm entwickelt werden sollte, wird im folgenden kurz skizziert.

Zur Methodologie einer organismenzentrierten Ökologie: vom Individuum zur Ökosystemforschung

Jedes einzelne Individuum besitzt einen unendlichen Reichtum an Eigenschaften, die für seine Interaktionen mit anderen Individuen und mit seiner sonstigen Umwelt relevant sind. Viele dieser Eigenschaften teilt es mit den anderen Vertretern seiner Art, andere sind auch von diesen noch jeweils verschieden. Meist interessieren uns schon jene Eigenschaften, die spezifisch für die Art sind, welche das Individuum repräsentiert, denn Individuen selbst sind selten Gegenstand der Ökologie. Hier wie in den meisten anderen Wissenschaften interessieren diejenigen Aspekte, die verallgemeinerbar sind. Ein bestimmtes Individuum aber wird man nur einmal, nur während seiner individuellen Lebenszeit, an einem bestimmten Ort antreffen und nach seinem Tod nie wieder. Die Art hingegen, die das Individuum repräsentiert, wird immer wieder durch andere Individuen vertreten sein und ist so möglicher Gegenstand von Verallgemeinerungen. Die Eigenschaften, die man beschreibt, bleiben dennoch Eigenschaften von Individuen, wenn auch als statistische Größen, denn die Art selbst kann als solche nicht in ökologische Wechselwirkungen treten (vgl. MACMAHON et al. 1978).[4] Die Art ist zudem in manchen Fällen eine zu grobe Klassifizierung von Individuen, etwa wenn verschiedene Populationen der gleichen Art vererbbare Unterschiede in ökologisch relevanten Merkmalen zeigen (vgl. dazu besonders die Kritik von HARPER 1982 an der Betonung des Artbegriffs in der Ökologie). Dies ist ein Grund, warum ich in der Definition von „Organismengesellschaft" (s.o. und Kap. 2.4) allgemeiner von „Typen" statt von „Arten" rede.[5] Für sehr viele Fragestellungen ist allerdings die Einteilung von Individuen in Arten, als Klassen, mit deren invarianten Merkmalen

---

[4] Ich rede hier von „Art" im Sinne des typologischen Artbegriffs, wie er in der Ökologie zur Anwendung kommt, d.h. ich verwende „Art" als Klassifizierungsbegriff. Die *biologische* Art, als — wissenschaftstheoretisch gesprochen — „Individuum" (vgl. z.B. ELDREDGE 1985, HULL 1994) kann zwar gewissermaßen „Interaktionen" eingehen. Sie ist aber kein „Akteur" in ökologischen Kontexten, sondern nur im Kontext evolutionärer Prozesse.

[5] Dennoch ist der Artbegriff nicht eine Klassifizierung unter vielen, sondern ein herausragender Begriff der Biologie, der lebensweltlich und biologisch auch eine raum-zeitliche verbundene Einheit charakterisiert (vgl. besonders RUSE 1987).

sehr viele auch ökologisch relevante Eigenschaften empirisch korreliert sind, ein brauchbarer Ausgangspunkt.

Die große Vielzahl an Eigenschaften selbst der einzelnen Arten (und „Arteigenschaften" sind selbst schon statistische „Mittelwerte" der großen Varianz innerhalb dieser Eigenschaften bei den individuellen Organismen) macht einen wichtigen Teil der Faszination und den Kern der Ökologie aus, aber auch eine ihrer großen Schwierigkeiten. Organismen sind nicht simple atomistische Einheiten, die wie Moleküle in einem mehr oder weniger homogenen Reaktionsraum interagieren und deren Verhalten durch simple Gesetze von der Art des Impulssatzes oder einer einfachen Stöchiometrie beschrieben werden kann. Wie sich ein neu in einen Lebensraum gekommener Organismus verhalten, wie er sich kurz- und langfristig auf seine neue belebte und unbelebte Umgebung auswirken wird, ergibt sich nicht alleine aus so simplen Kenngrößen wie Körpergröße und Energiegehalt. Eine Vielzahl von Eigenschaften kann für die „Rolle", die er spielen wird, ausschlaggebend sein, angefangen von seiner Ernährungsweise, seinem Fortpflanzungsverhalten, seiner Raumnutzung, bis hin zu Verhaltensweisen, die zur drastischen Veränderung der räumlichen Struktur des Lebensraums führen, was JONES et al. (1994) als die Tätigkeit von „ecological engineers" beschrieben haben. Die Auswirkungen eines Rehs in einem Wald wären, wenn sie alleine von der von den Tieren als Nahrung aufgenommenen Energiemenge ausgingen, als minimal einzustufen. Da aber Rehe nicht beliebige Teile der verfügbaren pflanzlichen Biomasse fressen, sondern ganz spezielle, nämlich besonders die jungen Knospen der Bäume, können sie die Dynamik der Baumpopulationen (ihre Naturverjüngung) ganz dramatisch verändern und damit indirekt die Abundanzen vieler andere Arten, das Kleinklima etc. Dies sind Aspekte, die es sehr problematisch machen, ökologische Einheiten alleine aufgrund von Stoff- und Energieflüssen zu charakterisieren und die in den Einheiten zu beobachtenden Phänomene damit erklären zu wollen. Darauf wird später noch zurückzukommen sein.[6]

Die große Vielfalt an Arten führt aber auch zu Problemen, wenn auf der Basis von Eigenschaften und Verhaltensmuster dieser einzelnen Arten oder gar Individuen Aussagen über komplexere, großräumigere Phänomene gemacht werden sollen. Die sich aus der Vielzahl der Arten und ihrer Eigenschaften ergebende Komplexität muß, allein schon aus pragmatischen Gründen, vereinfacht werden. Dies ist *ein* Grund, warum die Definition ökologischer Einheiten nötig ist. Phänomene wie trophische Ebenen, Stoffflüsse, Energietransfer u.a. lassen sich möglicherweise über die Eigenschaften und Interaktionen der Einzelindividuen beschreiben. Dies ist allerdings oft ebensowenig sinnvoll, wie einen Erosionsvorgang über die Details der Einzelmoleküle zu beschreiben, oder die Bewegung eines Körpers anhand der Trajektorien der einzelnen Zellen zu rekonstruieren. Es ist also ein wesentlich pragmatischer Standpunkt, der es nötig macht, bestimmte Phänomene über Begriffe zu erfassen, die nicht mehr direkt eine Zuordnung der beschriebenen Vorgänge zu den jeweiligen Einzelorganismen erlauben, d.h. z.B. über ökologische Einheiten und über deren aggregierte Komponenten. Solche Begriffe bringen bestimmte Beschreibungsvariablen mit sich, die nur auf sie angewandt Sinn machen, nicht aber auf der Ebene der Einzelorganismen, z.B. bei der Population Natalität, Mortalität, Altersklasse etc. Bestimmte Fragen erfordern also eine bestimmte Beobachtungssprache.

Mit der Verwendung ökologischer Einheiten und mit der Aggregation von Organismen in funktional definierte Komponenten als Teil dieser Einheiten (vgl. Kap. 5.3) wird für die ökologische Theorie und das Verständnis des Gegenstandsbereichs der Ökologie viel gewonnen. Aber das Vorgehen bringt auch Verluste mit sich. Die Beschreibung eines belebten Raumausschnit-

---

6 Ein wichtiger Ansatz, in dem diese Beobachtungen thematisiert werden, ist der Versuch, sogenannte Schlüsselarten (keystone-species) zu beschreiben. Vgl. MILLS et al. (1993), SIMBERLOFF (1998).

7.2 Ausblick: Das ökologische Universum und die Ordnung der Natur

tes als Ökosystem unter der Perspektive der dort ablaufenden Energie- und Stoffflüsse hat beispielsweise auf ihrer Gewinnseite zu verbuchen, daß sie Aussagen darüber erlaubt, wie z.B. Nutzungsänderungen eines Gebietes sich auf die dort auftretenden Produktionspotentiale auswirken. Auf der Verlustseite steht die Unerkennbarkeit des Schicksals der einzelnen Arten bei solchen Änderungen, aber auch ein Verzicht auf die Möglichkeiten, aus den Eigenschaften der Organismen wesentliche methodische Kriterien zum Verständnis des Gesamtsystems zu beziehen.

Ein organismenzentrierter Ansatz soll nicht in reduktionistischer Manier vereinheitlichend alle anderen Zugehensweisen ersetzen, er kann aber neue Einsichten erbringen und vor allem zwischen den verschiedenen Betrachtungsebenen und Typen von ökologischen Einheiten vermitteln. Ein gutes Beispiel liefert hier die Sukzessionsforschung: Sie ist keinem Typ von ökologischer Einheit allein zuzuordnen. Je nach Standpunkt des Wissenschaftlers kann sie als Populationsphänomen (GLEASON 1926, 1939), als eines der Organismengesellschaft (CLEMENTS, TANSLEY) oder als ein Ökosystemphänomen (LINDEMAN 1942, ODUM 1969) betrachtet werden. Alle diese Zugänge gewinnen, wenn sie nicht nur aus einer „neutralen" (d.h. de facto: anthropomorphen) Perspektive behandelt werden, sondern aus einer organismenzentrierten, wobei damit die jeweils involvierten Organismen gemeint sind, zu denen gerade der Mensch in den meisten Studien nicht gehört.

Ökologie, als Naturwissenschaft verstanden, beinhaltet – neben notwendig qualitativen Aspekten – wesentlich einen quantitativen Zugang zu den Phänomenen ihres Gegenstandsbereichs. Aber was nun ist das Maß der Dinge in der Ökologie? Sind es „neutrale" physikalisch-chemische Größen oder sind es die Darsteller des „ökologischen Theaters" (HUTCHINSON 1965), die involvierten Organismen selbst? Gegenwärtig liegt m.E. eine paradoxe Situation vor. Der Versuch, die Wissenschaft dadurch von anthropomorphen Vorurteilen zu befreien, indem man alle Meßgrößen möglichst „neutral" oder technomorph, d.h. ohne Bezug zur menschlichen oder tierlichen Erfahrungswelt, sondern durch vereinbarte Techniken der Messung definiert, verkehrt sich in der Biologie in sein Gegenteil. Die neutralen Meßgrößen werden vom Beobachter, also vom Menschen, vorgegeben und ausgewählt. Sie brauchen aber für den jeweiligen nichtmenschlichen Organismus, der Teil einer ökologischen Untersuchung ist, überhaupt keine Relevanz zu haben, denn dieser nimmt seine Umwelt auf eine ihm eigene Weise wahr. In der Vernachlässigung dieser Relevanz von Quantitäten und Qualitäten für die speziellen Organismen, verkehrt sich daher die „neutrale" Beschreibung der Natur wieder in eine anthropomorphe.

Auf eine solche Problematik hat - unter anderem Blickwinkel - Anfang des Jahrhunderts schon Jakob von UEXKÜLL (UEXKÜLL & KRISZAT 1933) aufmerksam gemacht. UEXKÜLL spricht von den je spezifischen „Umwelten" der verschiedenen Organismen, die durch die Morphologie und Physiologie der einzelnen Arten bestimmt würden. Er hat sich selbst nicht über die Anwendung seiner Gedanken auf die Ökologie geäußert. Ich glaube, daß sein Ansatz für die Entwicklung einer stärker organismenzentrierten Methodologie der Ökologie heuristisch wertvoll sein kann. Es existiert eine ganze Anzahl verstreuter Studien - meist ohne Rückgriff auf UEXKÜLL -, die hierfür Bausteine zur Verfügung stellen, aber es gibt noch kein durchdachtes Gesamtkonzept. Ich möchte hier die Richtung andeuten, die ein solches Vorhaben nehmen und was es für Ökologie und Naturschutz bedeuten könnte.

Wenn ein menschlicher Beobachter einen Baum beschreibt, so kann er sehr unterschiedliche Eigenschaften an diesem Baum beschreiben und sie quantifizieren. Man kann z.B. mit einem Maßband den Umfang eines Baumes messen und wird dann einen in Zentimeter ausgedrückten Wert erhalten. Dieser Wert kann einem Menschen Auskunft geben, wie viele Schritte er machen muß, um diesen Baum zu umrunden. Für die Schmetterlingsraupe aber, die auf der Baumrinde kriecht, ist dieser Meßwert irrelevant, denn für sie ist der Weg um den Baum länger, weil die Rinde für sie keine glatte Oberfläche, sondern - je nach Baumart - eine regelrechte „Landschaft" (s.o.) mit beträchtlichen Bodenwellen ist. Das Maß der Raupe entspricht also nicht dem metrischen Maß des Menschen. Man kann nun natürlich das Meßband enger anlegen, und die Oberflächenstruktur des Baumes bei der Messung berücksichtigen. So wird der Auflösungmaßstab der Messung feiner und der gemessene Umfang an der gleichen Stelle größer sein. Welche Auflösung, welcher Maßstab aber der adäquate ist, hängt immer von dem speziellen Organismus ab, den man betrachtet; eine Milbe von 2 mm Länge nimmt den Umfang des Baumes anders wahr als eine Raupe von 2 cm Länge oder das junge Eichhörnchen von 20 cm Länge. Der Baumumfang ist bezogen auf die Bewegung von unterschiedlich beschaffenen (z.B. unterschiedlich großen) Organismen, keine neutrale und eindeutig festliegende physikalische Größe, sondern nimmt für unterschiedliche Organismen, je nach ihrer Morphologie und Physiologie, unterschiedliche Werte an. Auch die Rauhigkeit der Rinde hat für die verschiedenen Organismenarten eine unterschiedliche Bedeutung.

Ähnlich steht es mit Klassifizierungen, nach denen bestimmte Dinge im Raum eingeordnet werden. Eine Feldlandschaft mit unterschiedlich bepflanzten Parzellen wird von einem bestimmten Beobachter z.B. nach Weizen, Roggen, Rüben und anderen Anbausorten klassifiziert. Ein Insekt aber, das in dieser Feldlandschaft lebt, wird die Parzellen in einer völlig anderen Klassifikation wahrnehmen (GOULD & STINNER 1984), z.B. danach, welche Pflanzen für seine Eiablage geeignet sind, was oft mehr mit einer bestimmten „Architektur" von Pflanzen zu tun hat als mit ihrer Zugehörigkeit zu Arten oder Gattungen. Eine spezifische Anordnung von Dingen im Raum hat daher, je nach betrachtetem Organismus und je nach der jeweiligen betrachteten Aktivität desselben, völlig unterschiedliche Bedeutungen und wird so auch zu einem unterschiedlichen Raumnutzungsverhalten der verschiedenen Organismen führen. Dieses kann sich über die Interaktionen zwischen den Organismen auch auf Lebewesen anderer Arten auswirken.

In einer organismenzentrierten Betrachtung sollte es darum gehen, diese Aspekte in den Blick zu nehmen, angefangen von der Versuchsplanung, bei der bestimmte Fragestellungen nur dann sinnvoll bearbeitet werden können, wenn der Untersuchungsmaßstab geeignet, d.h. an der speziellen Fragestellung und an den interessierenden Organismen orientiert, ausgewählt wird (JAX & ZAUKE 1992), bis hin zur Bewertung von Raummustern in Landschaften in Hinblick auf den Schutz von speziellen Arten, aber auch von Organismengesellschaften. Auch für die Betrachtung von Stoff- und Energieflüssen hat ein solcher Ansatz Bedeutung. In Seen liegt z.B. eine enge Koppelung der abiotischen Nährstoffe, der trophischen Ebenen – eine sehr stark aggregierte Beschreibungsweise also – und der Eigenschaften einzelner Arten vor. Zwischen Raubfischarten, Friedfischarten und den tierischen und pflanzlichen Arten des Planktons bestehen verwickelte Beziehungen. Je nach der Art dieser Freßbeziehungen können sich auch die Nährstoffgehalte des Sees verändern. Wenn nun die Einflüsse des Wetters in einem bestimmten Jahr dazu führen, daß die Bedingungen für die Ei- und Larvenentwicklung einer bestimmten Raubfischart besonders günstig ausfallen und dieser Jahrgang besonders zahlreich wird, so kann man feststellen, daß sich aufgrund dessen die Menge der pflanzlichen und tierischen Planktonorganismen und indirekt auch die Nährstoffverhältnisse im See ändert, und zwar für einen Zeitraum von mehreren Jahren. Daran ist zweierlei von Interesse. Zum einen wird deutlich, wie die Eigenschaften einer einzelnen Art für das Verständnis der „Ökosystem-Prozesse" wichtig werden. Entscheidend für die Nährstoffentwicklung im See sind im genannten Beispiel nämlich sowohl die spezifischen Ansprüche des Raubfisches in Hinblick auf seine erfolgreiche Fortpflanzung und – das ist das Eindringlichere – die Bedeutung seiner Lebenserwartung. Der

7.2 Ausblick: Das ökologische Universum und die Ordnung der Natur

Effekt auf die Nährstoffgehalte im See wird nämlich erst mit Verspätung auftreten, d.h. dann, wenn die jungen Fische herangewachsen sind, und er wird so lange anhalten, wie die Mehrheit der erwachsenen Fische dieses starken Jahrgangs gesund und aktiv ist (CARPENTER 1988). Der See ist also nicht nur eine Mulde mit Wasser, grob aufgelösten funktionalen Einheiten von Organismen und den zwischen ihnen nach den Gesetzen des Gesamtsystems ablaufenden Stoff- und Energieflüssen. Zum Verständnis der Dynamik der Stoff- und Energieflüsse im See werden vielmehr organismenbezogene Größen unentbehrlich. Die Artidentität der vorhandenen Organismen ist nicht ohne Bedeutung. Der andere Punkt ist, daß sich hier auch die Wichtigkeit der speziellen Geschichte von belebten Naturteilen zeigt. Eine Erklärung, warum sich der See und die darin enthaltenen Populationen zu einem bestimmten Zeitpunkt in diesem oder jenem Zustand befinden, ist in dem genannten Beispiel nicht aus der auch noch so genauen Kenntnis der herrschenden Umweltbedingungen und der aktuellen Interaktionen möglich. Das Ereignis *eines* günstigen Sommers kann über Jahre das Bild des Sees und seiner Lebewelt prägen. Auch die Spezifika kleiner Organismen (z.B. Cladoceren) und die Varianz dieser Eigenschaften wirken sich auf die Dynamik des makroskopischen Geschehens im See aus (PACE et al. 1995).

Bei diesem Plädoyer für einen organismenbezogenen Ansatz in der Ökologie geht es nicht darum, sämtliche Forschung an Stoff- und Energieflüssen in bestimmten Naturteilen – also die Ökosystemforschung im landläufigen Sinne – für unsinnig oder nutzlos erklären zu wollen und eine Methode zu verabsolutieren, die alles „von unten", d.h. von den Einzelaktionen jedes einzelnen Individuums her aufbaut – dies käme einem epistemologischen Reduktionismus gleich. Es ist, wie schon gesagt, durchaus sinnvoll, bestimmte Phänomene mit Begriffen zu beschreiben, die zunächst vom einzelnen Organismus abstrahieren. Der Versuch, Muster und Prozesse organismenzentriert zu beschreiben, kann aber neue Dimensionen zur Beschreibung und Erklärung ökologischer Phänomene eröffnen. So können solch schwierige und leicht ins Nichtssagende abdriftende Begriffe wie „Stabilität" dadurch an Inhalt gewinnen, daß sie nicht nur in physikalischen Maßeinheiten, sondern in organismenbezogenen Maßen ausgedrückt werden. Ein Zustand, der nur über zwei Monate hinweg konstant bleibt, mag uns nicht sonderlich „stabil" erscheinen, für den Einzeller aber, der täglich eine neue Generation bildet, bedeuten diese wenigen Wochen einen Zeitraum von 60 Generationen – auf menschliche Generationszeiten umgerechnet also mindestens 1200 Jahre.

Ökologische Einheiten, die auf der Basis einer organismenzentrierten Ökologie formuliert werden, müssen keinesfalls immer einzelne Arten als Elemente enthalten, sondern können diese durchaus auf einer höheren Aggregationsstufe (im Sinne des SIC-Modells; Kap. 5) thematisieren. Dazu sind vor allem die verschiedenen Formen einer funktionalen Typisierung von Interesse, wie sie in Kapitel 5.3 angesprochen wurden (s.a. JAX 1997). Sie werden jedoch, im Gegensatz zu rein systemtheoretisch-physikalistischen Theorieansätzen immer mit bestimmten organismischen Eigenschaften skaliert sein und so auch leichter parametrisierbar sein, wenn es um die Anwendung auf empirische ökologische Einheiten geht. Auch glaube ich, daß es möglich ist, einen organismenzentrierten Ansatz mit neueren Hierarchietheorien und Maßstabstheorien zu verbinden.

Die Ausführung eines solchen Forschungsprogramms, das hier mit der Begründung der Sonderrolle des Organismus und seiner Bedeutung für die Strukturierung der Ökologie bzw. einer integrierenden ökologischen Theorie skizziert wurde, ist somit ein Desiderat für künftige Arbeiten.

Literatur

ABELE, L. G., D. S. SIMBERLOFF, D. R. J. STRONG & A. B. THISTLE, 1984: Preface. – In: STRONG, D. R. J., SIMBERLOFF, D. S., ABELE, L. G. & THISTLE, A. B. (eds.): Ecological communities. Conceptual issues and the evidence. – Princeton University Press, Princeton: vii-x.
ADAMS, C. C., 1913: Guide to the study of animal ecology. – MacMillan, New York: 183 S.
ADDICOTT, J. F., J. M. AHO, M. F. ANTOLIN, D. K. PADILLA, J. S. RICHARDSON & D. K. SOLUK, 1987: Ecological neighborhoods: scaling environmental patterns. – Oikos 49: 340-346.
AHL, V. & T. F. H. ALLEN, 1996: Hierarchy theory. A vision, vocabulary, and epistemology. – Columbia University Press, New York: 206 S.
ALECHIN, W. W., 1925: Ist die Pflanzenassoziation eine Abstraktion oder eine Realität? – Bot. Jahrb. Beiblatt 135: 17-25.
ALLABY, M. (ed.) 1994: The concise Oxford dictionary of ecology. – Oxford University Press, Oxford: 415 S.
ALLEE, W. C., A. E. EMERSON, O. PARK, T. PARK & K. P. SCHMIDT, 1949: Principles of animal ecology. – Saunders, Philadelphia: 837 S.
ALLEN, T. F. H. & T. W. HOEKSTRA, 1990: The confusion between scale-defined levels and conventional levels of organization in ecology. – J. Veg. Sci. 1: 5-12.
ALLEN, T. F. H. & T. W. HOEKSTRA, 1992: Toward a unified ecology. – Columbia University Press, New York: 384 S.
ALLEN, T. F. H. & T. B. STARR, 1982: Hierarchy – Perspectives for ecological complexity. – University of Chicago Press, Chicago: 310 S.
ALVERDES, F., 1936: Organizismus und Holismus. – Biologe 5: 121-128.
ANONYMUS, 1955: Report of Committee of Nomenclature. – Bull. Ecol. Soc. Am. 36: 17.
ARONSON, J., C. FLORET, E. LE FLOC'H, C. OVALLE & R. PONTANIER, 1993: Restoration and rehabilitation of degraded ecosystems in arid and semi-arid lands. I. A view from the south. – Restoration Ecology 1: 8-17.
ARONSON, J., S. DHILLION & E. LE FLOC'H, 1995: On the need to select an ecosystem of reference, however imperfect: a reply to Pickett and Parker. – Restoration Ecology 3: 1-3.
ASH, M. G., 1995: Gestalt psychology in German culture, 1890-1967. Holism and the quest for objectivity. – Cambridge University Press, Cambridge: 513 S.
ASHBY, W. C., 1987: Forests. – In: JORDAN, W. R. I., GILPIN, M. E. & ABER, J. D. (eds.): Restoration ecology. – Cambridge University Press, New York: 89-108.
BAILEY, R. G., 1987: Suggested hierarchy of criteria for multi-scale ecosystem mapping. – Landscape Urban Plann. 14: 313-319.
BAILEY, R. G., 1996: Ecosystem geography. – Springer, New York: 204 S.
BAKKER, K., 1964: Background of controversies about population theories and their terminologies. – Z. angew. Entomol. 53: 187-208.
BALOGH, J., 1958: Lebensgemeinschaften der Landtiere. – Akademie-Verlag, Berlin (Ost): 560 S.
BARANZKE, H., 1996: Die leere Arche. Von der Schöpfungs- und Geschöpfvergessenheit ökologischer Theologie. – In: INGENSIEP, H.-W. & HOPPE-SAILER, R. (eds.): NaturStücke. – Edition Tertium, Ostfildern: 231-260.
BARBEE, R. D., 1968: A discussion of ecological management in the national park system. Dissertation, Colorado State University. 62 S. – Fort Collins, Colorado.
BARBEE, R. D., P. SCHULLERY & J. D. VARLEY, 1991: The Yellowstone Vision: an experiment that failed or a vote for posterity? – In: Proccedings of the conference "Partnerships in parks & preservation", Albany, New York, September 9-12, 1991: 80-85.
BARKER, R., 1993: Saving all the parts. Reconciling economics and the Endangered Species Act. – Island Press, Washington, D.C.: 268 S.
BARNOSKY, E. H., 1994: Ecosystem Dynamics through the past 2000 years as revealed by fossil mammals from Lamar Cave in Yellowstone National Park, USA. – Historical Biology 8: 71-90.
BEGON, M., J. L. HARPER & C. R. TOWNSEND, 1990: Ecology. Individuals, populations and communities. – 2. Auflage; Blackwell, Oxford: 945 S.
BEGON, M., J. L. HARPER & C. R. TOWNSEND, 1996: Ecology. Individuals, populations and communities. – 3. Auflage; Blackwell, Oxford: 1068 S.
BEHRENSMEYER, A. K., J. D. DAMUTH, W. A. DIMICHELE, R. POTTS, H.-D. SUES & S. L. WING, 1992: Terrestrial ecosystems through time. Evolutionary paleoecology of terrestrial plants and animals. – University of Chicago Press, Chicago: 568 S.

BERGMANN, G., 1993: Sinn und Unsinn des methodologischen Operationalismus. – In: TOPITSCH, E. (ed.): Logik der Sozialwissenschaften. – Hain, Frankfurt/Main: 104-112.
BERRYMAN, A. A., M. A. VALENTI, M. J. HARRIS & D. C. FULTON, 1992: Ecological engineering – an idea whose time has come? – Trends Ecol. Evol. 7: 268-270.
BISSONETTE, J. A., 1997: Scale-sensitive ecological properties: historical context, current meaning. – In: BISSONETTE, J. A. (ed.): Wildlife and landscape ecology. Effects of pattern and scale. – Springer, New York: 3-31.
BLEW, R. D., 1996: On the definition of ecosystem. – Bull. Ecol. Soc. Am. 77: 171-173.
BOCKING, S., 1995: Ecosystems, ecologists, and the atom: environmental research at Oak Ridge National Laboratory. – J. Hist. Biol. 28: 1-47.
BODENHEIMER, F. S., 1957: The concept of biotic organization in synecology. – In: BODENHEIMER, F. S. (ed.): Studies in biology and its history. – Biological Studies Publisher, Jerusalem: 75-90.
BODENHEIMER, F. S., 1958: Is the animal community a dynamic or merely a descriptive conception? – In: BODENHEIMER, F. S. (ed.): Animal ecology to-day. – Jungk, Den Haag: 164-201.
BORMANN, F. H. & G. E. LIKENS, 1979: Pattern and process in a forested ecosystem. – Springer, New York: 253 S.
BOTKIN, D. B., 1990: Discordant harmonies. A new ecology for the 21th century. – Oxford University Press, Oxford: 241 S.
BOUCHER, D. H., 1992: Mutualism and cooperation. – In: KELLER, E. F. & LLOYD, E. A. (eds.): Keywords in evolutionary biology. – Harvard University Press, Cambridge/Mass.: 208-211.
BOYCE, M. S., 1991: Natural regulation or control of nature? – In: KEITER, R. B. & BOYCE, M. S. (eds.): The Greater Yellowstone Ecosystem. Redefining America's wilderness heritage. – Yale University Press, New Haven: 183-208.
BRAUN-BLANQUET, J., 1921: Prinzipien einer Systematik der Pflanzengesellschaften auf floristischer Grundlage. – Jahrb. St. Gall. Naturw. Ges. 57: 305-351.
BRAUN-BLANQUET, J., 1928: Pflanzensoziologie. – 1. Auflage; Springer, Berlin: 330 S.
BRAUN-BLANQUET, J., 1964: Pflanzensoziologie. Grundzüge der Vegetationskunde. – 3. Auflage; Springer, Berlin, Wien, New York.
BRIAND, F. & J. E. COHEN, 1984: Community food webs have scale-invariant structure. – Nature 307: 264-267.
BRÖRING, U. & G. WIEGLEB, 1990: Wissenschaftliche Naturschutzforschung oder ökologische Grundlagenforschung ? – Natur Landsch. 65: 283-292.
BROWN, S. & A. E. LUGO, 1994: Rehabilitation of tropical lands: a key to sustaining development. – Restoration Ecology 2: 97-111.
BURKOVSKY, I. V., A. J. AZOVSKY & V. O. MOKIYEVSKY, 1994: Scaling in benthos: From microfauna to macrofauna. – Arch. Hydrobiol. Suppl. 99: 517-535.
BUTCHER, R. W., 1933: Studies on the ecology of rivers. I. On the distribution of macrophytic vegetation in the rivers of Britain. – J. Ecol. 21: 58-91.
CALDER, W. A., 1984: Size, function and life history. – Harvard University Press, Cambridge (Mass.): 431 S.
CALE, W. A., G. M. HENEBRY & J. A. YEAKLEY, 1989: Inferring process from pattern in natural communities. – BioScience 39: 600-605.
CALLICOTT, J. B., L. B. CROWDER & K. MUMFORD, 1999: Current normative concepts in conservation. – Conserv. Biol. 13: 22-35.
CALOW, P. (ed.) 1998: The encyclopedia of ecology and environmental management. – Blackwell, Oxford.
CARPENTER, R. J., 1938: An ecological glossary. – Kegan Paul, Trench, Trubner & Co., London: 306 S.
CARPENTER, S. R., 1988: Transmission of variance through lake food webs. – In: CARPENTER, S. R. (ed.): Complex interactions in lake communities. – Springer, New York, Berlin: 119-135.
CARPENTER, S. R. & J. F. KITCHELL, 1987: The temporal scale of limnetic primary production. – Am. Nat. 129: 417-433.
CASPERS, H., 1950: Der Biozönose- und Biotopbegriff vom Blickpunkt der marinen und limnischen Synökologie. – Biol. Zentralbl. 69: 43-63.
CATOVSKY, S., 1998: Functional groups: clarifying our use of the term. – Bull. Ecol. Soc. Am. 79: 126-127.
CHALMERS, A. F., 1986: Wege der Wissenschaft. – Springer, Berlin: 240 S.
CHASE, A., 1987: Playing God in Yellowstone. The destruction of America's first National Park. – Harcourt Brace & Co., Orlando: 464 S.

CHODOROWSKI, A., 1959: Ecological differentiation of turbellarians in Harsz-Lake. − Polskie Arch. Hydrobiologii 6: 33-73.
CHRISTENSEN, N. L., J. K. AGEE, P. F. BRUSSARD, J. HUGHES, D. H. KNIGHT, G. W. MINSHALL, J. M. PEEK, S. J. PYNE, F. J. SWANSON, J. W. THOMAS, S. W. WELLS, S. E. WILLIAMS & H. A. WRIGHT, 1989: Interpreting the Yellowstone fires of 1988. Ecosystem respones and management implications. − BioScience 39: 678-685.
CHRISTENSEN, N. L., A. M. BARTUSKA, S. R. CARPENTER, C. D´ANTONIO, R. FRANCIS, J. F. FRANKLIN, J. A. MACMAHON, R. F. NOSS, D. J. PARSONS, C. H. PETERSON, M. G. TURNER & R. G. WOODMANSEE, 1996: The report of the Ecological Society of America Committee on the scientific basis for ecosystem management. − Ecol. Applications 6: 665-691.
CLARK, T. W. & D. ZAUNBRECHER, 1987: The Greater Yellowstone Ecosystem. The ecosystem concept in natural resource policy and management. − Renewable Resources J. Summer 1987: 8-16.
CLEMENTS, F. E., 1905: Research methods in ecology. − The University Publishing Company, Lincoln, Nebraska: 334 S.
CLEMENTS, F. E., 1916: Plant succession. An analysis of the development of vegetation. − Carnegie Institution of Washington, Publication No. 242, Washington: 512 S.
CLEMENTS, F. E., 1917: The development and structure of biotic communities (Abstract). − J. Ecol. 5: 120-121.
CLEMENTS, F. E. & V. E. SHELFORD, 1939: Bio-Ecology. − Wiley & Sons, New York: 425 S.
COLE, G. F., 1968: Elk and the primary purpose of Yellowstone National Park. − Manuscript, Yellowstone National Park Library: 8 S.
COLE, G. F., 1969: Elk and the Yellowstone ecosystem. − Manuscript, Yellowstone National Park Library: 14 S.
CONGER, G. P., 1922: Theories of macrocosms and microcosms in the history of philosophy. − Russell & Russell, New York: 146 S.
CONGRESSIONAL RESEARCH SERVICE/ LIBRARY OF CONGRESS, 1986: Greater Yellowstone Ecosystem. An analysis of data submitted by federal and state agencies. Committee Print No. 6, 99th Congress, 2d session. − U.S. Government Printing Office, Washington, D.C.: 210 S.
CONNELL, J. H. & R. O. SLATYER, 1977: Mechanisms of succession in natural communities and their role in community stability and organization. − Am. Nat. 111: 1119-1144.
CONNELL, J. H. & W. P. SOUSA, 1983: On the evidence needed to judge ecological stability or persistence. − Am. Nat. 121: 789-824.
COOK, R. E., 1977: Raymond Lindeman and the trophic dynamic concept in ecology. − Science 198: 22-26.
COSTANZA, R., B. G. NORTON & B. D. HASKELL. (eds.), 1992: Ecosystem health. New goals for environmental management. − Island Press, Washington D.C.: 269 S.
COUSINS, S. H., 1987: The decline of the trophic-level concept. − Trends Ecol. Evol. 2: 312-316.
COUSINS, S. H., 1990: Countable ecosystems deriving from a new food web entity. − Oikos 57: 270-275.
COWLES, H. C., 1899: The ecological relations of the vegetation of the sand dunes of lake Michigan. − Bot. Gazette 27: 95-117, 167-202, 281-308, 361-391.
CRAIGHEAD, F. C. J., 1979: Track of the Grizzly. − Sierra Club, San Francisco: 261 S.
CRAWFORD, T. J., 1984: What is a population? − In: SHORROCKS, B. (ed.): Evolutionary ecology. − Blackwell, Oxford: 135-173.
CUMMINS, K. W., 1974: Structure and function of stream ecosystems. − BioScience 24: 631-641.
CURTIS, J. T. & R. P. MCINTOSH, 1951: An upland forest continuum in the prairie-forest border region of Wisconsin. − Ecology 32: 476-496.
DAHL, F., 1898: Experimentell-statistische Ethologie. − Verh. Dtsch. Zool. Ges. Jahresversammlung 1898 in Heidelberg: 121-131.
DAHL, F., 1901: Die Ziele der vergleichenden "Ethologie". − In: Verh. Internat. Zoologenkongresses 1901. − Gustav Fischer, Jena: 296-300.
DAHL, F., 1908a: Grundsätze und Grundbegriffe der biocönotischen Forschung. − Zool. Anz. 33: 349-353.
DAHL, F., 1908b: Kurze Anleitung zum wissenschaftlichen Sammeln und zum Konservieren von Tieren. − 2. Auflage; Gustav Fischer, Jena: 143 S.
DAHL, F., 1921: Grundlagen einer ökologischen Tiergeographie. − Gustav Fischer, Jena: 113 S.
DALE, M. B., 1994: Do ecological communities exist? − J. Veg. Sci. 5: 285-286.
DANSEREAU, P., 1957: Biogeography. An ecological perspective. − The Ronald Press, New York: 394 S.

DEICHMANN, U., 1995: Biologen unter Hitler. Porträt einer Wissenschaft im NS-Staat. – überarbeitete und erweiterte Ausgabe der Originalausgabe von 1992 (Campus-Verlag, Frankfurt/Main) – Fischer Taschenbuch Verlag, Stuttgart: 435 S.

DESPAIN, D., D. HOUSTON, M. MEAGHER & P. SCHULLERY, 1986: Wildlife in transition. Man and nature on Yellowstone's northern range. – Roberts Rinehart, Boulder, Colorado: 142 S.

DEUTSCHES NATIONALKOMITEE MAB, 1983: Ökosystemforschung Berchtesgaden. Ziele, Fragestellungen und Methoden. – MAB Mitt. 16.

DIERSCHKE, H., 1994: Pflanzensoziologie. – Ulmer, Stuttgart: 683 S.

DIERẞEN, K., 1990: Einführung in die Pflanzensoziologie (Vegetationskunde). – Wissenschaftliche Verlagsgesellschaft, Darmstadt: 241 S.

DU RIETZ, G. E., 1921: Zur methodologischen Grundlage der modernen Pflanzensoziologie. – Adolf Holzhausen, Wien: 267 S.

DU RIETZ, G. E., 1923: Der Kern der Art- und Assoziationsprobleme. – Bot. Notiser 1923: 235-256.

DU RIETZ, G. E., 1928: Kritik an pflanzensoziologischen Kritikern. – Bot. Notiser 1928: 1-30.

DU RIETZ, G. E., 1930: The fundamental units of biological taxonomy. – Svensk Botan. Tidskrift 24: 333-428.

DU RIETZ, G. E., 1936: Classification and nomenclature of vegetation units 1930- 1935. – Svensk Botanisk Tidskrift 30: 580-589.

DU RIETZ, G. E., 1965: Biozönosen und Synusien in der Pflanzensoziologie. – In: TÜXEN, R. (ed.): Biosoziologie. – W. Junk, Den Haag: 23-42.

DU RIETZ, G. E., T. C. E. FRIES & T. Å. TENGWALL, 1918: Vorschlag zur Nomenklatur der soziologischen Pflanzengeographie. – Svensk Botan. Tidskr. 12: 145-170.

DUNBAR, M. J., 1960: The evolution of stability in marine environments. Natural selection at the level of the ecosystem. – Am. Nat. 94: 129-136.

DUNBAR, M. J., 1972: The ecosystem as unit of natural selection. – Transact. Connect. Acad. Arts Sci. 44: 113-130.

EDSON, M. M. & T. C. FOIN, 1981: "Emergent properties" and ecological research. – Am. Nat. 118: 593-596.

EGGLETON, F., 1942: Report of Committee on Nomenclature. – Ecology 23: 255-257.

EGLER, F. E., 1951: A commentary on american plant ecology, based on the textbooks of 1947-1949. – Ecology 32: 673-695.

EGLER, F. E., 1954: Vegetation science concepts. I. Initial floristic composition: a factor in old-field vegetation development. – Vegetatio 4: 412-417.

EHRLICH, P. R. & R. W. HOLM, 1962: Patterns and populations. Basic problems of population biology transcend artificial disciplinary boundaries. – Science 137: 652-657.

EKMAN, S., 1915: Die Bodenfauna des Vättern, qualitativ und quantitativ untersucht. – Int. Rev. Gesamten Hydrobiol. 7: 146-204; 275-425.

ELDREDGE, N., 1985: Unfinished synthesis: Biological hierarchies and modern evolutionary thought. – Oxford University Press, Oxford: 237 S.

ELFRING, C., 1989: Yellowstone: Fire storm over fire management. – BioScience 39: 667-672.

ELLENBERG, H., 1956: Grundlagen der Vegetationsgliederung. 1. Teil: Aufgaben und Methoden der Vegetationskunde. – Eugen Ulmer, Stuttgart.

ELLENBERG, H., 1973: Ziele und Stand der Ökosystemforschung. – In: ELLENBERG, H. (ed.): Ökosystemforschung. – Springer, Berlin: 1-31.

ELLENBERG, H., O. FRÄNZLE & P. MÜLLER, 1978: Ökosystemforschung im Hinblick auf Umweltpolitik und Entwicklungsplanung. Umweltforschungsplan des Bundesministers des Inneren. Im Auftrag des Umweltbundesamtes. -, Kiel: 144 S.

ELLENBERG, H., R. MAYER & J. SCHAUERMANN. (eds.), 1986: Ökosystemforschung. Ergebnisse des Sollingprojekts 1966-1986. – Ulmer, Stuttgart.

ELSTER, H.-J., 1974: History of limnology. – Mitt. Int. Ver. Limnol. 20: 7-30.

ELTON, C.S., 1927: Animal ecology. – Sidgwick & Jackson, London: 207 S.

ELTON, C. S., 1966: The pattern of animal communities. – Methuen & Co., London: 432 S.

ELTON, C. S. & R. S. MILLER, 1954: The ecological survey of animal communities: With a practical system of classifying habitats by structural characters. – J. Ecol. 42: 460-496.

ENGELBERG, J. & L. L. BOYARSKY, 1979: The noncybernetic nature of ecosystems. – Am. Nat. 114: 317-324.

ERWIN, D. G., 1983: The community concept. – In: EARLL, R. & ERWIN, D. G. (eds.): Sublittoral ecology. Oxford: 144-164.

ERZ, W., 1986: Ökologie oder Naturschutz? Überlegungen zur terminologischen Trennung und Zusammenführung. – Ber. ANL 10: 11-17.
ESER, U., 2001: Die Grenze zwischen Wissenschaft und Gesellschaft neu definieren: boundary work am Beispiel des Biodiversitäbegriffs. – Verhandl. Gesch. Theor. Biol. 7: 135-152.
ESSLER, W. K., 1982: Wissenschaftstheorie I. Definition und Reduktion. – Alber, Freiburg/München: 188 S.
EVANS, F. C., 1956: Ecosystem as the basic unit in ecology. – Science 123: 1127-1128.
FABER, J. H., 1991: Functional classification of soil fauna: a new approach. – Oikos 62: 110-117.
FAUTH, J. E., 1997: Working toward operational definitions in ecology: putting the system back into ecosystem. – Bull. Ecol. Soc. Am. 78: 295-297.
FEYERABEND, P., 1983: Wider den Methodenzwang. – Suhrkamp, Frankfurt/Main: 423 S.
FITZSIMMONS, A. K., 1996: Stop the parade. – BioScience 46: 78-79.
FLAHAULT, C. & C. SCHRÖTER. (eds.), 1910: Phytogeographische Nomenklatur. III. Int. Bot. Kongress, Brüssel 1910. – Zürcher & Furrer, Zürich: 38 S.
FORBES, S. A., 1887: The lake as a microcosm. – Illinois Nat. Hist Surv. Bull. 15: 537-550.
FORMAN, R. T. T. & M. GODRON, 1986: Landscape ecology. – John Wiley & Sons, New York: 619 S.
FORTIN, M.-J., P. DRAPEAU & G. M. JACQUEZ, 1996: Quantification of spatial co-occurences of ecological boundaries. – Oikos 77: 51-60.
FORTIN, M.-J. & P. DRAPEU, 1995: Delineation of ecological boundaries: comparison of approaches and significance tests. – Oikos 72: 323-332.
FOSBERG, F. R., 1967: A classification of vegetation for general purposes. – In: PROGRAMME, I. B. (ed.): A guide to the checksheet for IBP areas. IBP Handbook 4. – Blackwell, Oxford: 73-120.
FRANZ, H., 1950: Qualitative und quantitative Untersuchungsmethoden in Biozönotik und Ökologie. – Acta biotheor. 9: 101-114.
FREEMUTH, J. & R. M. CAWLEY, 1993: Ecosystem management: The relationship among science, land managers, and the public. – The George Wright Forum 10: 26-32.
FREY, G. & E. SCHEERER, 1984: Operationalismus. – In: RITTER, J. (ed.): Historisches Wörterbuch der Philosophie. Basel, Stuttgart: 1216-1222.
FRIEDERICHS, K., 1927: Grundsätzliches über die Lebenseinheiten höherer Ordnung und den ökologischen Einheitsfaktor. – Naturwissenschaften 8: 153-157, 182-186.
FRIEDERICHS, K., 1929: Gedanken zur Biocönologie, insbesondere über die soziale Frage im Tierreich. – Sitzungsber. Abh. Naturfor. Ges. Rostock 3. Folge, Bd. 2, 1927/28: 47-57.
FRIEDERICHS, K., 1930: Die Grundfragen und Gesetzmäßigkeiten der land- und forstwirtschaftlichen Zoologie, insbesondere der Entomologie. Erster Band: Ökologischer Teil. – Paul Parey, Berlin: 417 S.
FRIEDERICHS, K., 1937: Ökologie als Wissenschaft von der Natur oder biologische Raumforschung. – Bios 7: 1-108.
FRIEDERICHS, K., 1955: Die Selbstgestaltung des Lebendigen. Synoptische Theorie des Lebens als ein Beitrag zu den philosophischen Grundlagen der Naturwissenschaft. – Ernst-Reinhardt Verlag, München: 222 S.
FRIEDERICHS, K., 1957: Der Gegenstand der Ökologie. – Studium generale 10: 112-144.
FRIEDERICHS, K., 1958: A definition of ecology and some thoughts about basic concepts. – Ecology 39: 154-159.
FRIEDERICHS, K., 1963: Über den Gebrauch der Worte und Begriffe "Gesellschaft" und "Soziologie" in verschiedenen Sparten der Wissenschaft. – Kölner Z. Soziol. Sozialpsychol. 15: 449-461.
FRIES, T. C. E., 1925: Über primäre und sekundäre Standortsbedingungen. – Svensk Botanisk Tidskrift 19: 49-69.
FROST, T. M., D. L. DEANGELIS, S. M. BARTELL, D. J. HALL & S. H. HURLBERT, 1988: Scale in the design and interpretation of aquatic community research. – In: CARPENTER, S. R. (ed.): Complex interactions in lake communities. New York, Berlin: 229-258.
GAMS, H., 1918: Prinzipienfragen der Vegetationsforschung. Ein Beitrag zur Begriffsklärung und Methodik der Biocoenologie. – Vierteljahrsschr. Naturf. Ges. Zürich 63: 293-493.
GAUCH, H. G. J., 1982: Multivariate analysis in community ecology. – Cambridge University Press, Cambridge: 298 S.
GERARD, R. W., 1965: Intelligence, information, and education. – Science 148: 762-765.
GIGON, A., 1983: Über das biologische Gleichgewicht und seine Beziehungen zur ökologischen Stabilität. – Ber. Geobot. Inst. ETH, Stiftung Rübel (Zürich) 50: 149-177.

GILLER, P. S. & J. H. R. GEE, 1987: The analysis of community organization: The influence of equilibrium, scale and terminology. – In: GEE, J. H. R. & GILLER, P. S. (eds.): Organisation of communities past and present. – Blackwell, Oxford: 519-542.

GISIN, H., 1943: Ökologie und Lebensgemeinschaften der Collembolen im Schweizerischen Exkursionsgebiet Basels. – Rev. Suisse Zool. 50: 131-224.

GISIN, H., 1952: Die ökologische Forschung und die Lebensgemeinschaften. – Scientia 46: 151-155.

GLEASON, H. A., 1917: The structure and development of the plant association. – Bull. Torrey Bot. Club 44: 463-481.

GLEASON, H. A., 1926: The individualistic concept of the plant association. – Bull. Torrey Bot. Club 53: 7-26.

GLEASON, H. A., 1939: The individualistic concept of the plant association. – Am. Midl. Nat. 21: 92-110.

GLEASON, H. A., 1975: Delving into the history of American ecology. – Bull. Ecol. Soc. Am. 56: 7-10.

GLICK, D., M. CARR & B. HARTING, 1991: An environmental profile of the Greater Yellowstone Ecosystem. – Greater Yellowstone Coalition, Bozeman, Montana: 132 S.

GOLLEY, F. B., 1993: A history of the ecosystem concept in ecology. More than the sum of its parts. – Yale University Press, New Haven: 254 S.

GÖTSCHL, J., 1980: Artikel "Theorie". – In: SPECK, J. (ed.): Handbuch wissenschaftstheoretischer Begriffe. – Vandenhoek & Ruprecht, Göttingen: 636-646.

GOULD, F. & R. E. STINNER, 1984: Insects in heterogenous habitats. – In: HUFFAKER, C. B. & RABB, R. L. (eds.): Ecological entomology. – Wiley, New York: 427-449.

GRAHAM, S. A., 1925: The felled tree trunk as an ecological unit. – Ecology 6: 397-411.

GREATER YELLOWSTONE COORDINATING COMMITTEE (GYCC), 1987: An aggregation of national park and national forest management plans.

GREATER YELLOWSTONE COORDINATING COMMITTEE (GYCC), 1990: Vision for the future. A framework for coordination in the Greater Yellowstone area. Draft. – Billings, Montana.

GREATER YELLOWSTONE COORDINATING COMMITTEE, 1991: A framework for coordination of national parks and national forests in the Greater Yellowstone area. – Billings, Montana.

GREENLEE, J. M. (ed.) 1996: The ecological implications of fire in Greater Yellowstone. Proceedings of the second biennial conference on the Greater Yellowstone Ecosystem. Yellowstone National Park September 19-21, 1993. – International Association of Wildland Fire, Fairfield, Washington: 235 S.

GRIME, J. P., 1979: Plant strategies and vegetation processes. – Wiley & Sons, Chichester: 222 S.

GRIMM, V., 1994: Stabilitätskonzepte in der Ökologie: Terminologie, Anwendbarkeit und Bedeutung für die ökologische Modellierung. Dissertation, Universität Marburg. 161 S. – Marburg.

GRIMM, V. & C. WISSEL, 1997: Babel, or the ecological stability discussions: an inventory and analysis of terminology and a guide for avoiding confusion. – Oecologia 109: 323-334.

GRISEBACH, A., 1880: Über den Einfluß des Klimas auf die Begrenzung der natürlichen Floren. – In: GRISEBACH, A. (ed.): Gesammelte Abhandlungen und kleinere Schriften zur Pflanzengeographie. – Verlag von Wilhelm Engelmann, Leipzig: 1-29.

GRUMBINE, R. E., 1994: What is ecosystem management? – Conserv. Biol. 8: 27-38.

HAECKEL, E., 1866: Generelle Morphologie der Organismen. – Georg Reimer, Berlin: 604 S.

HAGEN, J. B., 1986: Ecologists and taxonomists: divergent traditions in twentieth- century plant geography. – J. Hist. Biol. 19: 197-214.

HAGEN, J. B., 1992: An entangled bank. The origins of ecosystem ecology. – Rutgers University Press, New Brunswick: 245 S.

HAILA, Y., 1986: On the semiotic dimension of ecological theory: The case of island biogeography. – Biol. Philos. 1: 377-387.

HAILA, Y., 1990: Towards an ecological definition of an island: a northwest European perspective. – J. Biogeogr. 17: 561-568.

HAILA, Y. & O. JÄRVINEN, 1982: The role of theoretical concepts in understanding the ecological theatre: a case study on island biogeography. – In: SAARINEN, E. (ed.): Conceptual issues in ecology. – D. Reidel, Dordrecht: 261-278.

HAINES, A. L., 1996a: The Yellowstone story. A history of our first national park. Vol. 1. – University Press of Colorado, Niwot, Colorado: 543 S.

HAINES, A. L., 1996b: The Yellowstone story. A history of our first national park. Vol. 2. – University Press of Colorado, Niwot, Colorado: 385 S.

HALL, S. J. & D. G. RAFFAELLI, 1993: Food webs: theory and reality. – Advances in ecological research 24: 187-239.
HARPER, J. L., 1977: Population biology of plants. – Academic Press, London: 892 S.
HARPER, J. L., 1982: After description. – In: NEWMAN, E. J. (ed.): The plant community as a working mechanism. – Blackwell, Oxford: 11-25.
HARRINGTON, A., 1996: Reenchanted science. Holism in German culture from Wilhelm II to Hitler. – Princeton University Press, Princeton: 309 S.
HARVEY, D., 1969: Explanation in Geography. – Edward Arnold, London: 521 S.
HEATWOLE, H., 1989: The concept of the econe, a fundamental ecological unit. – Trop. Ecol. 30: 13-19.
HEMPEL, C. G., 1974: Grundzüge der Begriffsbildung in der empirischen Wissenschaft. – Bertelsmann Universitätsverlag, Düsseldorf: 104 S.
HESSE, R., 1924: Tiergeographie auf ökologischer Grundlage. – Gustav Fischer, Jena: 613 S.
HESSE, R., W. C. ALLEE & K. P. SCHMIDT, 1951: Ecological animal geography. – John Wiley & Sons, London.
HOBBS, R. J. & D. A. NORTON, 1996: Towards a conceptual framework for restoration ecology. – Restoration Ecology 4: 93-110.
HOFFMEISTER, J., 1955: Wörterbuch der philosophischen Begriffe. – 2. Auflage; Felix Meiner, Hamburg: 687 S.
HOUSTON, D. B., 1971: Ecosystems of National Parks. – Science 172: 648-651.
HOUSTON, D. B., 1981: Yellowstone elk: some thoughts on experimental management. – Pacific Park Science 1: 4-6.
HOUSTON, D. B., 1982: The northern Yellowstone elk. Ecology and managment. – Macmillan, New York: 474 S.
HUFF, D. E., 1995: Ecosystem management: panacea or panic button? – In: LINN, R. M. (ed.): Sustainable society and protected areas. Contributed papers of the 8th conference on research and resource management in parks and on public lands, April 17-21, Portland, Orgeon. – George Wright Society, Michigan: 93-97.
HULL, D. L., 1968: The operational imperative: sense and nonsense in operationism. – Syst. Zool. 17: 438-457.
HULL, D. L., 1994: A matter of individuality. – In: SOBER, E. (ed.): Conceptual issues in evolutionary biology. – MIT-Press, Cambridge/Mass.: 193-215.
HULL, D. L., 1997: The ideal species concept – and why we can't get it. – In: CLARIDGE, M. F., DAWAH, H. A. & WILSON, M. R. (eds.): Species: the units of biodiversity. – Chapman & Hall, London: 357-380.
HUMBOLDT, A. V., 1960 (Original 1807): Ideen zu einer Geographie der Pflanzen. – In: DITTRICH, M. (ed.): Ideen zu einer Geographie der Pflanzen. – Akademische Verlagsgesellschaft Geest & Portig, Leipzig: 29-50.
HUTCHINSON, G. E., 1957: Concluding remarks. – Cold Spring Harbor Symp. Quant. Biol. 22: 415-427.
HUTCHINSON, G. E., 1965: The ecological theater and the evolutionary play. – Yale University Press, New Haven & London: 139 S.
HUTCHINSON, G. E., 1967: A treatise on limnology. Vol. 2: Introduction to lake biology and limnoplankton. – Wiley, New York.
HUTCHINSON, G. E., 1978: An introduction to population ecology. – Yale University Press, New Haven & London: 260 S.
ILLIES, J., 1971: Einführung in die Tiergeographie. – Gustav Fischer, Stuttgart: 91 S.
IUCN, 1994: Guidelines for protected area management categories. – IUCN, Gland, Switzerland and Cambridge, UK: 261 S.
JAX, K., 1990: Untersuchungen zur Populations- und Besiedlungsdynamik von Rhizopodengemeinschaften des Aufwuchses. Dissertation, Universität Bonn. 139 S. – Bonn.
JAX, K., 1992: Investigations on succession and longterm dynamics of Testacea assemblages (Protozoa: Rhizopoda) in the Aufwuchs of small bodies of water. – Limnologica 22: 299-328.
JAX, K., 1994a: Das ökologische Babylon. – Bild Wiss. 9/1994: 92-95.
JAX, K., 1994b: Mosaik-Zyklus und patch-dynamics: Synonyme oder verschiedene Konzepte? Eine Einladung zur Diskussion. – Z. Ökol. Natursch. 3: 107-112.
JAX, K., 1996: Über die Leblosigkeit ökologischer Systeme. Gedanken zur Rolle des individuellen Organismus in der Ökologie. – In: INGENSIEP, H.-W. & HOPPE-SAILER, R. (eds.): NaturStücke. – Edition Tertium, Ostfildern: 209-230.
JAX, K., 1997: On functional attributes of testate amoebae in the succession of freshwater Aufwuchs. – Europ. J. Protistol. 33: 219-226.

JAX, K., 1998: Holocoen and ecosystem. On the origin and historical consequences of two concepts. – J. Hist. Biol. 31: 113-142.
JAX, K., 1999: Natürliche Störungen: ein wichtiges Konzept für Ökologie und Naturschutz? – Z. Ökologie u. Naturschutz 7: 241-253.
JAX, K., 2000a: History of ecology. – In: Encyclopedia of Life Sciences. – MacMillan, London.
JAX, K., 2000b: Verschiedene Verständnisse des Funktionsbegriffs in den Umweltwissenschaften. – In: JAX, K. (ed.): Funktionsbegriff und Unsicherheit in der Ökologie. – Peter Lang, Frankfurt, Berlin: 7-17.
JAX, K., 2001a: Charles Sutherland Elton. – In: SCHMITT, M. & JAHN, I. (eds.): Darwin & Co. Eine Geschichte der Biologie in Portraits. – Beck, München: 233-250, 533-534.
JAX, K., 2001b: Zur Transformation ökologischer Fachbegriffe beim Eingang in Verwaltungsnormen und Rechtstexte: das Beispiel des Ökosystem-Begriffs. – In: BOBBERT, M., DÜWELL, M. & JAX, K. (eds.): Umwelt, Ethik & Recht. – Francke-Verlag, Tübingen: (im Druck).
JAX, K., C. G. JONES & S. T. A. PICKETT, 1998: The self-identity of ecological units. – Oikos 82: 253-264.
JAX, K. & R. ROZZI, 2002: Ecological theory and values in conservation biology: two key elements for the determination of conservation goals. – (in Vorbereitung).
JAX, K., E. VARESCHI & G.-P. ZAUKE, 1993: Entwicklung eines theoretischen Konzepts zur Ökosystemforschung Wattenmeer. – UBA-Texte 47/93: 1-138.
JAX, K. & G.-P. ZAUKE, 1992: Maßstäbe in der Ökologie – ein vernachlässigter Konzeptbereich. – Verh. Ges. Ökol. 21: 23-30.
JAX, K., G.-P. ZAUKE & E. VARESCHI, 1992: Remarks on terminology and the descriptions of ecological systems. – Ecol. Modell. 63: 133-141.
JONES, C. G. & J. H. LAWTON. (eds.), 1995: Linking species and ecosystems. – Chapman & Hall, New York: 387 S.
JONES, C. G., J. H. LAWTON & M. SHACHAK, 1994: Organisms as ecosystem engineers. – Oikos 69: 373-386.
JONES, C. G., J. H. LAWTON & M. SHACHACK, 1997: Positive and negative effects of organisms as physical ecosystem engineers. – Ecology 78: 1946-1957.
JONES, N. S., 1950: Marine bottom communities. – Biol. Rev. 25: 283-313.
JONGMAN, R. H. G., C. F. J. TER BRAAK & O. F. R. VAN TONGEREN, 1987: Data analysis in community and landscape ecology. – Pudoc, Wageningen: 299 S.
JORDAN, C. F., 1981: Do ecosystems exist? – Am. Nat. 118: 284-287.
JORDAN, W. R., M. E. GILPIN & J. D. ABER. (eds.), 1987: Restoration ecology. A synthetic approach to ecological research. – Cambridge University Press, Cambridge: 342 S.
JØRGENSEN, S. E., B. C. PATTEN & M. STRASKRABA, 1992: Ecosystems emerging: toward an ecology of complex systems in a complex future. – Ecol. Modell. 62: 1-27.
JUDAY, C., 1940: The annual energy budget of an inland lake. – Ecology 21: 438-450.
KAY, C. E., 1990: Yellowstone's northern elk herd: a criticial evaluation of the "natural regulation paradigm". Dissertation, Utah State University. – Logan.
KAY, C. E., 1995: Aboriginal overkill and native burning. Implications for modern ecosystem management. – In: LINN, R. (ed.): Sustainable society and proteced areas: Contributed papers of the 8th conference on research and resource management in parks and on public lands, April 17-21, 1995, Portland, Oregon. – The George Wright Society: 107-118.
KAY, C. E., 1997a: Viewpoint: Ungulate herbivory, willows, and political ecology in Yellowstone. – J. Range Management 50: 139-145.
KAY, C. E., 1997b: A selection of photographs and text from: Yellowstone: ecological malpractice. – PERC Reprots Special Issue June 1997: 5-39.
KEDDY, P. A., 1993: Do ecological communities exist? A reply to Bastow Wilson. – J. Veg. Sci. 4: 135-136.
KEITER, R. B. & M. S. BOYCE. (eds.), 1991: The Greater Yellowstone Ecosystem. Redefining America's wilderness heritage. – Yale University Press, New Haven: 430 S.
KINCAID, H., 1993: The empirical nature of the individualism-holism dispute. – Synthese 97: 229-247.
KINGSLAND, S. E., 1985: Modeling nature. Episodes in the history of population ecology. – University of Chicago Press, Chicago: 267 S.
KLIJN, F. & H. A. UDO DE HAES, 1994: A hierarchical approach to ecosystems and its implication for ecological land classification. – Landscape Ecol. 9: 89-104.
KLÖTZLI, F., 1993: Ökosystem. – In: KUTTLER, W. (ed.): Handbuch zur Ökologie. – Analytica, Berlin: 288-295.

KLÜVER, J., 1980: Operationalisierung. – In: SPECK, J. (ed.): Handbuch wissenschaftstheoretischer Begriffe. – Vandenhoek & Ruprecht, Göttingen: 464-465.
KLÜVER, J., 1992: Operationalismus. – In: SEIFFERT, H. & RADNITZKY, G. (eds.): Handlexikon zur Wissenschaftstheorie. – dtv, München: 236-240.
KNIGHT, D. H., 1991: The Yellowstone fire controversy. – In: KEITER, R. B. & BOYCE, M. S. (eds.): The Greater Yellowstone Ecosystem. Redefining America's wilderness heritage. – Yale University Press, New Haven: 87-103.
KNIGHT, R. L. & D. P. SWANEY, 1981: In defense of ecosystems. – Am. Nat. 117: 991-992.
KOEPCKE, H.-W., 1956: Zur Analyse der Lebensformen. – Bonner zool. Beitr. 7: 151-185.
KOEPKE, H.-W., 1971-1973: Die Lebensformen. – Goecke & Evers, Krefeld.
KÖHLER, W., 1924: Die physischen Gestalten in Ruhe und im stationären Zustand. Eine naturphilosophische Untersuchung. – Verlag der Philosophischen Akademie Erlangen, Erlangen: 263 S.
KOLASA, J. & S. T. A. PICKETT. (eds.), 1991: Ecological heterogeneity. – Springer, New York.
KOLASA, J. & S. T. A. PICKETT, 1992: Ecosystem stress and health: an expansion of the conceptual basis. – J. Aquat. Ecosystem Health 1: 7-13.
KOTLIAR, N. B. & J. A. WIENS, 1990: Multiple scales of patchiness and patch structure: a hierarchical framework for the study of heterogeneity. – Oikos 59: 253-260.
KRATOCHWIL, A. (ed.) 1988: 1. Tagung des Arbeitskreises "Biozönologie" in der Gesellschaft für Ökologie in Freiburg i. Brsg. vom 14.-15. Mai 1988. – Freiburg i. Brsg.,: 103 S.
KRATOCHWIL, A. (ed.) 1991: 2. Tagung des Arbeitskreises "Biozönologie" in Freiburg vom 6.-7. Mai 1989. -: 176 S.
KRATOCHWIL, A., 1991: Die Stellung der Biozönologie in der Biologie, ihre Teildisziplinen und ihre methodischen Ansätze. – Beih. 2. Verh. Ges. Ökol. 2: 9-44.
KRATOCHWIL, A. & A. SCHWABE, 2001: Ökologie der Lebensgemeinschaften: Biozönologie. – Ulmer, Stuttgart: 756 S.
KREBS, C. J., 1985: Ecology. The experimental analysis of distribution and abundance. – Harper & Row, New York: 800 S.
KUHN, T. S., 1976: Die Struktur wissenschaftlicher Revolutionen. – Suhrkamp, Frankfurt/Main: 239 S.
KÜHNELT, W., 1943a: Die Leitformenmethode in der Ökologie der Landtiere. – Biol. gen. 17: 106-146.
KÜHNELT, W., 1943b: Über die Beziehungen zwischen Tier- und Pflanzengesellschaften. – Biol. gen. 17: 566-593.
KULLA, B., 1979: Angewandte Systemwissenschaft. – Physica-Verlag, Würzburg, Wien: 215 S.
LACKEY, R. T., 1998: Ecosystem management: desperately seeking a paradigm. – J. Soil Water Conserv. 53: 92-94.
LAKATOS, I., 1974: Falsifikation und die Methodologie wissenschaftlicher Forschungsprogramme. – In: LAKATOS, I. & MUSGRAVE, A. (eds.): Kritik und Erkenntisfortschritt. – Vieweg, Braunschweig: 89-189.
LAMPERT, W. & U. SOMMER, 1993: Limnoökologie. – Thieme, Stuttgart: 440 S.
LAWTON, J. H., 1989: Food webs. – In: CHERRETT, J. M. (ed.): Ecological concepts. – Blackwell, Oxford: 43-78.
LEOPOLD, A., 1949: The Land Ethic. – In: LEOPOLD, A. (ed.): A sand county almanach and sketches here and there. – Oxford University Press, New York: 201-226.
LEOPOLD, A. S., S. A. CAIN, C. M. COTTHAM, I. M. GABRIELSON & T. L. KIMBALL, 1963: Wildlife management in the national parks. – Transactions North Amer. Wildlife Nat. Res. Conference 28: 28-45.
LESER, H., 1984: Zum Ökologie-, Ökosystem- und Ökotopbegriff. – Natur Landsch. 59: 351-357.
LESER, H., 1991: Ökologie wozu? Der graue Regenbogen oder Ökologie ohne Natur. – Springer, Berlin: 362 S.
LESER, H., B. STREIT, H.-D. HAAS, J. HUBER-FRÖHLI, T. MOSIMANN & R. PAESLER, 1993: Diercke Wörterbuch Ökologie und Umwelt. – dtv/Westermann, München, Braunschweig.
LEVIN, S. A., 1992: The problem of pattern and scale in ecology. – Ecology 73: 1943-1967.
LIKENS, G. E., 1992: The ecosystem approach: its use and abuse. – Ecology Institute, Oldendorf/Luhe: 166 S.
LIKENS, G. E. & F. H. BORMANN, 1995: Biogeochemistry of a forested ecosystem. – 2. Auflage; Springer, New York: 159 S.
LILIENFELD, R., 1978: The rise of systems theory. An ideological analysis. – John Wiley & Sons, New York: 292 S.
LINDEMAN, R. L., 1941: Seasonal food-cycle dynamics in a senescent lake. – Am. Midl. Nat. 26: 636-673.
LINDEMAN, R. L., 1942: The trophic-dynamic aspect of ecology. – Ecology 23: 399-417.

LINDROTH, A., 1935: Die Assoziationen der marinen Weichböden. Eine Kritik auf Grund von Untersuchungen im Gullmars-Fjord, Westschweden. – Zool. Bidrag Uppsala 15: 331-363.
LORENZ, J. R., 1863: Physicalische Verhältnisse und Vertheilung der Organismen im Quarnerischen Golfe. – Kaiserlich Königliche Hof- und Staatsdruckerei, Wien: 379 S.
LOVELOCK, J., 1979: Gaia. A new look on earth. – Oxford University Press, Oxford: 148 S.
MACARTHUR, R. H., 1971: Patterns of terrestrial bird communities. – In: FARNER, D. S. & KING, J. R. (eds.): Avian biology. – Academic Press, New York: 189-221.
MACARTHUR, R. H. & E. O. WILSON, 1967: Biogeographie der Inseln. – Goldmann, München.
MACFADYEN, A., 1963: Animal ecology. Aims and methods. – 2. Auflage; Pitman & Sons, London: 344 S.
MACMAHON, J. A., D. L. PHILLIPS, J. V. ROBINSON & D. J. SCHIMPF, 1978: Levels of biological organization: an organism-centered approach. – BioScience 28: 700-704.
MAJOR, J., 1958: Plant ecology as a branch of botany. – Ecology 38: 352-363.
MALLET, J., 1995: A species definition for the modern synthesis. – Trends Ecol. Evol. 10: 294-299.
MARGALEF, R., 1968: Perspectives in ecological theory. – The University of Chicago Press, Chicago, London: 111 S.
MARÍN, V. H., 1997: General system theory and the ecosystem concept. – Bull. Ecol. Soc. Am. 78: 102-104.
MATHES, K., B. BRECKLING & K. EKSCHMITT. (eds.), 1996: Systemtheorie in der Ökologie. – Ecomed, Landsberg: 128 S.
MAYR, E., 1984: Die Entwicklung der biologischen Gedankenwelt. Vielfalt, Evolution und Vererbung. – Springer, Berlin, Heidelberg: 766 S.
MCCLELLAND, B. R., 1968: The ecosystem – a unifying concept for the management of natural areas in the national park system. Dissertation, Colorado State University. – Fort Collins, Colorado.
MCINTOSH, R. P., 1967: The continuum concept of vegetation. – Bot. Rev. 33: 130-187.
MCINTOSH, R. P., 1975: H. A. Gleason – "Individualistic ecologist" 1882-1975 : His contributions to ecological theory. – Bull. Torrey Bot. Club 102: 253-273.
MCINTOSH, R. P., 1982: The background and some current problems of theoretical ecology. – In: SAARINEN, E. (ed.): Conceptual issues in ecology. – D. Reidel, Dordrecht: 1-61.
MCINTOSH, R. P., 1985: The background of ecology. Concept and theory. – Cambridge University Press, Cambridge: 383 S.
MCINTOSH, R. P., 1987: Pluralism in ecology. – Annu. Rev. Ecol. Syst. 18: 321-341.
MCINTOSH, R. P., 1995: H.A. Gleason's 'individualistic concept' and theory of animal communties: a continuing controversy. – Biol. Rev. 70: 317-357.
MCMILLAN, C., 1956: The status of plant ecology and plant geography. – Ecology 37: 600-602.
MCNAUGHTON, S. J., 1989: Ecosystems and conservation in the twenty-first century. – In: WESTERN, D. & PEARL, M. (eds.): Conservation for the twenty-first century. – Oxford University Press, New York: 109-120.
MCNAUGHTON, S. J. & M. B. COUGHENOUR, 1981: The cybernetic nature of ecosystems. – Am. Nat. 117: 985-990.
MEAGHER, M. & D. B. HOUSTON, 1998: Yellowstone and the biology of time. – University of Oklahoma Press, Norman.
MEFFE, G. K. & C. R. CARROLL, 1997: Principles of conservation biology. – Sinauer Associates, Sunderland, Mass.: 729 S.
METZGER, W., 1974: Gestalt. – In: RITTER, J. (ed.): Historisches Wörterbuch der Philosophie. Basel, Stuttgart: 547-548.
METZGER, W., 1986: Zur Geschichte der Gestalttheorie in Deutschland (1963). – In: STADLER, M. & CRABUS, H. (eds.): Wolfgang Metzger: Gestaltpsychologie. – Verlag Waldemar Kramer, Frankfurt/Main: 99-108.
MEYER-ABICH, A., 1941: Hauptgedanken des Holismus. – Acta biotheor. 5: 85-116.
MILLS, E. L., 1969: The community concept in marine zoology, with comments on continua and instability in some marine communities: a review. – J. Fish. Res. Board Can. 26: 1415-1428.
MILLS, L. S., M. E. SOULÉ & D. F. DOAK, 1993: The keystone-species concept in ecology and conservation. – BioScience 43: 219-224.
MIRKIN, B. M., 1994: Which plant communities do exist? – J. Veg. Sci. 5: 283-284.
MITMAN, G., 1992: The state of nature. Ecology, community, and American social thought, 1900-1950. – University of Chicago Press, Chicago: 290 S.
MITSCH, W. J. & S. E. JØRGENSEN. (eds.), 1989: Ecological engineering. An introduction to ecotechnology. – Wiley, New York.

MITSCH, W. J. & S. E. JØRGENSEN, 1989: Introduction to ecological engineering. – In: MITSCH, W. J. & JØRGENSEN, S. E. (eds.): Ecological engineering. An introduction to ecotechnology. – Wiley, New York: 3-12.
MITTELSTRAß, J. (ed.) 1984: Enzyklopädie Philosophie und Naturwissenschaften. – Bibliographisches Institut, Mannheim.
MÖBIUS, K. A., 1877: Die Auster und die Austernwirtschaft. – Wiegandt, Hempel & Parey, Berlin: 126 S.
MÖBIUS, K. A., 1886: Die Bildung, Geltung und Bezeichnung der Artbegriffe und ihr Verhältnis zur Abstammungslehre. – Zool. Jb. Syst. 1: 241-274.
MOSS, C. E., 1910: The fundamental units of vegetation. – New Phytologist 9: 18-53.
MUELLER-DOMBOIS, D. & H. ELLENBERG, 1974: Aims and methods of vegetation ecology. – Wiley, New York: 547 S.
MÜLLER, F., 1997: State-of-the-art in ecosystem theory. - Ecol. Modell. 100: 135-161.
MÜLLER, K., 1996: Allgemeine Systemtheorie. Geschichte, Methodologie und sozialwissenschaftliche Heuristik eines Wissenschaftsprogramms. – Westdeutscher Verlag, Opladen: 381 S.
MÜLLER, P., 1980: Biogeographie. – Eugen Ulmer, Stuttgart: 414 S.
MURIE, A., 1940: Ecology of the coyote in the Yellowstone. – United States Government Printing Office, Washington D.C.: 206 S.
NATIONAL PARK SERVICE, 1968: Administrative policies for natural areas of the National Park System. – U.S. Government Printing Office, Washington, D.C.: 138 S.
NATIONAL PARK SERVICE, 1978: Management policies. – U.S. Government Printing Office, Washington, D.C.
NATIONAL PARK SERVICE, 1988: Management policies. – U.S. Government Printing Office, Washington, D.C.
NEEDHAM, J., 1928: Organicism in biology. – J. philos. Studies 3: 29-40.
NICHOLS, G. E., 1923: A working basis for the ecological classification of plant communities. – Ecology 4: 11-23, 154-179.
NICHOLSON, A. J., 1957: The self-adjustment of populations to change. – Cold Spring Harbor Symp. Quant. Biol. 22: 153-173.
NOBLE, J. R. & R. O. SLATYER, 1980: The use of vital attributes to predict successional changes in plant communities subject to recurrent disturbances. – Vegetatio 43: 5-21.
NORTON, B. G., 1992: A new paradigm for environmental management. – In: COSTANZA, R., NORTON, B. G. & HASKELL, B. D. (eds.): Ecosystem health. New goals for environmental management. – Island Press, Washington D.C.: 23-41.
O'NEILL, R. V., D. L. DEANGELIS, J. B. WAIDE & T. F. H. ALLEN, 1986: A hierarchical concept of ecosystems. – Princeton University Press, Princeton: 253 S.
OBERDORFER, E., 1995: Lebenserinnerungen des Pflanzensoziologen E.O. – Gustav Fischer, Jena: 94 S.
ODUM, E. P., 1953: Fundamentals of ecology. – 1. Auflage; W.B. Saunders, Philadelphia: 384 S.
ODUM, E. P., 1959: Fundamentals of ecology. – 2. Auflage; W.B. Saunders, Philadelphia: 546 S.
ODUM, E. P., 1962: Relationship between structure and function in the ecosystem. – Japn. J. Ecol. 12: 108-118.
ODUM, E. P., 1969: The strategy of ecosystem development. – Science 164: 262-270.
ODUM, E. P., 1971: Fundamentals of ecology. – 3. Auflage; W.B. Saunders, Philadelphia: 574 S.
ODUM, H. T., 1971: Environment, power and society. – Wiley Interscience, New York: 331 S.
ODUM, H. T., 1983: Systems ecology. An introduction. – Wiley, New York: 644 S.
ORIANS, G. H., 1975: Diversity, stability and maturity in natural ecosystems. – In: DOBBEN, W. H. V. (ed.): Unifying concepts in ecology. – Jungk, The Hague: 139-150.
O'NEIL, R., 1997: Intrinsic value, moral standing, and species. – Environ. Ethics 19: 45-52.
PACE, M. L., S. R. CARPENTER & P. A. SORANNO, 1995: Population variability in experimental ecosystems. – In: JONES, C. G. & LAWTON, J. H. (eds.): Linking species and ecosystems. – Chapman & Hall, New York: 61-71.
PAINE, R. T., 1980: Food-webs: linkage, interaction strength and community infrastructure. – J. Anim. Ecol. 49: 667-685.
PALKA SANTINI, M. & L. PALKA, 1997: Microbial ecosystem in humans or animals? – Bull. Ecol. Soc. Am. 78: 298-299.
PALMER, M. W. & P. S. WHITE, 1994: On the existence of ecological communities. – J. Veg. Sci. 5: 279-282.

PALMGREN, P., 1928: Zur Synthese pflanzen- und tierökologischer Untersuchungen. – Acta Zool. Fenn. 6: 4-51.
PARK, T., 1946: Some obervations on the history and scope of population ecology. – Ecol. Monogr. 16: 313-320.
PATTEN, B. C. & E. P. ODUM, 1981: The cybernetic nature of ecosystems. – Am. Nat. 118: 886-895.
PAVILLARD, J., 1935: The present status of the plant association. – Bot. Rev. 1: 210-232.
PETERS, R. H., 1982: Useful concepts for predictive ecology. – In: SAARINEN, E. (ed.): Conceptual issues in ecology. – D. Reidel, Dordrecht: 215-227.
PETERS, R. H., 1983: The ecological implications of body size. – Cambridge University Press, Cambridge: 329 S.
PETERS, R. H., 1991: A critique for ecology. – Cambridge University Press, Cambridge: 366 S.
PETERSEN, C. G. J., 1913: Valuation of the sea. II. The animal communities of the sea- bottom and their importance for marine zoogeography. – Report of the Danish Biological Station to the Board of Agriculture 21: 1-44.
PETERSON, D. L. & V. T. PARKER. (eds.), 1999: Ecological scale: theory and applications. – Columbia University Press, New York: 615 S.
PEUS, F., 1954: Auflösung der Begriffe "Biotop" und "Biozönose". – Dt. Entomol. Zeitsch. NF 1: 271-308.
PHILLIPS, D. C., 1970: Organicism in the late nineteenth and early twentieth centuries. – J. Hist. Ideas 31: 413-432.
PHILLIPS, J., 1931: The biotic community. – J. Ecol. 19: 1-24.
PHILLIPS, J., 1934: Succession, development, the climax, and the complex organism: an analysis of concepts. Part I. – J. Ecol. 22: 554-571.
PHILLIPS, J., 1935a: Succession, development, the climax, and the complex organism: an analysis of concepts. Part II. Development and the climax. – J. Ecol. 23: 210-246.
PHILLIPS, J., 1935b: Succession, development, the climax, and the complex organism: an analysis of concepts. Part III: The complex organism: conclusions. – J. Ecol. 23: 488-508.
PICKETT, S. T. A., J. KOLASA & C. G. JONES, 1994: Ecological understanding. – Academic Press, San Diego: 206 S.
PICKETT, S. T. A. & R. S. OSTFELD, 1995: The shifting paradigm in ecology. – In: KNIGHT, R. L. & BATES, S. F. (eds.): A new century for natural resources management. – Island Press, Washington, D.C.: 261-278.
PICKETT, S. T. A., V. T. PARKER & P. L. FIEDLER, 1992: The new paradigm in ecology: implications for conservation biology above the species level. – In: FIEDLER, P. L. & JAIN, S. K. (eds.): Conservation biology. The theory and practice of conservation, preservation and management. – Chapman & Hall, New York: 65-88.
PIMM, S. L., 1982: Food webs. – Chapman & Hall, London, New York: 219 S.
PIMM, S. L., 1984: The complexity and stability of ecosystems. – Nature 307: 321-326.
PLACHTER, H., 1991: Naturschutz. – Gustav Fischer, Stuttgart und Jena: 463 S.
PLACHTER, H., 1996: Bedeutung und Schutz ökologischer Prozesse. – Verh. Ges. Ökol. 26: 287-303.
PLATT, J., 1969: Theorems on boundaries in hierarchical systems. – In: WHYTE, L. L., WILSON, A. G. & WILSON, D. (eds.): Hierarchical structures. – Elsevier, New York: 201-213.
POTTHAST, T., 1999: Die Evolution und der Naturschutz. Zum Verhältnis von Evolutionsbiologie, Ökologie und Naturethik. – Campus, Frankfurt: 307 S.
POTTHAST, T., 2000: Funktionssicherung und/oder Aufbruch ins Ungewisse? Anmerkungen zum Prozeßschutz. – In: JAX, K. (ed.): Funktionsbegriff und Unsicherheit in der Ökologie. – Peter Lang, Frankfurt/Main: 65-81.
PRITCHARD, J. A., 1999: Preserving Yellowstone's natural conditions. Science and the perception of nature. – University of Nebraska Press,, Lincoln, Nebraska: 370 S.
RADNITZKY, G., 1992: Definition. – In: SEIFFERT, H. & RADNITZKY, G. (eds.): Handlexikon zur Wissenschaftstheorie. – dtv, München: 27-33.
RAMENSKY, L. G., 1926: Die Gesetzmäßigkeiten im Aufbau der Pflanzendecke. – Bot. Cbl. N.F. 7: 453-455.
RAPPORT, D. J., 1989: What constitutes ecosystem health? – Perspect. Biol. Med. 33: 120-132.
RAUNKIAER, C., 1934: The life – forms of plants and their bearing on geography. – In: RAUNKIAER, C. (ed.): The life – forms of plants and statistical plant geography. – Claredon Press, Oxford: 2-104.
RAVERA, O., 1984: Considerations on some ecological principles. – In: COOLEY, J. H. & GOLLEY, F. B. (eds.): Trends in ecological research for the 1980s. – Plenum Press, New York, London: 145-162.

REESE, R., 1991: Greater Yellowstone. The National Park and adjacent wildlands. – 2. Auflage; American & World Geographic Publishers, Helena, Montana: 103 S.
REID, N. J., 1968: Ecosystem management in the National Parks. – In: Transactions of the Thirty-Third North American Wildlife and Natural Resources Conference, March 11, 12, 13, 1968. – Wildlife Management Institute, Washington D.C.: 160-169.
REISE, K., 1980: Hundert Jahre Biozönose. Die Evolution eines ökologischen Begriffes. – Naturwiss. Rundsch. 33: 328-335.
REMANE, A., 1940: Grundfragen mariner Biocoenoseforschung. – In: Die Tierwelt der Nord- und Ostsee Bd Ia. – Akademische Verlagsgesellschaft, Leipzig: 32-41.
REMANE, A., 1943: Die Bedeutung der Lebensformtypen für die Ökologie. – Biol. Gen. 17: 164-182.
RENKONEN, O., 1938: Statistisch-ökologische Untersuchungen über die terrestrische Käferwelt der finnischen Bruchmoore. – Annal. Zool. Soc. Zool. Bot. Fenn. Vanamo 6: 1-226.
RESVOY, P., 1924: Zur Definition des Biocönose-Begriffes. – Russ. Hydrobiol. Z. 3: 204-209.
RICHARDS, O. W., 1961: The theoretical and practical study of natural insect populations. – Annu. Rev. Entomol. 6: 147-162.
RICKLEFS, R. E., 1976: The economy of nature. A textbook in basic ecology. – Chiron Press, Portland, Oregon: 455 S.
RIGLER, F. H. & R. H. PETERS, 1995: Science and limnology. – Ecology Institute, Oldendorf/Luhe: 239 S.
RISSER, P. G. E. A., 1992: Science and the national parks. – National Academy Press, Washington, D.C.
RITTER, J. (ed.) 1971 ff.: Historisches Wörterbuch der Philosophie. – Schwabe & Co., Basel, Stuttgart.
ROLSTON, H. I., 1990: Biology and philosophy in Yellowstone. – Biol. Philos. 5: 241-258.
ROOT, R. B., 1967: The niche exploitation pattern of the Blue-gray Gnatcatcher. – Ecol. Monogr. 37: 317-350.
ROOT, R. B., 1973: Organization of a plant-arthropod association in simple and diverse habitats: The fauna of collards (Brassica oleracea). – Ecol. Monogr. 43: 95-120.
ROSENBERG, A., 1985: The structure of biological science. – Cambridge University Press, Cambridge: 281 S.
ROUGHGARDEN, J. & J. M. DIAMOND, 1986: Overview: The role of species interactions in community ecology. – In: DIAMOND, J. M. & CASE, T. J. (eds.): Community ecology. – Harper & Row, New York: 333-343.
ROWE, J. S., 1961: The level-of-integration concept and ecology. – Ecology 42: 420-427.
ROWE, J. S., 1997: Defining the ecosystem. – Bull. Ecol. Soc. Am. 78: 95-97.
ROWE, J. S. & B. V. BARNES, 1994: Geo-ecosystems and bio-ecosystems. – Bull. Ecol. Soc. Am. 75: 40-41.
ROWE, J. S. & J. W. SHEARD, 1981: Ecological land classification: a survey approach. - Environ. Management 5: 451-464.
RÜBEL, E., 1917: Anfänge und Ziele der Geobotanik. – Vierteljahresschr. Naturf. Ges. Zürich 62: 629-650.
RÜBEL, E., 1920: Die Entwicklung der Pflanzensoziologie. – Vierteljahresschr. Naturf. Ges. Zürich 65: 573-604.
RUNDEL, P. W., 1995: The role of species in ecosystems. – Conserv. Biol. 9: 467-469.
RUNTE, A., 1997: National parks. The American experience. – 3. Auflage; University of Nebraska Press, Lincoln, Nebraska: 335 S.
RUSE, M., 1987: Biological species: natural kinds, individuals, or what? – Brit. J. Phil. Sci. 38: 225-242.
SALT, G. W., 1979: A comment on the use of the term emergent properties. – Am. Nat. 113: 145-148.
SATTLER, R., 1986: Biophilosophy – Analytic and holistic perspectives. – Springer, Berlin: 284 S.
SCAMONI, A., 1965: Biogeozönose – Phytozönose. – In: TÜXEN, R. (ed.): Biosoziologie. – W. Junk, Den Haag: 14-22.
SCHAEFER, M. & W. TISCHLER, 1983: Wörterbuch der Biologie: Ökologie. – 2. Auflage; Gustav Fischer Verlag, Stuttgart: 354 S.
SCHENK, G., 1990: Identität/Unterschied. – In: SANDKÜHLER, J. (ed.): Europäische Enzyklopädie zu Philosophie und Wissenschaften. – Felix Meiner, Hamburg: 611-616.
SCHERZINGER, W., 1990: Das Dynamik-Konzept im flächenhaften Naturschutz – Zieldiskussion am Beispiel der Nationalpark-Idee. – Natur u. Landschaft 65: 292-298.
SCHIMPER, A. F. W., 1898: Pflanzengeographie auf physiologischer Grundlage. – Gustav Fischer, Jena: 876 S.
SCHISCHKOFF, G. (ed.) 1961: Philosophisches Wörterbuch. – Kröner, Stuttgart: 656 S.
SCHNELLER, G., 1993: Das Werk August Thienemanns. Die theoretische Begründung und Entwicklung der ökologischen Limnologie und allgemeinen Ökologie zur eigenständigen Wissenschaft. – Peter Lang, Frankfurt, Berlin: 154 S.

SCHOENER, T. W., 1987: Axes of controversy in community ecology. – In: MATTHEWS, W. J. & HEINS, D. C. (eds.): Community and evolutionary ecology of North American stream communities. – University of Oklahoma Press, Norman: 8-16.

SCHOENER, T. W., 1989: The ecological niche. – In: CHERRETT, J. M. (ed.): Ecological concepts. – Blackwell, Oxford: 79-113.

SCHRAMM, E., 1985: Ökosystem und ökologisches Gefüge. – In: BÖHME, G. & SCHRAMM, E. (eds.): Soziale Naturwissenschaft. Wege zu einer Erweiterung der Ökologie. – Fischer Taschenbuch-Verlag, Frankfurt/Main: 63-90.

SCHRÖTER, C. & O. KIRCHNER, 1902: Die Vegetation des Bodensees, 2. Teil. – Kommissionsverlag der Schriften des Vereins der Geschichte des Bodensees und seiner Umgebung von Joh. Thom. Stettner, Lindau i. B.: 86 S.

SCHULLERY, P., 1989: The fires and fire policy. The drama of the 1988 Yellowstone fires generated a review of national policy. – BioScience 39: 686-694.

SCHULLERY, P., 1995: The Greater Yellowstone Ecosystem. – In: U.S. DEPARTMENT OF THE INTERIOR, N. B. S. (ed.): Our living resources. Washington, D.C.: 312-314.

SCHULLERY, P., 1997: Searching for Yellowstone. Ecology and wonder in the last wilderness. – Houghton Mifflin, Boston/New York: 338 S.

SCHULTZ, A. M., 1967: The ecosystem as a conceptual tool in the management of natural resources. – In: CIRIACY-WANTRUP, S. V. & PARSONS, J. J. (eds.): Natural resources. Quality and quantity. – University of California Press, Berkeley: 139-161.

SCHWENKE, W., 1953: Biozönotik und angewandte Entomologie. – Beitr. Entomol. 3, Beiheft: 86-162.

SCHWERDTFEGER, F., 1975: Ökologie der Tiere. Band III.: Synökologie. – Paul Parey, Hamburg & Berlin.

SCHWERDTFEGER, F., 1977: Ökologie der Tiere. Band I.: Autökologie. – 2. Auflage; Verlag Paul Parey, Hamburg und Berlin.

SCHWERDTFEGER, F., 1979: Ökologie der Tiere. Band II.:Demökologie. – 2. Auflage; Paul Parey, Hamburg & Berlin: 450 S.

SCHWERDTFEGER, F., K. FRIEDERICHS, W. KÜHNELT, J. ILLIES, J. BALOGH & W. SCHWENKE, 1960/61: Kolloquium über Biozönose-Fragen. – Z. angew. Entomol. 47: 90-116.

SCHWINGHAMMER, P., 1981: Characteristic size distributions of integral benthic communities. – Can. J. Fish. Aquat. Sci. 38: 1255-1263.

SELLARS, R. W., 1997: Preserving nature in the national parks. A history. – Yale University Press, New Haven: 380 S.

SHACHAK, M. & C. G. JONES, 1995: Ecological flow chains and ecological systems: concepts for linking species and ecosystem perspectives. – In: JONES, C. G. & LAWTON, J. H. (eds.): Linking species and ecosystems. – Chapman & Hall, New York: 280-294.

SHACKLEFORD, M. W., 1929: Animal communities of an Illinois prairie. – Ecology 10: 126-154.

SHELFORD, V. E., 1932: Basic principles of the classification of communities and habitats and the use of terms. – Ecology 13: 105-120.

SHELFORD, V. E., 1937: Animal communities in temperate America. – 2. Auflage; University of Chicago Press, Chicago: 368 S.

SHELFORD, V. E. & E. D. TOWLER, 1925: Animal communities of the San Juan Channel and adjacent areas. – Publ. Puget Sound Biol. Stat. 5: 33-73.

SHELFORD, V. E., A. O. WEESE, L. A. RICE, D. I. RASMUSSEN, A. MACLEAN, N. M. WISMER & J. H. SWANSON, 1935: Some marine biotic communities of the pacific coast of North America. – Ecol. Monogr. 5: 249-354.

SHIMWELL, D. W., 1971: The description and classification of vegetation. – University of Washington Press, Seattle: 322 S.

SHRADER-FRECHETTE, K. S. & E. D. MCCOY, 1993: Method in ecology. Strategies for conservation. – Cambridge University Press, Cambridge: 328 S.

SIMBERLOFF, D., 1998: Flagships, umbrellas, and keystones: is single-species management passé in the landscape era? – Biol. Conserv. 83: 247-257.

SIMBERLOFF, D. & T. DAYAN, 1991: The guild concept and the structure of ecological communities. – Annu. Rev. Ecol. Syst. 22: 115-143.

SIMBERLOFF, D. S., 1980: A succession of paradigms in ecology: Essentialism to materialism and probabilism. – Synthese 43: 3-39.

SMUTS, J. C., 1926: Holism and evolution. – MacMillan, New York: 368 S.

SOKAL, R. R., 1974: Classification: purposes, principles, progress, prospects. – Science 185: 1115-1123.
SOLOMON, M. E., 1949: The natural control of animal populations. – J. Anim. Ecol. 18: 1-35.
SPRULES, W. G. & L. B. HOLTBY, 1979: Body size and feeding ecology as an alternative to taxonomy for the study of limnetic zooplankton community structure. – J. Fish. Res. Board Can. 36: 1354-1363.
STAUFFER, R. C., 1957: Haeckel, Darwin, and ecology. – Q. Rev. Biol. 32: 138-144.
STEGMÜLLER, W., 1974: Theorie und Erfahrung. Erster Halbband: Begriffsformen, Wissenschaftssprache, empirische Signifikanz und theoretische Begriffe. – Springer, Heidelberg.
STEGMÜLLER, W., 1986: Walther von der Vogelweides Lied von der Traumliebe und Quasar 3C273. Betrachtungen zum sogenannten Zirkel des Verstehens und zur sogenannten Theoriebeladenheitder Beobachtungen. – In: STEGMÜLLER, W. (ed.): Rationale Rekonstruktion von Wissenschaft und ihrem Wandel. – Reclam, Stuttgart: 27-86.
STEGMÜLLER, W., 1989: Hauptströmungen der Gegenwartsphilosophie. – 7. Auflage; Kröner, Stuttgart: 736 S.
STENECK, R. S. & M. N. DETHIER, 1994: A functional group approach to the structure of algal dominated communities. – Oikos 69: 476-498.
STEPHENSON, W., W. T. WILLIAMS & S. D. COOK, 1972: Computer analyses of Petersen's original data on bottom communities. – Ecol. Monogr. 42: 387-415.
STÖCKER, G., 1979: Ökosystem – Begriff und Konzeption. – Arch. Natursch. Landschaftsforsch. 19: 157-176.
SUKACHEV, V. N., 1958: On the principles of genetic classification in biocenology. – Ecology 39: 364-367.
SUKATSCHEW, W., 1929: Über einige Grundbegriffe der Phytosoziologie. – Ber. Dtsch. Bot. Ges. 47: 296-312.
SUMNER, L., 1983: Biological research and management in the National Park Service. – The George Wright Forum 2: 3-27.
SZELÉNYI, G., 1955: Versuch einer Kategorisierung der Zoozönosen. – Beitr. Entomol. 5: 18-35.
TANSLEY, A. G., 1904: The problems of ecology. – New Phytol. 3: 191-204
TANSLEY, A. G., 1914: Presidential Adress to the first Annual General Meeting of the British Ecological Society. – J. Ecol. 2: 194-202.
TANSLEY, A. G., 1916: The development of vegetation. – J. Ecol. 4: 198-204.
TANSLEY, A. G., 1920: The classification of vegetation and the concept of development. – J. Ecol. 8: 118-149.
TANSLEY, A. G., 1935: The use and abuse of vegetational concepts and terms. – Ecology 16: 284-307.
TANSLEY, A. G., 1939: British ecology during the past quartercentury: The plant community and the ecosystem. – J. Ecol. 27: 513-530.
TANSLEY, A. G., 1946: Introduction to plant ecology. – 2. Auflage; George Allen & Unwin, London: 260 S.
TAYLOR, P. J., 1988: Technocratic optimism, H.T. Odum, and the partial transformation of ecological metaphor after World War II. – J. Hist. Biol. 21: 213-244.
TAYLOR, W. P., 1927: Ecology or Bio-Ecology. – Ecology 8: 280-281.
TERBORGH, J. & S. ROBINSON, 1986: Guilds and their utility in ecology. – In: KIKKAWA, J. & ANDERSON, D. J. (eds.): Community ecology: pattern and process. – Blackwell, Melbourne: 65-90.
THIEL, C., 1992: Begriff. – In: SEIFFERT, H. & RADNITZKY, G. (eds.): Handlexikon zur Wissenschaftstheorie. – dtv, München: 9-14.
THIENEMANN, A., 1918: Lebensgemeinschaft und Lebensraum. – Naturwiss. Wochenschrift NF 17: 281-303.
THIENEMANN, A., 1925a: Das Leben der Binnengewässer. Eine methodologische Übersicht und ein Programm. – In: ABDERHALDEN, E. (ed.): Handbuch der biologischen Arbeitsmethoden IX/2. – Urban & Schwarzenberg, Berlin/Wien: 653-680.
THIENEMANN, A., 1925b: Der See als Lebenseinheit. – Naturwissenschaften 13: 589-600.
THIENEMANN, A., 1926: Der Nahrungskreislauf im Wasser. – Verh. Dtsch. Zool. Ges. 31. Jahresversammlung Kiel, 25.-27.5. 1926: 29-79.
THIENEMANN, A., 1931: Der Produktionsbegriff in der Biologie. – Archiv f. Hydrobiologie 22: 616-622.
THIENEMANN, A., 1935: Lebensgemeinschaft und Lebensraum. – Unterrichtsbl. Mathem. Naturw. 41: 337-350.
THIENEMANN, A., 1939: Grundzüge einer allgemeinen Ökologie. – Arch. Hydrobiol. 35: 267-285.
THIENEMANN, A., 1954: Lebenseinheiten – Ein Vortrag. – Abh. naturwiss. Ver. Bremen 33: 303-326.
THIENEMANN, A., 1955: Die Binnengewässer in Natur und Kultur. – Springer, Berlin.
THIENEMANN, A., 1956: Leben und Umwelt. Vom Gesamthaushalt der Natur. – Rowohlt, Reinbeck: 153 S.
THIENEMANN, A., 1959: Erinnerungen und Tagebuchblätter eines Biologen. Ein Leben im Dienste der Limnologie. – Schweizerbart, Stuttgart: 499 S.
THIENEMANN, A. & J. J. KIEFFER, 1916: Schwedische Chironomiden. – Arch. Hydrobiol. Suppl. 2: 483-553.
THORSON, G., 1957: Bottom communities (sublittoral or shallow shelf). – Geol. Soc. Am. Memoir. 67: 461-534.

TISCHLER, W., 1948: Zum Geltungsbereich der biozönotischen Grundeinheiten. – Forschungen und Fortschritte 24: 235-238.
TISCHLER, W., 1984: Einführung in die Ökologie. – 3. Auflage; Gustav Fischer, Stuttgart.
TISCHLER, W., 1992: Ein Zeitbild vom Werden der Ökologie. – Gustav Fischer, Stuttgart, Jena: 185 S.
TOBEY, R. C., 1981: Saving the prairies. The life cycles of the founding school of American plant ecology, 1895-1955. – University of California Press, Berkeley: 315 S.
TOWNSEND, C. R., A. G. HILDREW & J. FRANCIS, 1983: Community structure in some southern English streams: the influence of physicochemical factors. – Freshwater Biol. 13: 521-544.
TREPL, L., 1987: Geschichte der Ökologie. Vom 17. Jahrhundert bis zur Gegenwart. – Athenäum, Frankfurt/Main: 280 S.
TREPL, L., 1994: Holism and reductionism in ecology: technical, political, and ideological implications. – Capitalism, Nature, Socialism 5: 13-31.
TREPL, L., 1995: Die Landschaft und die Wissenschaft. – In: ERDMANN, K.-H. & KASTENHOLZ, H. G. (eds.): Umwelt- und Naturschutz am Ende des 20. Jahrhunderts. Probleme, Aufgaben und Lösungen. – Springer, Berlin, Heidelberg, New York: 11-26.
TREPL, L., 1997: Ökologie als konservative Naturwissenschaft. Von der schönen Landschaft zum funktionierenden Ökosystem. – In: EISEL, U. & SCHULTZ, H.-D. (eds.): Geographisches Denken. – Gesamthochschulbibliothek, Kassel: 467-492.
TROMMER, G., 1989: Wahrnehmung und Bedeutung von Naturganzheit am Anfang des 20. Jahrhunderts in Deutschland. – Verh. Ges. Ökol. 18: 823-828.
TROMMER, G., 1992: Wildnis – die pädagogische Herausforderung. – Deutscher Studien Verlag, Weinheim: 163 S.
TSCHULOK, S., 1910: Das System der Biologie in Forschung und Lehre. Eine historisch-kritische Studie. – Gustav Fischer, Jena: 409 S.
TURNER, J. T. & J. C. ROFF, 1993: Trophic levels and trophospecies in marine plankton: lessons from the microbial food web. – Mar. Microb. Food Webs 7: 225-248.
TÜXEN, R., 1965: Eröffnung. – In: TÜXEN, R. (ed.): Biosoziologie. – W. Junk, Den Haag: XIII-XVI.
UEXKÜLL, J. V., 1928: Theoretische Biologie. – Suhrkamp, Frankfurt/Main: 378 S.
UEXKÜLL, J. V. & G. KRISZAT, 1933: Streifzüge durch die Umwelten von Tieren und Menschen. – S. Fischer, Frankfurt/Main: 206 S.
UNDERWOOD, A. J., 1986: What is a community ? – In: RAUP, D. M. & JABLONSKI, D. (eds.): Patterns and processes in the history of life. – Springer, Berlin: 351-367.
VAN DER KLAAUW, C. J., 1936: Zur Aufteilung der Ökologie in Autökologie und Synökologie, im Lichte der Ideen als Grundlage der Systematik der zoologischen Disziplinen. – Acta biotheor. 2: 195-241.
VAN DER KLAAUW, C. J., 1936: Zur Geschichte der Definitionen der Ökologie, insbesonders aufgrund der Systeme der zoologischen Disziplinen. – Sudhoffs Arch. Gesch. Med. 29: 136-177.
VAN DER MAAREL, E., 1976: On the establishment of plant community boundaries. – Ber. Dtsch. Bot. Ges. 89: 415-443.
VAN DER STEEN, W. J., 1990: Concepts in biology: a survey of practical methodological principles. – J. theor. Biol. 143: 383-403.
VAN DER STEEN, W. J., 1993: A practical philosophy for the life sciences. – State University of New York Press, Albany: 208 S.
VAN DER VALK, A. G., 1981: Succession in wetlands: A Gleasonian approach. – Ecology 62: 688-696.
VERNADSKY, W. I., 1944: Problems of biogeochemistry, II. The fundamental difference between livin and inert natural bodies of the biosphere. – Transact. Connect. Acad. Arts Sci. 35: 483-517.
VIERHAPPER, F., 1925: Über zwei pflanzensoziologische Streitfragen. – Verh. Zool.-Bot. Ges. Wien 74/75: 74-81.
WAGNER, F. H., R. FORESTA, R. B. GILL, D. R. MCCULLOUGH, M. R. PELTON, W. F. PORTER & H. SALWASSER, 1995: Wildlife policies in the U.S. National Parks. – Island Press, Washington, D.C: 242 S.
WAGNER, F. H. & C. E. KAY, 1993: "Natural" or "healthy" ecosystems: are U.S. National Parks providing them? – In: MCDONNELL, J. M. & PICKETT, S. T. A. (eds.): Humans as components of ecosystems: The ecology of subtle human effects and populated areas. – Springer, New York: 257-270.
WALTER, H. & E. BOX, 1976: Global classification of natural terrestrial ecosystems. – Vegetatio 32: 75-81.
WALTER, H. & S.-W. BRECKLE, 1983: Ökologie der Erde. Band 1: Ökologische Grundlagen in globaler Sicht. – Gustav Fischer, Stuttgart: 238 S.

WANGERIN, W., 1925: Beiträge zur pflanzensoziologischen Begriffsbildung und Terminologie. 1. Die Assoziation. – Repert. spec. nov. regnis veget. 36: 1-59.
WARMING, E., 1896: Lehrbuch der ökologischen Pflanzengeographie. Eine Einführung in die Kenntnis der Pflanzenvereine. – Gebrüder Bornträger, Berlin: 412 S.
WARMING, E., 1909: Oecology of plants: An introduction to the study of plant communities. – Oxford University Press, Oxford: 422 S.
WARZOCHA, J., 1995: Classification and structure of macrofaunal communities in the southern Baltic. – Arch. Fish. Mar. Res. 42: 225-237.
WASMANN, E. S. J., 1901: Biologie oder Ethologie? – Biol. Zentralbl. 21: 391-400.
WEIL, A. & M. GINDELE, 1999: Über den Begriff des Gleichgewichts in der Ökologie – ein Typisierungsvorschlag. Die Funktion der Biodiversität: Zur Problematik der Redundanz von Arten in Ökologie und Naturschutz. – Landschaftsentwicklung und Umweltforschung. Schriftenreihe im Fachbereich Umwelt und Gesellschaft der TU Berlin 112: 172.
WEINER, D. R., 1984: Community ecology in Stalin's Russia: "Socialist and bourgeois" science. – Isis 75: 684-696.
WEINER, D. R., 1988: Ecology, conservation, and cultural revolution in Soviet Russia. – Indiana University Press, Bloomington & Indianapolis: 312 S.
WESTHOFF, V., 1974: Stufen und Formen von Vegetationsgrenzen und ihre methodische Annäherung. – In: TÜXEN, R. (ed.): Tatsachen und Probleme der Grenzen in der Vegetation. – Verlag J. Cramer, Lehre: 45-68.
WHEELER, W. M., 1902: 'Natural history', 'oecology' or 'ethology'? – Science 15: 971-976.
WHEELER, W. M., 1911: The ant-colony as an organism. – J. Morphol. 22: 307-325.
WHITTAKER, R. H., 1951: A criticism of the plant association and climatic climax concepts. – Northwestern Science 25: 17-31.
WHITTAKER, R. H., 1953: A consideration of climax theory: the climax as a population and pattern. – Ecol. Monogr. 23: 41-78.
WHITTAKER, R. H., 1957: Recent evolution of ecological concepts in relation to the eastern forests of North America. – Am. J. Bot. 44: 197-206.
WHITTAKER, R. H., 1962: Classification of natural communities. – Bot. Rev. 28: 1-239.
WHITTAKER, R. H., 1967: Gradient analysis of vegetation. – Biol. Rev. 49: 207-264.
WIEGLEB, G., 1989: Explanation and prediction in vegetation science. – Vegetatio 83: 17-34.
WIEGLEB, G., 1994: Einführung in die Thematik des Workshops "Ökologische Leitbilder". – TU Cottbus, Umweltwissenschaften. Aktuelle Reihe 6/94: 7-13.
WIEGLEB, G., 1996: Konzepte der Hierarchie-Theorie in der Ökologie. – In: MATHES, K., BRECKLING, B. & EKSCHMITT, K. (eds.): Systemtheorie in der Ökologie. – Ecomed, Landsberg: 7-24.
WIEGLEB, G., 1997: Leitbildmethode und naturschutzfachliche Bewertung. – Z. Ökol. Natursch. 6: 43-62.
WIEGLEB, G. & U. BRÖRING, 1996: The position of emergentism in ecology. – Senckenbergiana marit. 27: 179-193.
WIENS, J. A., 1984: On understanding a non-equilibrium world: Myth and reality in community patterns and processes. – In: STRONG, D. R., SIMBERLOFF, D. S., ABELE, L. G. & THISTLE, A. G. (eds.): Ecological communities. – Princeton University Press, Princeton: 439-457.
WIENS, J. A., 1989: Spatial scaling in ecology. – Funct. Ecol. 3: 385-397.
WIENS, J. A. & B. T. MILNE, 1989: Scaling of 'landscapes' in landscape ecology, or landscape ecology from a beetle's perspective. – Landscape Ecol. 3: 87-96.
WILMANNS, O., 1978: Ökologische Pflanzensoziologie. – 2. Auflage; Quelle und Meyer, Heidelberg: 351 S.
WILSON, B. J., 1994: Who makes the assembly rules? – J. Veg. Sci. 5: 275-278.
WILSON, D. S., 1988: Holism and reductionism in evolutionary ecology. – Oikos 53: 269-273.
WILSON, D. S. & E. SOBER, 1989: Reviving the superorganism. – J. Theor. Biol. 136: 337-356.
WILSON, J. B., 1991: Does vegetation science exist? – J. Veg. Sci. 2: 289-290.
WITTIG, R., 1993: Biozönose. – In: KUTTLER, W. (ed.): Handbuch zur Ökologie. – Analytica, Berlin: 89-91.
WOLDA, H., 1987: Seasonality and the community. – In: GEE, J. H. R. & GILLER, P. S. (eds.): Organization of communities past and present. – Blackwell, Oxford: 69-95.
WOLTERECK, R., 1928: Über die Spezifität des Lebensraumes, der Nahrung und der Körperformen bei pelagischen Cladoceren und über «ökologische Gestaltsysteme». – Biol. Zbl. 48: 521-551.
WOLTERECK, R., 1932: Grundzüge einer allgemeinen Biologie. Die Organismen als Gefüge/Getriebe, als Normen und als erlebende Subjekte. – Enke-Verlag, Stuttgart.

WOODWELL, G. M., 1975: The threshold problem in ecosystems. – In: LEVIN, S. A. (ed.): Ecosystem analysis and predicition. – Society for Industrial and Applied Mathematics, Philadelphia: 9-23.

WORSTER, D., 1977: Nature's economy. A history of ecological ideas. – Cambridge University Press, Cambridge: 404 S.

WRIGHT, G. M., J. S. DIXON & B. H. THOMPSON, 1933: Fauna of the National Parks of the United States: a preliminary survey of faunal relations in National Parks, Fauna Series No. 1. – U.S. Government Printing Office, Washington, D.C.: 157 S.

WRIGHT, G. R., 1992: Wildlife research and managment in the National Parks. – University of Illinois Press, Urbana and Chicago: 224 S.

WRIGHT, J. F., P. D. ARMITAGE, M. T. FURSE & D. MOSS, 1985: The classification and prediction of macro-invertebrate communities in British rivers. – Annu. Rep. Freshw. Biol. Assoc. 53: 80-93.

YAPP, R. H., 1922: The concept of habitat. – J. Ecol. 10: 1-17.

YELLOWSTONE NATIONAL PARK, 1973: Master plan Yellowstone National Park. – National Park Service, Denver: 34 S.

YELLOWSTONE NATIONAL PARK, 1982: Natural resource management plan and environmental assessment. Photocopied manuscript, Yellowstone National Park Research Library: 201 S.

YELLOWSTONE NATIONAL PARK, 1995: Resource management plan. – National Park Service, Mammoth Hot Springs, Wyoming.

YELLOWSTONE NATIONAL PARK, 1997: Yellowstone's northern range: complexity and change in a wildland ecosystem. – National Park Service, Mammoth Hot Springs, Wyoming: 148 S.

ZENETOS, A., 1996: Classification and interpretation of the established mediterranean biocoenoses based solely on bivalve molluscs. – J. mar. biol. Ass. U. K. 76: 403-416.

ZIELONKOSWKI, W., 1989: Geschichte des Naturschutzes. – Laufener Seminarbeitr. 2/89: 5-12.

Personenregister

A

Abele, L.G. 76-77, 138
Adams, C.C. 97, 184
Addicott, J.F. 173
Ahl, V. 57, 97, 132, 138, 154
Alechin, W.W. 114-115
Allaby, M. 23
Allee, W.C. 6, 18, 76
Allen, T.F.H 4, 7, 57, 60-61, 97, 99, 132, 138, 154-155, 159, 161, 170, 212, 214, 216
Alverdes, F. 84
Aronson, J. 148
Ashby, W.C. 149

B

Bailey, R.G. 39, 137
Bakker, K. 60
Balogh, J. 6, 18, 29, 39, 42
Baranzke, H. 216
Barbee, R.D. 186, 197
Barker, R. 196
Barnes, B.V. 6, 24, 30, 61
Barnosky, E.H. 208
Begon, M. 17, 22, 37-38, 60, 76, 99, 132, 155, 156, 213-214
Behrensmeyer, A.K. 41, 148
Bergmann, G. 126
Berryman, A.A. 74
Bertalanffy, L. von 84
Bissonette, J.A. 169
Blew, R.D. 30, 61
Bocking, S. 90
Bodenheimer, F.S. 6, 76, 94
Bormann, F.H. 57, 100-101, 159
Botkin, D.B. 25, 64
Boucher, D.H. 75
Box , E. 3, 163
Boyarsky, L.L. 121, 123
Boyce, M.S. 183, 198-199
Braun-Blanquet, J. 22-23, 26, 41, 95, 110-111, 114, 117-118
Breckle, S.-W. 23-24
Briand, F. 164
Bridgman, P.W. 126
Bröring, U. 4, 75, 149
Brown, S. 148
Burkovsky, I.V. 165
Butcher, R.W. 54

C

Cajander, A.K. 53
Calder, W.A. 165
Cale, W.A. 39
Callicott, J.B. 199
Calow, P. 23, 43

Carpenter, R.J. 18, 27, 37, 87
Carpenter, S.R. 170, 221
Carroll, C.R. 7
Caspers, H. 37, 42, 56
Catovsky, S. 166, 167
Cawley, R.M. 196
Chalmers, A.F. 14, 128, 130
Chase, A. 183-184, 200-201, 203, 205
Chodorowski, A. 16, 40, 41
Christensen, N.L. 181-183, 185
Clark, T.W. 198
Clements, F.E. 5, 9, 17-18, 20, 24, 27-29, 37, 42, 52, 62, 64-69, 71-72, 74, 75-77, 80- 82, 87-88, 90, 96, 99, 110, 114, 138, 141, 146-147, 155, 171, 219
Cohen, J.E. 164
Cole, G.F. 192-195
Connell, J.H. 72, 172, 173
Cook, R.E. 88
Costanza, B.G. 149
Coughenour, M.B. 121-122
Cousins, S.H. 55, 58, 60-61, 159, 168, 214
Cowles, H.C. 18, 63, 76
Craighead, F. 195, 197-198
Crawford, T.J. 60
Cummins, K.W. 163, 167
Curtis, J.T. 27, 76

D

Dahl, F. 21, 28, 45-46, 48-52, 157
Dale, M.B. 119
Dansereau, P. 23
Darwin, C. 30, 36
Dayan, T. 166
Deichmann, U. 91
Despain, D. 194-195, 200, 204-205, 208
Dethier, M.N. 167
Diamond, J.M. 28, 37
Dierschke, H. 27, 40-41, 46, 110, 116-117
Dierßen, K. 41
Diogenes 109
Drapeau, P. 57-58
Drude, O. 76
Du Rietz, G.E. 6, 20-21, 26-27, 41, 44-45, 54, 58, 63-64, 66, 110-115, 117-119
Dunbar, M.J. 79, 100-101

E

Edson, M.M. 75
Eggleton, F. 27
Egler, F.E. 65-66
Ehrlich, P.R. 127
Ekman, S. 54
Eldredge, N. 214, 217
Elfring, C. 185
Ellenberg, H. 4, 20, 27, 41, 70, 94-96, 110, 115-117, 120
Elster, H.-J. 91, 95
Elton, C.S. 6, 18, 25, 28, 37, 77, 97, 99, 128-130, 132, 166

Emerson, A.E. 76
Engelberg, J. 121, 123
Erwin 6, 28, 54
Erz, W. 181
Eser, U. 182
Essler, W.K. 104-105, 108-109
Evans, F.C. 17, 79

F

Faber, J.H. 167
Fauth, J.E. 30
Feyerabend, P. 12, 98
Fitzsimmons, A.K. 30
Flahault, C. 6, 22, 25-26, 44, 63, 110
Forbes, S.A. 29, 72, 91
Forman, R.T.T. 16-17, 101
Fortin, M.-J. 57-58
Fosberg, F.R. 61
Franz, H. 42
Freemuth, J. 196
Frey, G. 126
Friederichs, K. 9, 18, 23-24, 29, 34, 47-48, 51, 55-56, 60, 77, 79, 83-94, 96, 98-99
Fries, T.C.E. 22
Frost, T.M. 140, 168, 174

G

Galilei, G. 92
Gams, H. 6, 9, 20-21, 27, 43-47, 49, 54-55, 66, 99, 110-111
Gauch, H.G.J. 40-41
Gee, J.H.R. 28, 38, 43
Gerard, R.W. 110
Gigon, A. 34, 172
Giller, P.S. 28, 38, 43
Gisin, H. 42, 52
Gleason, H.A. 5, 9, 27, 29, 62, 67-69, 71-72, 74, 76, 80, 83, 94, 99, 125, 146-147, 171, 173, 219
Glick, D. 197, 198, 200
Godron, M. 16, 17
Goethe, J.W. von 92
Golley, F.B. 7, 30, 87, 89, 90-91, 94, 96, 186
Götschl, J. 13
Gould, F. 220
Gradmann 58
Graham, S.A. 170
Greenlee, J.M. 185
Griesebach, A. 111
Grime, J.P. 167
Grimm, V. 4, 34, 172
Grisebach, A. 15, 25-26, 46, 63, 67
Grumbine, R.E. 181, 182

H

Haber, W. 96
Haeckel, E. 20-23, 25, 44, 84, 215
Hagen, J.B. 5, 7, 20, 30, 80-81, 94, 186
Haila, Y. 109, 128, 130
Haines, A.L. 184
Haldane, J.S. 84, 86
Hall, S.J. 161
Harper, J.L. 165, 178, 214, 217
Harrington, A. 29, 84
Hartmann, M. 95
Harvey, D. 109, 133
Hayden, F. 184
Heatwole, H. 164
Hempel, C.G. 12, 105, 107, 120, 130, 133
Herder, J.G. 84
Hesse, R. 18, 23, 51
Hobbs, R.J. 148
Hoekstra, T.W. 4, 7, 57, 60-61, 97, 99, 132, 155, 159, 170, 212, 214, 216
Hoffmeister, J. 12, 118
Holm, R.W. 127
Holtby, L.B. 164
Houston, D.B. 186, 193, 194, 200, 204, 206
Huff, D.E. 182
Hull, D. 5, 10, 15, 126-128, 130, 217
Humboldt, A. von 26, 45, 63, 111
Hutchinson, G.E. 30, 55-56, 89, 99, 156, 166, 219

I

Illies, J. 23, 39

J

Jaccard, P. 22
Järvinen, O. 128, 130
Jax, K. 4-9, 14, 17, 19, 25, 28, 30, 32, 36, 39, 42, 75, 77, 80, 85, 87, 96, 128-129, 132, 135, 141, 147, 149, 157-158, 167-169, 172-174, 181-182, 199, 204, 220-221
Jones, C.F. 54
Jones, C.G. 161-162, 167, 216, 218
Jones, N.S. 6, 28
Jongman, R.H.G. 41
Jongmann, R.H.G. 40
Jordan, C.F. 121-122
Jordan, W.R. 148
Jørgensen, S.E. 10, 74, 79, 100-101, 123-124, 212
Juday, C. 89

K

Kay, C.E. 200-201, 203-204, 206, 210
Keddy, P.A. 119
Keiter, R.B. 183
Kieffer, J.J. 83, 86
Kincaid, H. 5, 9
Kingsland, S.E. 19, 30, 76
Kirchner, O. 6, 21, 113, 115
Kitchell, J.F. 170
Klijn, F. 39, 100-101, 137, 145, 146
Klötzli, F. 79, 120
Klüver, J. 126, 127
Knight, D.H. 185
Knight, R.L. 121
Koepcke, H.-W. 164, 166

Koffka, K. 86
Köhler, W. 86
Kotliar, N.B. 157, 172
Kratochwil, A. 6, 20, 40-43, 49
Krebs, C.J. 23, 60, 76
Kriszat, G. 219
Kuhn, T. 5, 12
Kühnelt, W. 42, 49, 68
Kulla, B. 85

L

Lackey, R.T. 182
Lakatos, I. 5, 12
Lampert, W. 3, 9, 180
Lawton, J.H. 161, 216
Leibniz, G. 84
Leopold, A. 186
Leopold, A.S. 186, 188-189
Leser, H. 10, 18, 23-24, 29, 79
Levin, S.A. 169, 172
Likens, G.E. 3, 20, 57, 61, 78, 89, 100-101, 159, 215
Lilienfeld, R. 90
Lindeman, R.L. 29, 78, 87-91, 93, 100-101, 219
Lindroth, A. 42, 172
Lorenz, J.R. 35
Lovelock, J. 138
Lugo, A.E. 148

M

MacArthur, R.H. 23, 28, 37, 60, 76, 99, 109, 130
MacFadyen, A. 6, 28, 38, 42
MacMahon, J.A. 214, 216, 217
Major, J. 23
Mallet, J. 15
Malthus, T.R. 30
Margalef, R. 30
Marín, V.H. 30, 61
Mathes, K. 90
Mayr, E. 5, 15, 75
McClelland, B.R. 186
McCoy, E.D. 6, 14, 130
McIntosh, R.P. 4-6, 12, 19, 24-25, 27-28, 37, 58, 69, 76, 155, 212
McMillan, C. 23
McNaughton, S.J. 121-122, 149
Meagher, M. 206
Meffe, G.K. 7
Metzger, W. 86, 92
Meyer-Abich, A. 84, 86-87
Miller, R.S. 37, 77, 129, 130
Mills, E.L. 37, 42
Mills, L.S. 218
Milne, B.T. 213
Mirkin, B.M. 119
Mitman, G. 30, 76
Mitsch, W.J. 74
Mittelstraß, J. 5, 126, 127
Möbius, K.A. 8-9, 17, 25, 28-29, 32-37, 43-44, 46-52, 54, 56, 77, 85, 99, 146-147, 159
Molander, A. 42

Moss, C.E. 28, 44, 63-65, 110
Mueller-Dombois, D. 20, 27, 41, 70, 110, 115, 117
Müller, F. 212
Müller, K. 90
Müller, P. 23
Murie, A. 184

N

Needham, J. 84
Newton, I. 92
Nichols, G.E. 22, 114-115
Nicholson, A.J. 60
Noble, J.R. 76, 167
Nordhagen, R. 112-113
Norton, B.G. 181
Norton, D.A. 148

O

O'Neill, R.V. 137, 212
Odum, E.P. 22, 30, 77-79, 87, 100-101, 121, 144-146, 219
Odum, H.T. 74, 137, 167, 212, 215
Orians, G.H. 34
Ostfeld, R.S. 192

P

Pace, M.L. 221
Paine, R.T. 161
Palka, L. 30, 163
Palka-Santini, M. 30
Palmer, M.W. 119
Palmgren, P. 53
Park, T. 22
Parker, V.T. 169
Patten, B.C. 79, 121, 122
Pavillard, J. 114
Pearl, R. 76
Peet, R.K. 27
Peters, R.H. 14, 128, 130, 165
Petersen, C.G.J. 8, 28, 34-37, 39, 42, 49, 53, 99, 116, 138, 146-147, 160, 172
Peterson, D.L. 169
Peus, F. 29, 76-77, 94
Phillips, D.C. 84, 92
Phillips, J. 25, 29, 70-72, 80-82, 87-88, 93, 96
Pickett, S.T.A. 2, 4, 14, 109, 128, 130, 149, 158, 161, 192, 216
Pimm, S.L. 34, 161
Plachter, H. 7, 181
Platt, J. 154, 155
Popper, K. 12, 128
Potthast, T. 2, 181, 216
Pritchard, J.A. 184-185, 195, 200, 202

R

Radnitzky, G. 104, 109
Raffaelli, D.G. 161
Ramensky, L.G. 67, 76
Rapport, D.J. 58, 149

Raunkiaer, C. 165, 167
Ravera, O. 55, 159
Reese, R. 196, 198
Reid, N.J. 186
Reise, K. 6, 29, 32, 42
Remane, A. 6, 37, 40, 42, 55, 166
Renkonen, O. 9, 43, 47-49, 52-55, 59, 77, 99, 100, 102, 157
Resvoy, P. 37, 47, 85
Richards, O.W. 75
Ricklefs, R.E. 77
Rigler, F.H. 128
Risser, P.G. 185
Ritter, J. 25, 64
Robinson, S. 166
Roff, J.C. 164, 168
Rolston, H.I. 183, 201
Root, R.B. 60, 166
Rosenberg, A. 5, 15
Roughgarden, J. 28, 37
Rowe 6, 24, 30, 61, 100-101, 117
Rozzi, R. 182
Rübel, E. 27, 45
Rundel, P.W. 5
Runte, A. 184
Ruse, M. 15, 119, 217

S

Salt, G.W. 75
Sattler, R. 12
Scamoni, A. 29
Schaefer, M. 45-46
Scheerer, E. 126
Schenk, G. 149
Scherzinger, W. 181
Schimper, A.F.W. 20, 67, 68
Schischkoff, G. 2
Schmidt, K.P. 18
Schneller, G. 87
Schoener, T.W. 28, 166
Schramm, E. 87
Schröter, C. 6, 21-22, 25-26, 44, 63, 110, 112-115
Schullery, P. 184-185, 198, 200
Schultz, A.M. 186
Schwabe, A. 6
Schwenke 6, 17, 21, 29, 34, 39, 40, 48-49, 77
Schwerdtfeger, F. 6, 16, 21, 29, 34, 39, 56, 60, 77
Schwinghammer, P. 165
Sellars, R.W. 184-185
Sernander, R. 26, 110
Shachak, M. 161, 162
Shackleford, M.W. 42
Sheard, J.W. 117
Shelford, V.E. 24, 27, 29, 42, 46, 51, 65, 71-72, 80, 87-88, 90, 129, 192
Shimwell, D.W. 6, 27, 41
Shrader-Frechette, K. 6, 14, 130
Simberloff, D.S. 69, 166, 218
Slatyer, R.O. 72, 76, 167

Smuts, J. 81, 86, 87
Sober, E. 9
Sokal, R.R. 110
Solomon, M.E. 87
Sommer, U. 3, 9, 180
Sousa, W.P. 172, 173
Spencer, H. 80
Sprules, W.G. 164
Starr, T.B. 7, 154, 161, 212
Stauffer, R.C. 20
Stegmüller, W. 12, 104-106
Steneck, R.S. 167
Stephenson, W. 42
Stinner, R.E. 220
Stöcker, G. 17, 78, 88, 100-101, 145-146, 160, 162
Strenzke, K. 94
Sukachev, V.N. 29
Sukatschew, W. 29, 67, 114-115
Sumner, L. 184-185, 198
Swaney, D.P. 121
Szelényi, G. 47, 77, 164

T

Tansley, A.G. 9, 22, 25, 27, 29-30, 41, 58, 61, 63, 65, 67, 70-71, 76, 78, 80-83, 87, 88-91, 95-97, 100-101, 104, 110, 185, 215-216, 219
Taylor, P.J. 5, 25, 29-30, 74, 94, 96, 182
Taylor, W.P. 24
Terborgh, J. 166
Thiel, C. 167
Thienemann, A. 29, 34, 37, 46-47, 52, 77, 79, 83, 86-87, 89-94, 96, 98, 166, 192
Thorson, G. 6, 8, 28, 36-37, 40, 42
Tischler, W. 44-46, 60, 87
Tobey, R.C. 70-71, 76, 80, 83
Tönnies, F. 16
Towler, E.D. 42
Townsend, C.R. 42
Townsley, J. 196
Trepl, L. 2, 5, 9, 16, 19, 24, 26-27, 70, 84, 87, 177
Tschulok, S. 20, 44
Turner, J.T. 164, 168
Tüxen, R. 111

U

Udall, S. 186
Udo de Haes, H.A. 39, 100-101, 137, 145-146
Uexküll, J. von 165, 219
Underwood, A.J. 28, 38, 43

V

van der Klaauw, J. 20
van der Maarel, E. 57, 58, 116
van der Steen, W.J. 126-127, 131, 133
Van der Valk, A.G. 76, 167
Varley, J.D. 196, 205-206, 209
Vernadsky, W.I. 29
von Ehrenfels, C. 86

W

Wagner, F.H. 185, 199-203, 205, 206, 208, 210
Walter, H. 3, 23-24, 163
Wangerin, W. 114
Ward, F.L. 80
Warming, E. 6, 18, 20, 23, 26, 63, 76
Warzocha, J. 42
Wasmann, E. SJ 20, 21
Weil, A. 34
Weiner, D.R. 27, 67
Wertheimer, M. 86
Westhoff, V. 157
Wheeler, W,M. 21, 76
White, P.S. 119
Whittaker, R.H. 2, 6, 26-27, 40, 44, 52, 58, 66, 76, 110-111, 155
Wiegleb, G. 2, 4, 15, 30, 39, 75, 132, 149, 212, 214
Wiens, J.A. 39, 124, 142, 157, 168-169, 172, 208, 213
Wilmanns, O. 110, 116
Wilson, D.S. 9, 98
Wilson, E.O. 23, 109, 130
Wilson, J.B. 119
Wissel 4, 34, 172
Wittig, R. 29, 99
Wolda, H. 60, 76
Woltereck, R. 29, 83, 86, 92, 96
Woodwell, G.M. 148
Worster, D. 19
Wright, G.M. 184
Wright, G.R. 184
Wright, J.F. 42

Y

Yapp, R.H. 45

Z

Zauke, G.-P. 2, 8, 36, 39, 42, 168-169, 172-173, 220
Zaunbrecher, D. 198
Zenetos, A. 42, 43

Sachregister

Bei den folgenden Stichworten sind explizite Definitionen des jeweiligen Begriffes in der zitierten Literatur durch *kursiv* gesetzte Seitenzahlen gekennzeichnet. Dort wo ich selbst eine eigene Arbeitsdefinition für das vorliegende Buch festgelegt habe, ist diese durch eine **fett** hervorgehobene Seitenzahl angezeigt.

A

Aggregationen 47, 77
Aggregationshöhe *siehe: ökologische Einheiten - Komponentenauflösung*
Aktionsradien 174, 179, 195, 198
Artbegriff 15, 112-17, 119, 127, 165, 217
Artenschutz 187, 189, 191, 205
assemblage 16, 43, 68, 131
Assoziation 16, 26, 42, 43, 44, 58, 67-69, 71-72, 77, 110-119, 157, 213 *siehe auch: Organismengesellschaft*
Assoziationsindividuum 113-115, 117
Assoziationstypus 112-118
Austernbank 32-34, 47, 56-57, 159
Autökologie 21, 69, 213-214

B

Bedeutungsanalyse 105
Begriff 12, **13**, 103-109, 116, 120
   Ansprüche an wissenschaftliche B. 14, 105-109, 126-128, 130-131, 133, 135
   Begriffsanalyse *siehe: Bedeutungsanalyse*
   Begriffsbildung 10-12, 103, 119, 124, 133, 135, 176-177, 211
   Begriffsfeld 7, **8**, 15, 131
   Begriffsinhalt 12-13, 104, 126
   Begriffspyramide 116, 118
   Begriffsumfang 12, 104, 141
   Begriffswort 12-13, 104-105, 108
   Eindeutigkeit und Mehrdeutigkeit 14, 105, *108*, 109, 131-132
   eng und weit 108-109, 129, 131-132, 176
   Extension 12, 104-106, 125, 141
   Gebrauchsregeln 126
   Individualbegriff 167
   Intension 12, 104, 109
   natürlich und künstlich: *siehe: Begriff – stark und schwach*
   Oberbegriff 15, 116, 132
   Operationalisierbarkeit 6, 10, 14, 75, 79, 101-102, 126-131, 133, 135, 151, 156-157, 171, 178
   Prämissen 14
   Schärfe *109*, 129-131, 133
   stark und schwach **108**, 120, 122, 154, 217
   theoretische Relevanz 108, 131, 133, 156
   und Definition 12, 14, 102, 104, 119-120
   und Fragestellung 132
   und Realität 5, 12-13, 15, 102-106, 115, 119, 126, 176, 211
   und Theorie 12-14, 104, 126-127, 131, 133
   und Wort 6, 12-13, 15, 20, 104, 115, 133
   Widerspruchsfreiheit 14, 135
Benthos 28, 32-36, 156, 172
Beobachter 12, 119, 127, 129, 150, 154, 171, 211, 216, 219
Beobachtungsebenen 132, 214 *siehe auch: Betrachtungsebenen*
Bestand 45, 112-117
Betrachtungsebenen 132, 170, 214
Biodiversität 182, 187, 189, 209
Biodiversitätskonvention, Ökosystemansatz der 181
Biogeochemie 57, 90, 101
Biogeographie 23
Biogeozönose 29
Bioökologie 24, 61
Biosoziologie 21
bioinert bodies 29
Biom(e) 71-72, 81-82
Biosystem 83, 87, 90
biotic community 18, 71, 81
biotic formation 71
Biotop 18, 28, 45, 48, *49*, 50-53, 85-87, 157
   siehe auch: Biozönose und Biotop
Biozönologie 42-44, 111
Biozönose 8-9, 16, *17*, 18, 25-26, 32-34, 42-43, 46-59, 76-77, 84, *85*, 86-87, 99, 113-114, 132, 146, 159, 179, 181, 213 *siehe auch: Organismengesellschaft*
   Grenzen 43, 46-47, 99, 101
   und Biotop 47-53, 58, 85-87
   und community 17, 18, 34, 36-38
   und Ökosystem 17, 47, 88
biozönotisch/ Biozönotik 21, 42, 43

C

charakteristische Arten 35-37, 40, 46, 51, 111, 160, 172
Chorologie 21
community 16-18, 26, 28, 42-43, *60*, 71, 76, 77, 82, 99-100, 128-130, 132, 146 *siehe auch: Biozönose und community*
   als Oberbegriff 17, 28, 37-38, 65, 77, 132
   als Perspektive 129
   compound und component community 60
   statistische 28, 34-43, 146, 160, 172

complex organism 71-72, 81

D

Definition 12, 14, 102, 107, 109, 119, 126-127, 132-133 *siehe auch: Nominaldefinition, Realdefinition, Begriff und Definition*
  analytische 105
  beschreibende 105-106, 120
  festsetzende 120 *siehe auch: Nominaldefinition*
Definitionskriterien 6, 10-11, 107, 109, 119-120, 122, 127, 132, 135
  und Tatsachenbeschreibungen 10, 14, 38, 79, 102, 107, 120-125, 133, 171, 211
Demökologie 21, 214
Determinismus 64, 66, 68-70
Dynamik 62, 63, 190, 194, 209

E

econe 164
ecotrophic module 55, 60-61
ecological neighborhood 173
ecological engineering 74
Einheiten 7
Einheitsfaktor 85-86
Emergenz 74, 80-82, 84
Energie 89, 91, 93
Entifizierung 109, 115-119, 133
Entwicklung 63-69, 72
environmental control 68-69
Epistemologie *siehe: Erkenntnistheorie*
Erkenntnisinteresse 12
Erkenntnistheorie 15, 75, 80, 97-98, 104, 119, 211
Ernährungstypen 163, 166, 168

F

Feuer 185-186, 188, 190-191, 193, 199, 201
Formation 16, 25-26, 41, 44, 46, 52, 58, *63*, 64-67, 71-72, 74, 82 *siehe auch: Organismengesellschaft*
Forschungsgegenstand 5, 132, 175-180
Forschungsprogramme 5, 90-91, 93, 130, 217, 221
Funktion **32**
  als Rolle 70, 74, 89, 166-167
  und Prozess 62
funktional **32**, 62
funktionale Gruppen *siehe: Typisierung - funktionale*

G

Ganzheit 5, 64, 72, 79, 80, 84, 86, 91-95, 98, 187, 189-191, 205
Gemeinschaft und Gesellschaft 16, 38, 42
Generalisierung 12, 103, 108, 177-178
Generationszeiten 171, 173, 220-221
Geoökologie 24, 61
Gesellschaft **16**, 38
Gesetze und Normen 181, 185
Gestalt 80, 84, 86, 92

Gestalttheorie 84, 86, 92
Gilden 166
Gleichgewicht 34, 37, 47, 51, 54-56, 72, 77, 84, 99, 124-125, 138, 161-162, 171, 179, 188-189, 191-195, 203-204, 208-209
Gradientenanalyse 155
Greater Yellowstone Coalition (GYC) 196-197
Greater Yellowstone Coordination Committee (GYCC) 195-196
Greater Yellowstone Ecosystem 183, 195-199, 207-209
Grenzen 11, 43, 70, 97, 179 *siehe auch: Biozönose - Grenzen, ökologische Einheiten – Grenz-kriterium, Ökosystem - Grenzen*
  Bestimmung 47, 52-54, 57-59, 116-117, 129, 154-159
  funktionale 9, 43, 45-48, 52-62, 99-101, 136, 142, 153-156, 158-159, 197-198
  im Raum und zwischen Klassen 153
  natürliche 57-58, 60-61, 84, 97, 155-156, 198-199
  starke und schwache 155-156
  tangible und nicht-tangible 154, 158-159
  topographische 9, 43, 45-48, 53-61, 69, 71, 78, 99-101, 136, 142, 153-159, 172, 197-199
  Verwaltungsgrenzen 154, 197-199

H

Habitat 45, 52, 58, 157, 192
Hermeneutik 17
Heterogenität und Homogenität 33, 51, 54-56, 58, 68-69, 117-118, 154, **157**, 158, 172-174, 177, 179, 213
Hierarchie 8, 85, 132, 141 *siehe auch: ökologische Einheiten - Hierarchie*
Hierarchietheorie 58-59, 212, 216, 221
Holismus 9, 70-71, 80-82, 84, 86-87, 91-92, 94, 96, 98
Holismus-Reduktionismus-Debatte 5, 6, 9, 84, 92
Holocön 9, (17), 29, 79, 80, 83, 85-90, 92-94, 133
Homogenität *siehe: Heterogenität und Homogenität*
Hubbard Brook 57-58
Humandemographie 30

I

Ideengeschichte 8
Identität **149** *siehe auch: Selbstidentität von ökologischen Einheiten*
Idiobiologie 44
Indikatorarten *siehe: charakteristische Arten*
Individualistisches Konzept 5, 27, 62-63, 67-69, 72, 76, 78, 146, 171, 179
Individuum 5, 68, 71-72, 113, 115-117, 163-164, 177, 178, 213-218
Informationstheorie 161
Inselökologie 109, 130
Interaktionen 57, 60, 62-63, 68, 71, 75-78, 121-122, 124, 129, 135, 138, 154, 158-162, 213

siehe auch: interne Relationen
Quantifizierung 161-162
Internationales Biologisches Programm (IBP) 90
Intersubjektivität **5**, 14, 117, 133, 144, 212
International Union for Conservation of Nature and Natural Resources (IUCN) 3, 181

K

Kausalität 82
Klassifizierung 103, 106-107, 115-116, 118, 120, 133, 137, 140, 150, 158, 163-168, 177-178, 217, 220
   natürliche und künstliche 107, 119
   von ökologischen Einheiten 35-37, 39-40, 48-49, 52, 54-55, 57, 65-66, 69-70, 101, 110-119, 137, 141, 153
Klimax 64, 65, 72
   Monoklimax 65
Körpergröße 165, 173
Kommunikation(sprobleme) 4, 15, 132-133, 144, 149, 160, 211
Konnektanz 161
Konnektivität 138, 161
Kontinuum 58
Konzept 12
Kybernetik 94, 121

L

Landschaft 16, 213, 220
Landschaftsgeographie 26
Landschaftsökologie 16, 213
Lebenseinheiten 29, 79, 83, 87, 92-93
Lebensform 45
Lebensformtypen 165-167
Lebensgemeinschaft *siehe: Biozönose*
Lebensort 45
Lebensraum *45, 55*, 83, 179
Lebensverein 77
Leopold-Report 186-187, 201-202
Leitbilder 149

M

Man and the Biosphere-Programm 90, 96
Maßstäbe 11, 125, 141-142, 157, 165, 168, **169**, 170-174, 180, 207-208, 216, 220-221
   Ausdehnung (extent) 169, 171, 208
   beobachterzentrierte 174, 220
   Körnung (grain) 169, 172, 208
   organismenzentrierte 174, 220
   räumliche 169, 172-173
   und Betrachtungsebenen 170
   und ökologische Einheiten 125, 168-174, 207-208
   zeitliche 125, 150, 169, 171, 173
Meer 28, 32-36, 42, 54, 56, 172, 179
Methodologie **2**, 6, 14, 97, 119, 213, 217, 219
Mikrokosmos, See als 29, 72
Minimaldefinition: *siehe: ökologische Einheiten - Minimaldefinitionen*

Muster 58, 157, 177
   und sie erzeugende Prozesse 38-39, 59, 125, 177

N

Nahrungskreislauf 89, 91, 166
Nahrungsnetz 55, 60, 161, 192
Nationalparke 183-210
   Forschung in 184-185
   Zielbestimmung von 185-186, 189, 199, 208
Natürlichkeit 186-191, 201-202, 209-210
Naturphilosophie 84, 92
Naturschutz 3, 74, 96, 149, 175-176, 181-210
   Managementkonzepte 181-183
   Objekte 181-182, 184
   Zielbestimmung 181-182, 184, 186, 201, 209-210
Naturschutzethik 186, 209
Naturverständnis 5, 83-84, 92, 182, 201-202
Nische, ökologische 18, 166
Nomenklatur, phytogeographische 25-26, 44, 63
Nominaldefinition 104, 106-107, 120, 126

O

Objektabgrenzung 5
Objektivität 5
Ökologie *19, 20, 21, 215*
   Gegenstandsbereich 19-20, 177, 212-215
   Geschichte 6, 8, 15, 19, 44, 63, 66, 71, 128, 129
   organismenzentrierte 11
   Teildisziplinen 20-25, 44
   Institutionalisierung 25
   politische 24
ökologisch 19-21, 23-24, 45
ökologische Einheiten **7-8**, 135, 142, 144, 163, 181 *siehe auch: Klassifizierung von ö.E., Maßstäbe und ö.E. Selbstidentität von ö.E.*
   abstrakte und konkrete 44, 83, 88, 90, 97, 100, 110-115, 118-119
   agnostisches Konzept 76, 78
   Allgemeinheitsgrad 140-141, 168
   als Einheit der Selektion 30, 70, 72, 79
   als Gesellschaften 25, 81
   als integriertes Ganzes 5, 9, 29-30, 62, 70, 74, 79, 81, 83-85
   als Maschine 25
   als Organismus 25, 64-70, 76, 81-82, 87, 93, 95
   als Summe der Teile 5, 9, 30, 62, 68, 75
   als Superorganismus 9, 25, 65, 68, 70-72, 74, 77, 80-81, 138, 155
   ausgewählte Phänomene 136, 138-139, 142, 144-147, 150-151, 158, 160-162, 173-174, 178, 204, 207
   Definitionskriterien 6, 9-10, 134-144, 152
   epistemologische Auffassung 9, 88, 90, 97-102, 134
   funktionale 8, 33-34, 37-38, 40-42, 46-47, 52-54, 56-57, 59, 61-62, 74, 77-78, 99-101, 124-125, 129, 136, 142, 144-145, 213

Grenzkriterium 9, 11, 43, 59, 99-101, 117, 124-125, 129, 135-136, 142, 153-159, 172-173, 179
Hierarchie 8, 85, 214, 216-217
Ideengeschichte 6-7, 24-31
im Naturschutz 3, 7, 176-177, 181
interne Relationen 11, 59, 75-79, 99-101, 135-138, 142, 144-146, 150-151, 160-162, 171, 173-174, 177-179, 203-204, 207
klassifikatorische 64, 110-119, 137, 213
Kompartimentierung 163-166
Komponenten 11, 135, 138
Komponentenauflösung 11, 135, 140-142, 144-147, 151, 160, 163-168, 174, 177-179, 204, 207
Minimaldefinitionen 15-16, 105, 131-132, 212-213
musterdefinierte 39-41, 54, 76, 78, 137-138, 145-146
ontologische Auffassung 9, 70, 75, 87, 97-101, 112-113, 125, 134
Realität von 80, 110, 112, 119
Referenzzustände 148-149, 201-210
Reproduktion 65, 70
statistische 8, 28, 34-43, 46, 54, 75, 99-101, 110-111, 116, 136, 138, 142
topographische 45-46, 50-51, 54, 57, 59, 62, 71
und Forschungsfragen 175-180, 211-212
ökologische Gestaltsysteme 29, 83
Ökosystem *3, 4, 5,* **16***, 29-30, 39, 61, 78-79, 80, 82, 83, 87-91, 93-96, 100-101, 120, 122, 123,* 124, 131, 139-141, 144-146, 148-149, 162, 173, 179, 181-183, 185-202, *203,* 204-210, 213, 215-217, 219-221 siehe auch: *Wasserscheiden-Ökosystem*
als Einheit der Evolution 79, 122
als kybernetisches System 79, 121-123
als musterbasierte Einheit 39, 100-101, 145-146
als selbstregulierendes System 4, 79, 120, 124
als Stoff- und Energieflußsystem 3, 4, 78-79, 89, 91, 93, 96, 101, 121, 123-124, 144-145, 180, 193, 205, 215-216, 219-221
Grenzen 3-4, 57-61, 78, 100-101, 124-125, 192, 195, 197-199
Intaktheit 193, 199, 201-210
Integrität 189-190, 192, 199 *siehe auch: Ökosystem - Intaktheit von*
maschinentheoretische Definition 78, 146
Minimaldefinition **16**, 105-106, 132, 203
und Biozönose 17, 47, 88
und Informationsflüsse 121-123
vollständiges 3, 156, 181, 192, 195
Ökosystemforschung 5, 57, 88, 90-91, 94-96, 217, 221
Ökosystemgesundheit 149, 199 *siehe auch: Ökosystem – Intaktheit*
Ökosystemmanagement 181, 183, 185-186, 193, 200, 204-206, 209
Ontologie 9, 75, 97, 112, 132
Ontologisierung 15, 75, 83, 97-98, 133

Operationalismus 126-128
Operationalisierbarkeit *siehe: Begriff - Operationalisierbarkeit*
Organisationsebenen *siehe: Betrachtungsebenen*
Organismengesellschaft **16**, 39-42, 76-77, 124-125, 138-139, 146-149, 171-172, 213-214, 217, 219
organismenzentrierter Ansatz 11, 212-221
Organismisches Konzept 5, 27, 62-67, 71-72, 76, 171
Organismen, staatenbildende 76
Organismus 81-82, 116-117, 155, 163-164, 212-221
Sonderstellung des 212-216, 221
Organizismus 80, 84, 86-87, 91-92, 94, 96

P

Paläoökologie 41, 148
patch dynamics 208
Pflanzengemeinschaft 95, 115
Pflanzengeographie 23, 44, 63
Pflanzengesellschaft 23, 112-113, 115-116
Pflanzenökologie 25, 63
Pflanzensoziologie 22-23, 41, 44, 58, 63, 70, 110-118, 155-156
Geschichte 26-27, 110-111
Methode 111-118
Pflanzenverein 18, 26
Phänomen 11, 103, 109, 113, 120, 130, 135, 151
Physiognomie 58, 157
Phytozönon 116
Phytozönose 43, 49, 116
Population 30, 59-60, 75, 132, 137-138, 213, 219
Populationsgenetik 31, 60, 75
Populationsökologie 19, 21-22, 30-31, 60
Produktion 89, 93
Prozess **62**, 190-191, 193, 205-206
Prozeßschutz 181, 190-191, 193, 199, 205-206, 209-210
Prozeßmanagement *siehe: Prozeßschutz*

Q

Quasi-Organismus 71, 81

R

Realdefinition 104-105
Realismus, naiver 211
Realität 12 *siehe auch: Begriff und Realität*
Reduktionismus 9 *siehe auch: Holismus, Holismus-Reduktionismus-Debatte*
Reifizierung *siehe: Ontologisierung*
relay floristics 66
Restaurierungsökologie 148

S

Schlüsselarten (keystone species) 160, 218
Selbstregulation 4, 34, 37, 52, 70, 77, 79, 99, 120, 138, 161-162, 193-195
See 29, 88, 89, 91, 141, 220-221

Sachregister

Selbstidentität (von ökologischen Einheiten) 147-151, 178-179
  und Selbstähnlichkeit 150
self-conscious ecology 15
sere 65-66
SIC-Schema 11, 142-147, 149-153, 159-168, 171, 173-178, 203, 206-207, 211, 214, 221
Siedlung 45-46
Semaphoront 164
Solling-Projekt 95-96
species assemblage 16
Sprachverwirrung in der Ökologie 1, 4, 12, 182
Stabilität 34, 37, 171, 173, 194, 221
Standort 45-46
Statistik, multivariate 40-42, 116
Störungen, natürliche 188, 190, 193, 199, 209
Stoff- und Energiefluß 57-58, 78, 89, 91, 93, 95, 140, 216, 218, 220
Stoffkreislauf 3, 47, 57-58, 60, 77-79, 81-82, 142, 162, 180
Sukzession 64-67, 72, 219
Superorganismus *siehe: ökologische Einheiten - als Superorganismus*
Synbiologie 44
Synökologie 21-22, 214
Synusie 45-47
System 80, 82-84, *85*, 87, 89, 92, 95, 121
  kybernetisches 121
Systemtheorie 74, 79, 84, 90, 94-96, 167, 212, 215-216, 221

T

Taxozönose 16, *40*, 161
Terminologie 4, 6, 15, 18-19, 21, 24, 26-28, 44, 65, 67, 115, 132, 199, 213-214
Theorie **13**, 14, 127-128, 130, 168, 175-178, 212-213, 215-216, 218, 221
  Ansprüche an 5, 12-13, 128
  Entwicklung 130, 133
Tiergeographie 49, 51
Tiergesellschaften 27, 51, 53
Tier- und Pflanzengesellschaften, Relation von 27, 41, 44, 47-48, 50, 53, 72
Tierökologie 23, 25, 28, 42-43, 52
Tiersoziologie 23
Trophieebenen 3, 89, 166, 168
Typisierung 35-40, 153, 158, 160
  funktionale 163-168, 218, 221
  morphologische 164-166
  taxonomische 164-165

U

Übersetzung von Fachbegriffen 17-18, 38
Umwelt *sensu* UEXKÜLL 219
US-Nationalparkservice 184-185
  Managementrichtlinien 185, 186-195, 205, 210

V

Verallgemeinerbarkeit 12, 120, 125, 130-131, 178, 212

Vegetationskunde 23, 41, 44, 110-111, 115, 157
Vitalismus 84

W

Wahrnehmung 12, 86, 119, 125, 127
Wasserscheiden-Ökosystem 57-58, 101, 159, 199
Wattenmeer 32-34, 56
Wechselwirkung 62, 70, 74
  spezifische 70, 74-75, 78, 122, 138, 161
Werteinstellungen 182, 199, 201-202, 209-210, 212
Wiederbesiedlungspotential 199, 209
Wissenschaft, Verständnis von 5
Wissenschaftsgeschichte
  als heuristisches Werkzeug 8, 29
Wissenschaftstheorie 10, 12-14, 82, 97, 104, 126-128
Wort und Begriff *siehe: Begriff*
Wuchsformen 16, 54, 154, 157-158, 165

Y

Yellowstone Nationalpark 11, 183-187, 190-210
  Managementstrategien 192-197, 199-200, 203-210
  Northern Range 183, 200-206, 208-209
  natural regulation 194, 199-201
  Geschichte 183-184, 192-197, 200

Z

Zootop 49-50
Zoozönose *43*, 49

Theorie in der Ökologie

Herausgegeben von Broder Breckling

Band 1   Broder Breckling / Felix Müller (Hrsg.): Der Ökologische Risikobegriff. Beiträge zu einer Tagung des Arbeitskreises „Theorie" in der Gesellschaft für Ökologie vom 4.-6. März 1998 im Landeskulturzentrum Salzau. 2000.

Band 2   Kurt Jax (Hrsg.): Funktionsbegriff und Unsicherheit in der Ökologie. Beiträge zu einer Tagung des Arbeitskreises „Theorie" in der Gesellschaft für Ökologie vom 10. bis 12. März 1999 im Heinrich-Fabri-Institut der Universität Tübingen in Blaubeuren. 2000.

Band 3   Hauke Reuter: Individuum und Umwelt. Wechselwirkungen und Rückkopplungsprozesse in individuenbasierten tierökologischen Modellen. 2001.

Band 4   Fred Jopp / Gerd Weigmann (Hrsg.): Rolle und Bedeutung von Modellen für den ökologischen Erkenntnisprozeß. 2001.

Band 5   Kurt Jax: Die Einheiten der Ökologie. Analyse, Methodenentwicklung und Anwendung in Ökologie und Naturschutz. 2002.

Hauke Reuter

Individuum und Umwelt

Wechselwirkungen und Rückkopplungsprozesse in individuenbasierten tierökologischen Modellen

Frankfurt/M., Berlin, Bern, Bruxelles, New York, Oxford, Wien, 2001.
330 S., zahlr. Abb. und Tab.
Theorie in der Ökologie. Bd. 3. Herausgegeben von Broder Breckling
ISBN 3-631-37995-1 · br. € 50.10*

Ökologische Systeme zeichnen sich durch komplexe veränderliche Interaktionsnetzwerke, eine hohe zeitliche Variabilität und Heterogenität in der räumlichen Organisation aus. Konventionelle mathematische Repräsentationen scheitern häufig bei der Analyse dieser Gegebenheiten. Die individuenbasierte Modellierung erlaubt es hingegen, diese Variabilitäten abzubilden und so kontextübergreifende Erklärungsmuster zu liefern.
Die Reichweite dieses Ansatzes wird anhand mehrerer ausführlich dargestellter Modelle aufgezeigt:
– Die Ursachen der Populationszyklen von Kleinsäugern sind Thema eines langen Diskurses in der Ökologie. Das individuenbasierte Modell integriert die zentralen Faktoren und führt zu neuen Erklärungsmustern.
– Die Ausbreitung von Bodenarthropoden wird unter Berücksichtigung von Landschaftsstruktur, Aktivitätsmuster und Lebenszyklus simuliert. Dies ermöglicht z.B. die Untersuchung der Verbindungswirkung von Hecken im Rahmen von Naturschutzmaßnahmen. Weiterhin wird ein generischer Modellansatz vorgestellt, der es erlaubt, zahlreiche zoologische Fragestellungen modellgestützt zu untersuchen. Der Band gibt ferner einen Überblick über in der Ökologie übliche Modellierungsmethoden und diskutiert neue Erkenntnisse für die Modellierungstheorie und theoretische Ökologie.

Frankfurt/M · Berlin · Bern · Bruxelles · New York · Oxford · Wien
Auslieferung: Verlag Peter Lang AG
Jupiterstr. 15, CH-3000 Bern 15
Telefax (004131) 9402131

*inklusive der in Deutschland gültigen Mehrwertsteuer
Preisänderungen vorbehalten
Homepage http://www.peterlang.de